Ernst Peter Fischer
Aristoteles, Einstein & Co.

Zu diesem Buch

Wer sind die Menschen, die in die Geschichte der Wissenschaft eingingen? Was wissen wir über ihr Leben, ihr Werk, ihre privaten Vorlieben und Gewohnheiten? Ernst Peter Fischer weckt in diesem Buch die Neugier auf die Wissenschaft und ihre großen Stars. In sechsundzwanzig leicht und vergnüglich zu lesenden Porträts stellt er die Großen der Wissenschaft von der Antike über das mittelalterliche und moderne Europa bis in unser Jahrhundert vor. Er erzählt unter anderem von Bacon, Galilei, Kepler und Descartes, den vier Wissenschaftlern, die vor vierhundert Jahren die Wende zur Moderne möglich machten, aber auch von Marie Curie, Albert Einstein und Richard P. Feynman. Ernst Peter Fischer zeigt, wie spannend die Geschichte der Wissenschaft und ihrer Protagonisten ist, wenn sie mit biographischer Neugier erzählt wird.

Ernst Peter Fischer, geboren 1947 in Wuppertal, studierte Mathematik, Physik und Biologie und promovierte 1977 am California Institute of Technology. Nach seiner Habilitation in Wissenschaftsgeschichte lehrt er dieses Fach an der Universität Konstanz. Als Wissenschaftspublizist schreibt er für GEO, Bild der Wissenschaft, Die Weltwoche und die Frankfurter Allgemeine Zeitung. Fischer ist Autor zahlreicher Bücher, zuletzt erschienen von ihm »Einstein für die Westentasche« und »Einstein trifft Picasso und geht mit ihm ins Kino oder Die Erfindung der Moderne«. Weiteres zum Autor: www.epfischer.com

Ernst Peter Fischer
Aristoteles, Einstein & Co.

Eine kleine Geschichte der Wissenschaft in Porträts

Piper München Zürich

Dieses Buch lag auch in zwei Einzelbänden unter den Titeln »Aristoteles & Co.« (SP 2326) und »Einstein & Co.« (SP 2491) in der Serie Piper vor.

Von Ernst Peter Fischer liegen in der Serie Piper vor:
Leonardo, Heisenberg und Co. (3486)
Werner Heisenberg (3701)
Aristoteles, Einstein & Co. (4321)
Einstein, Hawking, Singh & Co. (4436)

Dieses Taschenbuch wurde auf FSC-zertifiziertem Papier gedruckt.
FSC (Forest Stewardship Council) ist eine nichtstaatliche, gemeinnützige Organisation, die sich für eine ökologische und sozialverantwortliche Nutzung der Wälder unserer Erde einsetzt (vgl. Logo auf der Umschlagrückseite).

Ungekürzte Taschenbuchausgabe
April 2000 (SP 3045)
März 2005
2. Auflage Juli 2005
© 1995 Piper Verlag GmbH, München
Umschlag/Bildredaktion: Büro Hamburg
Isabel Bünermann, Heike Dehning,
Charlotte Wippermann, Katharina Oesten
Umschlagabbildung: Simona Petrauskaite
Foto Umschlagrückseite: dpa Bilderdienst/Uwe Zucchi
Papier: Munken Print von Arctic Paper Munkedals AB, Schweden
Gesamtherstellung: Clausen & Bosse, Leck
Printed in Germany
ISBN-13: 978-3-492-24321-6
ISBN-10: 3-492-24321-5

www.piper.de

Inhalt

Einleitung 9

Antike Anfänge 13

Aristoteles
oder Der Unbewegte Beweger
14

Almagest und Alchemie
oder Die große Lücke von 1000 Jahren
30

Alhazen und Avicenna
oder Die islamische Sicht der Dinge
41

Erste Umwälzungen 55

Albertus Magnus
oder Die Harmonie von Glauben und Wissen
56

Nicolaus Copernicus
oder Die erste Vertreibung aus der Mitte
70

Ein europäisches Quartett der Moderne 85

Francis Bacon
oder Von der Wissenschaft im Dienst der Wohlfahrt
86

Galileo Galilei
oder Die Kirche bewegt sich doch
101

Johannes Kepler
oder Der erste Vertreter der Trinität
120

René Descartes
oder Der Metaphysiker hält Diät
138

Der letzte Magier 155

Isaac Newton
oder Der Revolutionär mit alchemistischen Neigungen 156

Moderne Klassiker 173

Antoine Lavoisier
oder Eine Revolution zuviel für einen Steuereintreiber 174

Michael Faraday
oder Der bescheidene Buchbinder 189

Charles Darwin
oder Der kranke Naturforscher als Philosoph 206

James Clerk Maxwell
oder Die erste Vereinheitlichung der Kräfte 226

Aus der Alten Welt 241

Hermann von Helmholtz
oder Der Reichskanzler der Physik 242

Gregor Mendel
oder Der Physiklehrer im Garten 257

Ludwig Boltzmann
oder Der Kampf um die Entropie 274

Drei Frauen 289

Marie Curie
oder Die Leidenschaft für die Radioaktivität 290

Lise Meitner
oder Verstehen, wo die Kraft herkommt 304

Barbara McClintock
oder Allein das Gefühl für den Organismus 319

Zwei Giganten 335

Albert Einstein
oder Die angenehme Tätigkeit des Denkens   336

Niels Bohr
oder Der gute Mensch von Kopenhagen   353

Amerikaner und Emigranten 371

Linus Pauling
oder Die Natur der chemischen Bindung   372

John von Neumann
oder Den Planeten zum Wackeln bringen   386

Max Delbrück
oder Die Suche nach dem Paradox   400

Richard P. Feynman
oder Das Original in seiner Pracht   415

Ausblick   429

Zeittafel   433

Hinweise zur Literatur   437

Personenregister   440

Bildnachweis   447

Einleitung

Wissenschaft wird zwar von Menschen gemacht, aber aus mir unerfindlich bleibenden Gründen kennt kaum jemand in der Öffentlichkeit die Menschen, die dies tatsächlich tun. Wir scheinen uns nicht besonders für sie zu interessieren. Dabei kann man aus ihrem Leben so viel lernen und seinen Spaß haben, während man dies tut. Dieses Buch soll dazu Gelegenheit bieten. Es möchte von mehr als zwei Dutzend Personen erzählen, die zum Unternehmen Wissenschaft entscheidend beigetragen haben, um den Lesern einen persönlichen Zugang zur einflußreichsten Macht der westlichen Welt zu öffnen. Natürlich ist der Zugang zur Wissenschaft nicht ganz leicht, aber man kann es ja trotzdem probieren, leicht darüber zu schreiben. Dies wird hier versucht. Der Text soll eine Art »Geschichte der Wissenschaft, Freunden am Kamin erzählt« sein, wobei die Fußnoten keine philologische Genauigkeit vortäuschen möchten, sondern kleine anekdotische Abschweifungen erlauben.

Es ist schade, daß so wenig Persönliches aus der Wissenschaft bekannt ist. Natürlich hat jeder von uns schon einmal ein Photo von Einstein gesehen, und auch die Namen Copernicus und Darwin kommen den meisten von uns irgendwie bekannt vor, aber die Neugierde auf die Menschen, die hinter dem großen Abenteuer namens Wissenschaft stehen, auf das sich unsere Gesellschaft eingelassen hat, hält sich in überraschend engen Grenzen. Während die Zahl der Biographien, die von Dichtern, Komponisten und Philosophen handeln, unübersehbar groß ist und die meisten Bücher auch ihre Käufer finden, bleibt sehr bescheiden, was unsere Bibliotheken an Lebensläufen von Wissenschaftlern anbieten – von den wenigen »ganz Großen« einmal abgesehen. Und wenn sich ein Verlag einmal daran macht, Naturforscher und Naturforscherinnen in seine biographische Reihe aufzunehmen, rechnet er nicht mit hohen Verkaufsziffern, und damit behält er meistens recht.

Selbst unter Naturwissenschaftlern trifft auf große Lücken,

wer sich nach den Personen erkundigt, die ihre Geschichte geformt haben. Irgendwie scheint sich in unseren Köpfen die Idee festgesetzt zu haben, daß Chemiker, Physiker, Biologen und die Vertreter all der anderen Fächer ein eher langweiliges Leben führen und daß der Beitrag eines einzelnen Forschers für den Fortgang der Wissenschaft keine besondere Rolle spielt oder hinter dem Ganzen verschwindet. Das Argument geht gewöhnlich etwa so, daß man sagt, wenn Thomas Mann nicht gelebt hätte, gäbe es den *Doktor Faustus* sicher nicht, aber wenn Isaac Newton nicht gelebt hätte, wäre bestimmt jemand anders auf die Gesetze der Gravitation oder das Spektrum der Farben gestoßen.

Der Fehler, der dabei gemacht wird, ist ebenso banal wie gravierend. Wer nämlich so argumentiert, mißachtet einen grundlegenden Unterschied. Er verwechselt das Werk eines Menschen – etwa den Roman *Doktor Faustus* – mit dem Inhalt, der zentralen Idee einer Arbeit – zum Beispiel dem Gravitationsgesetz – und vergleicht Gegebenheiten, die nicht zu vergleichen sind. Was einem Dichter recht ist, ist einem Naturforscher aber nur billig, und wer ihre Leistungen gegeneinander aufrechnen will, muß genauer vorgehen, und das ist ziemlich einfach möglich: Wenn Isaac Newton nicht gelebt hätte, wäre sicher irgendwann das Gesetz entdeckt worden, das die Schwerkraft beschreibt, es hätte aber niemand solch ein Buch wie seine *Mathematischen Grundlagen der Naturphilosophie* geschrieben. Umgekehrt ist natürlich klar, daß die Faust-Legende auch ohne Thomas Mann unter die Leute gekommen wäre: sie war schließlich schon längst bekannt, als er seinen Roman schrieb.

Es kommt hier nicht darauf an, die eine Kultur gegen die andere auszuspielen. Dieser Versuch würde den derzeitigen Naturwissenschaften insgesamt auch schlecht bekommen, denn sie haben zu wenige Aspekte einer uns allen zugänglichen Ästhetik in ihrem Programm. Entscheidend ist, daß die Menschen, die Naturwissenschaft treiben, ebenso wichtig sind wie Menschen, die sich um Kunst bemühen. Und es ist mindestens genauso lohnend, ihre Biographien zu kennen. Man kann sich davon leicht überzeugen, zum Beispiel, indem man dieses Buch liest. Die Tür zur Wissenschaft steht offen: Alle Interessierten sind herzlich eingeladen, hindurchzuschreiten und hereinzukommen.

Antike Anfänge

Aristoteles (384–322 v. Chr.)
Almagest und Alchemie
Alhazen (965–1039) und Avicenna (980–1037)

Aller Anfang ist schwer, und es ist vor allem
schwer, ihn wieder loszuwerden. Was Aristoteles
so spannend für die Wissenschaft macht, ist die
Tatsache, daß sich alle modernen Formen der
Forschung erst entwickeln konnten, nachdem sich
ihre Praktiker von seinen Ideen emanzipiert
hatten. Selbst heute noch, etwa im Falle neuerer
Entwicklungen der Logik, stellt sich hin und
wieder dieses Problem. Ohne einzelne Personen
– wie etwa Euklid oder Ptolemäus – gesondert
hervorheben zu wollen, muß doch die Tendenz
der tausend Jahre, die zwischen den frühen
antiken Bemühungen und den ersten arabischen
Beiträgen liegen, mit Inhalt ausgefüllt werden,
weil auch sie bis in die Neuzeit wirkt. Was dabei
die arabischen Beiträge zur Wissenschaft angeht,
so wird man lesen, daß sie nicht nur
vermittelnden Charakter, sondern ihre eigenen
Spuren angelegt haben, denen wir bis heute
folgen. Aller Anfang des Lesens sollte jetzt leicht
sein.

Aristoteles

*oder
Der Unbewegte Beweger*

Aristoteles war ein wenig schwach auf den Beinen und kleinäugig, und außerdem stieß er beim Sprechen ein wenig mit der Zunge an. So stellen es jedenfalls Berichte von Zeitgenossen dar, die uns die äußere Erscheinung jenes Mannes beschreiben, der zum A und O aller abendländischen Wissenschaft werden sollte und dabei zunächst und vor allem ein großer Philosoph war. Aristoteles ist so etwas wie der Unbewegte Beweger der modernen Wissenschaft, er, der selbst solch einen Unbewegten Beweger in die Mitte seines Systems setzte, mit dem er die kosmische Ordnung begründen und ihre Ewigkeit verstehen wollte. Diese Idee des Unbewegten Bewegers, der als letzte und höchste Instanz selbst nichts antreibt und ausschließlich die himmlischen Kreisläufe aufrechterhält, kann natürlich spielend leicht in andere Bereiche der Wissenschaft übertragen werden. In der Biologie etwa lassen sich damit die Gene identifizieren, die selbst nichts anstoßen und nur die informativen Kreisläufe bedienen, die das Leben ermöglichen, und eigentlich hätte Aristoteles dafür den Nobelpreis für Physiologie und Medizin verdient, aber leider sehen die Stockholmer Statuten keine posthume Verleihung ihrer Würden vor.

Aristoteles ist tatsächlich der Unbewegte Beweger unserer geistigen Welt, und es sind seine Ideen und Schriften, die bis heute für die Dynamik der abendländischen Wissenschaft sorgen. So war es von Anfang an: Erst übersetzte man ihn, dann ordnete man ihn, anschließend kommentierte man ihn, später interpretierte man ihn, bald kritisierte man ihn, irgendwann widerlegte man ihn, ab und zu verachtete man ihn, und so geht das immer weiter bis in unsere Gegenwart hinein, die immer noch stark mit Aristoteles beschäftigt ist und nach wie vor durch den selbst Unbewegten in Bewegung gehalten wird. Wer sich in der Wissenschaft versucht, kann mit ihm machen, was er will, er kann ihn nur nicht übersehen und – ohne bewegt zu werden – an ihm vorbeikommen. Aristoteles deckt beinahe alle Wissenschaften ab – die Kosmologie, die Logik, die Physik, die Biologie und die Meteorologie –, und da, wo er sich nicht geäußert und also eine Lücke hinterlassen hat, bleibt bis heute eine Besonderheit, die uns noch beschäftigen wird. Gemeint ist die Chemie, zu deren Themen Aristoteles nicht viel Grundlegendes zu sagen wußte und die sich deshalb anderswo ihre Basis holen mußte. Die Chemie konnte sich auch erst über den faszinierenden Umweg namens Alchemie (oder Alchimie) entwickkeln, und daher dauerte es ein paar hundert Jahre länger, bis sie sich als abendländische Wissenschaft etablieren konnte (und viele Physiker gehen selbst heute noch über sie hinweg, das heißt, sie meinen, Fragen der Biologie verstehen und beantworten zu können, ohne sich mit dem Zwischenreich der Chemie abgeben zu müssen).

Aristoteles hält uns also geistig in Bewegung, und erst in diesen Tagen wird der ernsthafte Versuch unternommen, seine scharfe Logik mit ihren vier Axiomen – dem Satz von der Identität, dem Satz vom Widerspruch, dem Satz vom ausgeschlossenen Dritten und dem Satz vom zureichenden Grund – durch eine neue Form abzulösen, die zwar unscharf heißt (»fuzzy logic« auf Englisch), die aber genauso klar denken will wie ihr antikes Vorbild und dabei sogar meint, besser mit der Wirklichkeit zurechtzukommen. Die vage (»fuzzy«) Logik hebt das berühmte Verbot des Aristoteles auf, demzufolge eine Aussage entweder zutrifft oder nicht: Tertium non datur, wie ich es noch in lateinischer Sprache auf der Schule erfahren habe. Ein Drittes scheint es tatsächlich nicht zu geben, denn entweder ist man verheiratet oder nicht, entweder kauft man ein Buch oder nicht, und entweder liest man es oder nicht. Ein Drittes gibt es inzwischen aber doch, wie sich leicht klarmachen kann, wer überlegt, ob er mit dem gelesenen Text – etwa dieses Kapitels – zufrieden ist oder nicht. Bei Aristoteles kann jeder nur entweder völlig zufrieden oder völlig unzufrieden sein. Ein Drittes gibt es nicht. Damit läßt sich logisch zwar leichter umgehen, doch die Wirklichkeit fügt sich dem Denken nicht so einfach, wie jeder ohne Mühe selber weiß, der einige Abschnitte gelungen und andere überflüssig findet. Wir sind selten entweder völlig einverstanden oder vollkommen entsetzt. Wir sind viel häufiger zufrieden und unzufrieden zugleich. In der sogenannten Wirklichkeit gibt es die scharfen Mengen nicht, mit denen jeder Logiker seit Aristoteles umgeht, und wir müssen lernen, mit ungenauen und sich verändernden Größen – etwa Pünktlichkeit, Reinheit, Zufriedenheit – so genau umzugehen, daß weiterhin der Ausdruck »Logik« berechtigt bleibt und die »fuzzy logic« tatsächlich eine ist.

»Sein *oder* Nichtsein«, das ist die falsche Frage, wie natürlich nicht erst die Gegenwart entdeckt hat. »Sein *und* Nichtsein« kann es auch geben, etwa in dem Sinne, daß etwas der Möglichkeit nach existieren kann. Aristoteles hat das natürlich auch schon gewußt er hat es allerdings nur am Rande notiert. Bevor wir ihm allzu leichtfertig vorwerfen, uns mit einer unzureichenden Logik versorgt zu haben, sollten wir erst genauer zu verstehen versuchen, warum ihm das »Oder« und damit die Zweiteilung der Welt besser gepaßt hat, in der es so viel Bewegung, aber nur einen Unbewegten Beweger gibt.

Der Rahmen

Die Zweiwertigkeit, die Aristoteles in die Analyse eingeführt hat, um den Weg zum richtigen Denken zu finden, weist auf eine grundlegende Zweiteilung seiner Sicht der Dinge hin, einen Dualismus, der sich etwa in den Paaren Erde und Himmel oder äußere und innere Kräfte zeigt. Wir werden diesen Doppelcharakter erneut treffen, wenn wir den Lebenslauf des

Aristoteles vorgestellt und den Rahmen gespannt haben, in dem sein Porträt gesehen werden muß.

Aristoteles wird 384 v. Chr. in Stageira auf der Halbinsel Chalkidike geboren – also weit weg von der großen Stadt Athen. Sein Vater ist Leibarzt des makedonischen Königs und damit wohlhabend genug, seinem Sohn den Wunsch zu erfüllen, sich mit Philosophie zu beschäftigen, was in der Antike eine umfassendere und großzügigere Bedeutung hatte als heute. Wer auch immer einen Beruf ausüben wollte, für den mehr als manuelle Geschicklichkeit benötigt wurde, befaßte sich zunächst mit dem, was damals in Griechenland als Philosophie geboren wurde. Als 17jähriger kommt Aristoteles in die Hauptstadt, um der von Platon begründeten Akademie beizutreten. Aristoteles gehört ihr die folgenden zwanzig Jahre erst als Schüler und dann als Lehrer an, und er verläßt seine erste Wirkungsstätte erst, als auf der einen Seite nach dem Tod Platons im Jahre 347 v. Chr. keine Möglichkeit besteht, die Leitung der verwaisten Akademie zu übernehmen, und ihn auf der anderen Seite der Eunuch Hermias einlädt, nach Assos zu kommen, um hier an der kleinasiatischen Küste zu arbeiten und zu forschen. Aristoteles bleibt aber nur zwei Jahre in dieser Gegend. Er heiratet und siedelt nach Mytilene auf der Insel Lesbos um, um hier vor allem Material für seine biologischen Schriften zu sammeln, die voller erstaunlicher Beobachtungen stecken.

Doch auch dieser Aufenthalt dauert nur wenige Jahre. 342 v. Chr. ruft ihn der makedonische König Philipp II. an seinen Hof in Pella mit der Bitte, seinen damals 14jährigen Sohn Alexander, den wir heute »den Großen« nennen, griechisch zu erziehen. Aristoteles akzeptiert das Angebot und schafft eine schmerzliche Lücke für die Biographen. Sie wissen nur wenig darüber, was der 42jährige Philosoph dem jungen Prinzen Alexander beigebracht und was er über dessen spätere Eroberungszüge als König gedacht hat. Festzustehen scheint nur, daß Alexander bei seinen Schlachten stets eine von Aristoteles kommentierte Ausgabe der »Ilias« mit sich führte, und es wird gemunkelt, daß sich Alexander einmal über die Veröffentlichung des Buches geärgert hat, das heute unter dem Titel

17

»Metaphysik« weltberühmt ist.[1] Den großen König erboste,
daß nun jedermann zugänglich sei, was doch zunächst ihm
allein zugedacht gewesen war.

Wie dem auch sei – als Alexander, der nach der Ermordung
seines Vaters 336 v. Chr. Herrscher geworden war, zwei Jahre
später (334 v. Chr.) den Hellespont überquert und seine großen
Eroberungszüge beginnt, kehrt Aristoteles nach Athen zurück,
um dort seine eigene Schule zu gründen. Das heißt, er sammelt
einige Schüler um sich und treibt Philosophensport mit ihnen,
mit anderen Worten, man wandelt in Säulenhallen umher –
Hände auf dem Rücken gefaltet – und diskutiert dabei miteinander. Die solcherart Wandelnden heißen heute »Peripatetiker«, und dieses Wort meint einfach jemanden, der mit Aristoteles oder seinen Schülern philosophiert oder in ihrem Sinne
die Welt zu betrachten gelernt hat. Zwar gibt es heute nicht
mehr viel zu wandeln, aber Peripatetiker sind wir trotzdem in
gewisser Hinsicht alle. Dazu hat uns Aristoteles zu viel mit auf
den Weg gegeben.

Seinen Schülern zu Lebzeiten ist hin und wieder ein seltsa-
mes Benehmen des Meisters aufgefallen. Und zwar berichten
sie über einen mit heißem Öl gefüllten Schlauch, den er sich oft
auf den Magen legte, wenn er ruhte. Vermutlich hatte Aristoteles dort entsprechende Schmerzen, die er mit Wärme zu lindern
versuchte. Gestorben ist er jedenfalls an einem Magenleiden,
wie berichtet wird, und zwar im Jahre 322 v. Chr., keine zwölf
Monate nach seinem Schüler Alexander. Auf den Tod dieses
großen Königs hatten die Feinde von Aristoteles nur gewartet,
die sich nun aus der Deckung wagten. Sie griffen ihn wegen

1 Aristoteles hatte diesem Buch zunächst keinen Titel gegeben. Als
dann später in der großen Bibliothek von Alexandria, der Stadt
seines königlichen Schülers, alle seine Schriften geordnet werden
sollten, stellte man dieses Werk hinter den Text mit dem Titel »Physica«. Das Buch ohne Titel kam also nach der Physik, was auf griechisch »meta ta physica« heißt und heute zur Metaphysik geworden
ist. Metaphysik ist also das, was Aristoteles in dem Buch abhandelt,
das in Alexandria rechts von dem Werk über die Physik gestanden
hat.

seiner Lehren an und warfen ihm Gotteslästerung vor. Aristoteles entschied sich daraufhin, Athen zu verlassen, »um den Athenern nicht Gelegenheit zu geben, sich ein zweites Mal an der Philosophie zu versündigen«, wie er in Hinblick auf Sokrates schrieb, der 399 v. Chr. aus fadenscheinigen Gründen zum Tode verurteilt worden war und den Schierlingsbecher getrunken hatte. Aristoteles floh nach Chalkis, das auf der Insel Euboia liegt, und hier starb er dann auch.

Als Sokrates vergiftet wurde – und Platon anfing, seine berühmten Dialoge zu schreiben –, war Athen schon keine Demokratie mehr. Die große politische Macht verschob sich nach Makedonien, von wo aus Alexander später Persien besiegen und Ägypten erobern sollte. Wir können auf diese Ereignisse nur hinweisen, sollten aber zur Kenntnis nehmen, daß es dieselbe Zeit ist, in der sich aufgrund von Himmelsbeobachtungen die Ansicht durchsetzt, daß es in diesen Sphären geordnet zugeht, daß über der Erde von einem Kosmos die Rede sein kann, der dann auch zu erklären ist. Auf der Erde selbst wird seit dem vierten vorchristlichen Jahrhundert viel mit Hilfe der Zahl »Vier« verstanden und erfaßt, die von den Anhängern des Pythagoras als heilige Zahl verehrt wird.[2] Aristoteles übernimmt und ergänzt dieses Zahlenspiel, wie etwa seine vier logischen Axiome zeigen. Lange vor seiner Zeit hatte Empedokles vier Elemente ausgemacht – Feuer, Erde, Wasser und Luft –, aus denen die Dinge bestehen, der Arzt Hippokrates hatte vier Säfte angegeben – Blut, Schleim, schwarze und gelbe Galle –, die zum Leben gehören und deren Gleichgewicht eine Bedingung für die Gesundheit ergibt, Platon hatte vier Tugenden be-

---

2 Für die Pythagoräer, die die Vier in Form der »Tetraktys« verehrten, war vor allem faszinierend, daß die Summe aus 1, 2, 3 und 4 gerade 10 ergibt und man aus einem, zwei, drei und vier Punkten ein gleichseitiges Dreieck mit der Seitenlänge 4 konstruieren kann:

nannt – die Tapferkeit, die Klugheit, die Gerechtigkeit und die Besonnenheit –, nach denen man sich orientieren konnte, und viele Quartette bzw. Quaternitäten mehr. Nebenbei gesagt scheint mir, daß solch eine Konstruktion – fern von aller Zahlenmystik – den Vorteil hat, ein vollständiges und geschlossenes Weltbild zu bieten. Vielleicht würde es helfen, wenn wir allmählich versuchten, zu dieser Sicht zurückzufinden.[3]

Aristoteles' eigener Beitrag zur Bedeutung der Vier hat mit dem zu tun, was wir heute Kausalität nennen. Er unterscheidet nämlich vier Gründe für alle Dinge bzw. Zustände und für ihre Veränderungen bzw. Bewegungen, wie sich auch sagen läßt. Der erste Grund ist als »causa materialis« bekannt und meint einfach den Stoff oder die Materialien, die man für etwas braucht, also zum Beispiel die Blechteile (und andere) für ein Auto. Der zweite Grund findet sich unter dem Namen »causa formalis« und weist auf die Form oder das Aussehen hin, das ein Ding bekommen soll. In unserem Beispiel mit dem Auto wäre damit der Entwurf des Designers gemeint, der sich die Gestalt des Wagens ausgedacht hat. Der dritte Grund heißt bei Aristoteles »causa movens« und betrifft den praktischen Antrieb oder die konkrete Ausführung des Bauplans, das heißt im gewählten Beispiel die Personen, die diesen Teil übernehmen, also etwa die Montagearbeiter, die das Fahrzeug zusammensetzen. Der vierte Grund ist natürlich der wichtigste, und er hat mit der Absicht zu tun, die überhaupt zu dem Ding führt, dessen Kausalität wir untersuchen. Dieser vierte Grund heißt »causa finalis«, er beschreibt Sinn und Zweck der vorhandenen Sache und meint im Falle des angefertigten Autos die Absicht der Unternehmensleitung, gerade dieses Modell auf den Markt zu bringen.

---

3 Mehr zur Bedeutung von Zahlen findet sich im Kapitel über Johannes Kepler. Bei ihm dominiert die christliche Drei (Trinität).

Das Porträt

Wenn immer wir die Wissenschaft des Aristoteles untersuchen, sollten wir im Auge behalten, daß es ihm stets um alle vier Gründe geht. Wenn wir heute zum Beispiel die Bewegung eines Steins oder den Wurf eines Balles untersuchen, fragen wir nur nach den äußeren Kräften, die wirken, und damit nur nach der »causa movens«. Sie spielt bei Aristoteles die kleinste Rolle. Ihn beschäftigte mehr die »causa finalis«, die wir in der modernen Naturwissenschaft hingegen ganz außer acht lassen. Wir wollen verstehen, *wie* eine Bewegung abläuft, er wollte verstehen, *warum* oder wozu eine Bewegung abläuft. Wer sich darauf einläßt, wird bald damit aufhören müssen, sich über die ach so vielen »Fehler« zu amüsieren, die Aristoteles in der Physik unterlaufen sind, was bis in unsere Tage hinein Mode war. Zudem deutet sein Konzept des Unbewegten Bewegers an, daß »Bewegung« verstehen mehr heißen muß, als etwa die Flugbahn eines Speeres genau angeben und vorausberechnen zu können.

Doch damit sind wir viel zu theoretisch geworden, und das hätte Aristoteles nicht unbedingt gefallen. Bei ihm kam es zunächst einmal auf das an, was man unmittelbar vor Augen hat und sinnlich erfassen kann. Die Dinge selbst sind in erster Linie wichtig und nicht das, was sich hinter ihnen verstecken könnte. Aristoteles interessierten diese von den Dingen abgelösten »Ideen« einfach nicht, von denen der alte Platon so viel in seiner Akademie erzählte und mit denen er das Wesen des Vorgefundenen in den geistigen Griff bekommen wollte. Platon dachte in höheren Sphären und suchte dort das Unvergängliche – die Idee des Stuhls etwa oder die Idee des Fisches. Aristoteles hingegen war bodenständiger und kümmerte sich mehr um die natürlich vorhandenen Gegebenheiten selbst. Der Mensch war für ihn ein Gemeinwesen – ein »zoon politicon« –, dessen Verhalten sich am allgemeinen Wohlergehen aller orientiert – man mußte in den Wandelhallen und im täglichen Disput miteinander auskommen –, und nicht irgendein Idealgeschöpf, wie Platon es sah, das sein Handeln nach irgendwelchen höchsten Werten ausrichtet, die doch niemand umfassend kennen kann.

21

Aristoteles beobachtete also zunächst einmal, was ihm vor die Augen kam, und er hielt dies zusammen mit dem, was ihm Jäger oder Fischer erzählt haben, im Detail fest. Er hörte sich beim Landvolk um und beschrieb so zum Beispiel Hirsche, die »auf der Jagd durch Flötenspiel und Singen« gefangen werden und sich »dann vor Entzücken« niederlegen. Er erwähnt dabei einen Sechsender, der heute nach ihm benannt ist. Neben dem Aristoteles-Hirsch gibt es zudem noch einen Fisch – einen Wels –, der nach dem großen Metaphysiker *Parasilurus aristotelis* heißt, weil man sein besonderes Verhalten schon bei Aristoteles nachlesen kann:

»Unter den Flußfischen gibt sich das Männchen des Glanis (Wels) viel ab mit der Brut. Das Weibchen nämlich schwimmt nach dem Laichen davon, das Männchen dagegen steht an einer Stelle, an der sich besonders viele Eier gesammelt haben, als Wächter darüber, ohne sonst eine Hilfe bieten zu können, als daß er die kleinen Fische hindert, die Keimlinge zu rauben. Und dies macht er vierzig bis fünfzig Tage so, bis die Jungen genügend ausgewachsen sind, daß sie den anderen Fischen entwischen. Die Fischer erkennen seinen Standort, wenn er wacht, da er, um die Fische zurückzuscheuchen, schnauft und schnalzt und brummt. Und so liebevoll bleibt er bei den Eiern, daß die Fischer ihn immer mit tiefen Wurzeln, an denen die Eier hängen, in ganz seichtes Wasser emporziehen können: er verläßt die Eier dennoch nicht, sondern wird, wenn es so trifft, in seinem Bemühen, die heranschwimmenden Fischchen zu fassen, eine leichte Beute der Angelschnur; hat er jedoch schon einmal auf die Angel gebissen und kennt er diese, so verläßt er immer noch nicht die Brut, sondern zerbeißt mit dem schärfsten Zahn die Angelschnur und verdirbt diese.«

Erst im neunzehnten Jahrhundert haben die Zoologen übrigens bemerkt, daß Aristoteles damit keine Märchengeschichten erzählt, sondern tatsächlich gemachte Beobachtungen wiedergegeben hat, und seit 1906 gibt es die Welsart, die nach Aristoteles benannt ist, eben den *Parasilurus aristotelis*. Wenn man ihm heute dazu gratulieren würde, könnte Aristoteles mit dieser Situation wenig anfangen, denn er hatte noch keine Vorstellung von einer Tier- oder Pflanzenart, wie sie erst die Neuzeit hervorgebracht hat. Aristoteles kannte wohl den Begriff der »Species«, aus dem sich unser Artkonzept entwickelt hat, aber er bezeichnete damit so etwas wie eine Unterklasse in der Ordnung der Organismen, um die er sich bemühte[4], und zwar in der Absicht, das Zusammengehörende (Kontinuierliche) des Lebens aufzuzeigen. Während die moderne Art der Biologen Trennungen ermöglichen soll und Grenzen zieht – man redet heute gerne von der Artenschranke, die die Natur errichtet hat, um der Fortpflanzung wenigstens diesen Riegel vorzuschieben –, versuchte Aristoteles, mit seiner Idee eines Kontinuums die einzelnen Stufen der Leiter zu finden, auf der »die Natur in einer ununterbrochenen Aufeinanderfolge von den unbelebten Objekten über die Pflanzen bis zu den Tieren reicht«. Er errichtete das, was später als »scala naturae« – als große Stufenleiter des Lebendigen also – Karriere machen wird und sich bis ins 19. Jahrhundert hält, bevor ein tieferer Gedanke an seine Stelle tritt, die Idee der Evolution nämlich. Man kann sich fragen, welchen Verlauf die Geschichte des menschlichen Denkens genommen hätte, wenn Aristoteles die Reisemöglichkeiten geboten worden wären, die erst Charles Darwin nutzen konnte.

Bei aller Vielfalt der Beobachtungen, die Aristoteles machte, sollte nicht der kleine Weltkreis außer acht gelassen

---

4 Aristoteles hat die Lebensformen grundsätzlich dadurch unterschieden, daß er solche »mit Blut« und solche »ohne Blut« trennte. Das Blut erschien ihm so wichtig, daß er im Herzen das Organ erblickte, mit dem wir denken. Das Gehirn diente seiner Vermutung nach zur Kühlung des Blutes. Psychologisch gesehen macht dieser »Fehler« des Aristoteles übrigens Sinn. Zumindest verstehen wir heute, was es heißt, daß wir etwas mit dem Herzen verstehen (oder nicht) und daß unser Verstand unser Gemüt abkühlen und kontrollieren soll. Wie dem auch sei, die anatomisch ungenaue oder gar fehlerhafte Analyse des Aristoteles hat ihre Auswirkungen gehabt und dafür gesorgt, daß es bis zur Entdeckung des Blutkreislaufs fast zweitausend Jahre gedauert hat.

werden, der ihm zur Verfügung stand, und es lohnt sich, hin und wieder auch einmal daran zu denken, daß Aristoteles ohne Mikroskop und andere heute selbstverständlich gewordene Hilfsmittel auskommen mußte. Seinen Beobachtungen mit unbewaffnetem Auge waren daher ganz einfach Grenzen gesetzt, aber es ist klar, daß sich seine Phantasie damit nicht zufrieden geben konnte und sich auch dort um Antworten bemühte, wo das Auge (noch) nicht hinreichte. Seine entsprechenden Fehlzuordnungen sind bekannt und oft genug hochmütig belächelt worden – etwa die oben erwähnte, daß wir mit dem Herzen denken und das Gehirn zur Kühlung des Blutes dient. Wir sollten sie auf sich beruhen lassen. Wichtiger sind die Einsichten, die sich gehalten haben und unserem Denken inzwischen ganz selbstverständlich angehören. Sehen wir uns ein grundlegendes Beispiel dafür an:

Aristoteles sah die Einheit der lebenden Dinge – die »scala naturae« –, aber er sah zugleich auch, daß es dabei eine Zweiteilung gab. Da war zum einen das, was man heute die Materie[5] nennt, aber sie gab es auch im unbelebten Rahmen. Zum Leben mußte noch etwas anderes gehören, etwas, das der Materie der Lebewesen ihre komplexen Formen, ihre entsprechende Entfaltung und ihre noch komplexeren Verhaltensweisen ermöglicht, und dafür schlug Aristoteles den Begriff »eidos« vor, der schwierig und gemein zugleich ist. Gemein ist der Ausdruck, weil es genau das Wort ist, das Platon für die ewigen Ideen benutzt hat (und sicher auch dafür reservieren wollte, bis ihm sein Schüler diesen Strich durch die Rechnung machte). Und schwierig ist der Ausdruck, weil man ihn nicht so einfach mit einem Wort übersetzen kann. Was heißt »eidos«, wenn Aristoteles das Wort verwendet?

---

5 Aristoteles hat das griechische Wort »hyle« benutzt, das Cicero später mit »materia« übersetzt hat. In dieser Form ist es in unsere Sprache gekommen, und wir reden heute von Materie, wenn wir etwas bezeichnen, das weder Leben noch Seele hat. Ob das in dieser Form zulässig ist, kann zumindest seit den Tagen der Quantenmechanik bezweifelt werden.

Wenn wir auf die heutige Biologie schauen, stellen wir fest, daß wir seine Zweiteilung längst verinnerlicht haben. Während es bei ihm noch heißt, Leben = Materia plus Eidos, sagen wir inzwischen, Leben = Moleküle plus Information, oder es heißt, Leben = Hardware plus Software, und es gibt noch andere Möglichkeiten der Aufteilung. Der große Biologe Ernst Mayr schlägt seit den sechziger Jahren unseres Jahrhunderts vor, »eidos« mit dem modernen Begriff des »genetischen Programms« zu übersetzen. So hübsch dieser Vorschlag auch klingt, meiner Ansicht nach geht er in die falsche Richtung, denn die nächste oder übernächste Generation wird vermutlich nicht mehr verstehen, was der Ausdruck »Programm« bedeutet, wenn man ihn auf Lebewesen anwendet. Programme sind dann wahrscheinlich nur noch etwas, mit dem man Maschinen laufen läßt, die dann immer noch keine menschlichen Gefühle und andere Qualitäten dieser Art haben. Leben kann zwar auf Programme irgendwelcher Art zurückgreifen, es sollte aber in keiner Weise von ihnen bestimmt werden.

Wir müssen zur Kenntnis nehmen, daß wir nicht wissen, was Aristoteles meint, wenn er von »eidos« redet, und zwar aus mindestens zwei Gründen: Zum einen wissen wir schon nicht, was er mit »materia« meint, selbst wenn unser Wort »Materie« so ähnlich klingt. Aristoteles meinte sicher nicht das tote Zeug, das wir heute im Sinne haben, wenn von materiellen Dingen die Rede ist, denn für ihn – in seinem organisch zu nennenden Weltbild – hatte alles zumindest eine Seele. Und zum zweiten hat er bei »eidos« nicht nur an die komplexe Ordnung der Natur gedacht, sondern vor allem ihre Zielgerichtetheit angesprochen, die doch jedem in die Augen springt, der sich auf sie einläßt. Aristoteles vertraute seinen Sinnen, und mit ihrer Hilfe konnte er unmittelbar den Sinn der Natur erkennen, und wenn ihm auch dabei vieles mißlungen ist (vor allem in der Physik[6]),

---

6 Wer sich über Aristoteles lustig machen will, braucht nur auf dessen Fehlschluß hinzuweisen, daß ein Körper, der doppelt so schwer ist wie ein anderer, auch doppelt so schnell zu Boden fällt. Natürlich wissen wir heutigen Schlauberger aus dem Physikunterricht, daß die

so können wir ihn im wissenschaftlichen Rahmen allein deshalb nicht mehr verstehen, weil die moderne westliche Wissenschaft inzwischen stolz darauf ist, hinter den sinnlichen Augenschein gelangt zu sein. Seit den Tagen des Francis Bacon (mehr dazu in seinem Kapitel) ist es den modernen Forschern mehr oder weniger untersagt, die Frage »Wozu?« zu stellen. Heute fragt schon lange kein Naturforscher mehr nach der Zielgerichtetheit der Natur. In keinem der modernen naturwissenschaftlichen Begriffe ist irgendeine Form von Zielvorstellung enthalten, und insofern bleibt uns seit Jahrhunderten verschlossen, was »eidos« meint, es sei denn, wir versuchen, gegen den Strom zu schwimmen und erneut die Frage zu stellen, wozu das alles da ist und passiert, was wir vor Augen und Ohren haben und bemerken.

Wir werden damit noch zu tun haben, wenn die Naturwissenschaften moderner werden. Wir bleiben jetzt aber bei Aristoteles und halten fest, daß seine Sinnvorgabe etwas ist, das die gesamte Welt umfaßte. Zwar unterschied er zwischen unbelebten und belebten Dingen, aber er tat dies nicht, indem er der toten Materie jedes Ziel verweigerte. Jeder Stein, jedes natürlich gegebene Etwas trug ein Ziel in sich, das es zu erreichen trachtete, so sah es jedenfalls Aristoteles. Das griechische Wort für Ziel heißt »telos«, und Aristoteles sprach deshalb von der »Entelechie«, wenn irgendein Ding seine natürlich vorhandenen (inneren) Anlagen verwirklichte und seinem bestimmten Platz im Kosmos zustrebte. Die Bewegungen, die Aristoteles interessierten, rührten nicht von irgendwelchen äußeren Einflüssen (Kräften) her, sie kamen aus innerem Antrieb zustande

Erdbeschleunigung für alle Körper gleich (und unabhängig von der Masse) ist. Aber zunächst einmal fällt eine Feder langsamer als ein Geldstück zu Boden. Das wird beobachtet. Und natürlich wissen wir inzwischen, daß dafür die Lufttreibung verantwortlich ist. Aber wir wissen dann noch nicht, daß sich Aristoteles um solch einen äußeren Einfluß gar nicht gekümmert hat. Ihn hat vor allem das Ziel der Bewegung interessiert, und das wurde seiner Ansicht nach von innen bestimmt. Diese einseitige Sichtweise könnte man ihm vorhalten, aber nur, wenn man sie genau versteht. Und wer tut das?

und sorgten dafür, daß ein Gegenstand seinen natürlichen Platz einnahm. Der natürliche Platz eines Steinbrockens etwa ist unten, und so fällt solch ein Körper eben, und zwar gradlinig nach unten, bis er dort ankommt, wo er hingehört. Und der natürliche Platz von gasförmigen Gebilden – wie wir heute sagen würden – ist oben, weshalb zum Beispiel Feuer aufsteigt und sich zur Peripherie hin verflüchtigt.

Allgemeiner legt Aristoteles in seiner *Physica* fest, daß es die vier Elemente sind, die ihren natürlichen Ort haben. Und da alle Stoffe oder Objekte sich aus den vier Elementen zusammensetzen, läßt sich so ihr inneres Bewegungsziel ermitteln. Wasseranteile bewegen ein Ding relativ weiter nach unten, Luftanteile treiben etwas relativ weiter nach oben, und so läßt sich dieses System fortspinnen und eine Art Mechanik entwickeln. Wir wollen dies hier nicht im Detail tun und unser Augenmerk mehr einer anderen Bewegung zuwenden, die zu der von Aristoteles wenig gepflegten Chemie führt. Eine »Bewegung« der Materie findet nämlich auch dann statt, wenn sich ihre Zusammensetzung ändert, wenn etwa Salze in Flüssigkeiten aufgelöst werden oder wenn Holz verbrennt und zu Feuer wird, um nur zwei Beispiele zu nennen, die sicher schon in der Antike bekannt waren. Die Elemente können also bewegt – überführt – werden, und die Ursache dafür ist weiter oben als »causa formalis« vorgestellt worden. Solch einem Wechselspiel muß auch ein Unbewegter Beweger zugrunde liegen, und in diesem Fall gibt Aristoteles dafür einen weiblichen Ausdruck an, nämlich die »prima materia« (die »Urmaterie«), die die Alchemisten später freizusetzen suchen. Aristoteles versucht mit dieser Idee und der möglichen wechselseitigen Verschiebung (Transformation) der vier elementaren Substanzen auf – wie wir heute sagen würden – physikalische Weise zu verstehen, was eigentlich – wieder in moderner Sprache – ein chemischer Vorgang ist, nämlich das Eingehen und Auflösen von chemischen Verbindungen. Aristoteles versucht zwar, zwischen einer lockeren Mischung und einer intensiven Verbindung zu unterscheiden – es heißt bei ihm zum Beispiel, »solange die Bestandteile noch in kleinen Teilchen erhalten sind, dürfen wir nicht von ›Verbindung‹ sprechen; ... vielmehr sagen wir, daß in einer ›Verbindung‹ die Zusammensetzung durchweg gleich sein muß, so daß jedes Teil dasselbe ist wie das Ganze« –, aber er traut sich nicht richtig an die Frage heran, was diese kleinen oder kleinsten Teilchen sein sollen, und es scheint, als ob er sich die ganze Zeit dagegen wehrt, der Auffassung des Leukippos und Demokritos zuzustimmen, derzufolge die Welt nur aus den (unteilbaren) Atomen und dem leeren Raum besteht. Aristoteles postuliert auch eine untere Teilungsgrenze der natürlichen Stoffe – und zwar die »minima naturalia«, nicht zu verwechseln mit den »Minima Moralia« eines zeitgenössischen Autors –, aber er sucht dann nicht nach einer Leere zwischen diesen Einheiten, sondern nach der Kontinuität der Dinge, die man sich doch als »prima materia« vorstellen konnte.

Es scheint, daß die Zweiteilung, die Aristoteles in die Welt gebracht hat und die sich vor allem in dem Dualismus zwischen Erde und Himmel erstreckt, an dem ganz andere Gesetze der Bewegung gelten sollten – »Der Substanz des Himmels und der Sterne geben wir den Namen Äther, weil er, im Kreis umgeschwungen, immerfort läuft, ein Element, das von anderer Art ist als die vier bekannten, nämlich unvergänglich und göttlich« –, ihn selbst einholt und daran hindert, eine Grundlegung der Chemie zu liefern. Aristoteles denkt entweder sehr abstrakt – wie viele seiner Zeitgenossen –, oder er erfaßt das, was unmittelbar einsichtig ist. Ein Drittes scheint es wieder nicht zu geben. Dabei kennt man es heute sehr wohl, nämlich als die Wissenschaft mit Namen Chemie, die zwischen der einfachen Beobachtung und der höchsten Abstraktion angesiedelt ist und zu deren Betreiben Abstraktion im richtigen Maß gefordert ist. Diese Mitte hat der große Grieche offen gelassen. Er hat auch dabei viele Nachfolger gefunden und sich selbst im Irrtum als der Unbewegte Beweger erwiesen.

Und auch ein Weiteres darf nicht unerwähnt bleiben: Aristoteles ist keineswegs nur aufgrund seines immensen Wissens und beeindruckenden Gedankengebäudes zum Urvater unserer Wissenschaft, zu »dem Philosophen« geworden, der er heute noch ist. Dazu haben vielmehr Jahrhunderte später Albertus

Magnus, von dem wir noch hören werden, und sein Schüler Thomas von Aquin ihren Beitrag geleistet. Sie nämlich entdeckten den großen heidnischen Denker für sich und damit für das gesamte christliche Abendland wieder, und sie vermochten es, seine Philosophie mit der christlichen zu versöhnen. Wären diese beiden Männer nicht gewesen, wer weiß, vielleicht hätte er im Urteil der mittelalterlichen Theologen hinter seinen ebenso großen Zeitgenossen und Gegenspieler Platon zurücktreten müssen – und wer weiß, wie unsere Geschichte dann verlaufen wäre. Mit einiger Sicherheit anders, als das die folgenden Kapitel skizzieren werden.

Almagest und Alchemie

oder
Die große Lücke von 1000 Jahren

Aristoteles und seine Wissenschaft sind natürlich ein schwerer Brocken, und danach muß jeder erst einmal eine Verschnaufpause einlegen. Die Wissenschaftler haben das auch getan – wenigstens auf den ersten Blick –, und so tauchen erst rund 1000 Jahre nach dem großen Griechen zwei Gestalten auf, die unser Interesse auf sich ziehen und im nächsten Kapitel vorgestellt werden. Wir gelangen dabei in die arabische Gelehrtenwelt, und von dort aus kehren wir anschließend in die abendländische Tradition zurück, die wir im Mittelalter aufgreifen und von der wir dann bis in die Neuzeit nicht mehr abzurücken brauchen. Nach dem arabischen Umweg tauchen in Europa immer interessantere Figuren auf – zuerst nur in der Alten und später dann auch in der Neuen Welt –, die nach und nach dafür sorgen, daß die Wissenschaft entsteht, die wir heute kennen und vorfinden. Diese Wissenschaft entsteht auf einem Weg, der nicht der einzig gangbare war und zu dem es sicher Alternativen gegeben hat, die auch vorgeschlagen und aufgezeigt worden sind. Doch wie so oft konzentriert sich auch hier die Geschichte auf die Sieger, wobei es offen bleibt, ob wir Heutigen dazugehören. Aus diesem Grunde lohnt es sich, bei einigen Gestalten besonders aufzupassen und zu fragen, ob sie uns möglicherweise gar nicht den besten aller Wege gewiesen und vielleicht sogar fehlgeleitet haben.

Als sich die moderne Wissenschaft mit dem ausgehenden

Mittelalter und der beginnenden Renaissance formierte, mußte sie sich bekanntlich zunächst mühsam gegen überlieferte Weltbilder oder Denkmuster durchsetzen, die den von uns manchmal allzu leichtfertig als ziemlich einfältig belächelten Hintergrund bildeten. Beispiele sind das auch heute noch immer wieder zitierte ptolemäische Modell des Universums, in dessen Mitte sich eine unbewegte Erde befindet, die mit und von allerlei Sphären umgeben ist, und das schon erwähnte Bemühen der Alchemisten um die Verwandlung bzw. Veredelung der Elemente. Beide Denkungsarten sollen hier mit der Warnung vorgestellt werden, daß derjenige einen Fehler begeht, der da meint, er bekomme hier nur Unzulängliches vorgeführt, das die Moderne längst überwunden hat und das uns eigentlich nichts mehr angeht. Es kann gar nicht oft genug gesagt werden: Die Geschichte der Wissenschaft ist komplizierter, als es die beliebte Vorstellung nahelegt, die uns von einer rationalen Philosophie unter der Anleitung von Karl Popper gepredigt wird, daß es nämlich eine ununterbrochene Linie des ewigen Aufstiegs gebe und daß es beliebig leicht sei, zwischen Gewinnern wie Copernicus und Verlierern wie Ptolemäus (s. Abb.) zu unterscheiden.

Natürlich widmen wir einem Copernicus ein besonderes Kapitel, aber zu seinem Verständnis ist es wichtig, mehr über Ptolemäus zu wissen als nur die Tatsache, daß sein Name mit einem heute als unzureichend erkannten astronomischen System verbunden ist. Und es ist ebenso wichtig, über die Alchemie[1] mehr zu wissen als die scheinbar endgültig feststehende Tatsache, daß ihre Betreiber kläglich bei dem Versuch gescheitert sind, Gold zu machen (was genau genommen gar nicht zutrifft). Bevor wir diese beiden Punkte während dieses Zwischenhalts beim Ersteigen der wissenschaftlichen Hintertreppe erläutern,

---

1 Alchemie hieß früher »Alchimie« oder auch »Alchymie«. Alle Wörter sollen dasselbe bezeichnen, und sie haben auch den gleichen Ursprung. Wir haben uns für die Fassung mit dem »e« in der Mitte entschieden, weil sie besser klingt und weil sich die Wissenschaftshistoriker darauf geeinigt haben.

soll noch die persönliche Lücke geschlossen werden, die wir von Aristoteles bis zu den arabischen Gelehrten lassen (müssen), weil uns nur endlich viel Platz für die in jeder Hinsicht unendliche Geschichte der Wissenschaft zur Verfügung steht.

Die Lücke

Als Aristoteles starb, wurde Eukleides beziehungsweise Euklid (322–285 v. Chr.) geboren. Er sammelte und stellte die *Elemente* vor, die die Wissenschaft von der Geometrie begründeten und seinen Namen in Form der (zumeist klein geschriebenen) euklidischen Geometrie bis heute erhalten haben. Bei Euklid machen alle Winkel in einem Dreieck zusammen 180° aus, parallele Linien schneiden sich nie, und es dauerte mehr als 2000 Jahre, bis Mathematiker auf die Idee kamen, daß es auch andere Möglichkeiten gab, sich einen Raum und seine Gebilde vorzustellen. Es dauerte dann noch einmal rund ein halbes Jahrhundert, bis auch die Physiker – allen voran Albert Einstein – sahen, daß diese nicht-euklidische Alternative tatsächlich Bedeutung für das Weltall hat und zur Wirklichkeit unseres Kosmos gehört. Hier gibt es gekrümmte Räume, in denen sich Parallelen doch schneiden und in denen Dreiecke auch mehr oder weniger als die klassischen 180° Winkelsumme haben können.

Nach Euklid lebte Archimedes (287–212 v. Chr.), der seine größte Entdeckung bekanntlich in der Badewanne machte und mit seinem berühmten Ruf »Eureka!« verkündete, daß er verstanden hatte, wie zu unterscheiden war, ob eine Krone aus reinem Gold bestand oder mit Blei legiert war.[2] Archimedes

---

2 Wenn man einen Gegenstand in eine volle Wanne taucht, läuft Wasser über. Die Menge des überfließenden Wassers, die sich messen läßt, hängt von der Größe des eingebrachten Gegenstands ab. Ein Kilogramm Blei benötigt wenig Volumen und wird wenig Wasser verdrängen. Ein Kilogramm Aluminium benötigt ein größeres Volumen und wird mehr Wasser auslaufen lassen. Archimedes sollte herausfinden, ob eine Krone allein aus Gold bestand oder mit weniger wertvollen Metallen verunreinigt worden war (und dabei durfte die Krone nicht beschädigt werden). Archimedes prüfte, ob die Menge

schrieb seine berühmte Abhandlung *Über schwimmende Körper*, auf die noch Galilei zurückgriff, um die Kräfte zu verstehen, die bei vielen Bewegungen eine Rolle spielen. Archimedes wäre übrigens für die Kritiker der Wissenschaft ein besonderer Fall, denn niemand, so scheint es, hat so fleißig wie er über Kriegsgeräte nachgedacht und sein technisches Vermögen zum Zwecke der Vernichtung angeboten. Auch dieser Teil der Wissenschaft ist keine Erfindung der Moderne.

Nach Archimedes tauchte Hipparchos (190–127 v. Chr.) auf, der als erster die Wissenschaft der Geometrie auf das Weltall anwendete und für dieses Zutrauen mit einer Bestimmung der Entfernung von der Erde zur Sonne belohnt wurde. Nach ihm dauert es nicht mehr so lange, bis die Person erscheint – Jesus Christus –, die unsere Geschichte grundlegend ändert und durch ihre Nachfolger unter anderem die Zeitrechnung in Gang setzt, der wir uns im wesentlichen heute noch bedienen. Offiziell wird 532 Jahre nach Christi Geburt festgelegt, was als der Zeitpunkt gilt, zu dem Jesus auf die Welt gekommen ist. Sein Geburtsjahr wird heute als Jahr Null bezeichnet, und das erlaubt zwei Kommentare. Zum einen wird diese Zuordnung bis heute beibehalten, obwohl sie falsch ist, wie bereits Johannes Kepler vor fast vierhundert Jahren »beweisen« konnte. Er wies bereits im 17. Jahrhundert darauf hin, daß Jesus im Jahre 1 schon ein Knabe von 7 war (dazu später mehr), den man heute in die Schule schicken würde. Daß Kepler sich bei seiner Korrektur auf das Jahr 1 konzentriert, hat mit dem zweiten Punkt zu tun, den wir kommentieren wollen. Als die Kirche den christlichen Kalender festlegte und die moderne Zeitrechnung begann, war die Null gerade erst erfunden worden, aber nicht im Abendland, sondern in Indien. Die Kirchenväter ließen die Finger von dieser seltsamen Größe, die scheinbar ohne Wert

Wasser, die die Krone verdrängt, von der Menge Wasser verschieden war, die reines Gold mit dem gleichen Gewicht wie die Krone zum Überlaufen bringt. Schwappt mehr Wasser über den Rand, wenn die Krone eintaucht, besteht sie nicht nur aus Gold. Dies stellte Archimedes fest.

ist, und sie taten das, was jeder Nichtmathematiker leicht nachvollziehen kann: Sie fingen beim Zählen mit der 1 an. Sie steht am Anfang, und es gibt dafür natürlich noch einen anderen Grund. Am Anfang kann keine Null stehen, das ist vielmehr der Platz des *einen* Gottes.

Die christliche Religion setzt sich rund 300 Jahre nach der Geburt ihres Stifters durch, als Kaiser Konstantin der Große sich zu ihr bekennt und sie unter dem Motto »In hoc signo vinces« fördert. Mit dieser Entscheidung verliert die Vier ihre Bedeutung. Man zieht 1 ab, und die Drei tritt an ihre Stelle, und zwar sowohl in Form der Trinität »Vater, Sohn und Heiliger Geist« als auch in Gestalt der drei Tugenden »Glaube, Liebe und Hoffnung«. So klein diese Änderung auch scheint und so seltsam es klingt: Mit diesem Wandel von Vier nach Drei verschwindet gleichzeitig die wissenschaftliche Kraft der jetzt christlichen Welt. Um 400 – damals lebten rund 200 Millionen Menschen – entdecken nicht die Abendländer, sondern die Inder die Null und die negativen Zahlen, und so ganz allmählich regen sich auch die Menschen in Arabien. Hier entwickelt sich eine Form der Alchemie, hier wird die Algebra erfunden, und in diesem geographischen Raum sucht der große al-Hwarizmi bereits um 800 n. Chr. nach Wegen, auf denen sich systematisch die Lösungen von Gleichungen finden lassen. Von »Algorithmen« reden wir heute in diesem Zusammenhang, wobei diese Bezeichnung nichts mit den griechischen Logarithmen zu tun hat, sondern vielmehr als vielschichtige Abschleifung nach und nach aus al-Hwarizmi entstanden ist.

Schauen wir uns nun einen heute eher in Verruf geratenen Zweig der Wissenschaft etwas genauer an, der viel der arabischen Gelehrsamkeit verdankt.

Die Alchemie

Die modernen Historiker der Wissenschaft haben sich nie gescheut, Alchemisten als irregeleitete Wissenschaftler zu verstehen, die den mit ihren Mitteln hilflosen Versuch unternommen haben, aus Blei Gold zu machen. Diese Einstellung hat sich erst gewandelt, seit sie in den Archiven entdeckt haben, daß der große Isaac Newton, den wir noch kennenlernen werden, wahrscheinlich mehr Zeit auf Alchemie als auf die Mechanik und die Optik gewandt hat, für die er heute so berühmt ist. Und möglicherweise wird der alchemistische Grundgedanke wieder aktuell, wenn man erst einmal versteht, ihn auf die richtige Basis zu stellen und ihn auf die Wirklichkeit hinter dem Augenschein anzuwenden, die spätestens von der modernen Physik gefunden worden ist.

Der Grundgedanke der Alchemie hat tatsächlich mit Umwandlung zu tun, und hinter all den Bemühungen steckt sicher auch die Absicht, wertloses Material in wertvolles zu verwandeln. Aber einfach nur Blei in Gold zu überführen war nicht gemeint (dann eher schon die Transformation von Papier zu Geld, die uns heute allzu mühelos gelingt). Es ging den Alchemisten vielmehr darum, das ihrer Ansicht nach in allen Elementen enthaltene Urmaterial, das schon bei Aristoteles »prima materia« hieß, freizusetzen. Mit anderen Worten, es ging ihnen darum, das in jedem Stoff – also auch im Blei – in Form des Urmaterials vorhandene Gold wachsen und hervortreten zu lassen. Sie wollten es befreien.

Die Alchemisten lebten unter der organischen Vorstellung, daß Metalle im Mutterleib der Erde wachsen können und dies unter dem Einfluß geeigneter Strahlen (oder der richtigen Planetenkonstellation) auch tun. Das Urmaterial, die »prima materia«, wurde als schwarz angesehen, und so lautet eine Erklärung für die Entstehung des Begriffs »Alchemie«, er leite sich von »kheme«, der schwarzen Erde der Ägypter, ab. Andere führen ihn auf das griechische »chyma« (Metallguß) zurück – jeweils versehen mit der arabischen Vorsilbe »al-«, dem direkten Hinweis auf die Vermittlerrolle der islamischen Welt. Die organische Metapher führte aber noch einen Schritt weiter von der unbelebten zur belebten Natur, indem man nämlich »chymische Menschen«, uns spätestens seit Goethes *Faust* geläufiger als »Homunculi«, schaffen wollte. Ein letztes Ziel war spiritueller Natur und verließ damit die materielle Welt. Es ging dann darum, auch das Gold der Seele zu befreien und so den Adepten, den in die Geheimnisse Eingeweihten, auf eine höhere Stufe des Daseins zu führen.

Im alchemistischen Denken steht das Gold (wie die Sonne) für das Unvergängliche (Gold rostet zum Beispiel nicht). Demgegenüber steht das Blei als Symbol der Vergänglichkeit, was dadurch anschaulich wird, daß dieses Metall dem Saturn zugeordnet wird. Der Saturn heißt auf griechisch Kronos, was über Chronos auf Zeit hinausläuft und somit die Zeitlichkeit aller Dinge und Menschen ausweist. Indem die Alchemisten – in ihrem eigenen Sprachgebrauch die »wahren Philosophen« – versuchen, das im Blei steckende Gold zu befreien, bemühen sie sich darum, die Vergänglichkeit zu überwinden und die Ewigkeit zu gewinnen. Mit anderen Worten: Alchemie ist der Versuch der Menschen, über die Zeit zu triumphieren und sich an ihre Stelle zu setzen. Alchemisten wollen tatsächlich zum Schöpfer werden – auch zum Schöpfer des schon zitierten »chymischen Menschen« –, und hoffen dabei, mit dieser Fähigkeit die Natur zu vollenden, wie es etwa noch bei Paracelsus nachzulesen ist. Alchemie ist somit die Vollendung der Natur, und die Menschen bemühen sich darum auf die unterschiedlichste Weise. Sie tun dies mindestens, seit sie Brot, Wein und Kleiderstoffe machen, die doch sämtlich nicht (mehr nur) natürlich sind.

Die Umwandlung der schwarzen Urmaterie – ihre Transformation – gelingt demjenigen, der im Besitz des Katalysators ist, der als »Stein der Weisen« bekannt geworden ist. Der eigentlich schwierige Teil der Alchemie besteht nun darin, diesen Stein herzustellen, und das ist das einzige, was wir an dieser Stelle dazu sagen wollen. Die Vielzahl der Rezepturen, die zu diesem Zweck angegeben worden sind, ist ebenso erstaunlich wie die Hartnäckigkeit, mit der man die Vergeblichkeit aller Versuche ignoriert hat.

Der Almagest

Während sich in der arabischen Welt die Alchemisten so bemühten wie die Wissenschaftler in der abendländischen Welt von heute, war der christliche Teil der Menschheit zur Ruhe gekommen. Geforscht über das, was außen liegt wurde nicht viel, woraus sich der Schluß ziehen läßt, daß die Menschen erklären konnten, was sie erklären wollten, und dazu gehörte zum Beispiel der Aufbau der Welt bzw. des Kosmos. Sein Aussehen stand fest bzw. geschrieben, seit ein hellenistischer Ägypter namens Ptolemäus im zweiten nachchristlichen Jahrhundert ein erstes Handbuch der Astronomie publiziert hat, wie wir heute sagen würden. Ptolemäus hatte dabei die Erde in die Mitte gesetzt, wo sie ruhte und dem Treiben der Sphären die Orientierung gab. Dieses zugleich anschauliche und ästhetisch ansprechende Modell befriedigte über viele Jahrhunderte hinweg nicht nur den gesunden Menschenverstand, sondern auch die kirchlichen Würdenträger und ihre Vorstellungen.

Warum der gesunde Menschenverstand nach einer im Zentrum ruhenden Erde verlangt, läßt sich einfach erklären: Wenn unser Auge den Lauf der Sonne verfolgt, der täglich im Osten beginnt und im Westen endet, und wenn wir uns dabei völlig vom Augenschein einfangen lassen, kann man sich kaum vorstellen, daß es nicht die Sonne sein soll, die sich um die Erde dreht, sondern daß wir es auf unserem Planeten sind, die sich um die Sonne drehen. *Sie* geht auf und unter, wie wir es sprachlich ausdrücken.

Es sind aber nicht nur unsere Augen, die den Stillstand der Erde melden, es ist auch die Bibel, die dies tut. Und selbst wenn dies auf sehr indirekte Weise geschieht, so geschieht es trotzdem und zwingt der offiziellen Kirche diesen Standpunkt auf. Im Buch Josua – es kommt direkt nach dem fünften Buch Mose – wird der Kampf der Kinder Israels gegen die Amoriter beschrieben. Die Schlacht geht schon lange, und der Sieg scheint ganz nah zu sein. Doch zuviel Zeit ist vergangen, und der Tag neigt sich zu Ende. Da redete Josua (so heißt es im Kapitel 10, Vers 12ff.) mit dem HERRN, »und er sprach in Gegenwart

Israels: Sonne, steh still zu Gibeon. Da stand die Sonne still ..., bis sich das Volk an seinen Feinden gerächt hatte. [...]So blieb die Sonne stehen mitten am Himmel und beeilte sich nicht unterzugehen fast einen ganzen Tag.«

Da der Befehl »Still gestanden!« nur Sinn macht, wenn sich vorher etwas bewegt hat, ist der Schluß nicht zu vermeiden, daß die Sonne sich bewegt und die Erde ruht, was ja – siehe oben – auch mit dem übereinstimmt, was unsere Augen uns melden. Und so kommt es, daß unter dieser doppelt genähten Vorgabe nicht nur die späten Christen, sondern auch die frühen Astronomen ihre Modelle der Welt mit der Erde im Zentrum gebaut haben, und das berühmteste System stammt von einem Mann, der etwa im Jahre 160 unserer Zeitrechnung im oberägyptischen Ort Ptolemaios gestorben ist und unter diesem Namen bekannt ist – Claudios aus Ptolemaios, den wir latinisiert Ptolemäus nennen wollen.

Ptolemäus hat in der großen Bibliothek von Alexandria gearbeitet und fast eine kleine Bibliothek von eigenen Werken hinterlassen. Da gibt es – noch vor dem Durchsetzen der christlichen Drei – ein Viererbuch, das im Original *Tetrabiblos* heißt und eine Art Einführung in die Sterndeutung – also die Astrologie – gibt. Da gibt es weiter eine *Harmonik*, die als erstes Handbuch der musikalischen Theorien anzusehen ist und Einfluß auf Kepler ausübte, als er seiner Musik der Sphären lauschte. Ptolemäus hat sich zudem am Problem der Lichtbrechung versucht und eine erste *Optik* geschrieben. Doch so erstaunlich diese Abhandlungen schon sind, sie alle werden von seinen dreizehn (!) Bänden in den Schatten gestellt, in denen er die »Größte Kunst« beschreibt, und das ist die Kunst der Himmelsbeobachtung bzw. der Himmelserkundung. »Megiste techne« hat dieses Opus vermutlich auf griechisch geheißen, und diesem Titel haben die Araber erst einmal ihren Artikel (al) und danach noch einen anderen Schliff gegeben. Das von Ptolemäus vorgelegte Modell der Planetenbewegung konnte man nun unter »Al midschisti« finden, und aus diesem Wort hat sich im Mittelalter »Almagestum« gebildet, das wir heute verkürzt verwenden, »Almagest« eben.

Im *Almagest* des Ptolemäus geht es nicht nur um ein geometrisches Modell der himmlischen Sphären, es geht vor allem darum, die Bahnen der damals bekannten Planeten zu verstehen, sieben an der Zahl: neben Sonne und Mond noch Saturn, Jupiter, Mars, Venus und Merkur. Und die Aufgabe, die Claudios aus Ägypten sich gestellt hatte, war atemberaubend. Er wollte alle die Bewegungen, die seine Vorgänger am Himmel registriert hatten, aus einem Modell verstehen und dabei zwei Vorgaben unter allen Umständen beachten. Erstens, die Erde mußte in der Mitte ruhen, zweitens, es kamen ausschließlich Kreise als Umlaufbahnen in Frage. Der Augenschein und Aristoteles lassen grüßen, und Ptolemäus hat das Nachsehen. Doch selbst wer ihn für seine kreisförmige Verengung des Blickfeldes vielleicht mitleidig betrachten möchte, sollte wenigstens etwas Achtung vor der Mühe haben, mit der Ptolemäus zu retten versuchte, was nicht zu retten war

Der Bibliothekar aus Alexandria wußte nämlich genau, daß er in Schwierigkeiten war. Er wußte besser als viele sich aufplusternde Experten heute, daß die Bewegungen der sieben Planeten selbst dann nicht als gleichförmige Kreisbahnen zu verkaufen waren, wenn er versuchte, sie auf diesen berühmten Epizyklen rotieren zu lassen, die man sich als kreisende Kreise vorstellen kann: Es waren nicht die Planeten selbst, die die Erde umkreisten. Die Planeten bewegten sich vielmehr auf zirkulären Bahnen (den Epizyklen), deren Mittelpunkte nicht ruhten, sondern ihrerseits kreisten, und zwar um die Erde.

Selbst als Ptolemäus den Mittelpunkten der Epizyklen erlaubte, Kreise zu beschreiben, deren Zentrum nicht in der Erde, sondern ein wenig daneben lag – die sogenannten exzentrischen Kreise –, schaffte er es nicht, die als ungleichförmig beobachteten Bewegungen der Planeten als eine Überlagerung von gleichförmigen Kreisbahnen zustande kommen zu lassen. Er mußte noch eine dritte Komplikation einführen, und sie war es vor allem, die Copernicus mehr als 1000 Jahre später an eine ganz andere Lösung denken ließ. Ptolemäus dachte sich zur Rettung der gleichförmigen aristotelischen Kreise und zur Beruhigung des gesunden Menschenverstandes das aus, was heute

»Ausgleichskreis« heißt. Es ist zwar ziemlich kompliziert, läßt sich knapp aber wie folgt beschreiben: Ptolemäus machte zum einen die Annahme, daß die Mittelpunkte der Epizyklen, auf denen die Planeten unterwegs waren, nicht genau um das Weltzentrum (die Erde) kreisten, sondern eben um ihren möglichen Ausgleichspunkt. Er machte weiterhin die Annahme, daß die Bewegung der Mittelpunkte so abläuft, daß nicht ihre Bahngeschwindigkeit gleichförmig herauskommt, sondern ihre Winkelgeschwindigkeit, und zwar bezogen auf den jeweiligen Ausgleichspunkt.

Man braucht heute nicht mehr zu versuchen, sich dies genauer vorzustellen als notwendig. Man sollte nur staunen, wie fest Menschen mit großem Verstand an metaphysischen Vorgaben kleben können, die ihrerseits nicht unbedingt einen rationalen Ursprung haben. In der Wissenschaft ist vieles von Anfang an irrational gelaufen, auch wenn dies viele ihrer Befürworter gerne übersehen. Irrationalität ist allein schon deshalb wichtig, weil sie sich hartnäckig hält. Wir werden ja sehen, wie lange es gedauert hat, bis die Sache am Himmel wieder übersichtlicher wurde.

Alhazen und Avicenna

oder
Die islamische Sicht der Dinge

Alhazen und Avicenna (s. Abb.) sind bei uns nicht sehr bekannt und populär geworden. Überhaupt nehmen wir nur wenig von der arabischen Tradition zur Kenntnis, Wissenschaft zu treiben, und wenn wir von ihren Gelehrten sprechen, nennen wir sie mit den lateinischen Namen, die ihnen die Europäer im Mittelalter gegeben haben. Alhazen heißt in der Sprache seiner ägyptischen Wahlheimat Abu Ali al-Hasan Ibn al Hasan Ibn al-Haitham[1], was wir vereinfacht als Ibn al-Haitham abkürzen können. Und Avicenna heißt in seiner iranischen Heimat Abu Ali al-Husalin Ibn Abd Allah Ibn Sina, was wir auf die beiden letzten Bezeichnungen Ibn Sina reduzieren dürfen. Beide Männer lebten zwar etwa zur gleichen Zeit, nämlich um das Jahr 1000 nach der Zählung der christlichen Zeitrechnung, doch beide haben auf ganz unterschiedliche Weise zur Fortsetzung und Entwicklung der Wissenschaft beigetragen: Der eine – der

---

1 Wir erlauben uns hier die Vereinfachung, bei der Schreibung der Namen nur Buchstaben unseres Alphabets zu verwenden. Wenn man korrekt wäre, müßte man alle möglichen Sonderzeichen einsetzen, die die Linguisten ersonnen haben, um die arabische Sprache mit lateinischen Buchstaben aufschreiben zu können. Wir bitten Kenner des Arabischen zu entschuldigen, daß wir an dieser Stelle schlampen. Dies ist nicht der Platz, um eine Einführung in die arabische Sprache zu geben, und aussprechen können wir am besten, was mit unseren Buchstaben geschrieben worden ist.

Physiker oder Mathematiker Alhazen oder Ibn al-Haitham (965–1039) – hat eine grundlegende Erneuerung der Optik bzw. des Sehens und seiner Sicht bewirkt, und der andere – der Arzt und Philosoph Avicenna oder Ibn Sina (980–1037) – hat hauptsächlich das getan, was man oft allzu vereinfachend als einzigen Beitrag des Islam sieht, er hat nämlich wesentliche Aspekte der griechischen Wissenschaft übernommen und für ihre Weiter- oder Rückgabe an die mittelalterliche Welt gesorgt. Doch auch Ibn Sina war mehr als ein Vermittler, und er hat viele eigene Beiträge in die Medizin einfließen lassen wie etwa den, daß jeder Arzt sich um Sternkunde zu kümmern und astrologische Zusammenhänge bei seinen Behandlungen mit zu beachten habe.[2] Die Araber haben überhaupt mehr Originelles beigetragen, als man meint, und dies zeigt nicht nur das Beispiel Alhazens bzw. Ibn al-Haithams, sondern dies wird uns durch jede Ziffer klargemacht, die wir notieren. Unsere Zahlen kommen nämlich aus Arabien, und wie gut sie sind, sieht man allein daran, daß sie sich überall in der Welt durchgesetzt haben – eine universal verstehbare und akzeptierte Zeichensprache, die aus dem arabischen Raum stammt.

Der Rahmen

Als Ibn al-Haitham und Ibn Sina im ägyptischen bzw. iranischen Teil der Welt lebten und tätig wurden, lag ein anderes Leben fast 400 Jahre zurück, dessen Wirkungen bis heute und sicher darüber hinaus reichen und das zu entscheidenden Weichenstellungen in der menschlichen Geschichte geführt hat. Gemeint ist das Leben des Mannes, den wir Mohammed nennen und der aus Mekka stammt, wo er im Jahre 570 geboren wurde. Als 40jähriger vernimmt dieser Mohammed erste Offen-

2 Natürlich war diese Einbeziehung der Astrologie kein medizinischer Fortschritt im heutigen Sinn: aber wenn man bedenkt, wie viele Menschen den Sternen vertrauen, dann könnte man sagen, daß Avicennas Idee dem Patienten entgegenkommt, und um den geht es doch wohl in der Medizin vor allem.

barungen des Engels Dschibril (Gabriel), er wird zum Prediger und den Herrschenden seiner Heimat ein Dorn im Auge. Sie vertreiben ihn, und Mohammed zieht 400 Kilometer durch die Wüste bis zu der Oase, die heute Medina heißt. Diese Flucht, die uns seit den Tagen der Schule als Hedschra vertraut ist, erfolgte am 16. Juli 622, dem offiziellen Beginn der islamischen Zeitrechnung.

In der Wüstenoase läßt Mohammed seine Gefährten aufschreiben, welche Offenbarungen der Engel Dschibril ihm eingibt[3], und aus ihren Manuskripten entstehen nach und nach all die Suren, die zum Koran (»Rezitation«) wachsen, der bis in unsere Gegenwart und sicher über diese Tage hinaus verkündet: »Es gibt keinen Gott außer Allah, und Mohammed ist sein Prophet.«

Der Prophet Mohammed sorgt mit seinen Erleuchtungen dafür, daß seine muslimischen Glaubensgenossen drei Aufgaben sehr ernst nehmen – beten, fasten und wohltätig sein – und zu einer Gemeinschaft heranwachsen, aber er hinterläßt keinen männlichen Erben, und diese Situation gefährdet den Zusammenhalt der arabischen Welt bis heute. Nach seinem Tode beanspruchen viele Kalifen und andere Männer, »Nachfolger des Gottesgesandten« zu sein, und wenn sie sich auch darin einig sind, zu Eroberungszügen durch die Welt aufzubrechen, so ist es seitdem immer schwieriger geworden, alle die verschiedenen Glaubensrichtungen in der islamischen Welt – Ismaeliten, Saiditen, Schiiten, Sunniten – auseinanderzuhalten. Und es wird noch lange dauern, bis wir sie verstehen und sie sich untereinander. Beispiele aus der Gegenwart sind überreichlich bekannt.

Mit Mohammeds Bewußtseinsbildung kommt auf jeden Fall mehr in Bewegung als der Zug seiner Anhänger in die Wüste. Ein bis dahin eher ruhiges und verkanntes Volk macht sich nach seinem Tod auf und beginnt, die Welt von Indien bis Spanien zu

---

3 Dies könnte ein riskantes Geschäft gewesen sein, denn der Überlieferung zufolge war Mohammed des Lesens unkundig, und so mancher Schreiber hätte ihm auch eigene Worte unterschieben können.

erobern. Beim Drang nach Osten ist man – wissenschaftlich gesehen – besonders erfolgreich gewesen, denn im sechsten Jahrhundert hatten indische Mathematiker damit begonnen, das heutige Dezimalsystem zu entwerfen. Sie hatten die Null erfunden und verfügten damit über die entsprechend notwendigen zehn Ziffern, die von der besonderen Null bis zur wenig spektakulären Neun reichen. Die Araber erobern und übertragen diese Schreibweise für sich und uns, und heute schreiben wir die Zahlen in den Zeichen, die uns die Araber vermittelt haben und infolgedessen arabische Ziffern heißen. Faszinierend an ihnen ist, daß sie so etwas wie eine universale Zeichensprache geworden sind, die alle Welt benutzt, etwas, wonach Gottfried Wilhelm Leibniz 1000 Jahre später in größerem Zusammenhang vergeblich suchen wird.

Bleiben wir bei Mohammed und dem arabischen Aufbruch, der mit seinen Offenbarungen einhergeht. Mit dem dazugehörenden militärischen Siegeszug breitet sich auch die arabische Sprache aus, und die islamischen, jüdischen und christlichen Gelehrten der Zeit nach Mohammed schreiben arabisch. Als kulturelles Zentrum der nie völlig homogenen Welt bildet sich nach und nach Bagdad heraus, dessen Eroberung durch die Türken im Jahre 1055 schließlich auch das Ende der arabischen Vorherrschaft signalisiert. Von nun an schweigt die islamische Welt erst einmal wieder, und die Türken haben es mit wissenschaftlichen und kulturellen Fragen nicht so eilig. Sie lassen es intellektuell äußerlich ruhig angehen, und allmählich kommt dieser Teil der Welt für viele Jahre zum Stillstand.

Dabei ist hier vorher so viel passiert und losgetreten worden. Bagdad war 762 vom Kalifen al-Mansur gegründet worden, und in dieser Stadt blühten die Wissenschaften, die bei uns heute eher ein befremdliches Schulterzucken hervorrufen – nämlich Alchemie, Esoterik und Numerologie. Ohne für eine unmittelbare Rückkehr dieser Fächer plädieren zu wollen, deren konkrete Auswüchse vielfach hanebüchen sind, schlage ich vor, wenigstens in kleiner Münze den zum Teil ernsten gedanklichen Hintergrund zur Kenntnis zu nehmen, vor dem sich diese Bereiche entwickeln. Numerologie heißt ja nicht, mit Zahlen irgendeinen albernen Aberglauben zu praktizieren (so wie es bis heute mit Freitag dem 13. oder überhaupt mit ungeraden Zahlen geschieht). Entscheidend ist nur der heute völlig an den Rand gedrängte Gedanke, daß Zahlen nicht nur quantitative Bedeutung haben, sondern daß in ihnen auch Qualitäten und sogar ästhetische Reize stecken können. Daß Zahlen mehr vermitteln und bedeuten als etwa Wechselkurse oder Wachstumsraten, weiß zwar jeder, aber irgendwie scheint man diesen Aspekt aus der Wissenschaft fernzuhalten. Dafür ersticken wir lieber in den Zahlenkolonnen, die wir ergeben als Information feiern und unserem Computer eingeben. Wir wollen ganz genau wissen, wieviel Menschen über 30 in Großstädten an Gott glauben und die CDU nicht wählen (oder irgend etwas dieser Art), und wir beschäftigen Statistische Bundesämter, uns dementsprechend präzise zu versorgen. Wir hantieren zwar mit vielen Zahlenwerten herum, aber den eigentlichen Wert – die Qualität – der Zahlen hat man damals in Bagdad vielleicht schon besser verstanden. Wir sollten auch wieder mehr versuchen, darauf zu achten.

Als in Bagdad Alchemie und Numerologie getrieben werden, läßt sich in Europa Karl der Große zum Kaiser krönen. Als bei uns die karolingische Kunst blüht, legen die Araber das Projekt eines Sternenkatalogs vor. Während man in Europa Kathedralen baut und die dazugehörigen Bauhütten gründet, während Otto I. in Rom zum ersten Kaiser des Heiligen Römischen Reiches (Deutscher Nation) gekrönt wird, erzählt Scheherazade in Bagdad die »Märchen aus 1001 Nacht«, und Ibn al-Haitham wird im irakischen Basra geboren. Noch vor der ersten Jahrtausendwende, die trotz gegenteiliger Beteuerungen ohne Schrecken und Jüngstes Gericht vonstatten geht, wird in Alexandria eine Bibliothek mit mehr als einer Million Bücher eingerichtet. Während man sich hier um eine Summe des gesamten Wissens bemüht und die klassischen Texte übersetzt, nimmt die »türkische Gefahr« von außen zu, der man bald unterliegen wird.

Die Bücher Arabiens bestanden schon nicht mehr aus Papyrus. Man hatte seit dem Ende des 8. Jahrhunderts Zugang zu dem ursprünglich aus China stammenden Papier, das fester als Papyrus war und schon damals so etwas wie einen Buchmarkt ermöglichte. Europa mußte auf diese Neuerung noch bis zum Jahre 1179 warten. Als man das Papier aus der arabischen Welt bekam, holte man sich ihre Ziffern gleich mit. Der italienische Mathematiker Leonardo Fibonacci führte sie und ihre elegante Schreibweise genau 1200 zusammen mit einem arabischen Rechenbrett ein und stellte sie seinen Zeitgenossen vor.

Avicenna oder Ibn Sina

Ibn Sina verbringt ein unstetes Leben, das sich aber zum größten Teil an den vornehmen iranischen Höfen des 10. und 11. Jahrhunderts abspielt, die sich in Buchara, Isfahan, Samarkand und Hamadan befinden. Seine Karriere beginnt dabei mit einem Paukenschlag. In demselben Alter, in dem Boris Becker seinen ersten Wimbledon-Sieg feiern konnte, hat der junge Ibn Sina das unverschämte Glück, den Sultan von Buchara zu kurieren, wie Zeitgenossen zu berichten wissen. Er gibt ihm den richtigen Rat. Als Dank für die erwiesene Wohltat gewährt der Herrscher dem Knaben Zugang zu seiner umfangreichen Bibliothek, in der sich zum Beispiel sämtliche Werke des Aristoteles befinden. Ibn Sina liest sie und alles, was seine Augen sonst noch halten können. Vor allem beeindrucken ihn die Schriften des Claudius Galenos aus Pergamon (129–199), der als größter Arzt der Antike gilt und dessen Name bis in unsere Zeit fortlebt, wenn von der Galenik[4] die Rede ist. Schon als 21jähriger fühlt sich Ibn Sina gelehrt genug, um eigene Schriften anzufertigen. Sie beschäftigen sich vor allem mit der Heil-

---

4 Unter Galenik hat man ursprünglich die Lehre von den natürlichen (pflanzlichen) Heilmitteln verstanden und dann die Zubereitung eines Arzneimittels in der Apotheke damit bezeichnet, um es von einem Fabrikerzeugnis abzuheben. Heute ist die Galenik ein Zweig der pharmazeutischen Industrie, und der Galeniker hat die Aufgabe, den Wirkstoff so mit anderen Stoffen zu verkleiden, daß eine ansprechende Tablette entsteht, die optimal wirksam ist.

kunde und können im Rückblick als tastende Versuche gewertet werden, eine geschlossene und einheitliche Darstellung der Medizin vorzulegen. Sie kommt zuletzt auch zustande, und zwar als *Canon medicinae*, ein fünfteiliges Werk, das sich im ersten Band theoretisch mit der Medizin beschäftigt, das sich danach der Arzneimittelkunde widmet, das sich drittens um das bemüht, was wir heute Pathologie und Therapie nennen – eine seltsame Mischung übrigens –, das weiter viertens Anleitungen für chirurgische Eingriffe gibt – und dabei auf uralte ägyptische Anweisungen zurückgreifen kann –, und das im abschließenden fünften Band darstellt, wie Gifte wirken und wie Gegengifte zu finden sein könnten.

Ibn Sinas *Kanon der Medizin* übt im europäischen Mittelalter seine Wirkung bis weit ins 16. Jahrhundert hinein aus, und angekratzt wurde sein Ruhm erst, als ein Schwabe namens Leonhardt Fuchs daherkam und bemerkte, daß hinter dem arabischen Arzt und seinen Ratschlägen ein griechischer Galenos stand. Fuchs schlug vor, daß man doch besser daran täte, gleich das Original zu studieren, und er selber ging mit gutem Beispiel voran.

Es stimmt, daß Ibn Sina den Grundvorstellungen des Galenos keine neuen Konzepte an die Seite gestellt hat, aber sein Kanon läßt sich vielleicht gerade deshalb als besser und rationaler konzipiert bezeichnen als die Lehren von Galenos. Ibn Sina war schließlich – wie der überwiegende Teil der arabischen Ärzte – mehr Beobachter und ein Praktiker, der konkret zugreifen wollte, und seine Arzneimittelsammlung war durch viele Stoffe aus Indien erweitert und daher weitaus umfangreicher als die griechische Vorgabe.

Trotzdem – der arabische Galenos, wie man Avicenna später auch genannt hat, ist in der Grundvorstellung über das Wesen der Krankheit – also in seinen theoretischen Abhandlungen – dem griechischen Galenos vollkommen verhaftet geblieben. Galenos vertrat das, was man heute die Säftelehre nennt, ohne dies abwertend zu meinen. Ihr zufolge gibt es nur eine Ursache aller Krankheitserscheinungen, und das ist das Ungleichgewicht der Körpersäfte, von denen es – wieviel auch sonst? – vier

Sorten gibt, nämlich den Schleim, die gelbe und schwarze Galle und das Blut, das wir immer noch den besonderen Saft nennen.

Diese Säftelehre, die im Fachjargon der Historiker auch als Humoralparadigma der medizinischen Wissenschaft tituliert wird, deren alltägliche Konsequenzen sich über ein Jahrtausend hinweg in all den Aderlässen, Einläufen und vielen therapeutischen Erbrechen gezeigt haben und deren Ablösung erst im 18. Jahrhundert gelungen ist, nachdem man allmählich nicht mehr hat übersehen können, daß es Organe sind, die schlichtweg versagen und krank werden können – diese Säftelehre versperrt mit ihrem einnehmenden Wesen den Blick auf die Möglichkeit, daß es winzige, partikuläre Krankheitserreger bzw. pathogene Keime gibt. Für die Vertreter der Säftelehre war es unvorstellbar, daß es kleine, abtrennbare, gesondert auszumachende, diskrete Einheiten gibt, die die Gesundheit beeinträchtigen können. Speziell für Ibn Sina blieb der Gedanke fremd, daß zum Beispiel die Pest durch winzige Strukturen oder allerkleinste Organismen der Art, die wir heute Bakterien nennen, zustande kam. Für ihn mußte die Ursache einer Seuche etwas Kontinuierliches sein, und was die Pest angeht, so tippte er weit daneben, nämlich auf die Luft (eine Art von »Pesthauch«), die aus der Erde steigen kann, wenn sie nach Erschütterungen oder Beben Öffnungen findet, aus denen sie freigesetzt wird.

Wer diese Einseitigkeit der Alten vor Augen hat, sollte nicht frohlocken, sondern vielmehr bemerken, daß wir Heutigen nicht weniger einseitig sind. Wir betrachten die Sache nur aus der entgegengesetzten Ecke. Wir können uns nämlich nach den Erfolgen der Bakteriologie am Ende des 19. Jahrhunderts, an denen Robert Koch maßgeblich beteiligt war (wie noch erzählt werden wird), und den vielen Bildern, die wir von Viren, Würmern und anderen Mikroorganismen zu sehen bekommen, kaum mehr vorstellen, daß es eine Krankheit gibt, die *nicht* durch einen definitiv auszumachenden Erreger bewirkt wird.[5]

---

5 »Virus« hieß ursprünglich »giftiger Saft«! Eine partikuläre Struktur hat erst die Neuzeit daraus gemacht. Vor dem Aufkommen der Mo-

Selbst Krebs und Magengeschwüre sollen – neuesten Tendenzen zufolge – keineswegs durch zuviel Säure (Vorsicht, ein Saft, wie ihn die Säftelehre liebt) oder karzinogene Schadstoffe etwa aus der Luft (der Pesthauch läßt grüßen), sondern durch Bakterien und weitere ansteckende Biowinzlinge verursacht werden. Wer ausschließlich so denkt und also nur andersherum an Krankheiten herangeht, als dies Ibn Sina alias Avicenna getan hat, der hat noch einen langen Weg zurückzulegen, um die Stelle bzw. den Standpunkt zu erreichen, von dem aus Krankheiten tatsächlich richtig einzuschätzen und einzusehen sind – falls das Wort »richtig« in diesem Zusammenhang überhaupt sinnvoll verwendet werden kann.

Ibn Sina schrieb seinen *Canon Medicinae*, in dem er auch von der Pest sprach, in Hamadan, wo er als Hofarzt des Prinzen Sham ad-Dawlah angestellt war. Dieser Ort war so etwas wie ein Ruhepunkt in dem ansonsten eher unsteten Leben des arabischen Arztes und Schriftgelehrten, der mehr als eine Million Wörter über – in unseren Begriffen – Anatomie, Physiologie, Ätiologie, Diagnose und Medikamente geschrieben hat. Im Jahre 1022 mußte Ibn Sina nach dem Tod des Prinzen Hamadan verlassen. Er fand neue Zuflucht beim Sultan von Isfahan, der Ala ab-Dawah hieß und es auf den Hof abgesehen hatte, von dem sein neuer Arzt gekommen war. Nach einiger Zeit startete er einen Eroberungszug in Richtung Hamadan, bei dem er von Ibn Sina begleitet wurde, der entweder das Abenteuer oder die Rückkehr nicht überlebte und 1037 an seiner alten Arbeitsstätte starb. Es gibt (freundlich ausgedrückt) Hinweise bzw. (unfreundlich formuliert) Gerüchte, daß Ibn Sina an seinem Tod nicht ganz schuldlos ist. Er hat sich vielleicht sogar zu Tode getrunken, wie Zeitgenossen behauptet haben, die sich ebenfalls über eine besondere Form der Therapie gewundert haben,

lekularbiologie waren Viren immer noch flüssig in dem Sinne, daß sie etwas waren, das von keinem Filter aufgehalten werden konnte. Bei atomaren Dimensionen ist es natürlich schwierig, zwischen einem Kontinuum und einem separaten Partikel zu unterscheiden. Aber die Trennung gibt es doch.

die heute noch in bestimmten Regionen Deutschlands gepredigt wird. Ibn Sina hat sich täglich ein Glas Wein gegen die Müdigkeit und für die Frische verschrieben. Er hat es sicher verdient gehabt, wenn man den Umfang seiner Schriften überblickt, die zahllose Themen aufgreifen. Neben dem erwähnten *Kanon* der Heilkunde gehört zum Beispiel noch ein *Buch der Genesung* dazu – gemeint ist in diesem Fall die Seele –, Ibn Sina hat sich weiterhin als Philosoph versucht und eine Verbindung aus aristotelischer und muslimischer Metaphysik versucht, und er hat sogar eine Theorie des Gebirges in Angriff genommen.

Lassen wir den Philosophen – wir verstehen zu wenig von den muslimischen Ideen – und halten wir den Arzt in Erinnerung, dessen Schriften und medizinische Anweisungen begierig vom Abendland aufgegriffen wurden. Noch 1508 hat zum Beispiel die Medizinische Fakultät der Universität Wittenberg, die 1502 gegründet worden war, in ihren Satzungen bestimmt, daß in den Vorlesungen vor allem Avicennas Schriften durchzunehmen seien. Es dauerte noch ein paar Jahrzehnte, bevor ein frischer Wind neuen Schwung in das Gesundheitswesen brachte. Er wehte von Basel her, wo Theophrastus von Hohenheim, genannt Paracelsus, neue und nicht – wie er sagte – »zusammengebettelte« Lehrbücher mit den Worten ankündigte: »Wer weiß es denn nicht, daß die meisten Ärzte heutiger Zeit zum größten Schaden der Kranken in übelster Weise daneben gegriffen haben, da sie allzu sklavisch am Worte des Hippokrates, Galenos und Avicenna und anderer geklebt haben.« Hier hatte vor etwa einem halben Jahrtausend offenbar endgültig eine neue Zeit begonnen, und sie brachte mehr als nur eine neue Art der Medizin hervor.

Ibn al-Haitham oder Alhazen

Gehen wir noch einmal in die alte Zeit zurück, genauer in das Jahr 1000, in dem in Ägypten ein Mann namens Ibn al-Haitham auftaucht und sich in den Dienst des Kalifen al-Hakim stellen läßt, der zum Stamm der Fatimiden gehört. Die Fatimiden beherrschen Ägypten seit 962, und zu ihren Gründungen gehört auch die Stadt Kairo, in der sie bald residieren. Um das Jahr 1000 herum und bis hin zu 1010 muß, so wird berichtet, der Stand des Nils stets zu niedrig gewesen sein, was zahlreiche Mißernten und die dazugehörenden politischen Probleme zur Folge hatte. Man berät am Hofe des Kalifen, was zu tun sei, und Ibn al-Haitham schlägt etwas vor, was seine Zuhörer damals die Hände über dem Kopf zusammenschlagen läßt. Er empfiehlt, den Lauf des Nils zu ändern! Um in der Folgezeit nicht wegen dieses natürlich nicht angenommenen Vorschlags einen Kopf kürzer gemacht zu werden, muß Ibn al-Haitham vorgeben, ein klein wenig verrückt zu sein. Er tut dies bis 1021. In diesem Jahr verschwindet Kalif al-Hakim, Ibn al-Haitham muß den Hof verlassen und versucht sich im folgenden als Schreiber auf den Märkten der arabischen Städte durchzuschlagen, ein Beruf, der auch heute noch in diesen Breiten seinen Mann ernährt.

Während Ibn al-Haitham dieser Tätigkeit nachgeht, bringt er auch eigene Gedanken zu Papier, und im Laufe seines Lebens schreibt er mehr als 200 (!) Bände. Sein Hauptwerk entsteht um 1030, wird im 12. Jahrhundert ins Lateinische übertragen und endlich 1572 in voller Länge publiziert. Es trägt den Titel *Opticae thesaurus*, und genau davon handelt es auch, nämlich von den Schätzen der Optik. Zu seinen Lesern sollte später Johannes Kepler zählen, der viele Anregungen aufnimmt und manchmal den entscheidenden Schritt weiter schafft. So hat Ibn al-Haitham zwar schon eine ungefähre Ahnung vom Aufbau des Auges, und er versteht bereits auch etwas von der brechenden Wirkung, die die Linse auf das Licht hat, aber daß das Bild der Welt auf der Rückseite (Netzhaut) des Auges genau auf dem Kopf steht, das hat erst Kepler bemerkt und für uns aufgeschrieben.

Dem Auge gehört die besondere Aufmerksamkeit Ibn al-Haithams, und bei der Aufgabe, die er ihm zuordnet, kommt es zu einem solchen Bruch mit der griechischen Tradition der Wissenschaft, daß wir von einer Revolution[6] des Sehens reden kön-

---

6 Im allgemeinen Sprachgebrauch bedeutet eine Revolution eine radikale Neuerung oder eine völlige Umorientierung des Denkens. Ge-

nen. Statt – wie es die Griechen getan haben – dem Auge die Aufgabe zu geben, einen Lichtstrahl (den »Sehstrahl«) auszusenden, der dann die anzusehenden Gegenstände abtastet und zum Auge zurückkommt, kehrt Ibn al-Haitham den Ablauf um und macht das Auge zum Empfänger des Lichts, das von den Gegenständen herkommt, und so ist es bis heute geblieben. In der arabischen Lehre des Sehens wird das Auge zu einem optischen Apparat, und der vollbringt seine Leistungen durch die physikalische Qualität, die wir heute als Brechung oder Refraktion bezeichnen. Die Brechung des Lichts, die beim Übergang von einem Medium (zum Beispiel Luft) in ein zweites (zum Beispiel Glas oder Wasser) erfolgt und durch eine Ablenkung des Lichtstrahls zu beobachten ist, wird mit dieser Wendung der Optik nicht nur zum Schlüsselproblem der kommenden Jahrhunderte, sie macht auch einen schöpferischen Neubeginn möglich: Während der griechischen Idee eines Sehstrahls mit keinem mechanischen Muster beizukommen war, läßt sich mit der arabischen Revolution nun gerade die mechanische Metapher voll anwenden und konstruktiv zum Erfolg bringen. Der Lichtstrahl ist nun zu einem »Geschoß« geworden, das gradlinig fliegt, und seine Umbiegung oder Brechung kann durch die unterschiedlichen Geschwindigkeiten verstanden werden, die in den unterschiedlichen Körpern mit ihren unterschiedlichen Dichten möglich werden. In seiner *Abhandlung über das Licht* heißt es bei Ibn al-Haitham:

»Lichtstrahlen, die sich in durchsichtigen Körpern ausbreiten, tun dies in einer sehr schnellen Bewegung, die wegen dieser Schnelligkeit nicht wahrnehmbar ist. Trotzdem ist ihre Bewegung in dünnen Körpern, das heißt solchen, die durchsichtig sind, schneller als ihre Bewegung in dichten Körpern. In der Tat setzt jeder durchsichtige Körper dem Licht, wenn es ihn

meint ist auf jeden Fall ein Fort- und kein Rückschritt, obwohl es die Vorsilbe »Re-« eigentlich anders sagt. Im Grunde kehrt man nach einer Revolution zurück. Ob man dabei weitergekommen ist, bleibt sehr wohl die Frage.

durchquert, einen kleinen Widerstand entgegen, der von seiner Beschaffenheit abhängt.«

Das klingt alles sehr modern, und man wünschte sich, der arabische Optiker hätte sich mit entsprechender Klarheit über die Farben geäußert, die doch – in physikalischem Verständnis – ebenfalls durch Brechung zu verstehen sind. Er hat dies leider nicht getan. Unabhängig davon erweist sich sein oben zitiertes Argument mit der Geschwindigkeit als extrem fruchtbar, und es taucht am Ende des 14. Jahrhunderts bei anderen Wissenschaftlern im Mittleren Osten wieder auf, die zum ersten Mal mit einer Lochkamera (»camera obscura«) arbeiten und Lichtbrechung erklären, indem sie behaupten, daß die Lichtgeschwindigkeit in umgekehrter Proportion zur Dichte des Mediums stehe, das zu durchqueren ist. Je dünner der Stoff, desto schneller das Licht, so lautet die These, und es sollte noch sehr lange dauern, bis sich die Möglichkeit zu ihrer experimentellen Überprüfung ergab.

Neben den optischen Schätzen hat Ibn al-Haitham noch anderes Wissen zu heben versucht und zum Beispiel den Versuch unternommen, aus der Dauer der Dämmerung die Höhe der Lufthülle zu berechnen, die das Licht bricht und dabei so umlenkt, daß wir noch etwas sehen können, auch wenn die Sonne selbst gar nicht mehr in unserem Blickfeld – also untergegangen – ist. Die lichtbrechende Hülle trägt seit dem Beginn des 17. Jahrhunderts den Namen »Atmosphäre«, und es hat auch bis zu dieser Zeit gedauert, bis man bessere Abschätzungen für ihre Höhe geben konnte. Die neue Atmosphäre löste dabei die alten »Äthersphären« ab, die seit Aristoteles den Himmel im Plural besetzten und die Planeten mit ihren Kreisbahnen »erklärten«. Ibn al-Haitham versuchte in seinen Schriften, das antike Modell zu verbessern und mehrere Äthersphären zusammenwirken zu lassen, um die Planetenbewegungen besser deuten zu können, als Ptolemäus dies gelungen war. Ibn al-Haitham lehnte – wie viele andere – dessen berüchtigte »Ausgleichsbewegung« ab, und um sie loszuwerden, organisierte er das mechanische Planetarium des Ptolemäus in ein physikalisches Kontinuum um. Die Mechanik gehörte auf die Erde – und zum Beispiel ins Auge –, aber am Himmel mußte es anders zugehen. Da waren sich das Abend- und das Morgenland jahrhundertelang einig – bis Newton kam und ein ganz neues Licht in die Wissenschaft brachte.

Die arabische Optik, so fruchtbar sie war, nimmt bald leider langsam an Bedeutung ab, und eine Art theologischer Optik tritt an ihre Stelle, die sich aber erst einmal im Osten informieren muß. Als die arabische Gelehrsamkeit im 12. Jahrhundert durch Übersetzungen im Abendland bekannt wird, trifft sie auf eine Welt, in der die Zahl der Menschen stark zunimmt und die Städte wachsen. Bei den Menschen in den Städten nimmt der Durst nach Wissen zu, sie gründen Universitäten, und an ihnen finden die arabischen Werke ihre Rezipienten. Das Abendland braucht keine neue Religion – sie hat das Christentum – und kein neues Recht – sie orientiert sich am römischen Vorbild. Was benötigt wird, ist eine Erklärung der Welt und die Möglichkeit, Wissenschaft zu treiben. Diese Schätze kommen mit den arabischen Werken und Übersetzungen. Wir sollten uns heute an diesen Neuanfang erinnern.

Erste Umwälzungen

Albertus Magnus (1193–1280)
Nicolaus Copernicus (1473–1543)

Aller Anfang geht gemächlich vonstatten. Die
Menschen des Mittelalters sind weniger an
Wissen und mehr an Gewißheit interessiert, und
die finden sie in ihrem Glauben. Doch steckt
etwas in uns, das damit nicht ganz zufrieden ist,
und nach und nach regt sich die Lust, die Natur zu
beobachten und sich Gedanken über ihre
Ordnung zu machen. Ein Dominikanermönch
findet Vergnügen am Philosophieren, und er
kann davon nicht lassen, obwohl er vielleicht sein
Leben lang Angst hatte, dabei auf etwas zu
treffen, was seinen Glauben erschüttern könnte.
Tatsächlich stimmen einige Beobachtungen bald
nicht mehr mit dem starren Bild von der Welt
überein, das die Kirche offiziell als wahr
verkündet. Die Kopernikanische Revolution wird
unvermeidlich, obwohl noch viele hundert Jahre
vergehen müssen, bis es gelingt, ihre
Behauptungen so zu beweisen, daß alle
wissenschaftlichen Zweifel verschwunden sind.

Albertus Magnus

oder
Die Harmonie von Glauben
und Wissen

Albert ist der einzige Wissenschaftler – wenn wir ihn angesichts der modernen Bedeutung dieses Begriffs so nennen dürfen –, dem die Nachwelt den Beinamen »der Große« gegeben hat, und zwar bereits im 14. Jahrhundert.[1] Sein Ehrentitel ist längst zum Eigennamen geworden, und die Frage drängt sich auf, wodurch diese herausragende Stellung zu erklären ist. Auf den ersten Blick scheint der Dominikanermönch und Bischof Albertus Magnus (1193–1280) nämlich wenig konkrete Spuren im zeitgenössischen Denken hinterlassen zu haben, und wenn man auf die Theologie schaut, so hat ihm sein prominentester Schüler, Thomas von Aquin (1225–1274), dort bald den Popularitätsrang abgelaufen und leider Alberts frei- und großzügige Ideen durch eine eher starre Dogmatisierung an den Rand gedrängt und verlorengehen lassen. Vielleicht verehrt man in Al-

---

1 Möglicherweise ist man im 13. und 14. Jahrhundert mit dem »Großen« rasch zur Hand gewesen. Immerhin stammen auch die »Ars magna« und die »Magna Charta« aus dieser Zeit, wie noch erwähnt wird, und die Pest um 1347 nannte man »Pestilentia magna«, die Große Pest. Was konkret Albert betrifft, so hat man ihn wohl »magnus philosophus« genannt und das Beiwort später gestrichen. Der Ausdruck »magnus philosophus« wird dabei verwendet wie im Matthäus-Evangelium (5,19), in dem der treue Lehrer der Gesetze als groß im Himmelreich gewürdigt wird. Albert war tatsächlich groß als Lehrer.

bert den Großen, weil er ganz früh etwas Großes wollte, etwas, das uns nach wie vor als ungelöste Aufgabe bleibt[2], nämlich das Problem, den tiefen Glauben an Gott mit einem profunden Wissen über die Natur zu versöhnen oder in Einklang zu bringen. Albert versuchte nicht aufzuzeigen, sondern vorzuleben, wie beide Bedürfnisse des Menschen – Glauben und Wissen – nebeneinander bestehen können und zueinander gehören. Man muß beides trennen und in seiner Gegensätzlichkeit hinnehmen. Es heißt bei ihm ausdrücklich:

> *Wir haben in der Naturwissenschaft nicht zu erforschen, wie Gott nach seinem freien Willen durch unmittelbares Eingreifen die Geschöpfe zu Wundern gebraucht, durch die er seine Allmacht zeigt; wir haben vielmehr zu untersuchen, was im Bereich der Natur durch die den Naturdingen innewohnende Ursächlichkeit auf natürliche Weise geschehen kann.*«

Und weiter kann man lesen:

> *Wenn nun jemand einwendet, Gott könne mit seinem Willen die Entwicklung in der Natur zum Stillstand bringen, wie es ja einen Zeitpunkt gegeben hat, in dem kein Werden geschah und nachdem es sich erst entwickelte, dann halte ich dem entgegen, daß ich mich um Wunder durch Gottes Eingreifen nicht kümmere, wenn ich Naturkunde treibe.*«

Klare Gedanken, die es seltsamerweise extrem schwer hatten und haben, im abendländischen Denken Fuß zu fassen, vor al-

---

2 Die Frage, wie man die immer genauer werdenden Kenntnisse über den Kosmos mit der Existenz Gottes unter ein geistiges Dach bringt, steht auch im Mittelpunkt der großen philosophischen Diskussion, die Niels Bohr und Albert Einstein im 20. Jahrhundert geführt haben. Wir werden sehen, daß sich Einstein immer wieder um die Antwort gedrückt und das Publikum mit Witzchen über den raffinierten Herrgott im Himmel abgespeist hat. Das Thema, das bei Albertus Magnus beginnt, bleibt so groß wie vor fast 800 Jahren. Zumindest hier lassen sich nicht viele Fortschritte vermelden.

lem nachdem der neapolitanische Thomas (von Aquin) nach dem schwäbischen Albert nicht nur eine deutliche, sondern eine scharfe Trennlinie zwischen Glauben und Wissen gezogen hat und der Vernunft höchstens zubilligt, die Widerspruchsfreiheit der Offenbarung zu registrieren. Während Albert für die Harmonie zwischen theologischem und philosophischem Bemühen lebte und arbeitete, gab man nach ihm der Glaubenseinsicht wieder den Vorzug gegenüber allen anderen Wegen zum Wissen. Mit dieser Trennung kämpfen wir selbst heute noch, wenn sich zum Beispiel Biologen gegen den Vorwurf wehren müssen, sie würden versuchen, Gott wegzuerklären, wenn sie den natürlichen Gesetzen der Evolution auf der Spur zu sein meinen. Gott hat es weder verboten, seine Werke zu bewundern, noch sie zu erkunden. Wissenschaftler ersetzen dabei doch nur das Wunder der Erscheinungen durch das Wunder der Erklärungen.

Der Rahmen

Am Beginn des 13. Jahrhunderts, dessen größten Teil die Lebensspanne Alberts umfaßt, beginnt sich der Kompaß zu verbreiten, erste Formen von Internationalität deuten sich an, die sich auch in Alberts Studienaufenthalten in Europa zeigt, und bald wird Marco Polo seine erste Weltreise unternehmen. In der Welt der Wissenschaft gründet Robert Grosseteste (1175–1253) die Universität in Oxford, Raimundus Lullus (1235–1315) zelebriert in Spanien seine *Ars magna*, mit der Wissen durch systematische Kombinationen erworben werden kann, und Dietrich von Freiburg (1250–1310) beschreibt in Deutschland zum ersten Mal die Farben des Regenbogens richtig, und er versucht sich sogar an einer theoretischen Erklärung dieses Himmelszeichens (*De iride*).

Die Lebenszeit Alberts ist ansonsten politisch durch heftigste Konflikte zwischen den Päpsten und den Kaisern charakterisiert, wobei die Macht des Papsttums unter Innozenz III. ihren Höhepunkt erreicht, der einen Bann gegen Kaiser Otto IV. erläßt. Zur gleichen Zeit gibt es die schönste Dichtung – Wolfram von Eschenbachs »Parzival« – und die schrecklichste Verwirrung – den elendig endenden Kinderkreuzzug von 1212. In England erzwingen derweil die Barone die »Magna Charta« (1215). Das deutsche Reich dehnt sich inzwischen bis Süditalien aus, und der Staufer Friedrich II., der Walther von der Vogelweide ein Lehen überläßt, macht Palermo zu seiner dreisprachigen Hauptstadt. In seinem Europa verändert sich das Bildungswesen. Von überall her kommen lateinische Übersetzungen der Werke von Aristoteles in das Reichsgebiet, und gefragt ist bald der Mann, der sie erläutert und kommentiert. Albert übernimmt diese Rolle, und seine als epochal eingestufte Interpretation der damals bekannten Schriften des Aristoteles erschließt dem christlichen Abendland zugleich die ihm bis dahin kaum bekannte Welt der spätantiken, arabischen und jüdischen Wissenschaft, die sich selbst in Auseinandersetzung mit Aristoteles entwickelt hatte.[3]

Das Porträt

Albert wird 1193 im schwäbischen Lauingen an der Donau geboren.[4] Sein Vater war vermutlich ein wohlhabender Beamter des Kaisers, womit Heinrich IV. gemeint ist. Vom Familienleben ist wenig bekannt, wenn auch vermerkt werden sollte, daß

3 Da diese universale Beschäftigung sehr nach einer toleranten Grundhaltung klingt, darf nicht unerwähnt bleiben, daß Albert kurz vor Abschluß seiner Studien in Paris (siehe unten) ein Dekret unterzeichnet hat, mit dem die Text- und Gesetzessammlung des nachbiblischen Judentums, die man als Talmud bezeichnet, verurteilt wurde. Albert hat zwar den jüdischen Philosophen Moses Maimonides studiert, aber ansonsten wohl nicht protestiert, als man sogar erste Talmudverbrennungen organisierte. An Maimonides interessierte ihn die Frage, wie die Schöpfung passiert sein soll, wenn dabei Zeit vergangen ist. Wenn die Schöpfung nicht in einem Augenblick gelungen ist, müssen alle Dinge nicht nur geschaffen worden sein, sondern auch noch eine Entfaltung mitgemacht haben.

4 Das Geburtsjahr ist umstritten. Sicher ist nur, daß Albert vor 1200 auf die Welt kam, denn als er 1280 starb, war er älter als 80 Jahre, wie

Albert einen Bruder hatte, der später Prior von Würzburg wurde. Albert selbst hat vermutlich zunächst eine Klosterschule besucht, aber dokumentiert ist erst sein Studienaufenthalt in Oberitalien, der 1222 beginnt und sieben Jahre später endet. Im gleichen Jahr (1229) tritt Albert in den Bettelorden der Dominikaner ein, was ein schwieriger Entschluß gewesen sein muß, aber nicht, weil er damit dem Ideal der Armut gegenüber verpflichtet war und keinen privaten Nutzen mehr aus dem Vermögen ziehen konnte, dessen Erbschaft zu erwarten war, sondern weil Albert nicht wußte, ob er genug Kraft haben würde, an der Entscheidung sein Leben lang festzuhalten. Das ihm vom Vater vermachte Geld hat Albert zum Teil für den Bau einer Klosterkirche und zum Teil den Dominikanerinnen zur Verfügung gestellt. Allerdings hat er offenbar nicht alles, was er besaß, weggegeben, sondern einen Teil für die eigene Lebensführung eingesetzt, genauer für neue philosophische Bücher, die der Orden als »heidnisch« bewertete und die die Vorgesetzten nicht gerne in den Händen der Ordensbrüder sahen. Albert blieb bei solchen Angriffen gelassen und trug seinerseits eine Klage vor: »Die Gegner des Philosophiestudiums im eigenen Orden lassen ihre Mitbrüder nicht in angenehmer Gemeinschaftsarbeit die Wahrheit suchen.« »Wahrheit« ist dabei das entscheidende Stichwort, denn der Orden stellte drei Forderungen an seine Brüder, und zwar »laudare, benedicere, praedicare» – also Gott loben, in seinem Namen segnen und seine Wahrheit verkünden. Dies wollte Albert tun, und zwar auch und vielleicht gerade mit Hilfe der philosophischen Werke etwa von Aristoteles und Avicenna (Ibn Sina).

Albert dachte erstaunlich modern – etwa indem er darauf hinwies, daß man zwar dem Augustinus mehr als einem anderen Philosophen zuhören solle, wenn es um Glaubens- und Sittenfragen ginge, daß er aber mehr Vertrauen in Galenos und Avicenna habe, wenn medizinische Dinge anstünden, und daß

die Chroniken berichten. Diese Ungewißheit macht natürlich die später im Text gemachten Altersangaben ungenauer, aber die Größenordnung, auf die es uns dabei ankommt, bleibt unverändert.

Aristoteles sich besser als irgendein Kirchenmann mit der Natur und ihren Geschöpfen auskenne –, und er wußte von all diesen Schriften, weil er sich ungeheuer viel Zeit für das Studium lassen konnte und gelassen hat. Nach dem Eintritt in den Bettelorden hörte der damals 36jährige keineswegs auf zu studieren, und er führte auch alles andere als ein stilles Gelehrtenleben. Albert wurde zuerst nach Köln geschickt, um hier ein reguläres Ordensstudium zu absolvieren. Er kam anschließend nach Hildesheim, Freiburg und Straßburg, und von 1243 bis 1248 machte er sich noch einmal nach Paris auf, wo er sich – neben den sieben freien Künsten – auch im medizinischen und naturkundlichen Bereich umtat, die Schriften des Aristoteles studierte und zuletzt auch einen Abschluß zustande brachte. Er hatte seinen 50. Geburtstag schon längst gefeiert, als er endlich zum Magister der Theologie promovierte. In seinem Jahrhundert ließ man den Talenten mehr Zeit zu reifen, und bei Albert sollte sich dies reichlich auszahlen.

Im Jahre 1249 kehrte er nach Deutschland zurück. Albert wurde als sogenannter General-Lesemeister nach Köln berufen, und von dieser Stadt aus, in der er 1280 stirbt, entfaltet der »doctor universalis«, wie ihn seine Ordensbrüder bald nennen, seine vielleicht wirklich universale Wirkung. Während er in Köln die Generalstudien des Ordens leitet, beginnt er im Jahre 1251 – er geht jetzt auf die 60 zu – seine eigentliche Arbeit, die Kommentierung der Werke des Aristoteles. Albert bleibt dabei auch äußerlich ein rastloser Mensch.[5] Er zeigt beachtliche Fähigkeiten als Schlichter und legt sowohl Streitigkeiten zwischen einzelnen Kölner Bürgern und dem Erzbischof als auch innerhalb eines ganzen Bistums bei[6] – zu diesem Zweck über-

5 Albert durchwanderte Deutschland von Süden nach Norden, von Osten nach Westen und umgekehrt. Er legte die Wege zu Fuß zurück und verzichtete bis in sein Alter auf einen Wagen. Und was er sich selbst zumutete, verlangte er auch anderen ab. Es wird berichtet, daß er Prioren, die zum Provinzkapitel zu Pferde ritten, ihres Amtes enthob und bei Brot und Wasser fasten ließ.
6 Die Streitfälle, die Albert schlichten mußte, kehren auch heute noch wieder, etwa die Frage, wie groß eine Scheune werden darf, wenn sie

nimmt er 1260 für zwei Jahre das Amt des Regensburger Bi-
schofs.

Ein aktives Leben dieser Größenordnung läßt Gerüchte
sprießen, und so ranken sich viele Legenden um den großen
Albert. Man erzählte sich zum Beispiel, daß er über ein ge-
heimnisvolles Laboratorium verfügt habe, in dem an einer
Frauenfigur gebastelt worden sei, die auf einen mechanischen
Befehl hin »Salve« sagen konnte.[7] Außerdem soll dem Doktor
in einer visionären Nacht die Jungfrau Maria erschienen sein,
um ihm den Urplan des Kölner Doms einzuflüstern, dessen
Grundsteinlegung 1248 erfolgt.

Mit Frauen scheint Albert offenbar Begegnungen der
schwierigen Art gehabt zu haben, und in der Tat findet sich
hier eine seltsam schwache Stelle seines Denkens. Irgendwo in
den Manuskripten seiner Vorlesungen findet sich der Satz:
»Deshalb muß man sich vor jeder Frau hüten wie vor einer gif-
tigen Schlange oder einem gehörnten Teufel; und wenn mir
erlaubt wäre zu sagen, was ich über die Frauen weiß, würde
die ganze Welt staunen.« Albert hat vermutlich überhaupt
nicht viel über Frauen gewußt, und es ist sehr wahrscheinlich,
daß ihm da andere etwas in den Text hineinredigiert oder daß
wir gar nur studentische Mitschriften vor uns haben. Gedacht
über die Frauen haben viele sogenannte Gelehrte in seinem
Jahrhundert trotzdem leider so, und Albert hat tatsächlich die
bis auf Aristoteles zurückgehende Meinung weiter vertreten,
daß der Mann alle Vorzüge der Welt genieße und mit dem
»physiologischen Schwachsinn des Weibes« zurechtkommen
müsse. Er versucht diesen philosophischen Schwachsinn des
Mannes allerdings dadurch zu mildern, indem er so etwas wie
eine psychophysische Einheit des Menschen konstruiert und
die (Geschlechts-) Unterschiede als Variationen deutet, die

das Licht der Sonne von dem benachbarten Grundstück fernhält und
nur ihr Schatten dort hinfällt.
7 Eine andere Form dieser Anekdote läßt Thomas von Aquin den
»Roboter« entdecken, er ist so entsetzt darüber, daß er das Kunst-
werk seines Mitbruders mit einem Stock zerschlägt.

beim Zusammenspiel der Seele mit den Organismen möglich sind.

Wie Aristoteles sucht Albert nach der Absicht der Natur, und er hat den uns heute wohlvertrauten Gedanken, daß die Natur darauf abzielt, die Arten zu erhalten, wie wir heute sagen würden – »das Universum und seine Teile«, wie es bei Albert sehr umfassend heißt –, und er stellt fest, daß die Natur in ihrer Wirkungsweise so angelegt ist, daß etwa Schwalben immer die gleichen Nester und Spinnen immer die gleichen Netze hervorbringen. Nur dem Menschen – so Albert – sei die Freiheit zur Variation gegeben. So richtig die Idee der Ähnlichkeit ist, so seltsam ist allerdings ein Schluß, den Albert daraus zieht, wenn er genauer wird:

> »Im einzelnen zielt die Natur darauf ab, etwas ihr ähnliches hervorzubringen, und weil bei der Zeugung eines Sinneswesens die Kraft des Mannes das Wirkende ist und nicht die Kraft der Frau, deswegen zielt sie im besonderen auf die Hervorbringung des Männlichen ab.«

Wir lassen dieses Vorurteil auf sich beruhen, um auf das Konzept des Sinneswesens hinzuweisen, das Albert gern benutzte und mit dem er Tiere und Menschen meinte. Heute würden wir natürlich auch Pflanzen so etwas wie einen Sehsinn oder einen Gravitationssinn einräumen, da sie ja auf Licht bzw. auf die Schwerkraft reagieren, aber wissen wir wirklich, was Albert meinte, wenn er von »Sinn« sprach? Wie weit gehörte bei ihm nicht auch der Sinn dazu, den kein gewöhnliches Organ, sondern nur die Seele erfassen kann?

Es ist natürlich keine Frage, daß der Mensch das »vollkommenste Sinneswesen« ist und in seiner Theorie der Lebewesen den weitaus größten Raum einnimmt. In seinen Abhandlungen *Über die Seele* bzw. *Über die Lebewesen* kommentiert Albert vor allem die physiologischen Einzelheiten, die sich in entsprechenden Schriften bei Aristoteles finden, und er diskutiert sie in Form von Fragen (Quaestiones), die er vielleicht seinen Studenten vorgelegt hat. Darüber hinaus gibt es viele Quaestiones, die er unabhängig von einer aristotelischen Grundlage erarbeitet hat – möglicherweise haben ihn seine Studenten danach gefragt –, und einige dieser Fragen klingen für unser heutiges Verständnis der Naturwissenschaft sehr modern, obwohl sie von eher philosophisch interessierten Zeitgenossen als Kuriositäten des Dominikanermönchs abgetan worden sind. Albert fragt zum Beispiel, »warum der Gesichtssinn sich mehr an der Farbe[8] des Grünen erfreut als an irgendeiner anderen«, »warum ein toter Mensch im Wasser nach oben geht, ein lebendiger nach unten«, »warum einige Leute, die viel essen, dünn sind, und andere, die bloß wenig essen, dick«, »warum auf den Biß eines tollwütigen Hundes Wahnsinn folgt«, »warum die Frauen so große Brustwarzen haben und die Männer nicht«, und dergleichen vieles mehr

Wer diese Fragen heute beantworten kann, darf sich stolz einen universal gebildeten Naturwissenschaftler nennen, denn immerhin reicht Albert mit ihnen in die unterschiedlichsten Gebiete hinein. Die Farbe Grün und ihre Wirkung läßt sich durch eine genauere Kenntnis der lichtempfindlichen Strukturen (Rezeptor-Moleküle) im Auge verstehen, das Auf- und Absinken eines Menschen erfordert – neben einer Abstraktion von den körperlichen Gegebenheiten – den Begriff des spezifischen Gewichts, das Problem der Körperfülle (Fettsucht) hat viel mit dem Stoffwechsel und seit neuestem auch mit unseren Genen zu tun, Tollwut läßt sich heute auf ein Virus zurückführen, aber mit dessen Eindringen in ein Lebewesen versteht man noch längst nicht den Einfluß auf das Nervensystem, und die letzte Antwort kann man – nach heutiger Sicht – umfassend nur in dem Kontext geben, der durch die Evolution bestimmt wird.

Wenn man jemanden »groß« nennt, der die richtigen Fragen stellt – Fragen, die sich halten und im Grunde nie abgeschlossen

---

8 Was die Farben angeht, so hat Albert die großartige Idee, daß im Weiß alle Farben zusammengefunden haben und also in ihm enthalten sind. Dieser Gedanke ist ihm gekommen, als ihm beim Betrachten eines weißen Eies auffiel, daß sich aus ihm ein bunter Vogel entwickeln kann.

zu beantworten sind –, dann war Albert unter anderem wegen dieser »kuriosen« Fragen ein großer Naturwissenschaftler, der offenbar von den Geheimnissen gewußt hat, die sich hinter dem Augenschein abspielen. Albert hat auf seine Art verstanden, daß es sich lohnt, auch solch scheinbar triviale oder dumme Fragen zu stellen und man damit rechnen kann, hinter ihnen tiefe Geheimnisse zu erwarten, und er hat keine Angst gehabt, daß diese Einsichten seinen Glauben gefährden könnten. Die Sorge der Kirche, daß das Studium der Natur oder das Studium naturwissenschaftlicher Schriften zu Ergebnissen führen mochte, die nicht mit dem christlichen Glauben vereinbar sein könnten, hat Albert nicht geteilt. Diese Furcht war ihm fremd. Der Kölner Dominikanermönch hat das naturwissenschaftliche Denken und seine Liebe zum Detail ganz selbstverständlich beherrscht und ihm den Weg bereitet, der in den kommenden Jahrhunderten immer stärker beschritten wird.

Wenn wir hier auch den Naturforscher Albert mehr im Blick haben, so muß doch erwähnt werden, daß er der Nachwelt mehr als Philosoph und Theologe gegenwärtig ist, der sich an Gottesbeweisen versuchte, der sich mit der Moral beschäftigte *(Über das Gute)*, der die Ewigkeit der Welt und die Unsterblichkeit der Seele diskutierte, und der natürlich vor allem damit befaßt war, die Philosophie des Aristoteles so zu ordnen und durchzuarbeiten, daß sie den Zeitgenossen zugänglich wurde. Albert hat all dies – und mehr – in über 70 Werken getan, die zusammen über 20000 Druckseiten umfassen. Wir können also nur auf einen kleinen Teil seiner Texte eingehen und an dieser naturwissenschaftlichen Stelle zum Beispiel lieber seine Alchemie zitieren als seine Theologie auslegen.

Doch halten wir uns erst an Aristoteles bzw. die Art, wie Albert ihn versteht und eventuell umdeutet bzw. weiterspinnt, und dazu sehen wir uns zwei Beispiele an, zuerst die eher langweilig wirkende Analyse der Bewegung, und dann die viel aufregender scheinende Hypothese, es habe keinen ersten Menschen gegeben.

Was die Bewegung angeht, so hat Aristoteles bekanntlich zwischen den natürlichen und den zufälligen (unnatürlichen,

65

erzwungenen) Bewegungen unterschieden, wobei man an einen nach unten fallenden oder an einen in die Luft geworfenen Stein oder Ball denken kann. Während der große Grieche die Differenz nur festhält und nicht weiter ausführt oder erklärt, betont der große Albert, daß man dabei auch die Kräfte auseinanderhalten kann (und muß), die die Bewegungen hervorbringen. Natürliche Bewegungen – die zum natürlichen Ort hin – gehen auf die innewohnende Natur als Beweger zurück, während zufällige, akzidentelle, Bewegungen von anderen (äußeren) Kräften verursacht werden.

So hält sich Albert eng an Aristoteles, ohne allerdings auf die Möglichkeit zu verzichten, kleinere Akzentverschiebungen vorzunehmen. Er geht ebenfalls vielfach so mit den (nicht medizinischen) Schriften Ibn Sinas um, der bei Albert noch Avicenna heißt und an irgendeiner Stelle auch die Frage aufwirft, ob es einen ersten Menschen gegeben haben kann, also einen Menschen, der nicht durch natürliche Zeugung, sondern durch Urzeugung ins Dasein getreten ist – »per putrefactionem«, wie Albert es lateinisch beschreibt. Er möchte dazu Stellung nehmen und hält zunächst zur allgemeinen Überraschung etwas fest, das Immanuel Kant in seiner *Kritik der reinen Vernunft* mehr als 500 Jahre später erneut in aller Deutlichkeit – und dann für die ganze Zunft verbindlich – betont. Albert schreibt im 13. Jahrhundert:

> *»Es habe keinen ersten Menschen gegeben, ist keine philosophische Setzung. Der Philosoph hat ja zu beweisen, was er sagt. Nun ist es aber ebenso unmöglich zu beweisen, es habe einen ersten Menschen gegeben, wie daß einmal ein erster Mensch war. Obwohl also beides sich nicht einsichtig machen läßt, steht doch die größere Wahrscheinlichkeit dafür, daß es wirklich einmal einen ersten Menschen gegeben hat, als nicht.«*

Wie aber ist dieser erste Mensch erzeugt worden, wenn es noch keine zeugenden Menschen vor ihm gegeben hat? Albert nennt den Menschen eine »Abbildung der Erstursache« – im Latein des Originals spricht er vom »imago causae primae«–, und dann kann er auch sagen, daß der Mensch von dieser Erstursache gebildet – in dem Sinne: in die Welt gebracht – worden ist. Und für diese Wahrscheinlichkeit holt er sich Unterstützung bei Aristoteles, der folgende hübsche Szene schildert und deutet:

> *»Stößt jemand im Ödland unversehens auf einen Palast, in dem nur Schwalben nisten, dann ist ihm von der Anlage her sofort klar, daß nicht die Schwalben den Palast errichtet haben; obwohl er den Namen des Erbauers nicht kennt, weiß er doch, daß jemand mit einer Geistnatur den Palast kunstgerecht angelegt hat. Auch das Weltall ist ein Werk der Kunst und des Geistes, und es hat seinen Bestand gerade nicht in den gezeugten Lebewesen. Daher ist es wahrscheinlich, daß die ersten Einzelverwirklichungen (primae substantiae) des auf dem Weg der Zeugung Entstandenen durch die Ideen des Gottes der Götter im Sein hervorgebracht worden sind.«*

Diesen Worten des Aristoteles aus der Schrift über den Himmel (*De caelo*) stimmt Albert zu, und er kommt zu dem Schluß: »Daß also ein erster Mensch durch Erschaffung geworden ist, entspricht mehr einem vernünftigen Denken, als daß es niemals einen ersten Menschen gegeben hat.«

Während Albert auf den bisher angesprochenen Gebieten des Wissens sich mehr oder weniger eng an seine Vorgaben hält, widerstreben ihm, dem gläubigen Rationalisten, manche Aussagen der Alchemie. Er äußert starke Zweifel an den Versuchen der Alchemisten, und es läßt sich sagen, daß der Naturwissenschaftler Albert auf diesem Sektor, den er als Lehre von der Veredlung der Metalle begreift, seine eigenständigsten Leistungen vollbringt. Hier kann er auch auf mit eigenen Augen gemachte Beobachtungen aus der Studentenzeit zurückgreifen – nämlich »als ich früher einmal in der Fremde war« und »weite Wege zu den Fundstellen von Metallen« gemacht habe, »um die Natur der Metalle aus eigener Anschauung kennenzulernen«.

»Ich selbst habe gesehen, wie reines Gold in hartem Stein gefunden worden ist; ebenfalls habe ich solches Gold gesehen, das mit der Masse des Steins vermischt war. Ähnlich bei Silber; ich selber habe Silber gefunden, und zwar einmal nicht von der Steinmasse geschieden, in einem anderen Stein aber reines Silber, säuberlich getrennt, als wäre es eine den Stein durchziehende Ader.«

Albert macht nun eine folgenschwere Unterscheidung. Er trennt die Alchemie von der Naturwissenschaft! Zur Naturwissenschaft gehört zum Beispiel die schwere Kunst oder Geschicklichkeit, die Metalle vom Stein zu trennen und rein zu bekommen. Alchemie hingegen ist die von ihm eher skeptisch betrachtete Kunst, die Metalle zu verwandeln, und irgendwo dazwischen liegt die Fähigkeit, Anhaltspunkte zu liefern, wo überhaupt Metalle zu finden sind. Dabei gibt es sowohl magische als auch ganz gewöhnliche Weisen des Vorgehens.

Albert stimmt zwar den Alchemisten zu, »daß die Metalle aus allen vier Elementen (Feuer, Luft, Wasser, Erde) bestehen. Das ist sicher nicht zu leugnen.« Aber er weist darauf hin, daß seiner Ansicht nach »der eigentliche Stoff, aus dem die Dinge gemacht sind, sich nicht nach allem und jedem bestimmt, was irgendwie in ihnen steckt, vielmehr nach dem überwiegenden Bestandteil«. Albert bestreitet die Ansicht der Alchemisten, daß »die im Gold verwirklichte Wesensbeschaffenheit allein die Wesensbeschaffenheit der Metalle sei«, und er merkt an, daß die Alchemisten für diese Behauptung weder Erfahrungstatsachen noch sachliche Beweise vorlegen könnten, sie würden sich »vielmehr nur auf die Autoritätsgründe stützen und die Absicht ihrer Verfasser unter bildlichen Decknamen verbergen. Das aber war in der Philosophie niemals üblich.«

Albert betont darüber hinaus, daß es Naturdinge gibt, die »von dauerndem Bestand« sind – Silber und Zinn gibt er als Beispiele an –, und er zieht daraus den Schluß, daß sie durch eigene Wesensformen bestimmt und abgeschlossen sind. Ihn reizt nicht nur das Eine, ihn fasziniert auch die Vielfalt der Eigentümlichkeiten, die jedes Ding zeigt. Metalle unterscheiden sich unter anderem in Farbe, Geruch und Klang, und so muß es – im Gegensatz zu dem, was die Alchemisten behaupten – mehrere Wesensbeschaffenheiten geben.

So nahe Albert dem Vorgehen der heutigen Naturwissenschaftler kommt – etwa indem er die Verhaltensweisen und Umgangsformen der Menschen in Parallele zu den entsprechenden Reaktionen und Abläufen in der Tierwelt sieht und setzt –, er schafft es nie, sich völlig freizuschwimmen und ausschließlich Beobachter und Experimentator zu sein. Auch bleibt er in vielen Fragen seiner Zeit allzu sehr verhaftet – etwa was die magischen Kräfte von Edelsteinen, die Stellung der Frau und der Einfluß der Sterne auf das irdische Leben angeht. Er zappelt zwar, aber er löst sich nicht weit genug von den Autoritäten, die er lesen und lehren muß, um der modernen Naturwissenschaft die Richtung zu weisen. Gesehen hat er ihren Weg schon. Was wir heute tun, wäre ihm an vielen Stellen gar nicht so fremd gewesen, wenn man davon absieht, daß er der Spezialisierung der heutigen Forscher nur mit völligem Unverständnis begegnet wäre. Karriere hätte Albert im heutigen Wissenschaftsbetrieb keineswegs gemacht, in dem man weder links noch rechts schauen kann. Albert hätte sich heute mehr als damals in allzu viele Einzelfragen verzettelt. Aber einer wie er, der universal sein wollte und es wohl gewesen ist, fehlt heute, um die Orientierung in der unübersichtlichen Vielfalt zu behalten, die uns nach und nach zuviel wird und vielleicht schon überfordert.

Auch die Kirche könnte einen wie ihn heute wieder gebrauchen. Sie hat ihm nach und nach große Ehrungen zuteil werden lassen. Albert wurde 1622 selig- und 1931 heiliggesprochen. Er war ein großer Mann, der wissen wollte, weil er glauben konnte.

Nicolaus Copernicus

oder
Die erste Vertreibung aus der Mitte

Nicolaus Copernicus bzw. sein Aussehen kennen wir heute vor allem durch ein Porträt, das ihn mit einem Maiglöckchen zeigt und also wenig mit Astronomie zu tun hat. Das Bild mit dem Blümchen macht aber auf seine Weise unmittelbar deutlich, daß sich Copernicus zeit seines Lebens anders einschätzte, als die Nachwelt es heute tut. Während wir in ihm den berühmten Auslöser der Kopernikanischen Revolution[1] sehen, die den Menschen aus der ruhigen Mitte der Welt nahm und an ihren bewegten Rand bugsierte, hat er vor allem zeigen wollen, daß er ein guter Arzt und bei seinen Patienten beliebt war. Als Copernicus in den ersten Jahrzehnten des 16. Jahrhunderts die schon erwähnte Wende der Wissenschaft herbeiführte, indem er die Sonne zur Mitte der Welt machte und also einem heliozentrischen Bild den Vorzug gab, hat er amtlich eine Domherrenstelle besetzt, auf der er sowohl für Verwaltungsaufgaben

---

1 Es hat sich eingebürgert, Copernicus mit C und die Kopernikanische Wende oder gar die Kopernikanische Revolution mit K zu schreiben. Dies mag auf den ersten Blick verwirrend erscheinen, bietet aber zwei Vorteile. Zum einen wird ein lateinischer Name (Copernicus) korrekt mit C geschrieben (wie Caesar), und zum anderen ist die Kopernikanische Revolution keine Erfindung des Copernicus, sondern eine Bezeichnung, die Historiker späterer Jahrhunderte erfunden haben. Die Buchstaben unterscheiden nur, was sowieso nicht zusammenpaßt.

zuständig war als auch medizinische Tätigkeiten übernehmen mußte. Die Menschheit hat er dabei offenbar mehr oder weniger nebenbei aus ihrer zugleich zentralen und bevorzugten Position im Weltall entfernt und dorthin die Sonne gesetzt, und im Detail aufschreiben wollen hat er all das auch nicht unbedingt, zumindest nicht für die Öffentlichkeit. Es bedurfte eines eigens aus der Universitätsstadt Wittenberg angereisten Mathematikprofessors names Georg Joachim Rheticus, um Copernicus zu diesem Schritt zu bewegen. Gerade noch rechtzeitig auf dem Totenbett – im Mai des Jahres 1543 – konnte man Copernicus dann das erste Exemplar seines Hauptwerkes in die Hand drücken, das »Von den Umschwüngen der himmlischen Kugelschalen« handelt, wenn wir *De revolutionibus orbium coelestium* genau übersetzen. Diese kleine Präzision ist auch erforderlich, denn es ging dem Domherren um die (uns eher wolkig erscheinenden) Sphären am Firmament und nicht um die (scheinbar viel konkreteren) Körper bzw. Objekte, die ihre beobachtbaren und ausmeßbaren Bahnen am Himmel ziehen. Copernicus hatte keine Physik im Sinn, als er die nach ihm benannte Wende einleitete. Ihm ging es um die außerirdischen Sphären, und sie ordnete er auf seine Weise und zu seiner Freude neu an.

Wir leben seitdem mit einer anderen Welt – zumindest im Kopf. Wir Menschen haben damals zum ersten Mal unsere Sonderstellung verloren, auch wenn es noch lange dauerte, bis sich diese Einsicht herumsprechen, durchsetzen und ihre langfristige Wirkung entfalten konnte. Die unmittelbaren Reaktionen der Zeitgenossen auf die Umwälzung des Copernicus waren nämlich eher verhalten. Der Philosoph Philipp Melanchthon etwa machte sich bestenfalls lustig über Leute, die »um geistreich zu sein«, behaupteten, die Erde bewege sich. »Solche Scherze sind nicht neu«, schrieb er 1549, wobei anzumerken ist, daß er diesen Satz später gestrichen und als überflüssig bezeichnet hat.

Trotzdem – als Copernicus starb (1543), begann eine neue Epoche der Wissenschaft. In diesem Jahr erfolgten nämlich nicht nur die Umwälzungen der himmlischen Sphären, die sich oberhalb unserer Köpfe befinden, in diesem Jahr veränderte sich auch der Blick auf die Welt, die wir unterhalb unserer Köpfe und in uns tragen. Der niederländische Arzt und Anatom Andreas Vesalius legt seine zum ersten Mal zuverlässigen Schautafeln des menschlichen Körpers vor. Sein Werk mit dem Titel *De humani corporis fabrica* bringt die neuzeitliche Anatomie auf ihren Weg. 1543 wird der Blick sowohl nach innen als auch außen ein anderer. Er steckt noch voller Fehler, aber in seiner Art ist er bis heute so geblieben.

Der Rahmen

Zwischen dem Tod von Albertus Magnus (1280) und der Geburt von Copernicus im Jahre 1473 liegen etwa 200 Jahre. Im 14. Jahrhundert, das die beiden Männer unter anderem trennt, hat es dicht beieinander drei Ereignisse von überragender Bedeutung gegeben, die nur auf den ersten Blick nichts miteinander zu tun haben. Gemeint ist zum einen die Erfindung der Feuerwaffen, die das Leben bedrohen, gemeint ist zum zweiten die Erfindung der Uhr, die bald von allen Kirchtürmen aus schlägt, sich dabei in das Leben drängt und es bestimmt, und gemeint ist zum dritten die Große Pest (»Pestilentia magna«) der Jahre nach 1347, die aus dem Osten kommt, von Italien aus Europa verseucht und auf ihre Weise ein »memento mori« darstellt, das den Menschen endgültig klarmacht und dauernd in Erinnerung ruft, wie vergänglich alles ist und wie sterblich sie alle sind.

Die Pest markiert das Ende des Mittelalters, und nach dem Ende der apokalyptischen Seuche bricht in Europa eine neue und große Zeit an. Als Copernicus lebt, blüht die Zeit, die wir Renaissance nennen. In Italien malen Leonardo da Vinci, Raffael und Michelangelo, in Holland Hieronymus Bosch und in Deutschland Albrecht Dürer. Die Menschen spüren, daß es so etwas wie Besserung und Fortschritt geben kann. Der Buchdruck ist erfunden worden (1455), und die ersten wissenschaftlichen Werke können erscheinen, etwa die von Aristoteles, Ptolemäus und Galenos. In italienischen Gärten beginnt die Kultivierung des Gemüseanbaus (Artischocken, Karotten, Blumenkohl), in Venedig wird der Spiegel erfunden (1503), und in Deutschland konstruiert Peter Henlein die erste Taschenuhr. Nur wenige Jahrzehnte nach der Entdeckung Amerikas durch Columbus (1492) landen die ersten afrikanischen Sklaven auf dem neuen Kontinent, dessen südliche Hälfte zur selben Zeit erleben muß, wie die spanischen Eroberer eine zunehmende Spur der Verwüstung hinterlassen – erst geht in Mexiko das Aztekenreich und bald auch in Peru das Inkareich unter.[2] In Deutschland schlägt währenddessen Martin Luther seine Thesen in Wittenberg an, und als er dafür exkommuniziert wird, hat das Schießpulver seine erste wirtschaftliche Anwendung gefunden – man bedient sich seiner in den Bergwerken zur Erweiterung der Stollen, ohne an das zu denken, was wir heute Umweltzerstörung nennen –, und es dauert auch nicht mehr lange, bis sich die Wissenschaft seiner annimmt. In Italien erscheint ein Buch mit dem Titel *De la pirotechnica*, dessen Verfasser Biringuccio aber mehr an Metallen und ihrer Härtung und weniger an Knalleffekten interessiert ist.

Das Porträt

Eine explosive Zeit also, in der Copernicus lebt, und dabei fängt alles sehr gemächlich an. Sein Vater – er nannte sich zunächst Niklas Koppernigk – war im Verlauf seines Lebens von Krakau nach Thorn am Unterlauf der Weichsel gezogen und dort zu einem wohlhabenderen Bürger geworden. Thorn galt als blühende Handelsstadt[3], und hier wird sein Sohn geboren,

2 In Peru finden die Europäer nicht nur kaum Widerstand, was viel mit Infektionen zu tun hat, die sich unter den Einheimischen ausbreiten, in Peru findet man auch die Kartoffel, die um diese Zeit ihren Weg in die Alte Welt findet und uns bis heute ernährt.

3 Die Tatsache, daß die Familie Copernicus in einer Stadt am Meer wohnte, in der man sich darüber informierte, was andere Segler auf den Meeren machten, läßt den Schluß zu, daß sie zumindest von der Unternehmung und wahrscheinlich sogar von der Landung des Columbus in der Neuen Welt erfahren haben kann. Dokumentiert ist dieses Wissen nicht.

den er ebenfalls Nicolaus nennt. Das Leben von Nicolaus jun. ist erst seit 1491 durch Dokumente nachvollziehbar. In diesem Jahr schreibt sich nämlich der 18jährige an der Universität von Krakau ein, in deren Archiven aus diesen Tagen sich der Satz findet: »Nicolaus Nicolai de Thuronia solvit totum.« Mit anderen Worten, Copernicus zahlt die notwendige Inskriptionsgebühr ganz, und er hört in den folgenden Jahren Vorlesungen unter anderem über Aristoteles und Ptolemäus, wobei er aber nur wenig von dessen *Almagest*[4], dafür aber um so mehr über dessen *Tetrabiblos* und den dazugehörenden astrologischen Inhalt (nebst horoskopischen Anwendungen) erfährt.

Man kann sich wahrscheinlich vorstellen, daß der junge Copernicus eine herrliche Zeit erlebte und ohne materielle Sorgen und Belastungen seinen Studienneigungen nachgehen konnte. Und es kommt noch besser. Im August 1495 lösen sich seine finanziellen Probleme für alle irdischen Zeiten. Sein Onkel, der Frauenburger[5] Bischof Lukas Watzenrode, bietet ihm ein freigewordenes sogenanntes Numerarkanonikat und damit eine Stelle fürs ganze Leben an. Copernicus muß sich zwar nun ein wenig um das Münzwesen kümmern – im Jahre 1519 verfaßt er auch eine dazugehörende Denkschrift –, aber im Grunde bekommt er nur noch mehr Freiraum zum Studium. Den nutzt er auch, indem er im folgenden Jahr nach Italien geht, um sich in Bologna in astronomische und juristische Themen zu vertiefen. Während dieses Aufenthalts (1496) erscheint in Venedig die erste gedruckte (und bearbeitete) Ausgabe des *Almagest* von Ptolemäus. Sie erscheint unter dem Titel *Epitome in almagestum* und wird herausgegeben von Johannes Regiomontanus und Georg Feuerbach. Aus diesem Text vor allem bezieht Copernicus seine Kenntnisse der ptolemäischen Astronomie, und das von ihm gelesene und benutzte Exemplar ist erhalten geblieben.

---

4 Die Texte von Ptolemäus sind in dem Zwischenkapitel weiter oben erläutert worden.
5 Frauenburg gehört zum Ermland; es liegt an der Ostsee zwischen Danzig und Königsberg.

Copernicus bleibt bis zum Ende des Jahrhunderts in Bologna – am 4. März 1500 notiert er noch eine Konjunktion[6] von Mond und Saturn – und geht dann zunächst für ein Jahr nach Rom, wo zur gleichen Zeit auch Michelangelo und Bramante tätig sind. Hier beobachtet Copernicus am 6. November 1500 eine Mondfinsternis. Nach seinem Aufenthalt in der heutigen Hauptstadt Italiens studiert er noch Medizin in Padua (ohne es allerdings zu einem Abschluß zu bringen). Zuletzt begibt er sich nach Ferrara, wo er im Jahre 1503 über Fragen des Kirchenrechts zum »doctor decretorum« promoviert.[7] Copernicus ist nun 30 Jahre alt, und der lange Studienurlaub, den ihm die Kirche gewährt hatte, geht zu Ende. Das Frauenburger Domkapitel bittet nachdrücklich um seine Dienste, und der bischöfliche Onkel Lukas fordert ihn als Sekretär und Leibarzt an. Copernicus gehorcht und bekommt im Laufe seiner kirchlichen Tätigkeit nicht nur vielerlei Einblicke in die Staatsgeschäfte, er erledigt seine medizinischen Aufgaben daneben so gut, daß er weit über das Ermland hinaus bekannt wird und sich stolz mit dem Maiglöckchen als Symbol des ärztlichen Standes porträtieren läßt, von dem eingangs die Rede war.

In dem Jahr, in dem Copernicus nach Deutschland zurückkehrt (1503), erwartete die astronomisch orientierte Welt eine Konjunktion der Hauptplaneten. Die Aufregung vor dem Zusammentreffen war schon groß doch dann wurde die Enttäuschung noch viel größer. Es stellte sich nämlich heraus, daß man das Ereignis falsch vorhergesagt hatte. Man lag weit über 10 Tage daneben, und zusammen mit anderen Unstimmigkeiten ließ sich bald der Schluß nicht mehr vermeiden, daß da

6 Unter der Konjunktion von Himmelskörpern versteht man korrekt ihre Stellung im gleichen Längengrad. Das heißt, sie fallen für den Betrachter von der Erde zusammen und ergeben eine besonders helle Stelle am Himmel.
7 Wenn Copernicus auch keine finanziellen Probleme hatte, so war er doch nicht freigebig mit seinen Mitteln. Der von ihm eingeschlagene Weg zur Promotion war der billigste, den er finden konnte. Mehr gibt es dazu nicht zu sagen.

etwas faul war mit der Beschreibung des Himmels, die vor allem auf dem *Almagest* des Ptolemäus beruhte. Selbst Martin Luther wies in seinen *Tischreden* auf die »Unordnung« der zeitgenössischen Himmelskunde hin, die man natürlich auf die Unzulänglichkeit der Beobachtungsmittel schieben konnte. Noch gab es bekanntlich keinerlei Fernrohre, und die Genauigkeit der Beobachtung reichte nur bis hin zu 20 Bogenminuten.

Auch Copernicus machte sich so seine Gedanken über die unzureichende Verläßlichkeit seiner Wissenschaft, und er war vor allem mit den vielen Sonderkonstruktionen wie dem Ausgleichskreis unzufrieden, die Ptolemäus eingeführt hatte. Seiner Ansicht nach mußten die himmlischen Sphären durchsichtiger und einleuchtender konstruiert sein, aber es dauerte noch etwas, bevor er sich ernsthaft um diese Frage kümmern konnte. Erst einmal schickt ihn seine Kirche nach Heilsberg an die fürstbischöfliche Residenz, wo er bis 1510 bleibt, bevor er endgültig nach Frauenburg zurückkehrt, um hier seine Domherrenstelle einzunehmen. Abgeschlossen von der Welt übt er nun hier im Preußenland die juristischen und medizinischen Tätigkeiten aus, die sein Amt verlangt, und spätestens seit 1512 beobachtet er immer genauer die Planetenbewegungen, um nach und nach immer unzufriedener mit dem Schema des Ptolemäus zu werden. In den Jahren bis 1514 beginnt er, seine für den privaten Gebrauch gedachten kleinen Kommentare, die er *Commentariolus* nannte[8], zu diesem Thema aufzuschreiben, die ihn allmählich zu der Überzeugung bringen, die er einmal kurz und bündig so formuliert hat:

>*»Alle Sphären drehen sich um die Sonne, die im Mittelpunkt steht. Die Sonne ist daher das Zentrum des Universums.«*

Copernicus war nicht der erste, der diese Idee äußerte, aber er tat es in einem historisch entscheidenden Zeitpunkt, und er

---

8 Moderne Ausgaben dieses *Commentariolus* tragen den etwas schweren Titel »Erster Entwurf eines Weltsystems«. So weit wollte Copernicus gar nicht gehen, als er seine Notizen begann.

ging dabei nicht beliebig, sondern überzeugend vor. Er vollzog in aller Ruhe und Gemächlichkeit die Wende, die wir mit großen Worten als Kopernikanische Revolution feiern und dabei betonen, sie liefere ein Modell des Weltalls, das die Erklärung der Planetenbahnen auf bahnbrechende Weise vereinfache. Diese Behauptung stimmt in dieser Deutlichkeit nicht, denn wer all die Mühen der Berechnung macht, die benötigt werden, um den Lauf der Planeten und ihre Bahnen zu ermitteln, wird feststellen, daß es im heliozentrischen Modell des Copernicus gar nicht so viel einfacher zugeht als im geozentrischen Modell des Ptolemäus, und die Zahl der benötigten Sphären wird auch nicht wesentlich geringer. Copernicus ist tatsächlich nicht sehr viel genauer als Ptolemäus, und eigentlich läßt sich noch nicht einmal behaupten, daß er überhaupt recht hat. Schließlich – so viel ist heute gewiß – steht die Sonne keineswegs im Mittelpunkt des Universums, und auch finden sich nirgendwo am Himmel die Kreisbahnen, die Copernicus von seinem Vorgänger übernommen hat.

Copernicus wollte im Grunde auch gar keine neue Astronomie schaffen. Ihm lag vielmehr daran, sich am Vorgehen des Ptolemäus zu orientieren, und ihn störten nur diese vielen »ausgleichenden Kreise«, die Ptolemäus am Himmel zu installieren hatte. Nur dagegen hatte er etwas, denn »eine Anschauung dieser Art schien mir nicht vollkommen genug, noch der Vernunft hinreichend angepaßt zu sein«, wie er in seinem *Commentariolus* schreibt, um anschließend fortzufahren:

»Als ich dies nun erkannt hatte, dachte ich oft darüber nach, ob sich vielleicht eine vernünftigere Art von Kreisen finden ließe, von denen alle sichtbare Ungleichheit abhinge, wobei sich alle in sich gleichförmig bewegen würden, wie es die vollkommene Bewegung an sich verlangt. Da ich die Aufgabe anpackte, die recht schwierig und kaum lösbar schien, zeigte sich schließlich, wie es mit weniger und viel geeigneteren Mitteln möglich ist, als man vorher ahnte. Man muß uns nur einige Grundsätze, auch Axiome genannt, zugestehen. Diese folgen hier der Reihe nach«,

und zwar in Form von sieben Sätzen[9], die schon etwas komplizierter sind als der weiter oben zitierte Kernsatz von der Sonne
als Zentrum der Welt. Copernicus stellt den ersten Entwurf seines Systems mit den folgenden Grundsätzen vor:

»*Erster Satz:* *Für alle Himmelskreise oder Sphären gibt es
nicht nur einen Mittelpunkt.*

Zweiter Satz: *Der Erdmittelpunkt ist nicht der Mittelpunkt
der Welt, sondern nur der Schwere und des
Mondbahnkreises.*

Dritter Satz: *Alle Bahnkreise umgeben die Sonne, als
stünde sie in aller Mitte, und daher liegt der
Mittelpunkt der Welt in Sonnennähe.*

Vierter Satz: *Das Verhältnis der Entfernung Sonne – Erde
zur Höhe des Fixsternhimmels ist kleiner als
das vom Erdhalbmesser zur Sonnenentfer-
nung, so daß diese gegenüber der Höhe des
Fixsternhimmels unmerklich ist.*

Fünfter Satz: *Alles, was an Bewegung am Fixsternhimmel
sichtbar wird, ist nicht von sich aus so, sondern von der Erde aus gesehen. Die Erde also
dreht sich mit den ihr anliegenden Elementen
in täglicher Bewegung einmal ganz um ihre
unveränderlichen Pole. Dabei bleibt der Fixsternhimmel unbeweglich als äußerster Himmel.*

Sechster Satz: *Alles, was uns bei der Sonne an Bewegung
sichtbar wird, entsteht nicht durch sie selbst,
sondern durch die Erde und unseren Bahn-
kreis, mit dem wir uns um die Sonne drehen,
wie jeder andere Planet. Und so wird die
Erde von mehrfachen Bewegungen dahinge-
tragen.*

Siebenter Satz: *Was bei den Wandelsternen als Rückgang
und Vorrücken erscheint, ist nicht von sich*

9 Sieben Sätze, wie die sieben Tage und die sieben Planeten.

aus so, sondern von der Erde aus zu sehen.
Ihre Bewegung allein genügt für so viele ver-
schiedenartige Erscheinungen am Himmel.«

Der erste Eindruck beim Lesen dieser sieben Sätze ist vielleicht
eher verwirrend, denn wer gedacht hat, daß Copernicus nur die
Sonne in die Mitte gesetzt habe, sieht sich nun verwundert mit
vielen scheinbar kleinen Details konfrontiert, denen man zuerst nachsinnen muß und die es nach und nach zu verdauen gilt.
Es lohnt sich daher, die Sätze des Copernicus und den damit ins
Auge gefaßten Weltentwurf in aller Ruhe zu lesen und zu bedenken, auch wenn moderne Kommentatoren meinen, beim
Commentariolus handele es sich um eine rasch hingeworfene
Arbeit. Diese erste Fassung des heliozentrischen Systems ist
nur mathematisch (qualitativ) unbefriedigend und in einigen
Details zu oberflächlich. Genauigkeitsfanatiker weisen darauf
hin, daß Copernicus einige Bewegungen am Himmel (Präzession) und die Drehung der sogenannten Mondknoten in 19 Jahren außer acht läßt, und zudem glaubt er zu diesem Zeitpunkt
noch, mit 34 Kreisbewegungen (statt mit 38) auskommen zu
können, um alle Planeten beschreiben und ihre Stellung vorhersagen zu können. Aber das ändert nichts daran, daß seine
Sprache einfach zugänglich ist und die sieben Sätze das Wesentliche enthalten, das ein gebildetes Publikum zur Kenntnis nehmen sollte. Sie enthalten all das Material, auf das es uns ankommt.[10]
Bevor wir auf zwei Aspekte des heliozentrischen Entwurfs –
niedergelegt in den Sätzen 4 und 5 – eingehen, möchte ich noch

10 Natürlich bleibt es lohnend, sein Hauptwerk zu lesen und die Beweisführungen und Berechnungen im Detail kennenzulernen.
Aber in diesem Zusammenhang würde es zu weit führen, all die
Erd- und Planetenbewegungen im einzelnen anzuführen und auf-
zurufen. Nur ein Hinweis soll zum Hauptwerk gegeben werden.
Die »Revolutiones« bestehen aus sechs Büchern, wobei das sechste
Buch abrupt abbricht, was den Gedanken nahelegt, daß Copernicus durch seinen Tod daran gehindert wurde, ein siebentes Ab-
schlußbuch zu verfassen, das das Werk vollenden sollte.

gerne die Vermutung äußern, daß Copernicus zwar angibt, die Sonne aus Gründen der Vernunft und Einfachheit in die Mitte (bzw. fast) geschoben zu haben, doch im Hinterkopf müssen ihn noch ganz andere Vorstellungen getrieben haben, und sie könnte man als poetisch bezeichnen oder ästhetisch nennen. Der Beleg dafür findet sich im Hauptwerk, in dem er ziemlich vorne ins Schwärmen gerät, als es um unser leuchtendes Zentralgestirn geht:

»*In der Mitte von allen aber hat die Sonne ihren Sitz. Denn wer möchte sie in diesem herrlichen Tempel als Leuchte an einen anderen oder gar besseren Ort stellen als dorthin, von wo sie auch das Ganze zugleich beleuchten kann? Nennen doch einige sie ganz passend die Leuchte der Welt, andere den Weltgeist, wieder andere ihren Lenker, Trismegistos[11] nennt sie den sichtbaren Gott, die Elektra des Sophokles den Allessehenden. So lenkt die Sonne gleichsam auf königlichem Thron sitzend in der Tat die sie umkreisende Familie der Gestirne. Auch wird die Erde keineswegs der Dienste der Monde beraubt, sondern der Mond hat, wie Aristoteles in der Abhandlung über die Lebewesen sagt, mit der Erde die nächste Verwandtschaft. Indessen empfängt die Erde von der Sonne und wird mit jährlicher Frucht gesegnet. Wir finden daher in dieser Anordnung die wunderbare Symmetrie der Welt und den festen harmonischen Zusammenhang zwischen Bewegung und Größe der Kugelschalen, wie er auf keine andere Weise gefunden werden kann.*«

Copernicus schwärmt vielleicht auch deshalb so stark von der Sonne, weil er genau weiß, wo der Schwachpunkt seines neuen Systems steckt. Wenn sich nämlich die Erde (im Laufe eines Jahres) um die Sonne dreht, dann muß man von verschiedenen Positionen aus auch die Fixsterne unter verschiedenen Winkeln sehen. Mit anderen Worten, wenn ich im Frühling nach einem

---

11 Gemeint ist Hermes Trismegistos, der legendäre Begründer der Alchemie; mehr zu ihm im Kapitel über Isaac Newton.

Stern ausschaue und dies im Herbst wiederhole, dann muß ich einen kleinen Unterschied bei der Richtung bemerken, in die ich blicke. Diese Differenz nennen die Astronomen Parallaxe, und im 16. Jahrhundert mußte sich Copernicus die Frage vorhalten lassen, warum sie nicht ermittelt werden kann. Er antwortete – siehe oben den vierten Satz – mit der Größe des Weltalls. Bei den gewaltigen Entfernungen im Universum sei die Parallaxe mehr oder weniger unmerklich, und er hatte recht. Es sollte bis zur Mitte des 19. Jahrhunderts dauern, bevor der deutsche Astronom Friedrich Wilhelm Bessel hier erfolgreich war. Mit Hilfe eines von Joseph von Fraunhofer gebauten Heliometers beobachtete Bessel von Königsberg aus einen Doppelstern im Sternbild Schwan, der heute den Namen 61 Cygni trägt. Er unternahm eine erste Messung im August 1837 und eine zweite im Oktober 1838 und konnte nach vielen mühevollen Berechnungen mit den dabei gewonnenen Daten die Fixsternparallaxe endlich nachweisen.[12]

Im Grunde kann man sagen, daß erst Bessels (und Fraunhofers) Arbeiten bewiesen haben, daß der kopernikanische Kosmos nicht nur schöner, sondern besser als das ptolemäische Universum ist (was noch zu beachten sein wird, wenn wir an die Probleme der Nachfolger von Copernicus denken, die sein System ohne diese empirische Bestätigung zu verteidigen hatten). Doch so seltsam es auch klingt – als dieser Nachweis endlich erbracht wurde, hat sich niemand mehr dafür interessiert – zumindest niemand außerhalb der Wissenschaft. Das heliozentrische Weltbild war längst akzeptiert – aus was für Gründen auch immer –, und die Kopernikanische Revolution hatte bereits in der Philosophie ihre Anhänger gefunden.

Gemeint ist damit vor allem Immanuel Kant, der zwar selbst diesen Ausdruck nicht verwendet hat, der sich aber auf Copernicus bezieht, wenn er von der Wende in der Metaphysik redet,

---

12 Der zu bestimmende Winkelunterschied ist tatsächlich extrem klein. Er liegt bei gut 0"31 und benötigte zu seiner Bestimmung allerfeinste Technik, größte Genauigkeit und viel Rechenarbeit.

die er in seiner *Kritik der reinen Vernunft* eingeleitet oder gar vollzogen hat. In diesem Werk macht Kant klar, daß wir nicht die Gesetze der Natur in ihr finden und uns aus ihr holen. Es ist vielmehr so, daß wir der Natur die Gesetze vorschreiben und ihr mehr oder weniger aufzwingen. Die Gesetze sind unsere (geistige) Erfindung und nicht eine (körperliche) Vorgabe der Natur. Kant vollzieht also wie Copernicus einen Standortwechsel, und er ruft sein historisches Vorbild in Erinnerung:

> *»Es ist hiermit ebenso als mit dem ersten Gedanken des Copernicus bewandt, der, nachdem es mit der Erklärung der Himmelsbewegungen nicht gut fort wollte, wenn er annahm, das ganze Sternenheer drehe sich um den Zuschauer, versuchte, ob es nicht besser gelingen möchte, wenn er den Zuschauer sich drehen und dagegen die Sterne in Ruhe ließ. In der Metaphysik kann man nun, was die Anschauung der Gegenstände betrifft, es auf ähnliche Weise versuchen.«*

Wer sich an der leichten Sprache des großen Denkers erfreut, wird auch bemerken, daß mit der Sache irgend etwas nicht stimmt. Hat Kant tatsächlich eine Kopernikanische Wendung vorgenommen? Er tut doch eher das Gegenteil und stellt den Menschen in den Mittelpunkt. Sollte man deshalb nicht lieber von einer Ptolemäischen Gegenrevolution der Metaphysik reden?

Wer so fragt, übersieht, daß Kant ausdrücklich von einem »ersten Gedanken« des Copernicus spricht, und damit ist nicht die Verrückung der Erde aus der Mitte gemeint. Kant bezieht sich vielmehr auf das, was im oben zitierten *Commentariolus* des Copernicus als fünfter Satz nachzulesen ist, also auf die Behauptung, die Erde drehe sich um ihre eigene Achse.[13] Dieser »erste« Gedanke erklärt die scheinbare Bewegung der Sonne

---

13 Im Hauptwerk des Copernicus wird ausdrücklich zwischen drei Bewegungen der Erde unterschieden, und zwar der Tagesdrehung um sich selbst, der Jahresdrehung um die Sonne, und der Drehung der

und der Fixsterne und alle Tagesrhythmen: erst der zweite Gedanke – die eigentliche heliozentrische Idee – erfaßt einige Besonderheiten der Planetenbewegungen (einige ihrer Schleifen) und die Wechsel der Jahreszeiten.

Kant hat also keine Kopernikanische Revolution der Philosophie vollzogen und dies auch nie behauptet. Er beläßt den Menschen im Mittelpunkt des Erkennens und Denkens, und diese Form der Anthropozentrik wird erst in unserem Jahrhundert aufgehoben, und es ist ein Biologe (Konrad Lorenz), der dies von dem alten Königsberger Lehrstuhl aus tut, den Kant vor mehr als 200 Jahren innehatte.

Als die beiden zuletzt genannten Herren ihren Ideen nachhingen, war längst eine andere Form der Weltanschauung überwunden, mit der Copernicus noch sehr zu ringen hatte. Gemeint ist das Gegensätzliche zwischen Himmel und Erde. In diesem seit den Zeiten des Aristoteles bestehenden Dualismus trennte sich das Vollkommene (oben) vom Unvollkommenen (unten), das Heilige (im Himmel) vom Sündigen (auf Erden), das Göttliche vom Menschlichen. Mit der Erde in der Mitte hatten sich die Alten im Kosmos nicht nur die Position geschaffen, die die größte Aufmerksamkeit beansprucht, sie hatten sich auch die Stelle gesucht, an der sie am weitesten von dem Sitz des Heiligen oder Göttlichen entfernt waren. Indem Copernicus die Erde vom Zentrum nach außen an den Rand bewegte, brachte es uns auch näher mit den himmlischen Sphären in Kontakt, und so etwas konnte das dualistische System bzw. Denken nicht ertragen. Erst als sich der Gedanke umfassend durchsetzte[14], daß Gott überall gegenwärtig sein kann und die Erde nicht unbedingt der niedrigste Ort der Welt zu sein habe, als man sich weiter klar machte, daß die Sonne nicht ganz genau im Zentrum zu stehen habe – dies träfe auch nicht für das

---

Erdachsenrichtung im Raum, die als Präzession bezeichnet wird und 25 700 Jahre dauert.

14 Die Relativierung von Zentrum und Peripherie ist vor allem das Verdienst von Nicolaus Cusanus (1401–1464), der auch als Bischof von Brixen bekannt ist.

Herz zu –, war der Weg frei, die Wendung zu vollziehen, der wir heute das Beiwort Kopernikanisch geben.

Die große Leistung des Copernicus besteht darin, die vielfachen geistesgeschichtlichen Anregungen seiner Zeit aufgenommen und zu einem tragfähigen astronomischen System ausgebaut zu haben. Als sich der Dualismus zwischen Himmel und Erde relativierte und auflöste, konnte er sein Hauptwerk schreiben und in Ruhe sterben. Er ist dabei ein wenig zu bedächtig vorgegangen und hat nur sechs Kapitel (Bücher) zustande gebracht. Das geplante siebente Buch hatte er sicher im Kopf. Er hat es mit ins Grab genommen.

Ein europäisches Quartett der Moderne

Francis Bacon (1561–1626)
Galileo Galilei (1564–1642)
Johannes Kepler (1571–1630)
René Descartes (1596–1650)

Vor ungefähr 400 Jahren beginnt die Wissenschaft, ihre moderne Ausprägung zu bekommen. Und dabei handelt es sich sogar um eine europäische Bewegung. Die Helden des nächsten Kapitels stammen nämlich aus England, Deutschland, Italien und Frankreich, und zusätzlich ist anzumerken, daß nicht nur in diesen Ländern die Konzepte entworfen und Gesetze entdeckt werden, die unseren Umgang mit der Natur bis heute bestimmen. Eine große Rolle spielt vor allem Holland, wie beschrieben wird, und zwar unter anderem dadurch, daß von hier das Fernrohr nach Italien kommt, mit dem der Blick an den Himmel genauer wird. Der Blick bleibt aber nicht an den Sternen kleben. Er wendet sich vielmehr der Erde und den Problemen zu, mit denen die Menschen hier zu kämpfen haben. Vom Beginn des 17. Jahrhunderts an hat sich die Wissenschaft als nützlich zu erweisen. Sie muß und kann uns nun Macht verleihen.

Francis Bacon

*oder
Von der Wissenschaft im Dienst
der Wohlfahrt*

Francis Bacon, so scheint es, verwirrt die Geister, obwohl sie sich nach seinen Ideen umtun. Der Satz, den alle unter Berufung auf seinen Namen zitieren und praktizieren – nämlich »Wissen ist Macht« –, findet sich zwar nirgendwo in seinen Werken, die am Anfang des 17. Jahrhunderts geschrieben wurden und sich somit zwischen Renaissance und Neuzeit ansiedeln lassen. Doch keiner wollte so unmittelbar wie Bacon die Wissenschaft in den Dienst des gesellschaftlichen Fortschritts gestellt sehen, weshalb man ihn auch den »Philosophen der Industrialisierung« genannt hat, und keiner hat so klar wie er gesagt, wie man dazu vorgehen muß. Doch obwohl wir bislang mit unserer modernen Organisation von Forschung nichts anderes tun, als das Baconsche Programm auszuführen – ob wir diese Tatsache nun bewußt zur Kenntnis nehmen oder nicht –, ein Bekenntnis für Bacon[1] abgeben möchte die Wissenschaft nicht. Im Gegenteil! Sie wendet sich von ihm ab wie der Teufel vom Weihwasser. Im 19. Jahrhundert wirft man ihm zuerst vor, überhaupt kein Wissenschaftler gewesen zu sein. Er, der bri-

---

1 Ein Hinweis: Francis Bacon hat nichts mit dem Mönch Roger Bacon (1220–1292) zu tun, der als Alchemist zu seiner Zeit große Bedeutung hatte und ein Mann von vielen Talenten war. Roger B. glaubte zum Beispiel fest an eine runde Erde, und er suchte folglich (technische) Mittel zu ihrer Umrundung – 200 Jahre vor Columbus.

tische Adlige, habe doch gar kein Gesetz gefunden und sich »nur« als Philosoph betätigt und dabei bestenfalls mit methodischen Fragen beschäftigt. Und im 20. Jahrhundert hat man ihm selbst auf diesem Feld noch Unzulänglichkeiten – im wahrsten Sinne – andichten wollen und sich inzwischen sogar in den hilflosen Hinweis geflüchtet, hier sei der falsche Wegweiser für die Wissenschaft aufgestellt worden.

Sehen wir uns die derzeitige Lage vorweg einmal an: Zunächst haben einige berühmte Herren gemeint, es sei an der Zeit, eine der von Bacon präsentierten Vorgehensweisen zu überwinden oder gar lächerlich zu machen. Gemeint ist die induktive Logik, bei der grundsätzlich untersucht wird, wie und wann es möglich ist, aus beobachteten Einzelfällen (ich sehe schwarze Raben) einen allgemeinen Befund herzuleiten (alle Raben sind schwarz). Bacon hatte früh erkannt, daß wesentlich zur Wissenschaft das Experiment gehört, doch mit seiner Hilfe macht man nur einzelne und isolierte Messungen. Wie entsteht daraus anschließend die Einsicht, die über diese Daten hinausgeht und zum allgemeinen Gesetz wird? Wie funktioniert die (induktive) Logik der Forschung, die jeder Ableitung (Deduktion) aus dem erreichten Wissensstand vorauszugehen hat?

So lauteten Bacons Fragen, die nach ihm viele aufgegriffen haben, unter anderem der Philosoph Karl Popper, der den ersten Jahrzehnten des 20. Jahrhunderts – also rund dreihundert Jahre nach Bacon – eine vermeintlich neue *Logik der Forschung* präsentiert hat, in der er meinte, die induktive Methode vom Tisch wischen zu können. Er merkte dabei nicht, daß er kaum etwas anderes zu Papier brachte als »der große Bacon«. Mit diesen drei ironisch gemeinten Worten beginnt im übrigen Bertolt Brechts Gedicht *Über induktive Liebe*, das ausdrücklich »F. Bacon gewidmet« ist. Der Dichter überrascht seine Leser hierin mit dem Vorschlag, Versuche (im Sinne der wissenschaftlichen Experimente) auch in die Liebe einzuführen. Vielleicht, so fragt Brecht, findet das Paar dabei heraus, »gerne unter einem Tuche« zu liegen, und er schließt mit der berühmten wortakrobatischen Unlogik:

»Gestattete sie, daß er sie begattet
Ist ihm, sich nicht zu gatten, auch gestattet.«

Während der Poet nur den eher harmlosen Vorwurf erhebt, die Strenge der Methode verhindere den Spaß an der Sache, gehen die Interpreten und Kritiker der Wissenschaft heute noch einen Schritt weiter und werfen Bacon vor, überhaupt jeden Sinn aus der Forschung vertrieben zu haben. Sie zitieren Bacons Satz von 1623:

»Die Betrachtung natürlicher Prozesse unter dem Aspekt ihrer Zielgerichtetheit ist steril, und wie eine gottgeweihte Jungfrau gebiert sie nichts«,

und machen seinen Urheber für die Misere der heutigen Wissenschaft verantwortlich, die sich eben nur noch – siehe oben – um Macht kümmert und alle anderen Themen – etwa die der Ethik oder Ästhetik – ausklammert.

Eine Gesellschaft, die Bacon so sieht, sagt mehr über sich selbst als über Bacon. Es ist an der Zeit, eine Ehrenrettung Bacons zu unternehmen, und das Schöne daran ist, daß dies tun kann, wer einfach nur nachliest, was er wirklich geschrieben hat. Dabei wird nämlich deutlich, daß wir zumeist richtig handeln, wenn wir genau das tun, was er gesagt hat, und vor allem dort versagen, wo wir über seine Empfehlungen hinausgehen. Bacon hat uns durchschaut, und vielleicht verwirrt er deshalb die Geister, die sich auf ihn berufen.

Der Rahmen

Als Francis Bacon 1561 in London geboren wird, beginnt der Sklavenhandel auf dieser Welt, und es geht mit den Religionskriegen los, deren trauriger Höhepunkt der Dreißigjährige Krieg (1618–1648) ist. Während Bacon aufwächst, öffnet in England die erste Börse, und das Königreich steht an der Schwelle zur Weltmacht. Die erste Kolonie (Virginia) in Amerika wird gegründet, die spanische Armada wird besiegt (1588) und die berühmt-berüchtigte Ostindische Firma, the East-Indian Company, wird gegründet (1600). Francis Drake geht auf Weltumsegelung, Mercator stellt über 100 Karten für die Schiffsnavigation her, und Gilbert erkennt, daß die Erde ein großer Magnet ist. Shakespeare schließt seine Sonette ab und schreibt am *Hamlet* (1603). Japan geht in die Isolierung (bis 1868) und verlegt seine Hauptstadt von Kioto nach Tokio. In Europa erscheinen 1609 die ersten Wochenzeitungen, und ein Jahr zuvor gibt es auch ein Lehrbuch mit dem Titel *Tyrocinium chymicum*, das sich nicht mehr mit Alchemie, sondern mit Chemie befaßt. Johannes Kepler hat derweil die himmlischen Kreise in Ellipsen verwandelt und Galileo Galilei die Sonnenflecken entdeckt. In Tübingen baut Schickard eine erste Rechenmaschine, die auf der Basis von Rechenstäbchen operiert. Als Bacon 1626 in Highgate bei London stirbt, gibt es in seiner Heimat ein erstes Patentrecht, und es ist von nun an verboten, sich zu duellieren.

Das Porträt

Francis Bacon wurde in die Oberschicht des elisabethanischen Adels hinein geboren. Er kam als Sohn des »Lordsiegelbewahrers« Sir Nicholas Bacon[2] und seiner Frau Lady Ann zur Welt, studierte erst am Trinity College und später an verschiedenen anderen Orten das Rechtswesen. Alles sieht nach einer politischen Karriere aus, denn als Bacon 1582 Rechtsanwalt (»barrister«) wird, hat er schon einen Sitz im Parlament inne. Er wechselt oft geschickt die Meinungen und steht zumeist auf der richtigen Seite, so daß sein weiterer Aufstieg gewährleistet ist. 1603 wird er zum Ritter geschlagen, 1613 zum Ersten Kronanwalt ernannt, drei Jahre später selbst zum »Lord Keeper of the Seal« wie sein Vater, und 1618 schafft er es gar, Lordkanzler zu werden, und seine Ernennung zum Baron Verulam erfolgt.

Zwischendurch hat Bacon nicht nur viele Arbeiten verfaßt –

---

2 Das erwähnte Amt – Lord Keeper of the Seal – ist das höchste juristische Staatsamt, das von Königin Elisabeth vergeben wurde.

sein Hauptwerk, das noch vorzustellende *Novum Organum*[3], erscheint dann 1620 –, er hat auch noch Zeit zur Eheschließung gefunden, wobei es sich hier anscheinend eher um eine geschmacklose Veranstaltung handelte. Bacon heiratet 1607 ein 14jähriges Mädchen, und zwar – so scheint es – vor allem ihrer hohen Mitgift wegen. Das einzige, was man von dieser Heirat kennt, ist die Beschreibung des Hochzeitsmahls. Ein Augenzeuge hat Bacon dabei so beschrieben: »Er war von Kopf bis Fuß in Purpur gekleidet und hat sich selbst und seiner Frau so umfangreich gold- und silberbestückte Gewänder zugelegt, daß dies tief in ihre Mitgift eingeschnitten hat.«

Der Verdacht, daß Bacons finanzieller Bedarf groß und er bestechlich sein könne, kommt bereits den Zeitgenossen, die ihn 1621 tatsächlich anklagen, Geldgeschenke angenommen zu haben. Bacon gerät in die Mühlen des ewigen Streits zwischen Krone und Parlament und stürzt dabei tief. Er wird schuldig gesprochen, »für immer für unfähig erklärt, ein Amt, eine Stellung oder Beschäftigung im Staat oder Commonwealth zu bekleiden« und »im Tower gefangen gesetzt, solange es dem König gefällt«. Der König hat zum Glück für den Philosophen bald ein Einsehen. Er befreit ihn nach wenigen Tagen aus dem Kerker. Bacon ist wieder frei, aber er wird die letzten Jahre seines Lebens als einsamer Privatmann verbringen, der ständig unter finanziellem Druck steht. Seltsamerweise wird er dafür literarisch immer produktiver. Unter anderem bringt er die Utopie *New Atlantis* zu Papier, in der er sich auf ein Thema konzentriert, das wir heute erst in seiner Bedeutung erkennen, nämlich das Thema, wie wissenschaftlich-technischer Fortschritt genutzt werden kann, um politische Gerechtigkeit und soziale Wohlfahrt sicherzustellen.

---

3 Bacon wollte mit diesem Werk der Wissenschaft ein neues Werkzeug – eben ein »novum organum« – in die Hand geben. In diesem Text, der ursprünglich als Teil eines umfassenderen Werkes – der als Enzyklopädie entworfenen *Instauratio magna* – geplant war, findet sich die erste Kopplung der beiden Begriffe, die später einmal relativ rasch verknüpft werden, nämlich Wissenschaft und Revolution.

New Atlantis lag leider nur als Fragment vor, als Bacon im April 1626 starb. Sein Tod kann dabei als kuriose Folge seiner ungebrochenen wissenschaftlichen Neugier beschrieben werden. Als er zu Beginn des Jahres 1626 von London nach Highgate zurückkehrte, fiel Schnee, und Bacon entschloß sich, »ein kleines Experiment über die Konservierung und Haltbarkeit toter Körper zu machen«. Er vermutete (richtig), daß Fleisch haltbarer ist, wenn es im Schnee liegt, und so stopfte er tote Hühner mit dem kalten Weiß aus und beobachtete ihre Verwesung bzw. deren Verzögerung. Beim Einsammeln seiner Versuchstiere holte sich Bacon eine Erkältung, die sich zur Lungenentzündung ausweitete und den Patienten zuletzt umbrachte. Es ist die besondere Ironie in Bacons Schicksal, daß er, dessen Hauptwunsch darin bestand, nicht mehr der Natur ausgeliefert sein zu müssen, gerade bei dem Versuch gestorben ist, eine Möglichkeit für den Weg dorthin zu erkunden.

Die zwei Werke Bacons, denen wir im folgenden unsere Aufmerksamkeit schenken wollen, tragen beide das Beiwort »neu« im Titel – *Novum Organum* und *New Atlantis. Neu-Atlantis* war dabei gegen das alte Atlantis von Platon gerichtet. Während der griechische Philosoph mit dieser sagenhaften Insel, die vor vielen tausend Jahren im Meer versunken sein soll, den Verlust eines vergangenen Ideals beklagte, erhoffte sich Bacon auf dem neuen Atlantis eine bessere und lebenswertere Zukunft (wie wir noch sehen werden). Und das *Novum Organum* wandte sich im Titel gegen das alte »Organum« von Aristoteles im allgemeinen und seine deduktive Vorgehensweise im besonderen. Bacon versuchte – wie erwähnt – die induktive Logik zu begründen, also das Problem zu verstehen, wie man aus den vielen einzelnen Beobachtungen, die man im Experiment oder im Alltag (in der Natur) macht, auf den allgemeinen Sachverhalt oder ein umfassendes Gesetz schließen kann, an dem man doch eigentlich interessiert ist. Heute akzeptieren wir längst, daß es keinen systematischen Weg von einem registrierten Ereignis zu einer Hypothese oder einer Annahme gibt und daß alle Gesetze mehr oder weniger freie Erfindungen der Phantasie sind. Doch Bacon hatte noch andere Hoffnungen, und er suchte zumindest einen Königsweg oder wenigstens eine zuverlässige Methode, die zur Einsicht (und somit zu Fortschritt) führt.

Bacon gelingt zum Beispiel auf dem von ihm bevorzugten Weg der induktiven Logik die grundlegende und heute verbreitete Einsicht, daß Wärme als Bewegung verstanden werden kann. Um zu diesem Ergebnis zu kommen, beginnt er mit dem Sammeln von Fakten. Dies wiederum geschieht durch die Aufstellung von drei Tafeln, auf denen positive, negative und vergleichbare Fälle notiert werden. Mit anderen Worten, Bacon ordnet und sichtet das Material, das es zu erklären gilt. In dem gewählten Wärmebeispiel stehen auf der ersten Tafel mehr als zwanzig Fälle, bei denen Hitze in Erscheinung tritt, und sie reichen von den Sonnenstrahlen bis zu den Gewürzen, die im Mund brennen.[4] Auf der zweiten Tafel finden sich die Fälle, die nur nach Wärme aussehen, bei denen die Eigenschaft selbst aber nicht in Erscheinung tritt. Als Beispiele findet man hier die Strahlen des Mondes und die Unfähigkeit von Flüssigkeiten, länger warm zu bleiben. Auf der dritten Tafel werden verschiedene Dinge miteinander verglichen, die zum Thema Wärme gehören, etwa Fische, die kalt sind, mit Vögeln, die warm sind, oder in gleicher Weise Faulstoffe mit Pferdemist.

Natürlich wirkt dieses Aufzählen und Sortieren auf uns heute eher verwirrend und reichlich unsystematisch, aber das eigentliche Lehrstück kommt erst noch. Denn jetzt – im Besitz der Tafeln – beginnt die eigentliche Aufgabe des Forschers, nämlich die Induktion, die darin besteht, eine Qualität zu suchen, »die mit einer gegebenen Natur immer zugleich da ist oder fehlt, zu- oder abnimmt«. Die wichtigste Einsicht Bacons an dieser Stelle besteht in der Idee, sich nicht an den positiven, sondern an den negativen Fällen zu orientieren. Bacon stellt lange vor Popper[5] die Forderung auf, »nur über verneinende

---

4 Von einem Liebespaar, so wie das Brecht sieht, ist bei Bacon nirgends die Rede.

5 Karl Popper hat dreihundert Jahre später in seiner *Logik der Forschung* die Idee vorgestellt (und sich dafür feiern lassen), daß sich

Fälle voranzuschreiten, und erst an allerletzter Stelle, nach Ausschluß von allem, was in Frage kommt, zum Affirmativen überzugehen«. Ein einziges Gegenbeispiel reicht aus, um eine Hypothese zu widerlegen (sie zu falsifizieren), selbst wenn sie zuvor viele tausendmal bestätigt (verifiziert) worden ist. Ein schwarzer Schwan macht die Hypothese hinfällig, daß Schwäne weiß sind.

Was die Wärme angeht, so konstruiert Bacon zur Vorbereitung der Induktion eine vierte Tafel, auf der er Fälle bzw. Ausschließungen notiert, »die von der Form des Warmen zurückgewiesen werden«. Er beobachtet zum Beispiel, daß alle Materialien erwärmbar sind und daher kein besonderer Stoff dafür verantwortlich sein kann, und er hält zudem fest, daß Wärme auch deshalb nicht für sich in der Natur besteht, weil sie durch Reibung von Körpern entstehen kann. Und nachdem diese Arbeit geleistet ist, kommt der wichtige wissenschaftliche Schritt, der Mut erfordert, nämlich die Aufstellung einer Hypothese. Bacon entschuldigt sich fast dafür – »Diese Art des Versuchs nenne ich die Erlaubnis für den Verstand oder die beginnende Interpretation oder die erste Lese« –, aber seine Idee braucht diese Bescheidenheit nicht und kann sich bis heute sehen lassen. Er hält Wärme für eine Sonderform der Bewegung, wobei ihm klar ist: »Nicht jede Bewegung ist Wärme, aber jede Wärme ist Bewegung.«

Natürlich kann man bei dieser ersten Lese auch zu falschen Hypothesen kommen, aber sie lassen sich bald herausfinden, wenn man immer wieder zu Beobachtungen zurückkehrt und sich am Experiment orientiert, und Bacon empfiehlt dies sehr. Er sieht auch, daß man mehrere Hypothesen nebeneinander aufstellen kann und dann zu einer Entscheidung zwischen ihnen kommen kann. Dazu muß man sich um ein im Wortsinne entscheidendes Beispiel kümmern, und diese Instanz bekommt bei

---

Naturgesetze oder Theorien im Experiment nicht verifizieren, sondern allenfalls falsifizieren lassen. So richtig dies auch ist, bei Bacon steht schon dasselbe, doch Popper nimmt dessen Werk nur in einer Fußnote zur Kenntnis.

Bacon den Namen »instantia crucis«. Aus dieser Idee entwikkelt sich unser modernes Konzept des »experimentum crucis«[6], das selbst heute noch im naturwissenschaftlichen Unterricht vorgestellt und hoffentlich vorgeführt wird. Einen berühmten und mit dem Nobelpreis ausgezeichneten Versuch dieser Art, der die Entscheidung darüber brachte, ob genetische Änderungen (Mutationen) in Bakterien zufällig auftauchen oder durch äußere Umstände beeinflußt und gesteuert werden, haben zum Beispiel Max Delbrück und Salvador Luria im Zweiten Weltkrieg durchgeführt, wie im Kapitel über Delbrück weiter unten nachzulesen ist.

Mit diesen bislang angeführten Aktivitäten von Baron Verulam und seinen politischen Überzeugungen können wir zeigen, was unter anderem Mühe an seiner Bewertung bereitet und uns Heutige verwirrt. Wir finden keine einfache Schublade für ihn. Er steht mehrfach für sich allein, und zwar nicht nur zwischen den Zeiten – Renaissance und Neuzeit –, und nicht nur zwischen den Fächern – er ist Philosoph und Naturforscher zugleich –, er steht zudem als Politiker zwischen dem Ansinnen der Forschung und den Interessen der Öffentlichkeit, wie wir heute sagen würden. Und es ist diese Brückeneigenschaft, die ihn – trotz seiner privaten Bestechlichkeit, die den Rahmen des damals Üblichen sicher nicht überschritten hat – zu der Ein- und Ansicht kommen läßt, die für uns heute so wichtig gewor-

6 Der Ausdruck »experimentum crucis« taucht zum ersten Mal im 17. Jahrhundert auf, und zwar in der Schrift *Micrographia* von Robert Hooke (1665). Er spielt dann eine wichtige Rolle bei Newton, wenn es um die Versuche geht, mit denen die Natur des Lichts und der Farben geklärt werden soll. Beim Licht taucht allerdings die Besonderheit auf, daß es eine seltsame Doppelnatur hat – es zeigt den Welle-Teilchen-Dualismus. So kam es, daß Albert Einstein 1905 erkennen mußte, daß die entscheidenden Versuche aus dem 18. und 19. Jahrhundert gar keine Entscheidung gebracht hatten. Von einem »experimentum crucis« kann man tatsächlich auch nur dann sprechen, wenn es nur zwei Möglichkeiten gibt und jede dritte ausgeschlossen ist, so wie dies Aristoteles in seiner Logik fordert. Ein Drittes gibt es aber doch – zumindest beim Licht.

den ist. Es ist die Idee von einer Wissenschaft, die sich um Fortschritt bemühen soll, um sie in den Dienst der materiellen Wohlfahrt des Menschen zu stellen.

Die Idee des Fortschritts beginnt in seiner Philosophie, bei der es Bacon nicht um die Frage geht: »Was ist Erkenntnis?« Sein Thema lautet vielmehr: »Wie kann man Erkenntnis verbessern und vermehren?« Und wie kann man das systematisch tun, und zwar so, daß die Gesellschaft (die Menschheit) davon profitiert?

Bacon ist der erste Philosoph, der klar sieht, daß sowohl der Alltag als auch unsere Geschichte von der Wissenschaft geprägt werden – eine Tatsache, die sich unter den Historikern und Geisteswissenschaftlern unserer Tage immer noch nicht herumgesprochen hat. Er sieht dies an den Beispielen Buchdruck, Kompaß und Artillerie und staunt, »was für einen Wandel haben die drei in die Welt unserer Tage gebracht«. Bacon sieht zunächst nur die positiven Seiten der Entwicklung, und ihm fällt zu seinem Bedauern auf, daß man über die drei genannten Erfindungen »bloß gestolpert« ist und »sie zufällig ans Licht gebracht hat«. Er will mehr davon hervorbringen und träumt davon, der Leiter einer großen Bauhütte der Wissenschaft zu werden.[7] Der Kern seiner Idee liegt darin, daß es eine koordinierte öffentliche Forschung geben soll, die die Wohlfahrt der Menschen garantiert, und die Hoffnung besteht darin, daß die Wissenschaft allen nützen kann, ohne jemandem Schaden zufügen zu müssen. Dies ist natürlich die Basis des Fortschrittsoptimismus, der auf den immer weiter verbesserungsfähigen technischen Möglichkeiten beruht und das Denken der Neuzeit bis in die sechziger Jahre unseres Jahrhunderts ganz eindeutig bestimmt hat.[8]

7 Mehr als 300 Jahre später hat der gefeierte Prophet und Zukunftsforscher Robert Jungk Bacons Ansatz übernommen und Zukunftswerkstätten gegründet. Natürlich hat Jungk Bacon nicht zur Kenntnis genommen, und die Kritiker, die den Bacon so gerne in die Pfanne hauen, jubeln Jungk zu.
8 Bacons Idee wurde im späten 19. Jahrhundert im Rahmen der indu-

Fortschritt kann man in diesem Zusammenhang verstehen als Zunahme von Macht über die Welt, als sich ausweitende Beherrschung der Natur, und dieser Gedanke geht auf Bacon zurück, der allerdings in seinem *Novum Organum* genau angibt, was es zu beachten gilt, wenn dieser Fortschritt der Wissenschaft »zur Wohltat und zum Nutzen des Lebens« gelingen soll. Der Macht sind nämlich Grenzen gesetzt, denn »die Natur kann nur beherrscht werden, wenn man ihr gehorcht«. Nur wenn wir von der Natur (und ihren Gesetzen) geleitet werden, können wir über sie verfügen.

Das letzte Zitat stammt aus den sogenannten Eingangsaphorismen zum *Novum Organum*, und es ist lohnenswert, sie ausführlich und wörtlich zu zitieren:

(1) *»Der Mensch, als Diener und Interpret der Natur, vermag und versteht so viel, wie er von der Ordnung der Natur durch die Tat oder den Geist beobachtet hat; darüber hinaus weiß und kann er nichts.«*

(2) *»Weder die bloße Hand noch der sich selbst überlassene Verstand bringen viel zustande; es sind Instrumente und Hilfsmittel, durch die etwas zustande gebracht wird; der Verstand bedarf ihrer nicht minder als die Hand. Und wie die Instrumente der Hand die Bewegung entweder lenken oder leiten, so unterstützen oder schützen die Instrumente des Geistes den Verstand.«*

(3) *»Menschliches Wissen und menschliche Macht treffen in einem zusammen; denn bei der Unkenntnis der Ursache versagt sich die Wirkung. Die Natur kann nur beherrscht werden, wenn man ihr gehorcht; und was in der Kontem-*

striellen Forschung verwirklicht, weshalb seine Charakterisierung als »Philosoph des Industriezeitalters« sehr zutreffend ist. Damals wurde erkannt, daß nicht ganz stimmt, was Karl Marx behauptet hatte, daß nämlich die Arbeit die Quelle unseres Wohlstands ist. Damals wurde verstanden, daß die Arbeit ein Beiwort braucht. Es ist die geistige Arbeit (unter anderem der Wissenschaft), der wir unseren Wohlstand verdanken.

plation als Ursache auftritt, ist in der Operation die Regel.«

(4) »Für seine Werke kann der Mensch nichts weiter, als die natürlichen Körper zusammen- oder auseinanderbringen; das übrige bewirkt die Natur.«

Wenn es in den Texten von Bacon eine Stelle gibt, auf die das berühmte Diktum »Wissen ist Macht« zurückgehen könnte, das sich in dieser Form bei ihm tatsächlich nirgendwo wörtlich findet, dann muß es der dritte Aphorismus sein, wobei leicht zu sehen ist, daß Bacon sich viel vorsichtiger ausdrückt und nur von einem Zusammentreffen der beiden redet. Natürlich kann derjenige, der etwas über die Natur verstanden hat, dieses Wissen nutzen, um erfolgreich handeln zu können – er kann zum Beispiel Energie gewinnen oder zum Mond fahren –, und es ist auch klar, daß unsere Eingriffe (Operationen) ihren größten Effekt haben, wenn das dazugehörende »Wissen am wahrsten« ist, wie es bei Bacon später heißt. Aber es geht ihm zunächst nicht um ein eingespieltes und immer weiter ausgreifendes Können mit dem dazugehörigen Ausbeuten. Es geht Bacon vielmehr an erster Stelle um das noch Unbekannte, um die »Unkenntnis der Ursache«, die unsere erste Ohnmacht offenbart.

Was Bacon sucht, sind neue Forschungsinstrumente – etwa die induktive Logik –, um mehr von dem Wissen zu bekommen, das wir heute mit dem Vorsatz »Verfügung-« schmücken. Und Bacon will dieses Herrschaftswissen zur Wohlfahrt eingesetzt sehen, wobei er natürlich auch nicht weiß, wie dies gemacht werden soll. Er ist ein Optimist, was den Einsatz von Wissenschaft angeht, aber den Traum der Aufklärer, der spätestens seit der Französischen Revolution geträumt worden ist, demzufolge das menschliche Leben ausschließlich besser werden kann, wenn es der rationalen Planung unterliegt, den haben Bacons Nachfolger alleine geträumt, und es ist unzulässig, die vielen Fehlplanungen mit der dabei sichtbar werdenden zweiten (und schlimmeren) Ohnmacht seiner Konzeption anzulasten (Umweltschäden, Zivilisationskrankheiten). Daß ein Experiment Ausübung von Macht im Dienst der Erkenntnis ist, das hat nicht Bacon vor vielen hundert Jahren gesagt, sondern Carl Friedrich von Weizsäcker im 20. Jahrhundert, und die Menschen, die ihm dabei zuhörten, haben stets beifällig genickt, weil sie gerne alle die Macht wollten, die die Wissenschaft ihnen zu bieten schien.

Es war erst nach Bacon, daß sich der Gedanke breit machte, daß alle Wissenschaft nur und ausschließlich besser werden und alles besser machen kann. Er selbst war bescheidener und wollte seine Zeitgenossen vor allem daran erinnern, daß man sich nicht durch die Verehrung der Antike verzaubern lassen soll und auf diese Weise daran gehindert wird, die Fortschritte zu machen, die die Menschen brauchen. Dabei bewahrte sich Bacon stets die Einsicht, daß die Erkenntnis von heute der Irrtum von morgen sein kann. Es ist diese Stelle, an der sein Forschungsprogramm ansetzt, und es ist keineswegs auf die Naturwissenschaften beschränkt. Im *Novum Organum* heißt es (im Aphorismus 127) ausdrücklich, daß auch Logik, Ethik und Politik aufgefordert seien, sich neu zu organisieren und dem großen Ziel – der menschlichen Wohlfahrt – zuzuarbeiten.

Das Thema »Wissen und Macht« taucht erneut an einer sehr aufschlußreichen Stelle in dem utopischen Fragment mit dem Titel *Neu-Atlantis* auf. Neu-Atlantis ist eine Insel, auf der Seefahrer mehr oder weniger zufällig und glücklich landen, obwohl sie sich zunächst mit neuer Ausrüstung *(Novum Organum)* auf die Reise gemacht haben. Bacon läßt die gerettete Schiffsmannschaft nun eine neue Gesellschaft kennenlernen, die auf der Insel wohnt bzw. ihren Staat bildet. Eine der dort unabhängig wirkenden Institutionen wird als Haus Salomon[9] vorgestellt. Dieses Haus verfügt über 20 Forschungslaboratorien, zu denen unter anderem ein Großraumlabor gehört, das für Wetterkunde und künstlichen Regen zuständig ist (im 17. Jahrhundert!). Weiter gibt es Kleintierlabors zur Züchtung speziell

---

9 Das Haus Salomon kann als Vorläufer der wissenschaftlichen Akademien oder Institute aufgefaßt werden, die erst nach Bacon gegründet wurden.

nützlicher Tiere (wie Seidenraupe und Honigbiene), man trifft auf Werkstätten zum Bau von Robotern und anderen Automaten, und man findet – als besonders ungewöhnliche Einrichtung – ein Betrugslabor (»house of deceit«), in dem solche Wissenschaftler oder selbsternannte Experten entlarvt werden konnten, die sich mit allerlei Tricks als Wunderärzte oder Gaukler bei Regierungen einschleichen oder das Volk selbst zum Narren halten wollten.

Die Arbeit im Hause Salomon geht dabei gut organisiert vor sich – Bacon unterscheidet schon zwischen theoretischen und experimentellen wissenschaftlichen Arbeiten, wie es sich erst in unserer Zeit tatsächlich ergeben hat –, und im Anschluß an die Vorstellung der Aufgabenteilung taucht das angekündigte Problem von Wissen und Macht auf, das uns heute noch beschäftigt. Bacon läßt einen Vertreter aus dem Haus Salomon folgendes sagen:

> »Wir haben Konsultationen darüber, welche der Erfindungen und Experimente, die wir entdeckt haben, veröffentlicht werden sollen und welche nicht: Und wir leisten alle den Eid der Geheimhaltung, um dasjenige zu verbergen, was uns geheim zu halten wichtig erscheint, obwohl wir einiges davon mitunter dem Staat offenbaren, anderes nicht.«

Das Thema, das hier angesprochen wird, heißt Verantwortung der Wissenschaftler für die Folgen ihres Tuns. Bacon sieht das Problem, das auf eine Forschung zukommt, die vom Staat nicht gesteuert sein will (und soll), die zugleich aber nicht ohne irgendeine Kontrolle durch die Öffentlichkeit existieren kann. Wie kann man Wissenschaft gesellschaftlich einbinden und zugleich ihre Freiheit erhalten?

Eine von Bacons Ideen aus *Neu-Atlantis* besteht in der Verehrung der Wissenschaftler und Entdecker (bei ihm sind es leider nur Männer). Dazu hat man auf der Insel Galerien mit entsprechenden Standbildern eingerichtet, die ein doppeltes Ziel verfolgen. Den Wissenschaftlern sollen sie Anreiz sein, hier zu persönlichem Ruhm zu kommen. (Solch eine Gelegenheit fehlt einem Forscher oder einer Forscherin unserer Zeit weitgehend. Bei uns sind Schauspieler oder Fußballer höher angesehen als Wissenschaftler.) Und die Bevölkerung soll so die Chance bekommen, Vertrauen in die Akteure der Forschung zu fassen. Bacons Utopie sieht die Wissenschaftler im zwanglosen und selbstverständlichen Nebeneinander mit der Öffentlichkeit. Die Forscher führen neue Entdeckungen und Erfindungen vor und erklären sie, und sie stehen auch für Dienstleistungen zur Verfügung. Sie sagen nicht nur Unwetter, Stürme oder Erdbeben voraus, sie warnen auch vor Krankheiten, Seuchen und Hungersnöten.

Mit dem Besuch des Hauses Salomon bricht die Utopie ab. Die Seefahrer werden mit der Erlaubnis entlassen, alles, was sie gelernt haben, »zum Wohl der anderen Nationen zu veröffentlichen«. Bacons Entwurf ist frei von jeder Gleichmacherei oder Unterwerfung, weil er auf eine Quelle setzt, die tatsächlich ergiebig ist, auf den Fortschritt, den Wissenschaft und Technik ermöglichen. Beide sorgen für angenehme Zeiten und ein sicheres Leben, ohne die Menschen selbst zu verändern. Was könnte besser für uns sein? Bacon hat uns gezeigt, wie das möglich ist, was wir wollen. Hat er uns deswegen so verwirrt?

Galileo Galilei

oder
Die Kirche bewegt sich doch

Galileo Galilei hat – leider! – all die Sachen nicht getan oder erfahren, die die Legende ihm angedichtet hat und für die er beim Volk bekannt und beliebt ist. Er hat weder Gegenstände vom Schiefen Turm seiner Geburtsstadt Pisa fallen lassen, um die vielleicht immer noch verbreitete Ansicht des Aristoteles zu widerlegen, daß schwere Gegenstände schneller fallen als leichte, er hat auch nicht die berühmten drei Worte »Eppur si muove« – auf deutsch: »Und sie bewegt sich doch«[1] – über die Erde gesprochen, nachdem er vor der Inquisition »seinen Irrtum« über die kopernikanische Lehre zugegeben hatte, und Galilei mußte keineswegs die Folter erleiden, bevor er 1633 in Rom auf die Knie ging und einräumen mußte, daß er zu seiner Zeit nicht in der Lage war, die heliozentrische Anordnung der Himmelskörper und die zentrale Stellung der Sonne zu beweisen (wobei die Betonung auf »beweisen« liegt, was über eine einfache Plausibilität hinausgeht). Und so gern man auch die damalige Kirche und ihre Vertreter verdammen möchte – an seiner Verurteilung ist Galilei vermutlich nicht so ganz schuld-

---

1 Das Zitat lädt zum Spielen ein. In diesen Tagen ist zum Beispiel ein Buch über die Bedeutung der Psychoanalyse für die Sexualtherapie erschienen mit dem Titel *Und er bewegt sich doch*. Wenn die Erde in der deutschen Sprache männlich wäre, hätte Galileis berühmter Satz von Anfang an diese herrliche Doppelbedeutung gehabt.

los gewesen, denn in seiner unbändigen Streitlust hatte er den Ast abgesägt, auf dem er als Naturwissenschaftler saß, indem er lauthals verkündete, daß eine Behauptung, die zum einen nicht schlüssig bewiesen werden könnte und zum anderen im Gegensatz zur Heiligen Schrift stünde, als falsch anzusehen sei. Papst Urban VIII. kannte sich aber mit seinem Pappenheimer aus, und der Heilige Vater wies den forschen Galilei lässig auf die schlichte Tatsache hin, daß es Beweise doch wohl nur in der Mathematik gäbe. Von Hinweisen oder Evidenz könne bestenfalls die Rede sein, wenn es um die Bewegung der Erde bzw. der Sonne gehe. Und an dieser Stelle hatte der Stellvertreter einfach recht, und so mußte es zur Verurteilung des streitbaren Gelehrten kommen. Der Fall Galilei nahm seinen Lauf, der erst in unseren Tagen abgeschlossen und endgültig entschieden wurde (wie noch zu erläutern sein wird), fast 400 Jahre nach dem Prozeß in Rom.

Galilei gehört zu den volkstümlichen oder prominenten Wissenschaftlern, dessen Namen jeder oder jede schon einmal gehört oder in den Mund genommen hat. Vermutlich gibt es neben Charles Darwin und Albert Einstein keinen Wissenschaftler, dessen Wirken bekannter oder weiter verbreitet ist als das Galileis. Es gibt mehr Biographien über ihn als über irgendeinen anderen Forscher, und wer sich heute erneut an solch eine Aufgabe wagen würde, müßte schon so etwas wie eine Metabiographie ins Auge fassen, also neben dem historischen Galilei auch das Leben der Figur beschreiben, das die vielen anderen Bücher hervorgebracht haben. Warum ist das so? Woher kommen Galileis Bekanntheitsgrad und seine fast volkstümliche Faszination?

Zum einen hat seine Popularität sicher damit zu tun, daß Galileis Kampf mit der römischen Inquisition aller Welt den einsetzenden geistigen Machtverlust der Kirche deutlich vor Augen geführt hat. Die Geistlichkeit sieht seitdem wie der ewige Verlierer aus, und dies scheint vielen Zeitgenossen im Zeitalter der Kirchenaustritte eher recht zu sein. Zum anderen hat Galilei großen Mut gezeigt und das Abenteuer der Aufklärung lange vor ihrer Zeit riskiert. Er war bis zur Selbstaufgabe bereit, die Gewißheit, die aus dem Glauben kommt, völlig aufzugeben, in der Hoffnung, an ihre Stelle die Sicherheit setzen zu können, die aus der Überzeugungskraft der eigenen Beweise und der Wahrheit der logischen Schlüsse stammt. Und zum dritten hat Galilei seine Werke auf italienisch geschrieben[2] und seine Ideen auf diese Weise auch dem nicht lateinisch sprechenden Publikum zugänglich gemacht. Seine Popularität hat natürlich darüberhinaus vor allem damit zu tun, daß er von der Inquisition verfolgt wurde und wir ihn nun als Märtyrer der Wissenschaft feiern können (wobei noch zu prüfen sein wird, inwieweit seine Argumente für die Position der Sonne bzw. der Erde überhaupt überzeugend sein konnten).

Galileis heutiger Bekanntheitsgrad ist nicht zuletzt noch darauf zurückzuführen, daß Bertolt Brecht das *Leben des Galilei* auf die Bühne gebracht[3] und seinem Helden Worte in den Mund gelegt hat, die inzwischen berühmt geworden sind (oder es sein sollten). »Aber wie können wir uns der Menge verweigern und doch Wissenschaftler bleiben?« fragt Galilei zum Beispiel, und er bringt damit ein Grundproblem zum Ausdruck, was das Verhältnis von Wissenschaft und Öffentlichkeit angeht, wenn die Ergebnisse der Forschung zum einen »unübersichtlich« für den Experten und zum anderen »unwiderstehlich für schwache Seelen« werden. Dabei hat doch all das Forschen und Fragen nur ein Ziel: »Ich halte dafür, daß das einzige Ziel der Wissenschaft darin besteht, die Mühseligkeit der menschlichen Existenz zu erleichtern«, wie Brecht es Galilei in den

---

2 Nicht viel später entscheidet sich auch der Franzose Rene Descartes für seine Muttersprache, als er seine großen Arbeiten verfaßt. Die Wissenschaftler wollen von nun an keine Priester mehr sein, die sich dem Volke unverständlich auf lateinisch unterhalten. Sie wollen populär sein, was auch so seine Probleme hat, wie wir bei Descartes sehen werden.

3 Brecht hat das Stück in seiner ursprünglichen (»dänischen«) Fassung 1938/39 geschrieben und 1955/56 für einige Szenen eine zweite (»Berliner«) Fassung entworfen. Als Suhrkamp Taschenbuch 2001 liegen die auch für Naturwissenschaftler interessanten Materialien zu Brechts *Galilei* vor.

Mund legt, obwohl dieser Satz seine Quelle bekanntlich bei Francis Bacon hat, wie wir gesehen haben. Aber Galilei hätte ihn sicher gerne und ohne Zögern verwendet, wenn ihm Gelegenheit dazu gegeben worden wäre, denn wie sein Poet Brecht zeigte er eine »gewisse Laxheit in Fragen des geistigen Eigentums«, und vielleicht steckt hier ein weiterer Grund für seine Popularität. Sind es doch die vielen kleinen Schwächen, die uns die Großen so sympathisch machen.

Galilei ist aber nicht nur beim Volk beliebt, sondern auch bei den Experten selbst, die sich gern aus dem Zitatenschatz des Brecht-Stücks bedienen und in Festreden gerne seinen Fluch »… keine Gnade … mit denen, die nicht geforscht haben und doch reden« zitieren, um anschließend in die Runde der Politiker und Journalisten zu blicken.

Der Rahmen

Als Galileo Galilei 1564 in Pisa geboren wird, gibt es zum ersten Mal auf der Welt einen Bleistift. Als Galilei 18 Jahre alt wird und beim Betrachten eines schweren Kronleuchters ein wichtiges Element der Pendelbewegung bemerkt[4], kommt es zur Gregorianischen Reform des Kalenders, und Sir Walter Raleigh führt in England das Tabakrauchen mit Pfeifen ein. Tabak galt damals noch als »heilige Pflanze«, die wegen ihrer medizinischen Wirkungen geschätzt wurde. (Der Weg bis zu den Zigaretten und den zunehmenden Fällen von Lungenkrebs ist noch weit.) 1600 erscheint eine erste Abhandlung zur Embryologie – *De formato foetu* von Girolamo Fabrici –, 1603 wird das Wort

---

4 Der Legende zufolge soll Galilei beim Anblick eines schwingenden Leuchters im Dom von Pisa 1583 aufgefallen sein, daß die Dauer einer Pendelbewegung (hin und her) ziemlich unabhängig von der Weite der Schwingung ist. Da dies tatsächlich der Fall ist, lassen sich übrigens Pendeluhren konstruieren. Was die Legende angeht, so ist sie wahrscheinlich falsch, obwohl es sogar ein Gemälde von Sabatellio gibt, das Galilei zeigt, wie er den Blick auf den Leuchter richtet.

»Gas« eingeführt, um die klassische Theorie der vier Elemente anzugreifen und zu überwinden, 1607 komponiert Monteverdi die Oper »Orfeo«, 1628 beschreibt William Harvey den Blutkreislauf, 1635 wird zum ersten Mal die Geschwindigkeit des Schalls gemessen, 1642 malt Rembrandt die »Nachtwache«. Und in eben diesem Jahr, in dem Galilei in Arcetri bei Florenz stirbt, wird in England Isaac Newton geboren.

Das Porträt

Galilei ist der italienische Trumpf im europäischen Quartett, das die Moderne vorbereitet. Geboren wird er als Sohn eines Musiktheoretikers, der eine »musica speculativa« entwirft und seinen Sprößling privat unterrichtet. Der junge Galileo hält dieses Leben bis zum 18. Geburtstag aus, um sich dann an die Universität von Pisa zu begeben, wo er die Mathematik à la Euklid und die Physik à la Aristoteles kennenlernt. Bald bricht er aber sein Studium ab, um sich privat mit der Wissenschaft zu beschäftigen, die ihn interessiert, und das heißt vor allem, die Werke von Archimedes über die schwimmenden Körper und ihre Bewegungen zu lesen.

Galilei – und dies ist ein charakteristischer Zug an ihm – will sich wie sein großes Vorbild aus der Antike nie nur mit Theorien beschäftigen. Er versucht, zugleich auch stets die experimentelle Kunst auszuüben und hat immer praktische Anwendungen im Auge, die sich zum Teil heute noch in Form des Galilei-Thermometers in vielen Wohnzimmern befinden.[5] Er

5 Das Galilei-Thermometer basiert auf dem Auftrieb von Körpern in Flüssigkeiten – Archimedes läßt grüßen – und der unterschiedlichen Ausdehnung, den unterschiedliche Stoffe bei gleichen Temperaturerhöhungen erfahren. In einem schlanken, mit einer klaren Flüssigkeit gefüllten Gefäß befinden sich Kügelchen, die farbige Substanzen enthalten und zumeist oben schwimmen. Steigt die Temperatur, dehnen sich alle Stoffe aus. Wenn die Flüssigkeit des umfassenden Gefäßes so gewählt wird, daß sie dies stärker tut als die farbigen Flüssigkeiten der kleinen Kügelchen, sinken diese herab. Das Gerät kann so geeicht werden, daß die unterste Kugel der oben schwim-

beschäftigt sich sein Leben lang gerne und erfolgreich mit mechanischen Konstruktionen und unternimmt zahlreiche Basteleien. Einer seiner frühen Erfolge besteht in der Anfertigung einer hydrostatischen Waage, über die er auch in einer kleinen Schrift berichtet, *La Bilancetta*. Wenn dieser Text auch keine physikalischen Besonderheiten für die Nachwelt zu verzeichnen hat, so zeigt er doch seine Wirkung. Galilei findet mit seiner Hilfe einen Gönner, den Marchese Guidobaldo del Monte, der ihm 1589 eine Professorenstelle in Pisa verschafft, und zwar in der Mathematik.

Trotz des frühen Ruhmes hat Galilei allen Grund, mit dem Job unzufrieden zu sein, denn als der Rechenexperte, als der er angestellt ist, verdient er nur 60 Skudi im Jahr, und damit kann er den professoralen Medizinern seiner Zeit, die im gleichen Zeitraum 2000 (!) Skudi beziehen, nicht das Wasser reichen. Er muß Privatunterricht geben, um sein Gehalt aufzubessern, und er läßt sich sogar darauf ein, Horoskope anzufertigen, und zwar das Stück für 10 Skudi.

In Pisa versucht Galilei zum ersten Mal, Bewegungen zu verstehen und in aller Deutlichkeit von der Lehre des Aristoteles abzulösen. Anders als der große Grieche fragt Galilei nicht mehr, *warum* sich ein Gegenstand in dieser oder einer anderen Form bewegt, Galilei will zunächst sehen, *wie* die Ortsänderung vonstatten geht. Er entdeckt dabei – tatsächlich ohne den Schiefen Turm zu Hilfe zu nehmen –, daß Körper nicht mit einer Geschwindigkeit fallen, die proportional zu ihrem Gewicht ist, wie es Aristoteles noch verkündet hat und wie es dem gesunden Menschenverstand sofort einleuchtet.[6] Unseren naiven Vor-

menden Kügelchen die Temperatur anzeigt, die in dem Zimmer herrscht, in dem das Galilei-Thermometer steht. Was seinem Erfinder bei diesem Gerät unter anderem gefallen hat, ist die gegenläufige Bewegung: Wenn die Temperatur um ein Grad steigt, sinkt ein Kügelchen.

6 Aus diesem Grunde vor allem hat sich diese Idee des Aristoteles lange gehalten. Man sieht doch sofort, daß das, was schwerer ist, auch schneller fällt. Oder? Man sieht doch, daß eine leichte Feder weniger schnell fällt als ein nicht so leichtes Geldstück? Oder?

stellungen zum Trotz fallen alle Körper gleich schnell[7] – jedenfalls im Vakuum –, und die eigentlich spannende Frage, die
zuerst Galilei stellt, lautet, wie die Geschwindigkeit der frei
fallenden Körper während dieses Vorgangs zunimmt. Die entscheidende Beobachtung, daß dies proportional zur Zeit geschieht, gelingt Galilei in Pisa noch nicht. Hier vermutet er vielmehr noch eine Verbindung zur zurückgelegten Strecke, ohne
sie allerdings nachweisen zu können. Sein Hauptproblem besteht darin, daß ihm noch kein Instrument zur Verfügung steht,
mit dem er überhaupt richtig messen kann, wieviel Zeit vergangen ist, wenn kurze Intervalle gefragt sind.[8]

Während er in Pisa über die Bewegungen *(De motu)* der Körper nachdenkt, treiben ihn nicht nur philosophische Motive, es
gibt vielmehr höchst konkrete Beweggründe. Galilei orientiert
sich nämlich – wie stets – an der Praxis, und er möchte vor allem
die richtige Flugbahn einer Kanonenkugel berechnen. Er findet die Lösung, indem er das Prinzip der Unabhängigkeit von
den Bewegungen einführt und die Kurve einer Kugel als
Summe zweier Bewegungen darstellt, der Vorwärtsbewegung
durch die Explosivkraft, und der Abwärtsbewegung des freien
Falls (für die er noch keine Kraft angeben kann, da die Gravitation bis Newton warten muß). Galilei kommt dabei rechnerisch
auf eine Parabelbewegung, was ihm die Möglichkeit gibt, den

7 Diese Behauptung – so lernt man es heute sicher noch im Physikunterricht – stimmt natürlich genau genommen nur im Vakuum. Den
Schluß auf den leeren Raum konnte Galilei gedanklich ziehen, weil
er das Sinken (Fallen) von Kugeln in verschieden dichten Flüssigkeiten beobachtet hatte. Er schaffte dabei, die Bewegung des Fallens
selbst zu verstehen, unabhängig von den Umständen, unter denen
sie sich vollzieht. Dieses Abstrahieren von den konkreten Gegebenheiten geht über den gesunden Menschenverstand hinaus, der der
sinnlichen Wahrnehmung verhaftet bleibt.
8 Erst 1609 hat Galilei die richtige Idee, daß die Geschwindigkeit beim
freien Fall mit der Zeit zunimmt. Er bestimmt die entsprechenden
Zeitreihen mit Hilfe der sogenannten Fallrinne, die ihm so etwas wie
einen verlangsamten freien Fall und die Möglichkeit liefert, die ab-
gelaufene Zeit über die Pulsschläge zu messen.

Soldaten etwas Nützliches zu empfehlen. Sie sollen ihre Kugel in einem Steigungswinkel von 45° abfeuern, wenn sie so weit wie möglich kommen wollen.

Hier deutet sich ein weiterer Grund für die Berühmtheit von Galilei an. Er glaubt fest an die mathematische Form der Naturgesetze, und er versucht mit allen Mitteln, die Mathematik für die Naturforschung nützlich zu machen – als Professor für Mathematik tut er dies sogar mehr oder weniger von Amts wegen. Galileis berühmte Bemerkung aus seinem Werk *Il Saggiatore* aus dem Jahre 1623 faßt seine Überzeugung zusammen und liefert ein Glaubensbekenntnis, dem die moderne Wissenschaft bis heute anhängt:

> *Das Buch der Natur kann man nur verstehen, wenn man vorher die Sprache und die Buchstaben gelernt hat, in denen es geschrieben ist. Es ist in mathematischer Sprache geschrieben, und die Buchstaben sind Dreiecke, Kreise und andere geometrische Figuren, und ohne diese Hilfsmittel ist es menschenunmöglich, auch nur ein Wort davon zu begreifen.*

Es lohnt sich, diese häufig zitierten Worte einmal unter dem Aspekt zu bedenken, den wir oben mit Popularität in Hinblick auf das Verständnis der Öffentlichkeit bezeichnet haben. Wenn wir uns nämlich jetzt daran erinnern, daß Galilei sich bewußt der italienischen Sprache bedient, um vom Volk verstanden zu werden, müssen wir an dieser Stelle skeptisch werden und die Frage stellen, wie das denn gehen soll, wenn es gar nicht auf das Italienische, sondern auf das Mathematische ankommt. Galilei bemerkt den Widerspruch nicht, unter dem wir bis heute leiden. Galilei mag zwar mit seinem berühmten Satz über die Sprache, in der das Buch der Natur geschrieben ist, recht haben, aber wenn zudem seine – wahrscheinlich gegen den Papst gerichtete – Schlußfolgerung zutrifft, daß nur derjenige die Natur begreifen kann, der kein mathematischer Analphabet ist, dann bedeutet dies doch, daß alle diejenigen, die nicht mit Formeln und geometrischen Gebilden umgehen können – und das sind sicher die meisten Menschen –, auch nicht verstehen, wie die Natur funktioniert. Das heißt, unabhängig ob ich auf deutsch oder italienisch oder französisch erkläre, was die Wissenschaft herausgefunden hat, solange die mathematische Sprache nicht verwendet werden darf, versteht niemand, was Sache ist. Natürlich nur, wenn Galilei recht hat bzw. solange wir ihm glauben und darüber hinaus keine anderen Quellen des Wissens zulassen.[9]

Galilei hat sich mit diesem Widerspruch nicht lange aufgehalten, und die Menschen, die sich heute bemühen, der Öffentlichkeit Wissenschaft verständlich zu machen, haben ihn vermutlich in dieser Schärfe noch gar nicht registriert. Ihnen zum Trost läßt sich natürlich sagen, daß Galileis Satz von der mathematischen Sprache keinesfalls für die gesamte Natur zutrifft, sondern bestenfalls für ihren physikalischen Teil. Die belebte Natur kann man sehr wohl ohne Mathematik verstehen, und es lohnt sich sogar, ein Gefühl für den Organismus zu entwickeln, den man als Biologe oder Biologin untersucht. Aber es ist klar, daß Galileis Vorgabe das Denken der nachfolgenden Wissenschaft nachhaltig beeinflußt hat und die Physik zum Vorbild aller Wissenschaften machte, die alle mit der Mathematik liebäugelten – sehr zu ihrem Nachteil, wie wir heute immer besser verstehen und bemerken.

Kehren wir zu dem Zitat zurück und den Dreiecken und Kreisen, die der reife Galilei als Buchstaben im Buch der Natur erblickt. Als noch junger Mathematiker in Pisa dachte er bei dem Ausdruck »mathematische Sprache« noch an etwas weniger spektakuläre Figuren, nämlich mehr an Zahlenfolgen, wie man sie zum Beispiel in einem Experiment findet, bei dem ein Körper fällt und man die beobachteten Zeiten und Strecken in eine Tabelle einträgt. Solche Versuche nimmt Galilei in den

---

9 Man sieht sofort, daß auch derjenige die Natur verstehen kann, der keine Mathematik kennt, wenn man sich die intuitiven Kenntnisse vieler Schriftsteller vor Augen hält oder sich von Psychologen erklären läßt, daß Denken nur eine psychologische Funktion ist. Es gibt auch große Naturforscher wie Michael Faraday, die keine Mathematik verstanden haben, wie an entsprechender Stelle ausgeführt wird.

Jahren nach 1592 vermehrt vor, nachdem er Pisa verlassen hat und nach Padua übergewechselt ist (weil hier sein Gehalt wenigstens ein wenig verbessert wurde). In Padua bleibt er seinem praktischen Hang treu. Er konstruiert eine Vorrichtung zum Heben von Wasser, verbessert den Kompaß, und er erfindet so etwas wie einen Rechenschieber, von dem sogar einige Exemplare verkauft werden.

Wenn wir uns der Jahrhundertwende nähern, finden wir einen Galilei, der zum ersten Mal stark unter Arthritis leidet und diese quälende Krankheit bis zum Ende seines Lebens nicht mehr los wird. Wir finden einen Galilei, der zwar nicht verheiratet ist, der aber mit einer Lebensgefährtin namens Marina Oamba zusammen wohnt und von ihr zwei Töchter und einen Sohn bekommt. Und wir finden einen Galilei, der seine Augen mehr auf die Erde richtet und sich noch nirgendwo zur Frage der Ordnung am Himmel geäußert hat. Erst nach und nach gibt er sich als Anhänger des heliozentrischen Systems nach Copernicus zu erkennen, und richtig laut wird er dabei erst nach 1610, als sich seine persönlichen Bindungen auflösen. Galilei trennt sich damals von Marina Gamba, und später entscheiden sich seine Töchter dafür, ins Kloster einzutreten.

Der Wechsel vom eher beiläufigen Befürworter des kopernikanischen Systems zum engagierten Verfechter der heliozentrischen Ordnung am Himmel hat mit einer Konstruktion zu tun, die ein holländischer Brillenmacher namens Jan Lippershey um 1608 zustande bringt und die bald Fernrohr genannt wird. Galilei liest von seiner Erfindung in der Zeitung, er baut ein entsprechendes Gerät nach und führt es den Senatoren der Universität von Padua vor. Obwohl man nicht nachweisen kann, daß Galilei behauptet hat, er sei der Erfinder des Fernrohrs, besteht doch kein Zweifel, daß er die hohen Herren ganz sicher in dem Glauben gelassen hat, er habe dieses revolutionäre Werkzeug der Wissenschaft ersonnen. Dazu kannte Galilei die Tricks der Rhetorik viel zu gut (wie wir noch sehen werden). Die Senatoren aus Padua waren auf jeden Fall so begeistert, wie er es erhofft hatte, und sie hoben sein Gehalt auf ansehnliche 1000 Skudi an.

Wir wollen jetzt nicht von der Enttäuschung berichten, die sich breit machte, als Galileis »Erfindung« bald auf allen Marktplätzen zu haben war, wir wollen lieber davon erzählen, daß Galilei das Fernrohr nicht nur nachbaute, sondern im Laufe seiner Bemühungen so verbesserte, daß seine Vergrößerung den Faktor 1000 erreichte und ihm erlaubte, einige berühmte Entdeckungen zu machen – er sah die Jupitermonde, er erkannte die rauhe Oberfläche des Mondes, er stellte darüber hinaus fest, daß es Sonnenflecken gibt, und er bemerkte zuletzt sogar die irreguläre Struktur des Saturn.

Was die letzte Beobachtung angeht, so wissen wir heute, daß der Planet Saturn einen Ring hat[10], aber diese Entdeckung ist Galilei noch nicht gelungen, dazu reichte die Auflösung seines Instruments einfach nicht aus. Er hat aber festgestellt, daß es da etwas gab, was dem Planeten ein besonderes Aussehen gab, und er vermutete, daß es sich hierbei um zwei Satelliten handelte. Der Ausdruck »Satellit« war damals ganz neu im Umlauf, und zwar ging er auf den deutschen Astronomen Johannes Kepler zurück, der uns noch ausführlich beschäftigen wird. Ihm hat Galilei seine Entdeckung auch brieflich mitgeteilt, aber nicht auf die einfache und klare Weise, wie sie unter Wissenschaftlern die Regel ist, sondern mit dem besonderen Galilei-Touch. 1610 schickte er an Kepler das folgende Anagramm:

»SMAISMRMILMEPOETALEUMIBUNENUGTTAIRAS.«

Kepler gelang es tatsächlich, die Botschaft zu entschlüsseln. Sie lautet in lateinischer Sprache:

»ALTISSIMUM PLANETAM TERGEMINUM OBSERVAI.«

---

10 1656 hat Christiaan Huygens festgestellt, daß es einen Ring um den Saturn gibt, und 1675 hat Giovanni Cassini die Vermutung geäußert, der Ring bestehe aus vielen kleinen Objekten. Akzeptiert wurde diese Idee erst 200 Jahre später, als der schottische Physiker James Clerk Maxwell zeigen konnte, daß ein solcher Ring aus vielen Stücken mechanisch stabil sein kann.

»Ich habe beobachtet«, so könnte man auf deutsch sagen, »daß der am weitesten entfernte Planet« – das war der Saturn nach damaliger Kenntnis – »aus drei Teilen besteht.« Und für diese Beobachtung wollte Galilei Priorität anmelden – deshalb die Verschlüsselung –, ohne sie den Konkurrenten einfach zu verraten.

Galilei stellt alle seine Beobachtungen bald in seiner »Sternenbotschaft« zusammen, dem *Nuncius sidereus*, und seine Erfolge bringen ihm den Titel »Erster Mathematiker und Philosoph des Großherzogs der Toskana« ein. Er zieht – ohne seine Lebensgefährtin – nach Florenz und findet es allmählich spannend, das kopernikanische System zu verteidigen, das auch Kepler für das Bessere hält.[11] Man gewinnt jetzt den Eindruck, daß Galilei immer mehr Spaß an Auseinandersetzungen bekommt, und man würde ihn gerne als den Erfinder der Streitkultur bezeichnen. Er kämpft mit sachlichen Argumenten, psychologischen Tricks und rhetorischen Fähigkeiten gegen die drei Autoritäten an, die sich ihm in den Weg stellen – gegen Aristoteles, gegen den gesunden Menschenverstand und gegen die dogmatische Kirche. Mit anderen Worten, Galilei kämpft gegen die ganze Welt und vor allem gegen alles, was sich autoritär gebärdet und Denkzwang ausübt.

Es bereitet ihm ein diebisches Vergnügen, etwa in seinem *Dialog über die beiden hauptsächlichen Weltsysteme* von 1632 *(Dialogo sopra i due massimi sistemi del mondo)* zu zeigen, daß ein toskanischer Bauer leichter verstehen kann, was die Parallaxenverschiebung bedeutet und wie mit ihr der Aufbau der Welt experimentell zu überprüfen ist, als ein aristotelischer Philosoph. Und es macht Galilei ebensoviel Freude, denen, die am gesunden Menschenverstand kleben, vorzuwerfen und vorzuführen, wie sie »trotz guter Augen nicht sehen, was andere mit ihrer Erfahrung an Wahrem und Irrigem aufgedeckt ha-

---

11 Es muß betont werden, daß Galilei von Kepler nicht so viel gehalten hat, wie man im Rückblick vermuten könnte. Dem Italiener schien, daß der Deutsche zuviel Mystisches in seinem Denken bewahrte.

ben«. Und weil er mit diesen beiden Größen gut zurecht-
kommt, wagt er sich an die dritte Macht, die sich ihm in den
Weg stellt, und er läßt sich auf den Versuch ein, der Kirche zu
beweisen, daß sie unrecht hat. Galilei probiert mit der Kirche,
was Copernicus mit der Erde gemacht hat, er versucht sie zu
bewegen. Man könnte an dieser Stelle spekulieren, daß seine
Entscheidung für das heliozentrische System – wenigstens im
Hinterkopf – durch die Tatsache bestärkt wird, daß es dem gesunden Menschenverstand widerspricht. Schließlich sieht man
doch, daß sich die Sonne bewegt, und wir sagen heute noch,
daß sie auf- bzw. untergeht. Ganz sicher reizt Galilei der Gedanke, daß wir, wenn Copernicus recht hat, am Himmel gar
nicht sehen, wie sich die Planeten wirklich bewegen, sondern
daß wir nur erblicken und registrieren können, welche Änderung die Achse Erde-Planet im Laufe der Zeit erfährt.

Bevor wir erzählen, wie er kurzfristig (zu Lebzeiten) scheitern mußte, wie er aber langfristig (bis heute gerechnet) triumphierte, noch zwei Hinweise auf Galileis Streitlust und die herrliche Sprache, mit der er die Auseinandersetzungen über die
Wissenschaft geführt hat. Zu den schwierigsten Gedanken, an
die sich der naive Verstand gewöhnen muß, wenn er Physik
treiben will, gehört die Feststellung, daß sich die Gesetze der
Physik und mit ihnen die Erscheinungen nicht ändern, wenn
man sich statt in Ruhe in gleichförmiger Bewegung befindet,
bei der es keinerlei Beschleunigung gibt. Ruhe und gleichförmige Bewegung sind physikalisch äquivalent. Diese der aristotelischen Physik völlig unverständliche Einsicht findet sich zuerst in völliger Klarheit bei Galilei, weshalb sie den heutigen
Physikstudenten zu Recht als Galilei-Invarianz vorgestellt
wird, und sie ist in der Tat fundamental. Galilei bietet in dem
Dialogo von 1632 nun sein ganzes didaktisches und rhetorisches
Geschick auf, um den Lesern diese anti-intuitive und deshalb
schwierige Idee plastisch vor Augen zu führen:

*»Schließt Euch in Gesellschaft eines Freundes in einen mög-
lichst großen Raum unter dem Deck eines Schiffes ein. Verschafft Euch dort Mücken, Schmetterlinge und ähnliches Ge-*

tier; sorgt auch für ein Gefäß mit Wasser und kleinen Fischen darin; hängt ferner oben einen kleinen Eimer auf, welcher tropfenweise Wasser in ein zweites enghalsiges darunter gestelltes Gefäß träufeln läßt. Beobachtet nun sorgfältig, solange das Schiff stille steht. Nun laßt das Schiff mit jeder beliebigen Geschwindigkeit sich bewegen: Ihr werdet – wenn nur die Bewegung gleichförmig ist und nicht hier- und dorthin schwankend – bei allen Erscheinungen nicht die geringste Veränderung eintreten sehen. Aus keiner werdet Ihr entnehmen können, ob das Schiff fährt oder stille steht. Beim Springen werdet Ihr auf den Dielen die nämlichen Strecken zurücklegen wie vorher, und wiewohl das Schiff aufs schnellste sich bewegt, könnt Ihr keine größeren Sprünge nach dem Hinterteile als nach dem Vorderteile zu machen: und doch gleitet der unter Euch befindliche Boden während der Zeit, wo Ihr Euch in der Luft befindet, in entgegengesetzter Richtung zu Euerem Sprunge vorwärts. Wenn Ihr Euerem Gefährten einen Gegenstand zuwerft, so braucht Ihr nicht mit größerer Kraft zu werfen, damit er ankomme, ob nun der Freund sich im Vorderteile und Ihr Euch im Hinterteile befindet oder ob Ihr umgekehrt steht. Die Tropfen werden wie zuvor in das untere Gefäß fallen, kein einziger wird nach dem Hinterteile zu fallen, obgleich das Schiff, während der Tropfen in der Luft ist, viele Spannen zurücklegt. Endlich werden auch die Mücken und Schmetterlinge ihren Flug ganz ohne Unterschied nach allen Richtungen fortsetzen. Niemals wird es vorkommen, daß sie gegen die dem Hinterteil zugekehrte Wand gedrängt werden, gewissermaßen müde von der Anstrengung, dem schnellen Schiff nachfolgen zu müssen, und doch sind sie während ihres langen Aufenthaltes in der Luft von ihm getrennt. Verbrennt man ein Korn Weihrauch, so wird sich ein wenig Rauch bilden, man wird ihn in die Höhe steigen, wie eine kleine Wolke dort schweben und unterschiedslos sich nicht mehr nach der einen als nach der anderen Seite hin bewegen sehen. Die Ursache dieser Übereinstimmung aller Erscheinungen liegt darin, daß die Bewegung des Schiffes allen darin enthaltenen Dingen, auch der Luft, gemeinsam zukommt.«

Wir haben dieses lange Zitat aus dem *Dialogo* nicht nur gebracht, um die Vielzahl der Bewegungen vorzuführen, die Galilei ins Auge zu fassen vermag, sondern auch, weil er mit dieser Schiffskajüte die Gedankenexperimente erfindet, mit denen Albert Einstein sich später in den Kosmos vortastet. Aus Galileis Schiff auf dem Meer wird Einsteins Aufzug im Weltall, wie wir noch sehen werden. Was Galilei hier unternimmt, ist also nicht nur die bildhafte Darstellung einer physikalischen Situation, sondern die gedankliche Erfassung ihrer Ursachen. Mit ihm beginnt die moderne Art, Physik zu machen und über physikalische Fragen nachzudenken.

Dem Genie steht leider oft die Streitlust im Wege, die sich in unnötige Beweisnot begibt und Widersprüche verwickelt. Als Beispiel sehen wir Galileis Reaktion auf einen Bericht über Kometen an. Im Jahre 1618 wurden gleich drei dieser sonst seltenen Objekte am Himmel beobachtet [12], und es waren vor allem die Jesuiten unter Führung von Orazio Grassi am Collegio Romano, die sich um ihr Verständnis bemühten und dabei ohne oder gegen die aristotelische Physik auskommen wollten. Für sie war ein Komet kein Ereignis, das in irgendeiner sublunaren Sphäre ablief, wie es der Grieche verstanden haben wollte, sondern hier handelte es sich um die Bewegung eines Himmelskörpers, der sich jenseits der Mondbahn bewegte, wie man durch den Vergleich vieler Messungen in verschiedenen Gebieten Europas ermitteln konnte, die man eigens zu diesem Zweck eingeholt hatte. Ein Komet war vermutlich ebenso weit weg von der Erde wie der Planet Merkur oder die Sonne. Diese und andere Einsichten über die Natur der Kometen wurden 1619 von Grassi veröffentlicht.

Im Grunde waren der Jesuit und Galilei einer Meinung, aber wenn Galilei irgend etwas nicht vertragen konnte, dann Übereinstimmung. Also publizierte er – unter dem Namen eines

12 In diesem Zusammenhang ist zum ersten Mal aufgefallen, daß der Schweif eines Kometen immer weg von der Sonne weist. Die richtige Deutung dieser Erscheinung ist dann Kepler eingefallen, wie in seinem Kapitel erläutert wird.

Freundes – eine Erwiderung auf Grassis Arbeit, in der er alle unwissenschaftlichen Register zog und mit den Mitteln der Polemik, der Fehldarstellung, der Unterstellung und der Vernebelung arbeitete. Verstehen kann man diesen Ausbruch nur, wenn man annimmt, daß Galilei zwar auf den Jesuiten eindrischt, aber etwas anderes dabei treffen will. Dieses »andere« läßt sich leicht ausmachen, es handelt sich um das astronomische System, das Grassi damals bevorzugte und das nicht von Copernicus stammte. Zu Beginn des 17. Jahrhunderts hatten sich längst alle Fachleute davon überzeugt, daß die Anordnung des Ptolemäus nicht richtig beschrieb, was am Himmel los war, und der große Astronom Tycho Brahe hatte eine Variante vorgeschlagen, die zwischen Ptolemäus und Copernicus vermitteln sollte. In Brahes Kompromiß ruht die Erde, die von der Sonne umkreist wird. Aber die anderen Planeten drehen sich bei ihm nicht mehr wie bei Ptolemäus um die Erde, sondern um die Sonne.

Zwar konnten sowohl Brahes Konstruktion als auch die Anordnung des Copernicus alle beobachteten Erscheinungen gleich gut in den Griff bekommen. Doch solch ein fauler Kompromiß mißfiel Galilei von Grund auf, und er suchte eine Gelegenheit, Brahes System zu zerstören. Er wählte die Kometenarbeit der Jesuiten – und machte damit einen großen Fehler. Denn seine Erwiderung[13] auf Grassi hat ihm nur Unverständnis – zum Beispiel das von Kepler – und Feindschaften – die von Grassi – eingebracht, und das sollte sich zuletzt bei seinem Erscheinen vor der Inquisition bitter rächen.

Galileis Konflikt mit der Kirche – die Kontroverse zwischen Heliozentrismus und Religion – hatte um 1614 begonnen, nachdem Galilei sich in Briefen – vor allem an die Großherzogin Christina – zu dem Verhältnis von Religion und Wissenschaft

---

13 Zur Ehrenrettung von Galilei sollte noch angemerkt werden, daß seine Gegenschrift natürlich wieder viele brillante Einfälle – etwa über Reibung und Wärme des Kometen – enthält; aber es fällt dem Leser schwer, seine zynischen Passagen von den ernsthaften zu unterscheiden.

geäußert und darin gezeigt hatte, daß es gar nicht um die Frage ging, ob einige Textstellen der Bibel mit den kopernikanischen Vorstellungen in Einklang zu bringen waren, sondern darum, daß das ganze mittelalterlich-scholastische Denkgebäude revidiert werden mußte, wenn die geozentrische Perspektive aufgegeben wurde. Galilei hatte vorgeschlagen, die Idee des Kosmos von der aristotelischen Physik abzulösen, denn sie war es doch, die erst die Position der Erde bestimmt hatte. Es müsse doch möglich sein, zu einer platonischen Kosmologie zurückzukehren, in der die Sonne den höchsten Stellenwert hatte, weil sie mit ihrer Wärme den Kosmos »ernährte« und mit Energie und Kraft versorgte, damit sein »Kreislauf« in Ordnung blieb.

Doch darauf konnte die Kirche nicht eingehen, denn die aristotelische Philosophie war nicht bloß eine zufällige Ergänzung der christlichen Weltanschauung, sondern durch die jahrhundertelange Arbeit der Scholastik zu ihrem eigentlichen Inhalt geworden. Zwar versuchte noch 1615 ein Karmelitenpriester den Beweis zu führen, daß eine heliozentrische Kosmologie nicht der christlichen Religion widerspreche, aber 1616 verkündet das Heilige Offizium in Form eines Dekrets, daß die zwei Behauptungen, die Sonne sei der Mittelpunkt der Welt und die Erde sei beweglich, zwar nicht als Ketzereien anzusehen, aber »irrtümlich im Glauben« seien. Mit anderen Worten, die kopernikanische Lehre wurde verurteilt, man durfte aber weiter über sie diskutieren – jedenfalls nach der offiziellen Meinung.

Diesen Schlupfwinkel nutzte Galilei, der in den folgenden Jahren seinen berühmten *Dialog über die beiden hauptsächlichen Weltsysteme* verfaßte und damit die erste umfassende und populäre Darstellung des heliozentrischen Weltalls gab. Der *Dialogo* wurde 1630 fertig, er durfte auch 1632 endlich gedruckt werden, aber dann machte man Galilei doch den Prozeß, und er mußte vor das Gericht der Inquisition, das ihn am 22. Juni 1633 dazu verurteilte, auf Knien der kopernikanischen Lehre abzuschwören und seinen Irrtum einzugestehen.

Formal wurde das Urteil aufgrund einer vielleicht gefälschten Aktennotiz bzw. eines fehlerhaften Protokolls aus dem Jahre 1616 möglich, in dem irgend jemand zur allgemeinen

Überraschung festgehalten hatte, daß es verboten sei, die kopernikanische Lehre »in jedweder Form« zu vertreten. Praktisch zwang man Galilei aber in die Knie, weil er einem mächtigen persönlichen Feind gegenüberstand. Gemeint ist Papst Urban VIII., der sich zwar im Jahre 1616 als Kardinal Barberini noch auf Galileis Seite befand, der sich dann aber im *Dialogo* als der Gesprächspartner mit Namen Simplicius wiederfinden mußte. Das war deshalb leichtfertig, weil Papst Urban VIII. seinem Kontrahenten Galilei kaum an Eitelkeit nachstand, und was die Tugend der Bescheidenheit angeht, so konnte die Behauptung des Papstes, er wisse alles besser als alle seine Kardinäle zusammen, jederzeit leicht konkurrieren mit der Ansicht Galileis, er allein habe Neues am Himmel entdeckt.

Urban VIII. und Galilei standen sich zudem in einer Zeit gegenüber, in der die Kirche einen Kampf um den Erhalt ihrer politischen Vorherrschaft führte und keine Niederlage mehr erdulden konnte. Der Papst mußte das Erscheinen des *Dialogo* als boshaft geplante Verschlimmerung der verfahrenen Lage betrachten. Galilei wollte ihr offenbar neben dem Machtverlust auf politischem Gebiet zusätzlich einen Machtverlust auf geistigem Gebiet beibringen, und dies mußte Urban VIII. unter allen Umständen vermeiden. Mit anderen Worten, das Urteil gegen Galilei war schon gefällt, als der Prozeß noch lief, und aufgehoben hat man es tatsächlich erst mehr als 350 Jahre später. Es dauerte bis zum Herbst 1992 (!), bevor Papst Johannes Paul II. die Verdammung Galileis aufhob und erklärte, seine Verurteilung sei das Ergebnis »eines tragischen wechselseitigen Unverständnisses zwischen dem Pisaner Wissenschaftler und den Richtern der Inquisition« gewesen.

Die Kirche hat sich sehr, sehr langsam auf diese Position zubewegt. Erst 1822 wurde das Verbot aufgehoben, von der Bewegung der Erde und dem Stillstand der Sonne zu reden, weitere zwölf Jahre später wurde der *Dialogo* vom Index der verbotenen Bücher gestrichen, und es hat bis 1893 gedauert, bevor Papst Leo XIII. entschieden hat, daß das Verhältnis zwischen Religion und Wissenschaft so zu beschreiben ist, wie es Galilei in seinem Brief an die Großherzogin Christina 1615 formuliert hat.

Wir sind sicher, daß der streitlustige Galilei unwillig auf all diese Feierlichkeiten reagiert und sich irgendwann sein unbändiges Vergnügen am Widerspruch Bahn gebrochen und den Frieden gestört hätte. Er hätte alle kirchlichen Vertreter ermahnt, daß es langweilig sei, zu beweisen, daß jemand bisher recht gehabt habe. Wichtig sei, weiterzumachen und herauszufinden, was man noch nicht verstanden habe, zum Beispiel das Licht, das Gott gleich zweimal erschafft, am ersten Tag ohne und am vierten Tag mit Sonne. »Ich denke manchmal: ich ließe mich zehn Klafter unter der Erde in einen Kerker einsperren, zu dem kein Licht mehr dringt, wenn ich dafür erführe, was das ist: Licht. Und das Schlimmste: was ich weiß, muß ich weitersagen. Wie ein Liebender, wie ein Betrunkener, wie ein Verräter. Es ist ganz und gar ein Laster und führt ins Unglück. Wie lang werde ich es in den Ofen hineinschreien können – das ist die Frage.«[14] Wir haben sie bis heute nicht beantwortet.

14 Aus dem *Leben des Galilei* von Bertolt Brecht.

Johannes Kepler

oder
Der erste Vertreter der Trinität

Johannes Kepler war ein überzeugter Protestant, der zur Zeit des Dreißigjährigen Krieges lebte und zwar zumeist in Gegenden, in denen die Mächtigen und mit ihnen die religiösen Überzeugungen oftmals wechselten. Mit dieser Information läßt sich leicht ausmalen, wie sehr ihm und seiner Familie zugesetzt wurde und wie unerträglich schwer es ihnen oft fiel, selbst den normalen Alltag zu bewältigen. Da Kepler zudem stark kurzsichtig, von schwächlicher Konstitution und häufig krank war, da er so gut wie nie bezahlt wurde, obwohl er insgesamt 17 Kinder (aus zwei Ehen) zu ernähren hatte, da er darüber hinaus seine Mutter gegen den Vorwurf der Hexerei verteidigen mußte, fragt man sich, woher er neben all diesen und noch vielen anderen Belastungen die Kraft genommen hat, das Riesenwerk mit all den grandiosen Einsichten anzufertigen, das heute in unseren Bibliotheken steht und zu den großen Schätzen des Abendlandes zu zählen ist.

Bei soviel Pech in Keplers Leben wundert es jetzt vielleicht schon niemanden mehr, daß der Astronom zuletzt sogar bei dem Bemühen gestorben ist, seinen lange verdienten und überfälligen Lohn (von insgesamt über 10 000 Gulden bei einem Jahresgehalt von weniger als 1000 Gulden!) beim Kaiser persönlich einzufordern. Kepler war aus seiner Not heraus gezwungen, so zu handeln. Aber die Reise von Schlesien aus zum Reichstag nach Regensburg im Jahre 1630 hat ihn dann zu sehr erschöpft, und er starb gegen Ende des Jahres, ohne sein berechtigtes Verlangen vortragen zu können. Keplers Unglück zu Lebzeiten setzte sich auch nach seinem Tode fort. In den Wirren des andauernden Krieges ist sein Grab zerstört worden und somit jede materielle Spur des großen Gelehrten für alle Zeiten verschwunden.[1]

Wenn überhaupt, dann hat Kepler nur einmal wirklich Glück gehabt, und das war kurz nach 1600 in Prag. Er war in die böhmische Stadt, das damalige Zentrum des Reiches, als Assistent des unter Zeitgenossen berühmten (und gut bezahlten) Tycho Brahe gekommen, um sich stärker als zuvor der Astronomie zu widmen. Dann starb Brahe plötzlich, und Kepler stand nicht nur bereit, sein (allerdings viel schlechter bezahlter) Nachfolger zu werden, ihm standen plötzlich auch all die präzisen Messungen der Marsbahn zur Verfügung, die sein alter Chef unternommen hatte.[2] Das heißt, Brahes Erben verlangten zunächst viele tausend Gulden für dessen wissenschaftlichen Nachlaß. Der Kaiser wollte dafür aber nicht zweimal bezahlen – zu Recht, wie selbst Kepler fand, der sich die Daten daraufhin kurzerhand auf die bekannte andere Weise besorgte, um anschließend mit ihrer Hilfe eine der ganz großen Entdeckungen zu machen: Die Bahn, die der Mars am Himmel zieht, ist gar kein Kreis, wie man vom Anbeginn der Welt bis zu Kepler gedacht hatte. Der Planet läuft vielmehr auf einer Ellipse um die Sonne, die auf diese Weise gar nicht in irgendeiner Mitte stehen kann, sondern die ihren Platz in

---

1 Wir wissen nur, welchen Spruch er sich selbst für seinen Gedenkstein zurechtgelegt hat. Auf deutsch heißt er:
»Den Himmel durchmaß mein Geist,
nun meß' ich die Tiefen der Erde.
Ward mir vom Himmel der Geist,
ruht hier der irdische Leib.«
2 Brahe mußte sein Leben lang ohne das Fernrohr auskommen, das erst um 1608 konstruiert werden konnte. Er hatte aber die höchste Auflösung der Beobachtung von Planeten und Sternen erreicht, die ohne solch ein Hilfsmittel möglich ist. Mit Brahe endet die Astronomie ohne Teleskop.

einem der Brennpunkte suchen muß, durch die eine Ellipse zu charakterisieren ist.[3]

Wenn uns auch Keplers Grab verlorengegangen ist, so bleiben uns dafür seine Arbeiten und Ideen, und die stecken voller Überraschungen, wenn man sich etwas genauer auf die Texte und ihren gedanklichen Hintergrund einläßt[4] und nicht nur den erzielten Ergebnissen wie etwa den erwähnten elliptischen Planetenbahnen Beachtung schenkt. Kepler verkörpert vermutlich wie kein zweiter den entscheidenden Umschlagpunkt der Wissenschaft, an dem sie – von uns aus betrachtet und in unserem Sinne – modern wird. Kepler steht ziemlich genau an der Stelle, an der das eher mystische und noch immer alchemistisch beeinflußte Denken der Vergangenheit dem verstärkt rationalen Diskurs weicht, der ohne jeden religiösen Bezug auskommen will und den Versuch unternimmt, die Welt zu er-

3 In jüngster Zeit haben einige Wissenschaftler die Vermutung geäußert, daß Kepler seine Daten geschönt und bei der Berechnung der Mars-Bahn gemogelt haben soll – siehe »Kepler's fabricated figures« in der Zeitschrift *Journal for the History of Astronomy* 19 (1988), p. 217. In dem Aufsatz wird auf die Möglichkeit hingewiesen, daß Kepler den heute als 2. Keplersches Gesetz bezeichneten Flächensatz (Details weiter unten im Text) benutzt haben soll, um die elliptische Bahn der Planeten abzuleiten, was heute im übrigen als 1. Keplersches Gesetz bezeichnet wird. Abgesehen davon, daß die Daten gar nicht von Kepler stammen, geht der Vorwurf der Mogelei deshalb völlig an der Sache vorbei, weil ja zuletzt nicht der gewünschte Kreis, sondern die ungeliebte Ellipse am Himmel erscheint. Kepler hatte sicher eine Vorstellung von dem, was er suchte, aber seine Größe besteht unter anderem darin, daß er sich von experimentellen Ergebnissen korrigieren ließ und den Daten Vorrang vor den Wünschen einräumte. Mehr dazu weiter unten im Text. Da eine Ellipse zwei Brennpunkte hat und die Sonne nur einen besetzen kann, stellte sich mit dieser Entdeckung der nicht-kreisförmigen Planetenbahn das zusätzliche Problem, was man mit einem leeren Brennpunkt anfangen hat. Kepler wußte hier keine Antwort.

4 Wir folgen hierbei einer wenig bekannten Arbeit des genialen Physikers Wolfgang Pauli aus dem Jahre 1952, in der er sich fragt, was der »Einfluß archetypischer Vorstellungen auf die Bildung naturwissenschaftlicher Theorien bei Kepler« sei.

klären, ohne Anleihen bei Wunderbarem zu machen. Während Galilei sich schon radikal gegen die Kirche wendet und das wissenschaftliche Weltbild an die Stelle der religiösen Weltanschauung setzen will, sind bei Kepler beide Formen der Betrachtung nicht nur keineswegs auseinandergefallen, sie stehen sogar in einem Buch nebeneinander aufgeführt, so daß der Leser den Eindruck gewinnen muß, sie gehören für den Autor eng zusammen. Gemeint ist sein wenig populäres und noch weniger zitiertes Werk *Ad Vitellionem Paralipomena* aus dem Jahre 1604, in dem es nicht nur um Naturwissenschaft am Beispiel der Optik geht – und zwar sehr erfolgreich, denn Kepler entdeckt zum Beispiel fast das Brechungsgesetz –, in dem sich auch religiöse Betrachtungen und eine mathematisch zu nennende Untersuchung zum Symbol der Trinität finden, der göttlichen Dreiheit.

Um es deutlich zu machen – die Zahl der Entdeckungen in den *Paralipomena* ist zwar Legion – Kepler bemerkt zum Beispiel, daß die Netzhaut das eigentlich empfindende Organ des Auges ist, er stellt als erster fest, daß das Bild der Welt dort auf dem Kopf zu stehen kommt, und zieht daraus den richtigen Schluß, daß Sehen nicht nur mit Hilfe der Physik verstanden werden kann, und vieles mehr –, aber Kepler ist in diesem Werk nicht nur der moderne Naturwissenschaftler, als der er nach Aufzählung dieser Leistungen auf jeden Fall auch angesehen werden muß. Kepler sammelt ungeheuer viele Daten, und er arbeitet dabei ganz sicher auch die quantitativ-mathematische Naturbeschreibung heraus, an die wir uns heute gewöhnt haben. Aber Kepler ist daneben immer auf der Suche nach Qualitäten, nach Harmonien des Himmels und nach Schönheit. Er war fasziniert von der uralten pythagoräischen Idee einer Sphärenmusik, und er fühlte sich als einer der geistigen Nachkommen dieser Tradition. Soviel Meßergebnisse er auch anhäuft und umrechnet, Zahlen haben für ihn immer auch eine Qualität, und es ist vor allem eine Zahl, die es ihm angetan hat, wie wir noch sehen werden, nämlich die Drei. Sie zeigt sich in der theologischen Trinität und den drei Dimensionen des Raumes (und, wenn man so will, auch in den drei Planetengesetzen). Kepler findet solch eine Übereinstimmung schön, und der Schlüsselsatz seiner Erkenntnisvorstellungen lautet: »Die Geometrie ist das Urbild der Schönheit der Welt.«

Kepler hat diesen Satz lateinisch geschrieben, und in dieser alten Sprache lautet seine Überzeugung: »Geometria est archetypus pulchritudinis mundi.« Das entscheidende Wort steht in der Mitte – »archetypus« –, und es ist schwer zu übersetzen und zu verstehen. Doch diese uralte Idee der Archetypen taucht in unserem Jahrhundert erneut vor allem in der Psychologie auf – und zwar in stark verwandter Form –, und mit ihrer Hilfe wird es möglich sein, einen Blick auf den archaischen Hintergrund zu werfen, vor dem sich die Bildung wissenschaftlicher Theorien vollzieht – wahrscheinlich nicht nur bei Kepler.

Der Rahmen

1572 – ein Jahr nach Keplers Geburt – beobachtet Tycho Brahe das, was wir heute eine Supernova nennen, die Geburt einer »nova stella« im Sternbild Cassiopeia. 1575 wird in Leiden eine Universität gegründet, und in Spanien errichtet Philipp II. die Academia de Ciencas Matematicas in Madrid. 1584 erscheint Giordano Brunos *Dell' infinito, universo e mondi*, in dem die Thesen vertreten werden, das Universum sei unendlich weit, und die Sterne bildeten Planetensysteme. In einem weiteren Werk *(La cena della ceneri)* verteidigt Bruno das kopernikanische System nicht aus wissenschaftlichen, sondern aus mystischen Gründen. (1600 kommt er für seine Ketzereien auf den Scheiterhaufen.) 1586 wird der 300 Tonnen schwere Obelisk, den bereits die antiken Römer aus Ägypten nach Rom mitgebracht hatten, auf den Petersplatz transportiert und dort aufgestellt. 1589 erscheint in Basel die erste (dreibändige) Ausgabe der Werke von Paracelsus. Zur Jahrhundertwende schlägt William Gilbert in seiner Schrift *De magnete* vor, die Erde könne ein großer, runder Magnet sein. 1618 beginnt der 30jährige Krieg. Trotzdem wird 1622 die erste deutsche Akademie gegründet, und zwar die Societas Ereunetica in Rostock. 1629 beschreibt Branca die erste Dampfturbine, und ein Jahr später wird in ganz Frankreich ein öffentlicher Postdienst eingerichtet. Zu Keplers Zeitgenossen zählen Jan Breughel, Peter Paul Rubens und Rembrandt van Rijn, um nur einige zu nennen.

Das Porträt

Kepler kam 1571 im württembergischen Weil als Siebenmonatskind zur Welt, und er war von Anfang an durch ein angeborenes Augenleiden stark behindert. Beim Sehen oder Lesen muß ihm vieles verschwommen vorgekommen sein. So läßt sich leicht verstehen, daß er auf der Schule nur langsam lernte und für eine üblicherweise dreijährige Lateinschule fünf Jahre brauchte. Dennoch schaffte er 1588 ein Bakkalaureatsexamen – und zwar an der Stiftsschule in Maulbronn –, und so konnte er eines Tages am Tübinger Stift studieren. Sein Lehrer hier war Michael Mästlin, der Keplers mathematische Begabung bald erkannte und den aufmerksamen Schüler in die neue Planetentheorie von Copernicus einweihte – allerdings nur privat, denn öffentlich äußerte sich Mästlin nicht zu dem Weltensystem, das er persönlich bevorzugte. Unter Mästlins Anleitung wird aus Kepler jedenfalls ein leidenschaftlicher Anhänger des heliozentrischen Systems, und er verfaßt später das erste zusammenhängende Lehrbuch zu diesem Thema. Es trägt den Titel *Epitome astronomiae Copernicanae* und erscheint, als der Dreißigjährige Krieg beginnt.

Man drückt sich wahrscheinlich genauer aus, wenn man bei Kepler statt von einer heliozentrischen *Überzeugung* von einem heliozentrischen *Bekenntnis* spricht, denn das Religiöse spielt – nicht nur an dieser Stelle – bei dem praktizierenden Protestanten[5] eine große Rolle, und eigentlich ist die Wissen-

---

5 Keplers Grundbekenntnis ist das Luthertum nach dem sogenannten Augsburger Bekenntnis, wobei Kepler dem einzelnen Willens- und Handlungsfreiheit zubilligte. Darüber hinaus trat er nur für eine symbolische Anwesenheit Christ beim Abendmahl ein. Das heißt, für Kepler *ist* der Wein nicht das Blut Christi, der Wein *bedeutet* es nur. Es ist zum Verständnis wichtig, daß Kepler in Symbolen dachte und

schaft, die er treibt, nur eine andere Form von Gottesdienst, wenn man diesen Begriff wörtlich nimmt. Kepler wollte nämlich ursprünglich Theologe werden, wie wir aus einem Brief wissen, den er um 1597 an Mästlin geschrieben hat, und zwar aus Graz, wo er seit 1594 eine erste Stelle als Mathematiklehrer bekommen konnte. Nach diesem kleinen Bekenntnis fährt Kepler fort: »Lange war ich in Unruhe. Jetzt aber sehet, wie Gott durch mein Bemühen auch durch die Astronomie gefeiert wurde.« Und damit lenkt er die Aufmerksamkeit Mästlins auf seine himmlische »Entdeckung«. Kepler denkt nämlich, das »körperliche Abbild Gottes« in der Welt gefunden zu haben, und er teilt es Mästlin und uns allen in seinem Jugendwerk *Mysterium cosmographicum* aus dem Jahre 1597 – also vor der Entdeckung der Ellipsen – etwas umständlich aber genau mit:

> *Das Abbild des drei-einigen Gottes ist in der Kugel(fläche), nämlich des Vaters im Zentrum, des Sohnes in der Oberfläche und des Heiligen Geistes im Gleichmaß der Bezogenheit zwischen Punkt und Zwischenraum (oder Umkreis).«*

Die vom Mittelpunkt zur Oberfläche verlaufende Ausdehnung der Kugel wird ihm zum Sinnbild der Schöpfung, und die Oberfläche selbst mit ihrer Krümmung symbolisiert das ewige Sein Gottes (den ewigen Umlauf der Welt). Diese Sicht behält er selbst nach der Entdeckung der elliptischen Bahnen bei, denn es kann sich bei alledem doch immer nur um unvollkommene Abbilder der vollkommenen Trinität handeln, die sein Symbol mit zugleich religiöser und wissenschaftlicher Funktion wird.

Keplers durchgehende und nie geänderte Auffassung, daß die Sonne mit ihren Planeten ein Abbild der Trinität[6] ist, hat

---

zum Beispiel in Zahlen oder mathematischen Zeichen immer auch Symbole sah und nie nur Quantitäten oder Größen irgendwelcher Art erblickte.

6 Die Trinität kann auf unterschiedliche Weise übertragen werden: Gott – Welt – Mensch, Urbild – Abbild – Ebenbild, Vater – Sohn – Heiliger Geist, Gott – Schöpfung – Ewigkeit.

er besonders deutlich in seiner Schrift *Tertius interveniens* formuliert, die er trotz ihres lateinischen Titels in deutscher Sprache geschrieben hat, wobei man besser von einem Übergangsdeutsch spricht, dem noch allerlei lateinische Brocken beigemischt sind. Viele moderne Wissenschaftler reden heute auf diese Weise, wenn sie englische Floskeln in ihre Erklärungen einbauen:

»Ja, es ist die hochheilige Dreifaltigkeit in einem sphaerico concavo und dasselbige in der Welt und prima persona, fons Deitatis, in centro, das centrum aber in der Sonnen, qui est in centro mundi, abgebildet; dann die auch ein Brunnquell alles Liechts Bewegung und Lebens in der Welt ist.

Also ist anima movens abgebildet in circulo potentiali das ist in puncto distincto: Also ist ein leiblich Ding, ein materia corporea abgebildet in tertia quantitatis trium dimensionum: also ist cuiusque forma abgebildet in superficie. Dann wie eine materia von ihrer forma informiert wird, also wird auch ein geometrisches corpus gestaltet durch seine äußere Feldungen und superficies: deren Ding dann vielmehr angezogen werden könnten.

Wie nun der Schöpfer gespielet, also tat er auch die Natur als sein Ebenbild lehren spielen und zwar eben das Spiel, das er ihr vorgespielet ...«

Wenn man auch nicht alles versteht, was dieser Text, den ein böswilliger Kritiker als Kauderwelsch bezeichnen könnte, bedeutet, so wird doch klar, daß Kepler die göttliche Drei (Trinität) mit der geometrischen Drei (Dimensionalität) in Zusammenhang bringt und daß die Sonne mit ihren Planeten als weniger perfektes Abbild des abstrakten sphärischen Symbols angesehen wird. Mit dieser Idee vermeidet Kepler nebenbei gesagt die Gefahr einer heidnischen Sonnenverehrung, und er kann seinem christlichen Glauben treu bleiben.

Wichtig ist, daß man Kepler und seine Errungenschaften nur versteht, wenn man zur Kenntnis nimmt, daß es die symbolischen Bilder sind, die ihn zum Suchen nach Naturgesetzen veranlassen. Die archetypischen Vorstellungen bei der Anschauung der Sonne sind primär. Oder in den Worten von Wolfgang Pauli: Weil Kepler »Sonne und Planeten mit diesem archetypischen Bild [der Trinität] im Hintergrund anschaut, glaubt er mit religiöser Leidenschaft an das heliozentrische System – nicht etwa umgekehrt, wie eine rationalistische Auffassung irrigerweise annehmen könnte. Dieser heliozentrische Glaube, dem Kepler seit seiner frühen Jugend treu ist, veranlaßt ihn, nach den wahren Gesetzen der Proportion der Planetenbewegung als dem wahren Ausdruck der Schönheit der Schöpfung zu suchen. Zunächst erfolgt dieses Suchen in einer falschen Richtung und wird nachher durch die tatsächlichen Meßergebnisse korrigiert.«

Der oben zitierte Text von Kepler findet sich in dem ebenfalls erwähnten Buch unter der deutsch-lateinischen Überschrift *Philosophischer Diskurs de signaturis rerum*. Es geht also um die Signatur bzw. die Zeichen der Dinge, und damit ist ein alchemistisches Konzept angesprochen, demzufolge die Dinge der Welt durch ihre äußere Form (Geometrie) auf eine im Inneren verborgene Bedeutung hinweisen, die sich nicht unmittelbar dem Auge darbietet. Wenn wir hier auch nicht näher auf diese Signaturenlehre, die vor allem Paracelsus betrieben hat, eingehen können, so macht dieser Hinweis doch deutlich, daß noch viel mehr in den Texten von Kepler verborgen sein könnte, die uns ja auch nur als Zeichen vorliegen und deren Bedeutung uns wohl immer noch verborgen bleiben könnte.

Wir sind, von Keplers erstem Werk ausgehend, dem *Mysterium cosmographicum* von 1597, mit diesen Bemerkungen schon viel zu weit vorausgeeilt und haben bislang vergessen, die einzelnen Lebensstationen und ihre dazugehörigen Leistungen anzusprechen, um die es jetzt gehen soll. Nach seinem Studium in Tübingen bekam Kepler – wie erwähnt – eine erste Anstellung in Graz, wo er unter der seltsamen Dienstbezeichnung »Landschaftsmathematiker«[7] auch für das Erstellen von Horoskopen zuständig war. Dabei hat er sogar einmal einen Voll-

---

7 Das hat nun nichts mit Gärtnerei zu tun, vielmehr hat man sich unter

treffer gelandet, als er für den Winter 1595 große Kälte und politische Unruhen (die Flucht oberösterreichischer Bauern vor türkischen Angreifern) vorhersagte. Damit gewann Kepler zwar an Ansehen in der Bevölkerung, aber kaufen konnte er sich davon nichts, als bald im Zuge der Gegenreformation alle protestantischen Geistlichen und Lehrer aus der Steiermark vertrieben wurden[8]. Kepler mußte nach Ungarn fliehen und bei Mästlin in Tübingen um Hilfe betteln. Er riskierte die Rückkehr nach Graz, aber nur, um im August 1600 unter dem Verlust seiner ganzen Habe vertrieben zu werden.

In dieser Situation wollte es ein einmal günstiges Geschick, daß sich Tycho Brahe in Prag bereit zeigte, Kepler aufzunehmen, und so finden wir ihn zu Beginn des 17. Jahrhunderts als Gehilfen des bekannten Astronomen wieder, wobei man sich die Zusammenarbeit zwischen den beiden als schwierig vorstellen muß. Schließlich war Brahe ein Gegner des kopernikanischen Systems, an das Kepler mit religiöser Leidenschaft glaubte. Lange brauchte Kepler seine Ansicht allerdings nicht zu verstecken, denn Brahe starb 1601, und Kaiser Rudolph II. beförderte den Gehilfen zum Kaiserlichen Mathematiker und gab ihm den Auftrag, den Himmel in Form der »Rudolphinischen Tafeln« neu zu vermessen – allerdings ohne das Gehalt regelmäßig zu bezahlen. Kepler versuchte zwar, eine Professur in Tübingen zu erhalten, aber seine Bemühungen scheiterten am Einspruch der protestantischen Theologen, die Kepler eine allzu liberale Einstellung vorwarfen.[9] Um seine finanzielle Lage zu verbessern, nahm er – mit Einverständnis von oben –

einer »Ehrsamen Landschaft« eine politische Standesvertretung der Bürgerschaft dem Landesherrn gegenüber vorzustellen.

8 Eine weitere – wissenschaftlich begründete – auf Tag und Stunde genaue Vorhersage – nämlich das Eintreten der Sonnenfinsternis im Frühjahr 1600 – hat ihm leider auch keine Anerkennung gebracht. Die Menschen in Graz bekamen eher Angst vor dem Schwächling, der wußte, wann es dunkel wird, und einer hat Kepler an dem Tag sogar seine Brieftasche (mit viel Geld) gestohlen.

9 Seltsamerweise lehnte Kepler einen Ruf an die Universität von Bologna damals ab, und zwar unter Hinweis auf Galilei, von dem er

nach 1612 neben dem kaiserlichen Auftrag noch eine Stelle an der Landschaftsschule in Linz an, der Stadt, in der er sein Hauptwerk verfaßte, die *Harmonice mundi*, die *Harmonik der Welt*, die 1619 erschienen ist.

Das Leben ist Kepler sowohl vor als auch nach diesem Termin nur schwer gemacht worden. Zwischen 1617 und 1620 mußte er insgesamt mehr als ein Jahr aufwenden, um seine Mutter vor dem Vorwurf der Hexerei zu schützen. Sie kam schließlich zwar frei, starb aber ein paar Monate nach ihrer Entlassung. Zu dieser Zeit hatte sich Keplers Lage in Linz ungeheuer verschlechtert, da die protestantische Macht vor Ort gebrochen worden war. 1626 beschlagnahmte man seine Bibliothek und vernichtete die schon fertigen Teile der *Rudolphinischen Tafeln*. Kepler war gezwungen, auch diese Stadt zu verlassen. Ein unstetes Wanderleben begann, das ihn im Juli 1628 nach Sagan in Schlesien brachte, wo er dem Herzog von Friedland und Sagan, Albrecht von Wallenstein, als Hofastronom dienen sollte. Als auch der gefeierte Kriegsherr seinem Diener das Gehalt schuldig blieb, machte sich Kepler im Oktober 1630 nach Regensburg auf, um beim dortigen Reichstag vom amtierenden Kaiser Ferdinand II. sein rückständiges Gehalt zu fordern. Doch dazu ist es nie gekommen. Kepler brach nach seiner Ankunft vor Erschöpfung zusammen, und er starb am 15. November 1630 in Regensburg als armer und betrogener Mann.

Kurz nachdem er sich in Linz niedergelassen hatte, hatte der Witwer Kepler seine zweite Frau geheiratet, wobei er darauf Wert legte, daß die Hochzeit »am Tag der Mondfinsternis stattfindet«, »damit sich der astronomische Geist verbirgt, da ich den Tag festlich begehen will«. Mit diesen Worten deutet Kepler unter anderem sein besonderes Interesse an dem Erdtrabanten an, dessen Bahn zwar leicht zu beobachten, aber nur sehr schwer zu erklären ist. Zu viele Unregelmäßigkeiten machen sich dabei bemerkbar, die für Kepler unerklärlich bleiben mußten und die wir erst heute auf Schwankungen in der Dichtever-

erfahren hatte, was man in Italien vom kopernikanischen System hielt.

teilung der Erde und den Abplattungen an den Polen zurückführen können, wobei schon vorausgesetzt ist, daß hinter allem eine Schwerkraft steckt, die Kepler zu seiner Zeit nur ahnen konnte. Die oben angeführten Details sind uns auch erst bekannt, seit es künstliche Satelliten gibt, die vom Weltraum aus präzise Messungen vornehmen, wobei wir diese Tatsache auch deshalb erwähnen, weil das Wort »Satellit« von Kepler geprägt worden ist, der damit natürliche Objekte am Himmel – die umlaufenden Planeten – bezeichnete.

Der Mond als Satellit der Erde hat Keplers Gedanken so sehr beschäftigt, daß er spät in seinem Leben deswegen sogar zum ersten Science-fiction-Autor geworden ist. Sein *Mondtraum*, der fast 400 Jahre vor der Landung des Menschen auf dem Mond geschrieben worden ist, schildert eine erste phantastische Reise zu unserem Trabanten, an dessen Ziel sich der Autor vorstellt, wie von dort oben die Erde aussieht. Kepler denkt sich zum Beispiel Afrika wie einen riesigen menschlichen Kopf, »dem sich ein Mädchen in langem Gewande zum Kusse hinneigt«. Wir wollen seine Geographie-Kenntnisse (und die seiner Zeit) nicht überstrapazieren und weder das Mädchen noch das Gewand identifizieren, dafür aber erwähnen, daß Kepler schätzt, daß es auf der Sonnenseite des Mondes fünfzehnmal so heiß wie in Afrika ist. Zwar rechnet er nicht damit, auf dem Mond Leben anzutreffen, aber er kann sich schon vorstellen, daß so etwas auf anderen Sternen möglich ist: »Nach meiner Ansicht gibt es auf den Sternen auch Feuchtigkeit und darum Lebewesen, die diese Zustände nutzen.«

Da wir gerade bei den ungewöhnlichen Werken Keplers sind, die alle aber immer noch in ihren Details das große Genie verraten, das sie verfaßt hat, müssen zwei Arbeiten aus den Jahren um 1615 erwähnt werden. Zum einen liefert Kepler – in deutscher Sprache ohne lateinische Brocken – einen *Bericht vom Geburtsjahr Christi*, in dem er einen Zusammenhang zwischen dem Stern von Bethlehem und einer »Großen Konjunktion« der Planeten Jupiter und Saturn herstellt, die damals von babylonischen Astrologen beobachtet worden war. Sie berichteten von einer seltsamen Erscheinung am Nachthimmel, der

Erscheinung nämlich, daß Jupiter und Saturn erst zu verschmelzen schienen, dann rückwärts liefen und zuletzt sogar in Gegensatz zu anderen Sternen stehen zu bleiben schienen. Kepler ließ sich von den Darstellungen mit dem langen Schweif nicht täuschen, die den Stern der Weisen als Kometen deuteten, und er rechnete nach, wann es eine solche Konjunktion gegeben haben könnte. Mit diesem Schritt kommt er zu einer nicht unbeträchtlichen Verschiebung des Geburtsjahres von Christus. Kepler zeigt nämlich in seinem »außführlichen Teutschen Bericht, das unser Herr und Hailand Jesus Christus nit nur ein Jahr vor den anfang unserer heutigen tags gebreuchlichen Jahreszahl geboren sey, sondern fünff gantzer Jahre davor«.[10]

Zum anderen kümmert sich Kepler neben diesen himmlischen Fragen auch um ganz irdische Probleme, und er liefert – nach schmerzlichen Erfahrungen mit dem Bezahlen von Wein für zwei Hochzeiten – eine *Neue Inhaltsberechnung der Weinfässer*, die durch das einfache Eintauchen einer Meßrute möglich werden soll. In diesem Buch läßt sich zwar das Geschick des Mathematikers Kepler bewundern, aber was vielleicht noch wichtiger ist, findet sich am Ende des Textes. Kepler fügt an dieser Stelle nämlich eine Erläuterung der geometrischen Fachausdrücke an, und wir können ihn damit als Erfinder des heute vielfach verbreiteten Glossars ansehen. Einige Kostproben lohnen die Lektüre noch heute. Kepler beschreibt eine Ellipse als »ablenger Circkel«, ein Trapez als »Spießeckich«, den Tangens als »Anstreicher« und eine Pyramide als »zugespitze Seule«.

Soviel zu den Nebenarbeiten, die es auch schon in sich haben. Seine erste große Arbeit erscheint 1609, und sie wird gewöhnlich als *Astronomia nova* vorgestellt, was auch stimmt, bis auf die Tatsache, daß Kepler ursprünglich ein drittes (griechisches) Wort mit zum Titel genommen hatte, das »aus Ursachen

---

10 Heute hat sich dieser Wert noch um zwei Jahre verschoben, so daß der leibliche Christus im Jahre seiner offiziellen Geburt schon zur Schule hätte gehen können.

gegründet« bedeutet.[11] Mit anderen Worten, Kepler versteht seine neue Astronomie als Physik des Himmels, und er hat das Ziel, die Bewegung der Planeten durch Kräfte zu erklären.[12] Zu diesem Zweck muß er natürlich zuerst einmal genau wissen, wie diese Bewegung aussieht, und es gelingt ihm, dies in zwei ersten Planetengesetzen zu fassen, die sich durch die Stichworte »elliptische Bahnen« und »Flächensatz« kurz bezeichnen lassen. Während die Ellipse keine Erläuterung mehr braucht, soll der Flächensatz kurz in Erinnerung gerufen werden, der besagt, daß eine Linie, die von der Sonne zu einem Planeten gezogen werden kann, in gleichen Zeiten gleiche Flächen überstreicht, während der Planet seine Bahn zieht.

Da die Drei in Keplers Denken eine wesentliche Rolle spielt, wird sich mancher Leser daran erinnern, daß es auch drei Gesetze waren, die Kepler für die Satelliten der Sonne gefunden hat, und wenn die Zahlenmystik auch nicht so weit getrieben werden darf, so gibt es zufälligerweise tatsächlich das dritte Gesetz, das später berühmt wird, weil Newton seine Ableitung aus dem Kraftgesetz gelingt und somit zeigt, daß es nur eine Physik gibt, die für Himmel und Erde zugleich gültig ist. So wichtig Keplers drittes Gesetz für die Entwicklung der Wissenschaft auch ist, für ihn selbst spielte die komplizierte Beobachtung, daß bei der Bewegung eines Planeten das Quadrat seiner Umlaufzeit proportional zur dritten (!) Potenz der großen Halbachse ist, offenbar keine besondere Rolle, denn er versteckt ihre Mitteilung mehr oder weniger in seinem Hauptwerk, genauer gesagt im fünften Buch der Harmonie der Welt. Der heute als Drittes Keplersches Gesetz berühmte Zusammen-

11 Schon in diesem Werk zeigt sich, wie genau Kepler mit der Sprache umzugehen bemüht ist. Im Vorwort der *Astronomia nova* beklagt Kepler die Schwierigkeit, ein wissenschaftliches Buch auf Latein zu schreiben, das heißt für ihn in einer Sprache, »die keine Artikel kennt und der viele treffende Ausdrücke des Griechischen fehlen«.

12 Kepler versucht die Idee des Magnetismus zu nutzen, die William Gilbert 1601 vorgeschlagen hat, und durch magnetische Kräfte zu erklären, wie die Bewegung am Himmel abläuft. Wir gehen auf diesen Aspekt nicht weiter ein.

hang findet sich hier erst an achter Stelle von den dreizehn Hauptsätzen, die das dritte Kapitel anführt.

In der *Harmonie der Welt* steht – wie weiter oben angedeutet – viel mystisches Gedankengut neben wissenschaftlichen Analysen, die diesen Namen auch im modernen Sinn verdienen. So sind bei ihm zum Beispiel die Planeten noch Lebewesen, die zudem mit einer Seele ausgestattet sind. Er postuliert sogar ausdrücklich eine »anima terrae«, und sie muß natürlich derjenige berücksichtigen, der sich an Horoskope wagt. Doch diese Beseelung der Keplerschen Körperwelt ist längst nicht mehr so zentral und maßgebend, wie sie etwa noch bei Paracelsus und anderen Alchemisten zu finden ist. Deren große Konzeption, die im Stoffe schlafende alchemistische Weltseele (»anima mundi«), verliert bei Kepler an Bedeutung. Sie tritt hinter die Individualseelen zurück und wird zum Überbleibsel alter Vorstellungen. Kepler stellt also auch hierin eine Zwischenstufe dar auf dem Weg zur vollständigen Entseelung der Gegenstände, die dann mit Newton und seiner *Principia* vollendet wird.

Es ist leicht vorstellbar, daß es an solch einer Stelle des Umbruchs zu einem Disput zwischen einem Vertreter der alten Vorstellungen und einem Repräsentanten der neuen Ideen kommt, und eine entsprechende Auseinandersetzung hat es tatsächlich gegeben, und zwar zwischen Kepler und dem zu seiner Zeit berühmten Alchemisten und Rosenkreuzer Robert Fludd.[13] Der Brite polemisiert heftig gegen Keplers Hauptwerk, und zwar vor allem deshalb, weil er eine tiefe Abneigung gegen jedes quantitative Messen hat. Für Fludd sind Quantitäten nur »Schatten«, mit denen sich keinesfalls »das wahre Mark der natürlichen Körper fassen läßt«.

13 Rosenkreuzer – oder Rosenkreutzer – sind keine Blumenzüchter, sondern Anhänger eines legendären Geheimbundes, der nach seinem ebenso legendären Gründer Christian Rosenkreutz benannt ist und später Einfluß auf die Freimaurerei nahm. Die Rosenkreuzer hatten zunächst humanistische und ethische und später okkultistische und theosophische Tendenzen.

In der Tiefe geht der Streit – natürlich! – um die Seele. Während Kepler der Seele zutraut, für Proportionen empfänglich zu sein, und den modernen Standpunkt vertritt, daß die Seele ein Teil der Natur sei, in der »erkannte Sinneserfahrungen aufleuchten« können, die vorher dort nur »wie verschleiert in potentia« enthalten waren, lehnt Fludd die Anwendung des Begriffs »Teil« auf die menschliche Seele ab, da sie von der ganzen »anima mundi« überhaupt nicht zu trennen sei.

Für die Psychologie des Streites – und für die Psychologie der Wissenschaft überhaupt – ist es – nach der Auffassung von Wolfgang Pauli, der wir uns gerne anschließen – von Bedeutung, daß für Fludd die Zahl Vier die Rolle spielt, die bei Kepler die Drei innehat. Während Kepler trotz genauester Kenntnis der pythagoräischen Verehrung der Vier (in Form der heiligen Tetraktys [14]) beim Symbol der Trinität bleibt und sich keine Neigung zu einer Quaternität zeigt, trägt bei Fludd noch die Vier ihren besonderen Symbolcharakter. Der Rosenkreuzer spricht von der »Würde der Vierzahl«, er sieht sie als »göttlich« an und bezeichnet sie als »Haupt und Quell der ganzen Gottheit«.

Ohne den Anspruch erheben zu wollen, die tiefere Bedeutung all dieser Zahlen und ihrer Qualitäten zu verstehen, läßt sich doch andeuten, was die trinitaristische und die quaternäre Auffassung trennt, wobei anzumerken ist, daß Keplers Weg zur heutigen modernen Form der Wissenschaft geworden ist. Für Kepler und seine Nachfolger – also uns – ist die quantitative Beziehung der Teile entscheidend, während der quaternär orientierte Forscher die qualitative Unteilbarkeit des Ganzen für wirklich wesentlich hält. Dieser Konflikt zwischen Kepler und Fludd taucht im folgenden in völlig analoger Form zwischen Newton und Goethe auf. Während der Dichter starke Aversionen gegen Teile und Teilen hat, kommt Newton gerade dann zu den wichtigsten Ergebnissen, wenn er das

14 Die Pythagoräer pflegten den folgenden Schwur zu sprechen:
»Mit reinem Sinne schwör ich dir bei der heiligen Vier,
dem Urquell der ewigen Natur und dem Urgrund der Seele.«

ganze (weiße) Licht, das er vorfindet, in die Bestandteile zerlegt, die sich quantifizieren lassen, etwa die Farben durch Wellenlängen.

Es wäre für den Zustand der modernen Wissenschaft nicht von Nachteil, wenn sie diesen Streit um die Teile und das Ganze dadurch beenden würde, daß sie beiden Wegen, die Natur zu erforschen, die gleiche Höhe an Bewußtsein zusprechen würde. Es wäre also an der Zeit, den Wechsel vom Symbol der Vier zum Symbol der Drei rückgängig zu machen und der Quaternität wieder eine größere Rolle zuzuordnen. Wir sehen und bestaunen zwar, was die modern zu nennende quantitative Wissenschaft erreicht hat, wir haben dabei aber das verloren, was man mit Pauli die »Vollständigkeit des Erlebens« nennen könnte. Das unmeßbare Fühlen und Ahnen, die Unwägbarkeiten der Emotionen spielen in der abendländischen Wissenschaft keine Rolle mehr, und es scheint, daß sich diese Abtrennung inzwischen nicht mehr als tragbar erweist. Es ist an der Zeit, beiden Seiten der Wirklichkeit ihre Anerkennung zu geben, dem Quantitativen und dem Qualitativen bzw. dem Physischen und dem Psychischen.

Es ist eine historisch nachzuvollziehende und belegbare Tatsache, daß sich zu der Zeit, in der Kepler seine Trinität am Himmel verankert und die heutige Form der Wissenschaft in Bewegung setzt, diese Einstellung auch in anderen Personen und Gebieten zeigt und durchsetzt – etwa bei Galilei, bei Descartes und bald ganz sicher bei Newton. Wolfgang Pauli zieht daraus den Schluß, daß Keplers Symbol oder Mandala »eine Einstellung oder seelische Haltung versinnbildlicht, die, an Bedeutung weit über Keplers Person hinausgehend, diejenige Naturwissenschaft hervorbringt, die wir heute die klassische nennen«. Verstehen läßt sich dieser Vorgang bzw. dieser Wandel nur mit den Mitteln der Psychologie, die zu diesem Zweck den Begriff des Archetypus bereitstellt, den auch Kepler benutzt. Diese Archetypen stellen die Verbindung her zwischen der Welt der Sinneserfahrung und der Welt der Begriffe. Es sind urtümliche (archaische) Bilder, die beim vorbewußten Erkennen eine Rolle spielen, und solche Gebilde gehen allen rational formulierbaren Bewußtseinsinhalten voraus, wie die Psychologie unseres Jahrhunderts nachgewiesen hat. Die Wirkung der Archetypen, die den Hintergrund abgeben, vor dem sich Erkenntnis vollzieht, ist in den letzten Jahrhunderten aus dem Blickfeld geraten. Bei Kepler läßt sie sich aber beobachten. Auch das macht sein Leben so bedeutsam.

René Descartes

oder
Der Metaphysiker hält Diät

René Descartes stellen sich die meisten von uns als den rationalen Philosophen vor, der keinerlei Gewißheit durch die unscharfen Instrumente der Sprache und des Denkens erhoffte, sondern bei all seinem Suchen bestenfalls Zweifel[1] gefunden hat – wobei nur am Zweifel selbst nicht zu zweifeln ist. Descartes gilt weiter als der klar argumentierende Wissenschaftler, der sich dann aus dieser Situation mit seinem berühmten und immer wieder variierten Aphorismus »Ich denke, also bin ich«[2] zu retten versuchte und sich dabei wenigstens diese Form der Sicherheit verschaffte, und Descartes gilt darüber hinaus als derjenige, der vor beinahe 400 Jahren die zwar einflußreiche, aber von vielen bis heute verfluchte Trennung zwischen Leib und Seele bzw. Körper (»res extensa«) und Geist (»res cogitans«) vollzogen hat, und der dabei noch so nebenbei die Mathematik mit ihrer heutigen Schreibweise versorgt und die allen

---

1 Der Zweifel und die Zweiteilung von Leib und Seele haben offenbar etwas gemeinsam, nämlich die Zwei, die selbst noch im »Teufel« zu hören ist, wie einmal Samuel Beckett bemerkt hat.
2 In der evolutionären Erkenntnislehre des 20. Jahrhunderts dreht man den Satz gerne um: »Ich bin, also denke ich.« Hübscher ist die Variante der Philosophen, die sich um die Frage der Etikette kümmern und wissen wollen, woher unsere Regeln des Benehmens kommen. Einer ihrer Grundsätze lautet: »Ich denke, also danke ich.« Das klingt auf Englisch ebenso gut: »I think, therefore I thank.«

Schülern vertrauten kartesischen[3] Koordinaten eingeführt hat. Und da dieser offensichtlich rein theoretisch orientierte Descartes von Anbeginn seines Lebens mit ausreichend finanziellen Mitteln ausgestattet war und niemals eine Stellung annehmen und einen Brotberuf ausüben mußte, malen wir uns bald das Bild eines ausschließlich mit metaphysischen Themen befaßten Menschen aus, der sein Glück fern von der alltäglichen Wirklichkeit sucht.

Doch Descartes war auch anders. Als Jesuitenschüler, Soldat und studierter Jurist dachte er lieber und mehr in nützlichen Kategorien. Er war auch keineswegs ausschließlich am rational Zugänglichen interessiert, wie man meinen könnte. Die Vereinigung bzw. das Zusammenfinden von Leib und Seele schien ihm zum Beispiel überhaupt nicht rational erfaßbar, und den größten Einfluß auf sein Leben haben Träume bewirkt (und zwar ausgerechnet solche, die ihm in Deutschland den Schlaf schwermachten). Darüber hinaus hatte Descartes seinen größten öffentlichen Erfolg als Diätberater, der im übrigen ganz nebenbei zuviel Metaphysik für gesundheitsschädlich hielt. An dem Betreiben der Philosophie ist er auch nicht zugrunde gegangen. Dafür sorgte vielmehr seine Bereitschaft, mit der schwedischen Königin Christine zu ungewöhnlicher Stunde zu philosophieren. Die große Dame, die ihn nach Stockholm eingeladen hatte, war allerdings sehr beschäftigt, und so sah ihr Terminkalender »Metaphysik« nur für fünf Uhr in der Frühe vor. Der Geist war zwar willig, aber der Körper erwies sich als zu schwach, und der lebenslang extreme und überzeugte Langschläfer Descartes hat sich zwar auf diesen Wunsch eingestellt, er hat ihn aber nicht überlebt. Die Metaphysik zur frühen Stunde im Norden brachte ihm im Februar 1650 eine Lungenentzündung ein, die bald zum Tod führte. Er war noch keine 54 Jahre alt.

---

3 Descartes konnte die latinisierte Form seines Namens – Renatus Cartesius – nie leiden, und die Bezeichnung kartesische Koordinaten wäre ihm ein Greuel gewesen (so wie den Schülern die Koordinaten).

Seit Descartes betreiben wir eine Wissenschaft, deren Hauptfunktion das abstrakte Denken ist. Wenn wir versuchen, einzelne Tatsachen und Abläufe in allgemeinen Begriffen zu fassen, gelingt das nur durch Wahrnehmen und Denken, und beide psychologischen Funktionen legen die gültigen naturwissenschaftlichen Normen fest. Sie bestimmen das äußere Erscheinungsbild der Natur, das man ihre Maske nennen sollte, weil dieser Ausdruck in Descartes' Leben eine wichtige Rolle spielt, wie noch zu sehen sein wird. Seit Descartes macht diese Maske den wesentlichen Aspekt der Naturwissenschaft aus, und in seinem Gefolge übersehen wir den Schatten, der kompensatorisch im Hintergrund wirkt und mit Rationalität nicht zu fassen ist.

Der Rahmen

Als Descartes starb, lebten auf der Erde rund 500 Millionen Menschen, wobei diese geschätzte Zahl weder kontinuierlich noch weltweit gewachsen war und es 1650 zum Beispiel in Mexiko rund 10 Millionen Menschen weniger gab als um 1500. Die spanischen Eroberer und in ihrem Gefolge die Seuchen hatten diesen großen Tribut in der Neuen Welt gefordert. Im alten Europa starben auch viele Menschen an Krankheiten und Kriegen. Erst tobte der Dreißigjährige Krieg, und nachdem es hier 1648 endlich einen Friedensschluß gegeben hatte, begann in Frankreich ein Bürgerkrieg, der bis 1653 dauerte. Zehn Jahre zuvor – 1643 – registrierten die Geschichtsbücher eine Menge folgenreicher Ereignisse: In Italien konstruiert Torricelli sein erstes Barometer, in Frankreich stellt Pascal eine erste Rechenmaschine vor, Molière gründet seine Schauspieltruppe »Illustre-Théâtre«, Ludwig XIV., der Sonnenkönig, kommt an die Macht (die er bis zu seinem Tode 1715 behält), und in Amerika wird Neu-Amsterdam gegründet, aus dem sich das heutige New York entwickelt. Der Name der neuen Stadt weist auf ein kleines Land hin, das jetzt eine große Rolle spielt. In Holland wird Descartes den wichtigsten Teil seines Lebens verbringen, in Holland wird kurz vor 1610 das Fernrohr erfunden, das die neue Weltsicht ermöglicht, in Holland erscheinen wichtige Werke Galileis, und in Holland sind ebenso klarsichtige Physiker wie Willebrand Snellius und Christiaan Huygens und weitsichtige Maler wie Peter Paul Rubens und Rembrandt van Rijn am Werk. Man hat den Eindruck, daß die protestantischen Niederlande für das Experiment der Freiheit, das man dort begonnen hat, belohnt werden. Zumindest wir sind davon belohnt worden und die Moderne profitiert davon bis heute.

Das Porträt

Descartes wird im März 1596 in La Haye (Touraine) geboren. Seine Mutter stirbt im Jahr nach seiner Geburt, und der Vater, ein Rechtsanwalt, sorgt dafür, daß die der Mutter gehörenden Liegenschaften verkauft und die Erträge dem Sohn gutgeschrieben werden, der mit diesem Erbe sein Leben finanzieren kann und mit einem Schlag alle bürgerlichen Sorgen los wird. Descartes kommt zuerst auf eine Jesuitenschule, die er als 16jähriger verläßt, um fortan mehr im »Buch der Welt« zu lesen (also das Leben selbst kennenzulernen), wie er nach einer Metapher des Essayisten Michel de Montaigne im Rückblick schreibt:

»Sobald mein Alter es erlaubte, mich von der Unterwerfung unter meine Lehrer freizumachen, gab ich das gelehrte Studium völlig auf. Ich entschloß mich, kein anderes Wissen mehr zu suchen als dasjenige, das sich in mir selbst oder in dem großen Buche der Welt finden könne. Ich verwandte den Rest meiner Jugend darauf, zu reisen, Höfe und Heere zu sehen, mit Menschen von verschiedener Art und Stellung zu verkehren, mannigfache Erfahrungen zu sammeln, mich in Ereignissen, die das Geschick mir darbot, zu erproben und überall über das, was mir begegnete, so nachzudenken, daß ich davon Gewinn hätte.«[4]

4 Wenn Descartes auch die Bücher der Philosophen gegen des Buch der Welt eingetauscht hat, so haben sich seine Schüler und Nachfol-

Ohne die Interpretation zu weit treiben zu wollen, läßt sich aus diesem Zitat erkennen, daß an dieser Stelle mit diesem Herrn ein neuer Typ von gelehrtem Wissenschaftler auftritt. Descartes ist ignorant und arrogant zugleich, was natürlich nichts über seine Erfolge oder seine Bedeutung sagt. Er ignoriert die Geschichte, wie wir noch im Detail sehen werden, und der aus seinem Denken entstehende Cartesianismus übersieht historische Tatbestände bis heute mit großem Vergnügen, das heißt, die Entdeckungen der Vergangenheit bleiben natürlich präsent, nur sind oftmals ihre Urheber verschwunden. Man hat sich weit über sie erhoben (denkt man) und betreibt die Wissenschaft als Lösung von Rätseln, wobei es die persönliche Vernunft allein ist, die dem cartesianischen Forscher die richtigen Antworten ermöglicht.

Kehren wir zu dem selbstbewußten Jüngling zurück, der das Buch der Welt lesen will und die angekündigte Lektüre in der französischen Hauptstadt beginnt, in der der Teenager Descartes nebst einigen (!) Dienern eintrifft, um sich an allen möglichen Aktivitäten zu beteiligen – unter anderem wird getanzt, gespielt, geritten und gefochten. Doch dann verläßt Descartes Paris, er taucht plötzlich weg, und niemand kann bis heute genau angeben, wo er zwischen 1612 und 1618 gewesen ist. Man weiß nur, daß er als 20jähriger im Abstand von drei Tagen erst Bakkalaureat und dann Lizentiat der Rechte wird und also als Jurist zu bezeichnen ist. Abgesehen von diesem Examen verbirgt sich Descartes in diesen Jugendjahren, und er wird später von dieser Zeit schreiben, daß er »das Theater der Welt maskiert« betreten habe. »Larvatus prodeo – ich trete mit der Maske auf«, wie er schreibt. Wir wissen nicht, was Descartes zu verbergen suchte, wir wissen nur, daß er sich erst wieder offen zeigt, als er 1618 in Holland eintrifft und dort den Physiker Isaac Beekman trifft. Beide erkennen sich Anfang 1619 in ihren Gesprächen »wie durch eine Erleuchtung« als »Physico-Mathe-

ger genau andersherum verhalten. Sie haben es versäumt, das Buch der Welt zu lesen, und sich strikt an die Bücher des Descartes gehalten.

matici«. Descartes vertraut dem acht Jahre älteren Beekman an: »Ich schlief, und Sie haben mich geweckt.«

Als »Physico-Mathematicus« fühlt sich also der 23jährige Descartes, das heißt als ein Wissenschaftler, der denkt – wie Galilei[5] zu gleicher Zeit in Italien –, das Buch der Natur bzw. das Buch der Welt sei in der Sprache der Mathematik verfaßt. Die Maske des unwissenschaftlichen Schlummers fällt mit der Entdeckung, daß sich Erkenntnisse mathematisieren lassen, und am 10. November 1619 – so teilt uns Descartes in seinen Aufzeichnungen mit – bringt ihn dieser Gedanke dazu, die Fundamente einer »wunderbaren Wissenschaft« zu legen[6] und eine »vollständig neue wissenschaftliche Lehre« aufzustellen, wobei wir wieder nicht genau erfahren, was er damit in diesem Augenblick und im Detail meint. Alles vollzieht sich hinter einer Maske. Erst knapp zehn Jahre später schreibt Descartes auf, welche Einsicht ihm in den Jahren 1618/19 gekommen ist, und dieser Text mit dem Titel *Regeln zur Ausrichtung der Erkenntniskraft* wird erst fünfzig Jahre nach seinem Tod zugänglich. Hier findet man sein Ziel klar beschrieben. Descartes teilt seinen Lesern mit, daß er schwierige Probleme auf einfache Grundbestandteile zurückführen (»reduzieren«) und dabei im allgemeinen mit den Elementen der gewöhnlichen Erfahrung so umgehen will, wie man es in der Geometrie mit komplexen Kurven macht. So wie deren vielfältige Linien durch einfache Grundelemente (Gerade, Kreise, Spiralen) zusammengesetzt werden können, so müssen sich auch die »zusammengesetzten Naturen, die wir täglich sehen«, auf »einfache Naturen« reduzieren lassen. Es kommt nur darauf an, diese von Descartes auch als »primäre Entitäten« bezeichneten Grundbausteine zu

---

5 Descartes und Galilei treffen nicht nur in dieser grundsätzlichen Übereinstimmung zusammen. Als Descartes 1633 von der Verurteilung Galileis durch die Inquisition erfährt, stellt er die Veröffentlichung seines ersten Werkes über die Welt und das Licht zurück *(Le Monde, ou le Traité de la lumière)*.

6 Die Eintragung lautet auf Latein: »X Novembris 1619, cum mirabilis scientiae fundamenta reperirem.«

finden, zu denen etwa das Trio »Figur, Ausdehnung, Bewegung« gehören könnte. Descartes erläutert sein Vorgehen am konkreten Beispiel eines Magneten:

> *Wenn etwa gefragt wird, welches die Natur des Magneten sei, so wenden fast alle in einer Vorahnung, als handle es sich um eine verwickelte und schwer zu bewältigende Angelegenheit, ihren Blick prompt von allem, was evident ist, ab und gerade dem Schwierigsten zu, in der unbestimmten Erwartung, ob sie nicht vielleicht durch Umherirren in dem leeren Raum der mannigfaltigen Ursachen etwas Neues finden werden. Wer aber bedenkt, daß am Magneten nichts erkannt werden kann, was nicht aus gewissen einfachen und an sich selbst bekannten Naturen besteht, der ist nicht unschlüssig was er tun soll, sammelt erstens sorgfältig alle Erfahrungen, deren er über diesen Stein habhaft werden kann, und versucht dann zweitens daraus zu deduzieren, von welcher Beschaffenheit diejenige Vereinigung von einfachen Naturen ist, die zur Erzeugung der Effekte, die ihm die Erfahrung am Magneten gezeigt hat, notwendig ist. Hat er dies einmal gefunden, so kann er kühn behaupten, er habe die wahre Natur des Magneten durchschaut, soweit sie vom Menschen und aufgrund der gegebenen Experimente entdeckt werden könnte.*«

Es wird klar, worin Descartes' Neufassung der Wissenschaften besteht, nämlich in der als mechanisch oder mechanistisch zu bezeichnenden Annahme, daß die Eigenschaften und die Auswirkungen eines Körpers aus den Grundbestandteilen abzuleiten sind. Descartes begründet die Tradition des Denkens, die alles »auf Form, Größe, Anordnung und Bewegung materieller Teilchen« reduzieren will, und diese mechanische Schule beherrscht Europa vom Ende seines Jahrhunderts an. Dabei fällt dem Urheber dieses Denkens im Laufe seines Lebens auf, daß diese als universal gedachte Methode, die sich »für jedwede rationale Untersuchung, wo auch immer« eignen soll, nur funktionieren kann, wenn es da überhaupt irgendwelche Bestandteile gibt, die sich zerlegen lassen. Das heißt, Descartes' Mechanik hat nur mit materiellen Dingen zu tun und läßt die seelischen Dinge unangetastet. Folgerichtig trennt der Philosoph die beiden Bereiche. Bei ihm ist der Geist weder materiell noch ausgedehnt, er denkt bloß. Und die Materie (ein Körper) denkt nicht, sie ist nur ausgedehnt. Zwar meint Descartes, damit habe er ein Problem aus der Welt geschafft, aber in Wahrheit hat er damit nur viele neue an Land gezogen, und die Frage, wie es denn der flüchtige Geist fertigbringt, die Materie in Bewegung zu versetzen (denken zu lassen), ohne den Energiesatz zu verletzen, ist nur eine von mehreren, mit denen wir uns seit den cartesischen Tagen abzuplagen haben.

Die Selbstsicherheit (oder Selbstherrlichkeit), mit der Descartes seine mechanische Philosophie verkündet, kann nur verstanden werden, weil es am Anfang all seiner Einsicht eine Art Bekehrung oder Offenbarung gegeben hat, und seine frühen Biographen haben dieses Ereignis umfassend und anschaulich festgehalten. Wir befinden uns im Jahre 1619. Descartes ist im Herbst von Holland nach Ulm gekommen (den für uns wichtigsten Grund dafür geben wir später an), und es ist ein kalter Tag im November. Descartes hat den ganzen Tag allein in einer warmen Stube – poêle – mit einem Kachelofen verbracht, sich dabei seinen Gedanken überlassen (von den dazugehörenden wärmenden Getränken ist in den Berichten nicht die Rede) und plötzlich den entscheidenden Einfall bekommen oder den Durchblick gewonnen, der ihn zu der beschriebenen mechanischen Sicht der Dinge bringt. Am Martinsabend 1619 – in der Nacht vom 10. auf den 11. November – befindet er sich deswegen (nur deswegen?) in einem Zustand höchster Erregung. Sein Schlaf ist sehr unruhig, und er wird durch drei Träume bereichert, über die der erste Descartes-Biograph, Adrien Baillet, ausführlich berichtet. In aller Kürze passiert folgendes:

Im ersten Traum ist Descartes auf Straßen unterwegs, aber Phantome und starke Winde hindern ihn, das Ziel zu erreichen, die Kapelle eines Kollegs. Er wacht mit Schmerzen auf, schläft aber bald wieder ein. Der zweite Traum besteht vor allem aus einem Donnerschlag, der Descartes erwachen läßt, wobei er zuerst den Eindruck hat, im Zimmer seien Feuerfunken. Er beruhigt sich, schläft von neuem ein und seinem dritten Traum entgegen, der nicht mehr furchtbar, sondern angenehm ist. Descartes findet auf einem Tisch ein Wörterbuch und daneben eine Sammlung von Gedichten *(Corpus poetarum)*, die er aufschlägt. Er liest einen Vers mit der Frage: »Welchen Lebensweg soll ich einschlagen?« und sieht zugleich eine Person[7], die einen Text rühmt, der mit den Worten »Est et non« beginnt, was wir mit »Sein und Nichtsein« übersetzen könnten, also gerade anders, als es bei Hamlet heißt.

Descartes deutet die ersten beiden Träume als Hinweise auf sein bisheriges Leben – Winde und böse Mächte versuchen, ihn vom rechten Weg abzulenken, dabei ist die Wahrheit bei ihm längst wie ein Blitz eingeschlagen –, und er nimmt den dritten als Anleitung für die Zukunft, in der er den Weg zu finden lernt, auf dem wahr und falsch unterschieden werden können.[8] Das »Est et non« stammt von den Pythagoräern, die damit die Wahrheit oder das Gegenteil der menschlichen Erkenntnis meinten, die sich einstellt, wenn man Wissenschaft treibt. Descartes zog damit 1619 in Ulm den Schluß, »der Geist der Wahrheit« habe ihm »durch diesen Traum die Schätze aller Wissenschaften eröffnen wollen«, und so ist es kein Wunder, daß der Träumer am Ende der aufregenden Nacht gelobt, eine Wallfahrt zur Jungfrau nach Loreto zu machen.

Es ist äußerst unwahrscheinlich, daß Descartes sich an dieses Versprechen gehalten hat, und den Grund dafür hat er höchst rational in seinem wohl bekanntesten Werk formuliert, dem *Discours de la méthode pour bien conduire sa raison et chercher la vérité dans les sciences*[9], das zum ersten Mal 1637 in Holland

---

7 In den Berichten ist ausdrücklich von einer Person die Rede, was deshalb zu beachten ist, weil das lateinische Wort »persona« die Maske meint, hinter der Descartes stets auftritt.

8 Meiner Ansicht nach meint der Traum gerade das Gegenteil, daß man nämlich wahr und falsch nicht unterscheiden kann. »Est et non« heißt es im Traum. Etwas kann der Fall sein und zugleich auch nicht sein. Etwas ist sehr selten völlig falsch oder völlig richtig, die meisten Behauptungen sind falsch und richtig zugleich.

9 *Abhandlung über die Methode des richtigen Vernunftgebrauchs und*

(genauer: in Leiden) erschienen ist. Dort heißt es: »Besonders betrachte ich alle Versprechungen, durch die man seine Freiheit beeinträchtigt, als Maßlosigkeiten«, und dafür ist in einer vernünftigen Lebensweise natürlich kein Platz vorgesehen.

Der *Discours* erscheint in Holland[10], weil sich der französische Wissenschaftler dort seit 1628 aufhält und wohlfühlt und das protestantische Land – abgesehen von einigen Reisen nach Frankreich – erst mehr als zwanzig Jahre später wieder verläßt um nach Schweden zu gehen (und dort zu sterben). In Holland zeugt Descartes auch sein einziges Kind, und zwar mit der Magd Hijlena Jans, die er nie heiratet. Im Sommer 1635 kommt die gemeinsame Tochter der beiden, Francine, zur Welt, die allerdings gerade fünf Jahre alt wird und stirbt, während der Vater an seinen Meditationen arbeitet, den *Meditationes de prima philosophia.*

Mit diesem Titel und dem bereits erwähnten *Discours* macht sich doch wieder der Eindruck breit, daß Descartes vor allem ein Philosoph ist, der sich nicht besonders durch Nützlichkeiten und Alltägliches ablenken bzw. beeindrucken läßt oder Experimente irgendwelcher Form unternimmt. Doch dieses Bild stimmt nicht, und es stimmt von allem wissenschaftlichen Anfang an nicht. Descartes verbringt den Winter von 1619, zur Zeit seiner Bekehrung, unter anderem deshalb in Ulm, weil sich hier der zu seiner Zeit berühmte Mathematiker Johann Faulhaber aufhält, der nicht nur nebenbei der Geheimgesellschaft der

---

der wissenschaftlichen Wahrheitsforschung bzw. Abhandlung über die Methode, richtig zu denken und die Wahrheit in den Wissenschaften zu suchen.

10 Es sollte angemerkt werden, daß Descartes entweder Lateinisch oder Französisch geschrieben hat. Von einer Beherrschung der niederländischen Sprache oder gar ihrer Verwendung ist nirgendwo die Rede. Daß Descartes – und nicht Cartesius – immer mehr in seiner Muttersprache (statt in der Gelehrtensprache) publiziert, begründet er wie sein Zeitgenosse Galilei, nämlich damit, daß Leute, »die sich ihrer unverfälschten natürlichen Vernunft bedienen«, besser über ihn urteilen können und nicht nur den Schriften der Alten glauben.

Rosenkreuzer angehört. Und die Rosenkreuzer haben zwei Bestimmungen in die Vorschriften ihrer Gesellschaft aufgenommen, die Descartes viel mehr ins Zentrum seines Denkens und Tuns rückt, als man meint.[11] Es geht um »die Wiederherstellung des Friedens« und um »die Pflege der Wissenschaft zum Besten der leidenden Menschheit«, das heißt um die Bekämpfung von Krankheit und schwerer Arbeit. Wie wichtig Descartes diese beiden Grundsätze waren, läßt sich an einem Gespräch verdeutlichen, über das der bereits erwähnte Biograph Baillet berichtet. Der Leser erfährt dort, daß Descartes »die Folgen durchblicken ließ, die seine Gedanken bei guter Durchführung zeitigen könnten, desgleichen den Nutzen, der dem gemeinen Wesen erwachsen könne, wenn man seine Art zu philosophieren auf die Medizin und auf die Mechanik übertrüge, deren eine die Wiederherstellung und Erhaltung der Gesundheit, die andere die Verringerung und Erleichterung der körperlichen Arbeit des Menschen hervorbringen müßte«.

Mir scheint, daß es auch diese schon von Bacon her vertrauten Aspekte sind, die die beiden Kernstücke der Philosophie Descartes' verständlich machen können – gemeint ist die Idee des Zweifels und die Trennung von Körper und Geist, die aus den Leibern der Menschen seelenlose Apparate zu machen scheint. Zumindest auf den ersten Blick. Auf den zweiten Blick hingegen zeigt sich in der Mechanisierung der Lebensvorgänge etwas anderes, nämlich das, was ein zeitgenössischer Biograph die »höchst konkrete Liebe zum Menschen« genannt hat, weil für Descartes nur aus dieser mechanisch verstandenen Biologie die Hoffnung erwachsen konnte, den doch offensichtlich extrem komplizierten Organismus so in die Hand zu bekommen, wie ein Uhrmacher eine Uhr im Griff hat – und sie dann auch reparieren und sogar ihr Leben verlängern kann. Wenn man den Körper des Menschen physikalisch-mathematisch begreift (nachdem man die Seele woanders denkt) und diesen wissenschaftlichen Schritt getan hat, besteht nach Descartes die Mög-

---

11 Die Frage, ob Descartes selbst zu den Rosenkreuzern gehört hat, läßt sich nicht eindeutig beantworten. Möglich ist es schon.

lichkeit, die auch Bacon vor Augen hatte, als er von Wissen und Macht sprach. Descartes sieht dann die Möglichkeit, die Natur in den Dienst des Menschen zu zwingen, indem man – und genau hier setzt sein Konzept des Zweifels in seiner ganzen Tiefe an – alles aufgibt, was man über die Natur zu wissen glaubt, wenn sich diese Einsichten nicht bewährt haben. Man muß die Sprache der Natur enträtseln, um der Natur präzise Befehle geben zu können. Im *Discours* heißt es:

> *»Dieses ist nicht allein wegen der Erfindung einer unendlichen Zahl von Maschinen zu wünschen, die uns ohne alle Mühe die Früchte der Erde und alle ihr befindlichen Annehmlichkeiten genießen lassen, sondern auch und hauptsächlich wegen der Erhaltung der Gesundheit, die wahrscheinlich das oberste Gut und die Grundlage aller anderen Güter dieses Lebens ist: sogar der Geist hängt ja so stark vom Temperamente und vom Zustand der körperlichen Organe ab, daß ich glaube, wenn man ein Mittel finden könnte, das die Menschen gemeinhin klüger und geschickter macht, als sie bislang gewesen sind, müßte man es nirgendwo anders als in der Heilkunde suchen.«*

Descartes geht im Grunde noch über Bacon hinaus, denn er beeinflußt nicht nur die Philosophie der Wissenschaften oder ihre Methodologie, sondern er verändert die Naturwissenschaften selbst ganz entscheidend, und zwar durch seine Vorgabe, alle animalischen (oder auch menschlichen) Funktionen auf maschinenähnliche Wirkungen und Abläufe zu reduzieren. Wie sehr Descartes auf diese Weise in der Geschichte der Wissenschaft gewirkt hat, zeigt zum Beispiel eine Bemerkung von Thomas Henry Huxley aus dem Jahre 1874, als er einen Essay mit dem Titel *On the Hypothesis that Animals are Automata* schrieb und bestätigte, daß Descartes es war, der den Weg zum mechanischen Verständnis der Wahrnehmung geebnet habe, »der von allen seinen Nachfolgern beschritten worden ist«. Und noch viel weiter geht der Nobelpreisträger Sir Charles Sherrington, der 1946 Descartes' Konzeption des tierischen Körpers als Maschine erörterte und anmerkte, daß »Maschinen sich um uns herum so verbreitet und entwickelt haben, daß wir die Kraft des Wortes, die es im 17. Jahrhundert gehabt haben mag, in diesem Zusammenhang teilweise vermissen werden. Mehr als durch irgendein anderes Wort, das er hätte wählen können, brachte Descartes mit dieser Formulierung zum Ausdruck, was revolutionär für die Biologie seiner Zeit war und gleichzeitig fruchtbar bezüglich solcher Veränderungen sein sollte, die sich erst noch durchsetzen sollten.«

So nützlich sich dieser auf Zerlegung angelegte Ansatz in vielen Fällen erwiesen hat, und so günstig sich die Idee ausnimmt, den Geist von diesem Zugriff auszunehmen, so schwierig erweist sich die Universalmethode, wenn es an die Frage geht, die schon Galilei zur Verzweiflung getrieben hat, die Frage nämlich, was denn die Natur des Lichtes sei. Descartes geht darauf vor allem in seinem *Discours de la méthode* ein, genauer in einem der drei Essays, die er dem Hauptteil folgen läßt. Sie heißen *La dioptrique, les météores et la géométri*, wobei Descartes mit dem Titel *Dioptrik*[12] an die gleichnamige Abhandlung von Johannes Kepler aus dem Jahre 1611 anknüpft. Allerdings scheint Descartes – wie schon oben angemerkt – keine Vorgänger zu kennen, und er bedient sich skrupellos bei seinen Vorgängern. Wir wollen diese systematische Absage an die Geschichte, die selbst französische Autoren als Barbarei bezeichnen, nicht weiter beachten und dafür fragen, ob Descartes wissenschaftlich gesehen weiter gekommen ist als die Riesen, auf deren Schultern er stehen konnte. Kann er mit seinen Essays etwas Erhellendes zu der Thematik beisteuern, was das Licht ist?

Die Antwort auf die physikalische Frage bleibt bekanntlich bis heute schwierig, und wer auf anschauliche Größen Wert legt, muß zu der berühmten Dualität Zuflucht nehmen, derzufolge Licht sowohl als Teilchen (korpuskular) als auch als Welle

---

12 »Dioptrik« ist die veraltete Bezeichnung für die Lehre von der Brechung des Lichts. Dioptrisch heißt soviel wie durchsichtig. Erhalten geblieben sind davon die Dioptrien, also die Einheit, in der Optiker noch heute den Brechungswert von Brillengläsern angeben.

in Erscheinung tritt[13], und dabei haben wir nur die physikalischen Erscheinungen ins Auge gefaßt und alle Vorgänge, die sich in Auge und Gehirn abspielen, außer acht gelassen. Descartes konnte nicht wissen, gegen welchen Gegner er antritt, aber seine Arroganz läßt ihn übersehen, welche einfachen Widersprüche er nebeneinander bestehen läßt. Er versucht natürlich, das Licht anschaulich zu erklären, und er tut so, als habe er keine Probleme damit, selbst dann nicht, wenn es um die Empfindung geht, die das Licht zuletzt auslöst, etwa die Empfindung einer Farbe. Insgesamt bietet Descartes drei oder vier Konzeptionen des Lichtes an – er stellt es als Stock, als feines Fluidum und als Ball bzw. als ein Wirbel aus Kügelchen vor –, ohne sich irgendwelche Sorgen über die Kohärenz seiner Modelle zu machen.

Der Stock erklärt die Empfindung, denn schließlich kann man sich mit einem Stock durch schwieriges Gelände tasten, wie Descartes dem Leser suggeriert, wobei ihm natürlich auch klar ist, daß das Medium zwischen Auge und Gegenstand nicht aus Holz besteht. Woraus es besteht, erklärt er mit einem anschaulichen Vergleich aus der Weinlese:

»*Stellen Sie sich eine Kufe zur Zeit der Weinlese vor, die völlig mit halb zertretenen Trauben angefüllt ist. Bedenken Sie, daß es in der Natur nichts Leeres gibt. Diese Poren müssen mit einer feinen dünnflüssigen Materie angefüllt sein. Dieser feine Stoff kann mit dem Wein in der Kufe verglichen werden. Bedenken Sie nun, daß es nicht so sehr die Bewegung der leuchtenden Körper ist, als vielmehr die Tendenz zur Bewegung, die man als ihr Licht betrachten muß, so können Sie sich denken, daß die Strahlen dieses Lichtes nichts anderes sind als die Richtung dieser Tendenz.*«

Abgesehen von der eher verwirrenden Metapher des Weins gibt Descartes nur wieder, was schon Aristoteles zu der Frage

---

13 Diesem Thema werden wir bei den Physikern des 20. Jahrhunderts wieder begegnen.

gesagt hat, was ein durchsichtiger Stoff sei. Weiter will Descartes noch erklären, wieso ein Lichtstrahl abgelenkt wird, und dazu fällt ihm ein, daß Strahlen dazu neigen, »wenn sie anderen Körpern begegnen, abgelenkt oder gedämpft zu werden, genau so wie die Bewegung eines Balles«. Wer jetzt denkt, daß Descartes sich daran macht, die Eigenschaften des Lichtes dadurch zu erklären, daß er annimmt, seine Bewegung folge denselben Gesetzen wie die Bewegung von Bällen, täuscht sich. Dieses Konzept probiert er zwar noch bei der Brechung aus, wenn es aber um Farben geht, wird das Licht »um der Sache willen« zu einem Paket kleiner Kugeln, die aufeinander rollen. Und die Quintessenz sieht wieder anders aus: »Ich habe gesagt«, schreibt Descartes abschließend, »das Licht ist nichts anderes als eine gewisse Regung oder Bewegung, die von einer sehr feinen Materie aufgenommen wird.«

Natürlich sieht das eher nach einem wüsten Durcheinander aus, aber man muß Descartes zugute halten, daß seine kaum zueinander passenden Ideen alle ein Stück weit getragen haben – die Vorstellung eines Lichtstrahls und der dazugehörenden Gradlinigkeit stützt sich auf seinen Stock, das feine Fluidum paßt mit der Wellenkonzeption zusammen und könnte der Äther sein, in dem sich eine Lichtwelle bewegen muß, und die kleinen Bällchen bzw. Korpuskel fügen sich ohne weiteres in die Quantenvorstellungen des 20. Jahrhunderts. Descartes hat also all die Fragen aufgeworfen, die der Physik zum Licht eingefallen sind, und möglicherweise liefert sein Umgang mit den Widersprüchen das Vorbild für die heutige Spaltung, die Wissenschaftler einzunehmen gezwungen sind, wenn sie mit Licht experimentieren. Seltsam ist nur, daß Descartes, der doch sonst den Zweifel über alles stellt, diese kritische Größe nicht an seinen eigenen Erklärungen anlegt und Gewißheit vorspielt, wo er doch nur vage Bilder liefern kann.

Ist das nur eine seiner Masken, die er aufsetzt, wenn er das Theater der Welt betritt und zum Beispiel den Wissenschaftler spielt? Offenbar täuscht er seine Leser – er täuscht ihnen zumindest etwas vor –, und dieses Vorgehen scheint ihn deshalb wenig zu stören, weil ihm beim Meditieren der tiefe Verdacht gekommen ist, daß wir im Grunde immer getäuscht werden und Fiktionen zum Opfer fallen. Es gibt tatsächlich – so Descartes – nur eine felsenfeste Gewißheit, diejenige der eigenen Existenz. Er schreibt in seiner dritten Meditation:

»Täusche mich, wer immer kann, er wird doch nie bewirken, daß ich nichts bin, solange ich denke«, wobei man sich vermutlich unter »denken« besser einen psychologischen Akt und keinen rationalen Schluß vorstellt. »Das Denken ist, nur dies kann man mir nicht entwinden.«

Und dann folgt sein bekanntester Satz, den er gleich zweisprachig zu Papier bringt:

»*Cogito, ergo sum, je pense, donc je suis.*«

Descartes wandelt diese Aussage vielfach ab – »Ich denke, also bin ich«, »Ich zweifle, also bin ich«, »Ich werde getäuscht, also bin ich« –, und ein kritischer Leser könnte allein deshalb den Eindruck gewinnen, daß sich der Philosoph seiner Sache gar nicht so sicher ist, wie er vorgibt. Zweideutiges und Zwiespältiges bleibt zurück. Gewißheit bietet vielleicht doch nur der Glaube, aber auch da kann man sich täuschen. »Ich täusche mich, also bin ich« – diese Variante hat Descartes nicht probiert. Warum eigentlich nicht? Irren ist bekanntlich menschlich, und so hat Descartes sein Wirken doch verstanden.

Der letzte Magier

Isaac Newton (1642–1727)

Nur wenige Bücher bieten Anlaß für
Jubiläumsfeiern. Die *Kritik der reinen Vernunft*
von Immanuel Kant zum Beispiel wurde
ausführlich gepriesen, als sich ihr
Erscheinungsdatum zum 200. Male jährte.
Ähnlich revolutionär wirkte die Publikation der
Mathematischen Prinzipien von Newton, mit der
schlagartig alle Wissenschaft zur bloßen
Vorgeschichte herabsank, wie man 1987 festhielt,
als der 300. Jahrestag ihrer Veröffentlichung
gefeiert wurde. Um so überraschter muß sein,
wer erfährt, daß die Newton-Forschung nach
50jähriger Arbeit mittlerweile, wenn auch
anfangs nur widerwillig, zur Kenntnis genommen
hat, daß sich der große Physiker auch als rastloser
Alchemist betätigt hatte. Newton war nicht nur
der letzte Magier – so Maynard Keynes –,
der sich Wissen nach der Methode der Alten
verschaffte. Er war auch der erste Zauberer, der
die Gesetze der Natur gegen den gesunden
Menschenverstand formulierte.

Isaac Newton

*oder
Der Revolutionär mit
alchemistischen Neigungen*

Isaac Newton soll nur einmal in seinem Leben gelacht haben, und zwar als Antwort auf eine Frage. Einer seiner Studenten hatte sich bei ihm, dem noch nicht dreißigjährigen Professor für Mathematik auf dem berühmten Lucasian Chair – dem Lucas-Lehrstuhl – in Cambridge, erkundigt, ob es sich lohne, die *Elemente* des Euklid zu studieren. Über soviel Dummheit konnte der berühmte Mann nur lachen, der das Interesse an und die Beschäftigung mit diesem Werk als selbstverständlich voraussetzte, wenn sich jemand mit den Naturwissenschaften befassen wollte, und der den Studenten nun seinerseits fragte, ob es ausgerechnet Physik und Mathematik sein müsse, womit er sich beschäftigen und sein Leben ausfüllen wolle.

Newton wird in England als der größte Naturforscher aller Zeiten verehrt und von den Briten noch vor Michael Faraday und Charles Darwin eingestuft. Seine Leistungen wurden schon zu Lebzeiten als revolutionär gepriesen, und als er 1727 im biblischen Alter von 85 starb, setzte man ihn so feierlich in der Westminster Abbey bei, daß Voltaire, der Beobachter aus Frankreich, schrieb, Newton »wurde begraben wie ein König, der beim Volk sehr beliebt war«. Der Dichter Alexander Pope verfaßte damals ein Epitaph, das eine Ahnung von der Verehrung vermittelt, die bereits dem lebenden Newton zuteil wurde:

»Nature and Nature's laws lay hid in night:
God said, Let Newton be! *and all was light.«*[1]

Newtons mathematisch-analytische Begabung kam 1664 zum
Ausbruch, als er 22 Jahre alt war. Zuerst entwickelte er eine
neue Form des Rechnens, die zuerst »Fluxionsrechnung« genannt wurde, weil in ihr veränderliche Größen als fließend behandelt wurden, und die heute den Studenten der Mathematik
als Grundkurs unter der Bezeichnung Infinitesimalrechnung
angeboten wird.[2] Im Jahr danach – in London und Cambridge
herrschte die Pest, und Newton zog sich in sein Heimatdorf in
Lincolnshire zurück – entdeckte er die sogenannte Spektralzer-
legung des weißen Lichts der Sonne, die er allerdings ausführlich erst 1704 in seinem Buch *Opticks* veröffentlichte. Noch vor
1668 konstruierte Newton ein Spiegelteleskop, das die Farbfeh-
ler der herkömmlichen Linsenfernrohre vermeiden konnte,
und der gerade 26jährige Forscher entwickelte die bis heute
grundlegenden Gedanken der Mechanik[3], die er 1687 in seinem Hauptwerk ausführlich vorstellte, das vollständig *Philo-
sophiae naturalis principia mathematica* heißt und kurz als
Principia zitiert wird. In diesem wohl wichtigsten Werk der

1 Die Natur und ihre Gesetze lagen verborgen im Dunkel der Nacht.
  Gott sprach, *Es werde Newton*, und alles wurde ans Licht gebracht.
2 Wenn heute ein Student fragen würde, ob es sich lohne, die Infinitesimalrechnung Newtons zu studieren, müßte er einen ähnlichen
  Lacherfolg erzielen wie sein oben erwähnter Vorgänger, der sich
  nach Euklid erkundigte. Statt Infinitesimalrechnung findet man oft
  auch die Bezeichnung »Analysis« oder »Integral- und Differen-
  tialrechnung«. Die Kunst dieser Mathematik besteht darin, veränderliche Größen kontrolliert gegen Null gehen zu lassen – sie werden dann infinitesimal klein – und dabei zu erfassen, wie sich Werte
  ändern, die von ihnen abhängen. Fluxions- oder Infinitesimalrechnung wird benötigt, wenn man Bewegungen mathematisch korrekt
  erfassen will. Sie liefert die Voraussetzung für Bewegungsgleichungen bzw. -gesetze.
3 Dabei scheint ihm tatsächlich der legendäre Apfel auf den Kopf gefallen zu sein, wie John Conduitt berichtet hat, der Newtons Nichte
  Catherine heiratete und schließlich sein Nachlaßverwalter wurde.

Physikgeschichte zeigt Newton, daß der Mond am Himmel derselben Kraft unterliegt und seine Bewegung sich nach denselben Gesetzen richtet wie ein Apfel, der zu Boden fällt, oder ein Stein, der durch die Luft geschleudert wird. Mit Newton bekommt die Wissenschaft von der Bewegung ihre moderne Form. Der junge Brite überwindet lässig den alten Griechen – gemeint ist Aristoteles –, der die himmlischen Sphären so scharf von den irdischen Niederungen getrennt hatte, um jeweils unterschiedliche natürliche Bewegungen konstatieren zu können. Seit Newton geht es am Himmel endgültig physikalisch genauso zu wie auf der Erde, die Schwerkraft wirkt universell, sie reicht überall hin – und mit ihr unser Verständnis, das nun die ganze Welt erfassen kann.

Was macht jemand, der noch nicht 30 Jahre alt ist und aus eigener Kraft schon viel mehr erreicht hat als die meisten von uns im Laufe unseres ganzen Lebens, und der doch innerlich so unruhig bleibt wie am ersten Tag? Er macht sich unter anderem an noch schwierigere Aufgaben heran, und versucht zum Beispiel die Ursache für die Schwerkraft herauszufinden, die für die Bewegungen der Körper sorgt. Auf der Suche nach dem Ursprung der Gravitation wurde Newton zu einem Alchemisten, und er schuf damit ein Problem für die heutigen Historiker, die lange Zeit nicht wahrhaben wollten, daß einer, den sie als den größten mathematischen Physiker aller Zeiten einzuschätzen gewohnt waren, mehr alchemistische Schriften als wissenschaftliche Texte hinterlassen hat. Vor allem stiftete die Beobachtung unter ihnen Verwirrung, daß Newtons Entdeckung der Gleichheit von Erde und Himmel vor dem Gesetz der Natur bereits in einigen uralten alchemistischen Texten formuliert war, die er kannte. Das von Newton mit zahlreichen Kommentaren versehene Buch *Tabula smaragdina (Die smaragdene Tafel)* des legendären Hermes Trismegistos[4] enthält zum Bei-

---

4 Die Gelehrten der Renaissance haben antike Schriften alchemistischen Inhalts entdeckt, die man für das Werk eines zum Gott erhobenen ägyptischen Weisen hielt. Die Ägypter nannten diesen Weisen Toth, die Griechen nannten ihn Hermes und die Römer Merkur.

spiel das kosmische Prinzip des ebenfalls legendären Newton, indem es dort heißt: »Die Dinge unten sind wie die Dinge oben.« Genau das hat Newton auch gesagt, allerdings in der quantitativen Form mit Gesetzen in mathematischer Sprache, die technisch zu nutzen waren.

Von Newton wird berichtet, er habe in vornehmer Bescheidenheit gesagt, daß er nur deshalb in der Lage gewesen sei, so viel zu entdecken und zu sehen, weil er auf den Schultern von Riesen gestanden habe.[5] Er hat sich allerdings nicht genauer festgelegt, welche Riesen er damit gemeint hat. Sicher gehört Kepler dazu, dessen drei Planetengesetze er in seiner *Principia* aus grundlegenden Bewegungsgleichungen ableitet (was bis heute als großer Triumph zu feiern ist), und sicher hat Newton auch Galilei gemeint und genutzt. Aber der »Dreimalgroße«, wie Trismegistos wohl übersetzt werden muß, darf ebenfalls mit zu den Kandidaten gerechnet werden, die Newton die freie Sicht ermöglichten, die den Aufbruch der modernen Physik markiert.

Der Rahmen

Kurz nach Newtons Geburt (im Jahre 1642[6]) erscheint eines der Hauptwerke der zumindest in England immer noch blühen-

---

Nach 1600 bürgerte es sich ein, von den hermetischen Schriften zu sprechen und sie einem Hermes Trismegistos – einem »Dreimalgroßen« – zuzuschreiben, der auch deswegen so hieß, weil man annahm, er sei Philosoph, Priester und König zugleich gewesen. Man begann sogar, ihn als geistigen Vater der Christenheit zu betrachten. Auch wenn es einen einzelnen Autor »Hermes Trismegistos« nicht gegeben hat, dürfen die ihm zugeschriebenen Texte nicht unterschätzt werden. Sie waren weit bekannt.

5 Vornehme Bescheidenheit – so deuten viele Historiker, was Newton von den Riesen sagte, auf deren Schultern er stehen konnte. Tatsächlich nutzte er damit nur eine gängige Redewendung seiner Zeit, um sich gegen einen Plagiatsvorwurf zu verteidigen, der von Robert Hooke geäußert worden war.

6 Es ist übrigens ein Kreuz mit Newtons Lebensdaten, da seit 1582 in

den Wissenschaft der Alchemie – Kenelm Digby berichtet *Über die Natur der Körper* –, und in London trifft sich zum ersten Mal das »Invisible College«, aus dem später die Royal Society hervorgeht. 1650 unternimmt der irische Bischof James Ussher den Versuch, aus biblischen Angaben das Schöpfungsdatum zu bestimmen, und er errechnet dabei das Jahr 4004 vor Christus. Ein Jahr später publiziert Thomas Hobbes seinen berühmten *Leviathan*, in dem das Leben der Menschen als »solitary, poor, nasty, brutish, and short« beschrieben und für eine starke autoritäre Regierung plädiert wird. 1653 übernimmt Oliver Cromwell die Macht auf der Insel, und nach und nach entsteht das Commonwealth. Europa breitet sich aus, denn es wird zum ersten Mal eng in seinen Großstädten. 1665 kommt es zu einer großen Pest in London, die Daniel Defoe in seinem Buch *A Journal of the Plague Year* beschreibt (und vor der Newton flieht, um das Sonnenlicht zu zerlegen). Über 100000 Menschen finden bei der Londoner Pest den Tod, und ein Jahr später sterben fast ebenso viele in dem »Great Fire«, das die Stadt heimsucht. Wissenschaft und Technik schreiten dennoch voran – die Royal Society publiziert in London zum ersten Mal ihre *Philosophical Transactions*, und in Paris gibt es zusammen mit der ersten Straßenbeleuchtung auch eine eigene Akademie, die später Teil des Institut de France wird. 1673 teilt der Holländer Antoni van Leeuwenhoek der englischen Royal Society in einem Brief mit, er habe mit einem einfachen Mikroskop seltsam kleine Formen des Lebens entdeckt. Bald erkennt er Proto-

Europa zwei Kalender – der julianische und der gregorianische – nebeneinander bestehen und in Gebrauch sind. Wir zählen heute gregorianisch, aber England geht noch bis 1752 julianisch vor. Dadurch kommt es, daß Newton nach alter Zählung am Weihnachtstag 1642 geboren wird und nach neuer Zählung am 4. Januar 1643 zur Welt kommt. Komplizierter wird das Datum seines Todes. Im julianischen Kalender – also im England Newtons – begann das Jahr erst am 25. März. Nun ist Newton im März gestorben, und zwar im julianischen Stil am 20. März 1726 und im gregorianischen Stil am 31. März 1727. Wie dem auch sei, der große Newton ist sehr alt geworden, nämlich über 80 Jahre.

zoen, und er bestätigt überzeugend, was andere schon vor ihm gesehen hatten, daß es nämlich Samenzellen gibt. Bevor das 17. Jahrhundert zu Ende geht, gibt es immer noch viele Hexenprozesse in Europa, wird das Pianoforte entwickelt, gründet man die Bank von England und erfindet die Champagner-Gärung (Dom Perignon).

Am Anfang des 18. Jahrhunderts stehen die Gründung der Yale-Universität und das Erscheinen der ersten Tageszeitung – des *Daily Courant* in London. Es kommt immer wieder zu Hungersnöten, und immer mehr Freimaurerlogen werden gegründet (in London 1718, in Paris 1721). Als Johann Sebastian Bach die Johannespassion komponiert (1723), gibt es bereits seit über einem Jahrzehnt die atmosphärische Dampfmaschine, und kurz bevor Newton stirbt, wird Immanuel Kant geboren, der später (um 1790) seine mehr als berühmte *Kritik der reinen Vernunft* als eine Analyse der Newtonschen Physik und ihrer grundlegenden Konzepte Raum und Zeit beginnt.

Noch eine allgemeine Anmerkung zu diesem Rahmen, der nicht nur diese alte Zeit charakterisiert: Der erste Sekretär der Royal Society, ein Mann namens Henry Oldenburg, definiert die Naturwissenschaft als »männliche Philosophie« (»masculine philosophy«) und sein Zeitgenosse Thomas Sprat, der Bischof von Rochester, nennt die neue Form des Wissens, die die Naturwissenschaften ermöglichen, »masculine and durable«, »männlich und dauerhaft«. Leider hat sich vor allem diese männliche Dummheit als dauerhaft erwiesen, wie uns heute schmerzlich klar wird.

Das Porträt

Newton ist weltberühmt, und das ist er sicher zu Recht – keine Frage. Mit ihm beginnt eine neue Epoche der Wissenschaft, und seine deterministischen Naturgesetze erfüllen all die Träume, die Galilei und Bacon hatten und die der Neuzeit ihr charakteristisches Gesicht geben. Aber haben wir ein einigermaßen zutreffendes Bild des Mannes, der hier am Werk ist? Wenn man die verfügbaren Informationen über ihn durchsieht, trifft man vor allem auf Widersprüche. Auf den ersten Blick war er sehr bescheiden, das heißt, er hat sich in seinen Texten an vielen Stellen entsprechend geäußert. Er kam sich danach zum Beispiel wie ein kleiner Junge vor, der am Strand ein paar Steine und Muscheln findet, während der große Ozean des Wissens in Wahrheit unerkundet vor ihm liegt. Und er hat auch all die Gesetze nur finden können, weil er als Zwerg auf den hohen Schultern von bedeutenden Riesen stehen konnte.

Auf den zweiten Blick stellt sich dann heraus, daß die zweite Redewendung gar nicht von Newton stammt, sondern schlicht und einfach zum guten Ton seiner Zeit gehörte, und was das Meer angeht, so hat Newton es zum einen nie gesehen, und zum anderen will er vor allem sagen, daß er im Gegensatz zu uns, die zumeist mit leeren Händen dastehen, wenigstens ein paar Fundstücke aufweisen kann. Inzwischen sind viele Historiker der Meinung, der große Newton war vor allem ein großer Karrierist, der voller Ehrgeiz steckte und es allen zeigen wollte. Dies hat er später weidlich praktiziert, als er hohe Posten bekleidete – etwa als Vorsteher der Königlichen Münzanstalt (»Royal Mint«) in London. Er hat es aber auch ganz direkt in der persönlichen Auseinandersetzung getan. Es gibt da bekanntlich seinen häßlichen Streit mit Gottfried Wilhelm Leibniz um die Priorität bei der Erfindung der neuen Rechenweise (der Infinitesimalrechnung). Natürlich ist klar, daß Newton mit seiner Fluxionsmethode (»methodis fluxionum«) früher auf dem Markt war, aber es ist ebenso klar, daß Leibniz' Art der Darstellung mit dem Integralzeichen sich durchgesetzt hat (und bis heute praktiziert wird), und das hat Newton nicht verschmerzt. Als er Leibniz vorwarf, ein Plagiator zu sein, schickte ihm der deutsche Philosoph per Post ein schwieriges Problem[7] zu, mit der höflichen Bitte um seine Lösung. Newton fand den Brief am späten Nachmittag, und sein Ehrgeiz war angestachelt. Er löste die Aufgabe, noch bevor er sich schlafen legte.

7 Es ging darum, die orthogonalen Trajektorien für eine Familie von hyperbolischen Kurven zu finden, die alle denselben Scheitelpunkt haben.

Newton hat in der zweiten Hälfte seines Lebens viel Zeit mit Kämpfen um Priorität verbracht und dabei keinesfalls das Verhalten eines Gentleman gezeigt. Newton hat Leibniz bis über dessen Tod (1716) hinaus verfolgt und sich in den Jahren zuvor äußerst unfair verhalten. Nachdem nämlich Newton nicht aufhörte, Leibniz als »zweiten Erfinder« der Infinitesimalrechnung madig zu machen, hat der Deutsche Einspruch bei der Royal Society erhoben und um Klärung gebeten. Leider war Newton längst Präsident dieser Gesellschaft, und er nutzte diese Position schamlos aus. Er suchte die Mitglieder des Untersuchungsausschusses aus, entschied über die zugelassene Evidenz und entwarf den Abschlußbericht persönlich, dessen Ergebnis sich leicht erraten läßt.

Newton war also ebenso glänzend als Wissenschaftler wie ekelhaft als Mensch, und die Frage stellt sich, woher seine legendäre Verehrung und seine epochale Stellung kommen? Was bewegt uns an seiner Physik bis heute, die viel schwerer zu verstehen ist, als viele meinen, und warum hat ein anderer Großer der Kulturgeschichte, nämlich Johann Wolfgang von Goethe, so bösartig und polemisch auf den Teil der Newtonschen Wissenschaft reagiert, der uns noch am ehesten einleuchtet, seine Farbenlehre?

Wer meint, bei Newton eine ausschließlich auf Vernunft und Experiment gegründete Wissenschaft zu finden, in der Irrationales, Magisches und Alchemistisches keinen Platz haben, der irrt sich gewaltig, wobei als Entschuldigung anzuführen ist, daß die Historiker Newton bislang selbst als Beweis für sein rationales Image herangezogen und viele seiner so bescheiden klingenden Sätze falsch vorgestellt haben. Als Newton seine berühmte Bemerkung machte, »Hypotheses non fingo« – »Ich stelle keine Hypothesen auf«[8] –, hat er nicht das hohe Lied der induktiven Logik singen wollen, sondern sich genau so geäußert, wie es die

---

8 Es muß angemerkt werden, daß Newton sich charakteristischerweise an seine eigene Vorgabe nicht gehalten hat und 1675 »Eine Hypothese zur Erklärung der Eigenschaften des Lichts« vorgelegt hat, in der er Vorstellungen von okkulten Potenzen in allen Körpern

»Natürlichen Magier«[9] seiner Zeit getan haben, die auch keinerlei Hypothesen aufstellten, um mit ihren okkulten Kräften und Qualitäten umzugehen. Wichtig für sie und ihre Zwecke war ja nicht, die okkulten Prinzipien aufzudecken, wichtig war, daß diese Prinzipien existierten und angewendet werden konnten. Und das Okkulte in Newtons Fall war die Schwerkraft, für die er weder Gründe angeben konnte noch wollte, denn »Hypothesen erfinde ich nicht«, wie er schrieb, um fortzufahren, »für uns genügt, daß es die Schwerkraft wirklich gibt, daß sie sich nach den von uns dargelegten Gesetzen verhält und in aller wünschenswerten Vollständigkeit die Bewegungen der Himmelskörper erklärt«. Trotzdem muß man sich klarmachen, daß die Kräfte zwischen Körpern – zum Beispiel die Schwerkraft – von Newton nur akzeptiert und vorgeschlagen werden konnten, weil sie mit den okkulten Größen des alchemistischen und magischen Verstehens zusammenpaßten.

Doch bevor wir mehr auf den Naturmagier Newton und die Hintergründe seines Denkens zu sprechen kommen, wollen wir erst einmal seinen Lebensspuren folgen und die so frühen naturwissenschaftlichen Erfolge des Genies kennenlernen, der am Weihnachtstag des Jahres 1642 als kränkliches Kind zur Welt kam und nie seinen Vater sehen konnte, der drei Monate vor der Geburt seines Sohnes gestorben war. Newton ist bei seiner Mutter aufgewachsen, die den 12jährigen aufs Gymnasium und von zu Hause weg schickte. Er wohnte zuerst beim Apotheker vor Ort und entwickelte sich dabei zum Bücherwurm, der nicht mehr zur Familie zurückkehrte, um den Familienbesitz zu verwalten. Sein Onkel schickte ihn bald auf höhere Lehranstalten, und 1661 traf Newton am Trinity College in

---

entwickelt, die sich als ätherische Dämpfe oder Emanationen (Ausströmungen) zeigen.

9 1658 ist das führende Handbuch der »Natürlichen Magie« erschienen, dessen Verfasser, Giovanni della Porta, zu verstehen gibt, daß er keine alberne Zauberei im Sinn hat: »Magie ist nichts anderes als die Kenntnis des natürlichen Gangs der Dinge.« Das 17. Jahrhundert verstand unter Magie etwas anderes als unsere Zeit.

Cambridge ein, um hier die nächsten 35 Jahre zu verbringen. Neben niederen Arbeiten zum Gelderwerb kümmerte er sich um seine Studien, die er 1665 abschloß, wobei ihm das entsprechende Examen wahrscheinlich die wenigste Mühe gemacht hat. Newton hat 50 Jahre später auf diese große Zeit zurückgeblickt und – soweit es die Historiker wissen – dabei nicht übertrieben:

»Zu Beginn des Jahres 1665 fand ich die Methode der Reihenapproximation und die Regel, nach der eine beliebige Potenz eines beliebigen Binominalausdrucks auf eine solche Reihe zurückgeführt wird. Im Mai des gleichen Jahres fand ich die Tangentenmethode, und im November hatte ich die Methode der Ableitungen, und im nächsten Jahr im Januar hatte ich die Theorie der Farben, und im folgenden Mai erhielt ich Zugang zur Integralrechnung. Und im gleichen Jahr begann ich darüber nachzudenken, daß sich die Gravitationswirkung bis zur Mondbahn erstreckt, und (nachdem ich herausgefunden hatte, wie die Kraft zu berechnen ist, mit der ein kugelförmiger Körper, der innerhalb einer Kugelschale umläuft, auf die Kugelschale drückt) ausgehend von Keplers Regel[10], nach der sich die Umlaufzeiten der Planeten verhalten wie die 1,5te Potenz ihrer Abstände vom Zentrum ihrer Bahn, leitete ich ab, daß die Kräfte, welche die Planeten auf ihrer Umlaufbahn halten, sich umgekehrt proportional zum Quadrat des Abstandes zum Zentrum, um das sie umlaufen, verhalten. Dabei verglich ich die Kraft, die nötig ist, um den Mond auf seiner Umlaufbahn zu halten, mit der Gravitationskraft auf der Erdoberfläche, und ich fand sie in recht guter Übereinstimmung. All das war in den beiden Pestjahren 1665–66. Denn in diesen Tagen war ich in meinem besten Alter für Entdeckungen und kümmerte mich mehr um Mathematik und Philosophie als zu irgendeiner Zeit danach.«

10 Newton meint hier das 3. Gesetz von Kepler über die Planetenbahnen.

Der Hinweis auf die Pestjahre verdient eine Anmerkung, denn Newton hielt sich der Seuche wegen wieder zu Hause in Lincolnshire auf, und hier fand er Zeit und Muße, mit dem Prisma zu hantieren, das er sich wahrscheinlich auf einem Markt in London gekauft hatte, und dabei das Sonnenlicht zu zerlegen, eine Entdeckung, die er in dem Zitat oben nicht weiter bemerkenswert findet.

Seltsam an all den frühen Entdeckungen ist ihre Gemeinsamkeit, daß der junge Newton zögert, sie zu publizieren. Die Zurückhaltung könnte mit der Sorge erklärt werden, sich zu blamieren, denn der Farbforscher zum Beispiel ist nie ganz zufrieden mit seinen Farbmischungen, die eher grau als weiß aussehen, und er kann nicht sicher sein, dabei etwas übersehen zu haben. Die Zurückhaltung könnte auch damit zu tun haben, daß damals noch die Trennlinie zwischen dem Privaten und dem Öffentlichen stärker beachtet wurde und man sich heute klarmachen muß, daß zumindest Newton noch deutlich zwischen der privaten Beschäftigung mit einer Wissenschaft und ihrer öffentlichen Lehre unterschieden hat.

Was die grundlegenden Entdeckungen zur Mechanik angeht, so hatten sie sehr privat begonnen, nämlich mit dem berühmten Apfel, der sich vor Newtons Augen von einem Ast löste und auf den Boden fiel und den es höchstwahrscheinlich tatsächlich und nicht in der Legende gegeben hat – jedenfalls berichten so die seriösen Quellen über den großen Physiker. Als Newton den Apfel sah, muß ihm – auf eine Weise, die uns geheimnisvoll bleibt, solange sich an dieser Stelle kein Psychologe einmischt – klargeworden sein, daß der Mond wie der Apfel ebenfalls auf die Erde zufällt, nur daß sich dieser einen Bewegung des Trabanten noch eine zweite – gradlinige – zugesellt, und beide zusammen ergeben die Umlaufbahn, die wir beobachten. Den Grund für diese zweite Bewegung des Mondes formulierte Newton später als sein erstes Gesetz der Bewegung, demzufolge ein Körper in einer gleichförmigen Bewegung[11]

---

11 Der Zustand der Ruhe gehört mit dazu, als Spezialfall einer gleichförmigen Bewegung mit der Geschwindigkeit Null.

verharrt, solange keine aktive Kraft auf ihn einwirkt. Newton hat diese und andere Gesetze[12] erst 1687 in den bereits erwähnten *Principia* publiziert, und dieses große Werk hat er vor allem auf Drängen des Astronomen Edmond Halley geschrieben, der ihn herausgefordert hatte, die Ellipsenbahnen der Planeten aus der Kraft herzuleiten, die auf sie wirkt. Newton konnte dies, und zwischen 1684 und 1687 schreibt er über 500 Seiten, in denen er nicht nur viele moderne Konzepte der Mechanik einführt, sondern auch die Maßstäbe für ihre Darstellung setzt. Newton schreibt auf Latein, und er schließt seine Beweisführungen mit den heute berühmten drei Buchstaben QED[13] ab.

In den *Principia* führt Newton die Idee eines Massenpunktes ein, die ihm erlaubt, wirkliche Körper als mathematische Größen und in mathematischen Gleichungen zu behandeln; Newton multipliziert als erster ohne Bedenken nicht nur Zahlen, sondern physikalische Größen miteinander – zum Beispiel Masse und Beschleunigung –, Newton formuliert physikalische Theorien in geometrischer Ausdrucksweise und liefert auf diese Weise ein arbeitsfähiges Modell des Kosmos, und Newton stellt die Prämisse auf, daß sich seine Massenpunkte gegenseitig durch fernwirkende Kräfte beeinflussen, ein Gedanke, der unter dem Einfluß seiner Erfolge zum Paradigma der Physik wird, und zwar bis Einstein kommt.

Der wichtigste Ausdruck der Newtonschen Physik ist noch nicht gefallen, der der Trägheit, der es gestattet, das erwähnte erste Newtonsche Gesetz kurz als Trägheitsgesetz zu bezeichnen. Materielle Körper besitzen eine Masse, die die Eigenschaft hat, träge zu sein, das heißt, in ihrem jeweiligen Bewegungszustand zu verharren, solange keine äußeren Kräfte

---

12 Sein zweites Gesetz besagt, daß eine Kraft (K) für die Beschleunigung (B) eines Körpers sorgt, die proportional zu dessen Masse M ist, also $K = M \cdot B$; das dritte Gesetz besagt, daß Kraft und Gegenkraft gleich sein müssen (Actio = Reactio).

13 Quod erat demonstrandum, manchmal heißt es auch QEI, also Quod erat inveniendum, was herauszufinden war.

etwas daran ändern. Wir erleben diese physikalische Trägheit an uns selbst, wenn wir in einem Auto sitzen, das plötzlich bremsen muß. Wir müssen uns dann selbst bremsen – etwa mit einem Sicherheitsgurt –, sonst bewegen wir uns weiter mit der alten Geschwindigkeit nach vorne (was natürlich katastrophal enden kann). So schmerzlich klar die Trägheit auch ihre Wirkung entfalten kann, so unklar bleibt diese Idee in den Köpfen der Menschen, weil sie sich der direkten Anschauung entzieht. Unmittelbar vor Augen ist uns etwas anderes, nämlich die Tatsache, daß wir stehenbleiben, wenn wir keine Kraft mehr aufwenden, um weiterzulaufen, und daß auch die Einkaufstasche, die wir nach Hause schleppen, dort nicht aufgrund ihrer Trägheit ankommt.

Psychologische Versuche weisen heute inzwischen im Detail nach, daß Trägheit eine Idee ist, die sich dem gesunden Menschenverstand entzieht [14], und wir müssen uns an die Tatsache gewöhnen, daß seit Newton die Physik eine Wissenschaft ist, in der nur noch als wissenschaftliche Erkenntnis gilt, was dem gesunden Menschenverstand widerspricht, wie es der französische Philosoph Gaston Bachelard einmal formuliert hat. Seit Newton ist Wissenschaft anti-intuitiv, wie man auch sagen könnte, und wenn wir unter diesen Umständen auch das Genie Newtons nur noch höher preisen müssen, der diesen Schwierigkeiten zum Trotz die tatsächlichen Gegebenheiten der Bewegung verstanden hat, so stellt sich damit erst recht das Problem, wie man solch eine Wissenschaft mit solchen Inhalten einer Öffentlichkeit vermitteln soll, die doch sicher zunächst über den Verstand verfügt, dem sie sich gerade widersetzen muß, um zu verstehen, was stimmt. So gesehen wird eine unmenschliche Anstrengung von dem verlangt, der Wissenschaft begreifen will.

Vielleicht hängt Goethes Abneigung Newton gegenüber auch mit diesem Aspekt des menschlich Unverständlichen zusammen, den die Wissenschaft nach 1700 bekommt. Ganz si-

14 Details dazu finden sich in meinem Buch *Kritik des gesunden Menschenverstandes*, Hamburg 1988

cher gehört dazu, daß Newton der große Zerleger ist, der das Sichtbare auf das Unsichtbare zurückführt und das Ganze in seine Teile spaltet, um sich daran zu ergötzen. Bei seinen Untersuchungen zum Licht und zur Farbe stellt Newton fest, daß das als weiß empfundene Sonnenlicht eine Mischung aus den Farben ist, die man als Regenbogen am Himmel kennt. Mit der Brechung des Lichts im Prisma und der künstlichen Erzeugung des Spektrums im verdunkelten Laboratorium zeigt Newton beim Licht erneut, daß am Himmel nichts anderes passiert als auf Erden. Mit anderen Worten, auch beim Licht und bei den Farben gibt es universelle Gesetze, und die gilt es zu finden. Da er in der Mechanik Erfolg hatte mit der Annahme von Massepunkten, übertrug Newton diese Idee auf das Licht, das er sich entsprechend korpuskular dachte und dessen prismatische Zerlegung er durch elastische Kollisionen zwischen den Lichtkügelchen und den Bausteinen der Materie zu erklären versuchte.

Wir wollen hier nicht auf Newtons unklaren Kurs näher eingehen, mit dem er nicht nur die Natur des Lichts erklären, sondern auch den Einwänden seiner Kritiker wie Robert Hooke begegnen wollte, vor allem deshalb nicht, weil Newton uns zuletzt zwei mehr oder weniger unvereinbare physikalische Modelle[15] hinterlassen hat. Wir wollen aber deutlich machen, daß Newtons Erklärung der Farben keinesfalls rein physikalisch ausgefallen ist. Das von ihm selbst bzw. seinem Prisma erzeugte Spektrum kennen wir natürlich nicht, aber es ist mehr als zweifelhaft, daß er dabei tatsächlich die sieben Farben gesehen hat, die er in seinen Arbeiten aufgeführt hat: Rot, Orange, Gelb, Grün, Blau, Indigo und Violett. Sieben Farben mußten es aber sein, denn Newton ging nicht systematisch und rein empirisch vor, er hatte vielmehr etwas im Hinterkopf, nämlich eine Lehre von der Harmonie der Dinge, und die hing mit der Siebenzahl zusammen. Sieben Planeten postulierte (und kannte) man am Himmel, und sieben Töne gab es in einer Oktave. Newton teilte

---

15 Neben der reinen Teilchentheorie stellte Newton noch ein Modell der Wechselwirkung vor, bei dem Lichtpartikel einen dünnen Äther zu Schwingungen anregen können.

das Farbspektrum tatsächlich musikalisch ein – die sieben erwähnten Farben sollten den sieben Tönen auf einer diatonischen Skala entsprechen – D-E-F-G-A-B-C. Und er ging noch einen unphysikalischen Schritt weiter, indem er die spektrale Linie, die vom Rot zum Violett führte, so zum Kreis schloß, wie es seiner (und der allgemeinen) Empfindung entsprach. Newton benutzte also einen Farbenkreis, der – wie heute bekannt ist – natürlich keine Eigenschaft des Lichts, sondern eine konstruktive Leistung des Gehirns ist.

Es berührt seltsam, daß Goethe nicht gesehen hat, daß Newton hier etwas gegebenes Ganzes nur zerlegt hat – das Sonnenlicht –, um etwas gedachtes Ganzes zu schaffen – den Farbenkreis nämlich. Aber dann muß natürlich gesagt werden, daß Goethe Newton vermutlich gar nicht verstehen wollte und sich die Polemik des Poeten gegen den Briten auf anderen Ebenen abgespielt hat als denjenigen, die wir hier betreten.[16] Bei Goethe ging es vor allem um die subjektive Seite der Farbempfindung und bei Newton mehr um die objektive Seite der Farberklärung. Statt »subjektiv« und »objektiv« können wir auch den Gegensatz von »privat« und »allgemein« bzw. »öffentlich« verwenden, und dann haben wir die Unterscheidung vor uns, die Newton extrem wichtig war, wie man einem lange Zeit unbeachteten Manuskript aus den Jahren nach 1670 entnehmen kann, in dem er sich über *Die offenkundigen Gesetze und Prozesse der Natur in der Vegetation* ausläßt. Newton versucht jetzt über die Mechanik hinauszugehen und sich der Bewegung – dem organischen Wachsen – zuzuwenden, die eines feinsinnigeren Interesses bedarf, wie er schreibt, nachdem er festgestellt hat: »Die Vorgänge der Natur sind entweder vegetativ oder rein mechanisch.«

---

16 Einfach gesagt – Newton und Goethe haben sich komplementär mit Farben beschäftigt. Was für den Dichter einfach war – das Sonnenlicht für Goethe –, war für den anderen zusammengesetzt. Und was für den Physiker einfach war – die Farben und ihre Wellenlängen –, war für den Dichter kompliziert, die Farben und ihre Empfindungen nämlich.

Wachsen und Leben – das waren zu Newtons (immer noch alchemistischen) Zeiten Vorgänge, die nicht nur Pflanzen und Tieren, sondern auch Metallen zugetraut wurden. Die Kunst des Menschen hatte darin zu bestehen, die Natur auf beiden Wegen nachzuahmen, wobei Newton noch die Unterscheidung traf, daß die Nachahmung mechanischer Veränderungen der gewöhnlichen und »vulgären Chemie« entspräche, während die Kunst, vegetative Prozesse anzuregen, eine »subtilere, geheime und edle Arbeitsweise« verlange. Das für uns entscheidende Wort ist »geheim«, das Newton deshalb so betonte und festklammerte, weil im Falle des Erfolgs der Mensch gottgleiche Macht erringen würde, und zwar über den »vegetativen Geist«, wie Newton das Prinzip des Wachsens nannte, unter dem er sich eine »außerordentlich feine und unvorstellbar kleine Materiemenge« vorstellte, »die durch alle Stoffe hindurchgeht und deren Abtrennung nichts als eine tote und inaktive Masse zurücklassen würde«.

Für den strenggläubigen Newton war Gott der Schöpfer dieses vegetativen Geistes, der die Wirkkraft Gottes darstellte und dessen Arbeit natürlich heilig war. Alles, was man über ihn in Erfahrung brachte, mußte geheim gehalten werden, jedenfalls vor den Augen der »vulgären« Wissenschaftler, wie Newton zum Beispiel den Chemiker Robert Boyle nannte, der Zuschauer in seinem Laboratorium zuließ.

Newton kümmerte sich vor allem deshalb so sehr um die Schriften und Weisheiten der Alchemisten, weil er sicher war, sie enthielten ein geheimes Wissen, das von Gott offenbart worden war. Newton nahm an, daß es »Gottes große Alchemie« war, die aus dem Urchaos die Ordnung der Welt geschaffen habe, indem er mit Hilfe des vegetativen Geistes die Materie so bearbeitet hat, wie es die Alchemisten mit dem Stein der Weisen im Laboratorium tun. Es waren also die Alchemisten, die einen Schöpfungsakt vollzogen. Es heißt bei Newton wörtlich 1685:

»So wie die Welt aus dem dunklen Chaos durch die Trennung des ätherischen Firmaments und des Wassers von der Erde geschaffen wurde, so bringt unsere Arbeit die Anfänge aus schwarzem Chaos und die ›prima materia‹ durch die Trennung der Elemente und die Beleuchtung der Materie hervor.«

Newton ist – so sagt es eine Theorie – wahrscheinlich an einer Quecksilbervergiftung gestorben, die er sich bei seinen alchemistischen Versuchen zugezogen hat. Aber er ist so alt geworden, daß man an dieser Stelle keine genaue Auskunft geben kann. Wir müssen sicher so alt werden wie er, bevor wir verstehen, was ihn wirklich getrieben hat. Wir können es durch die Worte umschreiben, daß er Gottes Schöpfungsgesetze sichtbar machen wollte – als Alchemist und als rationaler Naturforscher. Newton hat alle seine physikalischen Theorien als geometrische Sätze formuliert, weil er die Geometrie für eine göttliche Wissenschaft hielt, deren Größen wie etwa der Raum keinesfalls durch säkulare physikalische Eigenschaften, sondern nur als göttliche Qualitäten zu verstehen waren – der Raum zum Beispiel als »tamquam effectus emanativus«, als Ausströmung (Emanation) Gottes. Newton verehrte also den Raum, den er in der *Principia* beschrieb, in deren Vorwort es heißt:

»Gott dauert für immer, auch ist Er überall anwesend. Indem Er immer und überall ist, schafft Er Dauer und Raum. Alles ist in Ihm enthalten und durch Ihn bewegt.«

Das gilt auch für die Menschen, und einer der bewegtesten war Newton selbst. Er ist nie zur Ruhe gekommen, und sein Geist ebenfalls nicht. Er bewegt uns noch heute.

Moderne Klassiker

Antoine Lavoisier (1743 – 1794)
Michael Faraday (1791 – 1867)
Charles Darwin (1809 – 1882)
James Clerk Maxwell (1831 – 1879)

Hundert Jahre – das ist etwa die Zeitspanne, die zwischen der Geburt Newtons und der Geburt Lavoisiers vergeht, und so groß ist auch die Verspätung, die die Chemie der Physik gegenüber aufzuholen hat. Es gelingt ihr im Verlaufe des 19. Jahrhunderts, als sich die chemische Industrie etabliert. Zur gleichen Zeit bereiten zwei Physiker die Grundlagen für die Segnungen der Technik vor, die uns heute den Strom aus der Steckdose und die Musik aus dem Radio bescheren. Unmittelbar einsichtig ist die Verwendung ihrer Entdeckungen natürlich nicht. Als einer von ihnen – Faraday – gefragt wird, was der Nutzen seiner Erfindung sein wird, stellt er die klassische Gegenfrage: »Was ist der Nutzen eines Babys?« Die rasanten Entwicklungen seiner Zeit aber machen den Blick frei für den langsamen Wandel des Lebens, der heute Evolution heißt. Darwin entdeckt sie ohne Absicht, und von da an bekommt die Biologie Sinn.

Antoine Lavoisier

oder
Eine Revolution zuviel für einen Steuereintreiber

Antoine Lavoisier hat seine Wissenschaft – die Chemie – nur als Freizeitbeschäftigung betrieben. Die dazugehörenden experimentellen Forschungen hat er, der seinen strengen Stundenplan genau einhielt, ausschließlich morgens von 6 bis 8 Uhr und abends von 19 bis 22 Uhr unternommen. Selbstlos geholfen hat ihm dabei seine junge Frau Marie Anne Paulze, die er 1771 als 28jähriger geheiratet hat.[1] In der langen Zeit zwischen den morgendlichen und abendlichen Versuchen ist Lavoisier seiner Haupttätigkeit nachgegangen, der eines Steuereintreibers nämlich.[2]

Er hatte sich mit einer halben Million Francs, die ihm von seinem Vater, einem Advokaten, vermacht worden waren, in die »Ferme générale« eingekauft, ein Unternehmen zur Ein-

---

1 Marie Anne war bei der Hochzeit erst 14 Jahre alt. Die Ehe hat gehalten, ist aber kinderlos geblieben. Lavoisiers Frau hat zudem Englisch gelernt und es ihrem Mann auf diese Weise ermöglicht, mit den großen britischen und amerikanischen Wissenschaftlern seiner Zeit – Priestley, Jefferson und Franklin – in Kontakt zu treten. Sie haben sogar Lavoisiers Laboratorium besucht.
2 Lavoisier hat das Geschäft des Geldeintreibens dabei geschickt mit seinen wissenschaftlichen Ambitionen verknüpft, denn oftmals, wenn er in eine Stadt kam, um zu kassieren, hatte er sich zuvor dort für einen fachlichen Vortrag angemeldet bzw. von dort zu diesem Zweck einladen lassen.

treibung von Steuern, das man sich als privates Finanzamt vorstellen muß. Lavoisier trieben dabei keinerlei persönliche Motive – er war von Haus aus finanziell abgesichert, und alle Gelder, die er in diesem Rahmen einfordern und kassieren konnte, hat er ausschließlich zur Ausstattung seines privaten wissenschaftlichen Laboratoriums eingesetzt, das tatsächlich exzellent eingerichtet war und alle konkurrierenden Einrichtungen locker in den Schatten stellte. Aber die »Ferme générale« hatte in den Jahren zunehmender sozialer Spannungen beim Volk einen äußerst schlechten Ruf, und der Ärger über die mehr und mehr verhaßte Institution machte bald auch vor dem großen Chemiker nicht mehr halt. Als schließlich die Französische Revolution gelungen und gefestigt war und ihre Führer damit begannen, sich systematisch an den Vertretern des Ancien régime zu rächen, da griffen sie auch bei Lavoisier zu, der bald verhaftet und dessen Laboratorium beschlagnahmt (und wenig später vernichtet) wurde.

Hauptantreiber in seinem Fall war der berühmt-berüchtigte Jean-Paul Marat[3], der sich 1780, als er noch Journalist war, unter Vorlage einiger unbrauchbarer Dokumente um Aufnahme in die Französische Akademie der Wissenschaften beworben hatte. Lavoisier hatte den »Möchtegern« Marat damals mit einem vernichtenden Urteil zurückgewiesen, der sich nun ein Dutzend Jahre später an die Blamage erinnerte und unter den neuen Verhältnissen dafür sorgen konnte, daß Lavoisier unter das Fallbeil kam. Am 8. Mai 1794 starb der gerade 50 Jahre alte Begründer der neuzeitlichen Chemie unter der Guillotine. Lavoisier, dem in seinem Fach eine wissenschaftliche Revolution ohne Beispiel gelungen war, scheiterte an einer politisch-gesellschaftlichen Revolution von gleicher Dimension. Als sein Kopf fiel, schaute der dabei stehende französische Mathematiker Joseph Lagrange auf seine Uhr, und er

---

3 Marats Tod im Bad – er wurde dort von einer Frau ermordet – ist zum Thema der Kunst geworden: es gibt zum Beispiel ein Gemälde von Jacques Louis David aus dem 18. Jahrhundert und ein modernes Theaterstück aus dem 20. Jahrhundert von Peter Weiss.

kommentierte die Hinrichtung Lavoisiers mit den berühmten Worten: »Eine Sekunde brauchen sie nur, um seinen Kopf zu nehmen, vielleicht werden hundert Jahre vergehen, bis ein ähnlicher wieder wächst.« Es hat sogar noch länger gedauert, als Lagrange befürchtet hat.

Der Rahmen

Als Antoine Laurent Lavoisier 1743 in Paris geboren wird, wird auch die Celsius-Skala für die Temperatur eingeführt, die sich heute durchgesetzt hat. Zwei Jahre später wird ein Fräulein namens Jeanne Antoinette Poisson, die spätere Madame de Pompadour, die Mätresse Ludwigs XV., und der französische Naturforscher Bonnet entdeckt die Parthogenese der Blattläuse. 1747 läuft die industrielle Produktion von Schwefelsäure an, und ein Jahr später publiziert Montesquieu sein großes Werk *De l'esprit des lois – Vom Geist der Gesetze* also.

1752 entdeckt Réaumur, daß Verdauung nicht nur ein mechanischer Vorgang ist. Er bemerkt, daß daran vielmehr saure Säfte im Magen beteiligt sind. Im gleichen Jahr konstruiert in Nordamerika Benjamin Franklin den ersten Blitzableiter (der die Geister am Himmel abschafft und Vertrauen in die Fähigkeiten der Forscher verschafft), und in Frankreich stellt Vaucanson seinen berühmten Flötenspieler vor, der ein Automat ist. 1753 vollendet Linné seine binäre Nomenklatur für die Klassifikation der Arten, und zwei Jahre später legt Immanuel Kant seine *Allgemeine Naturgeschichte und Theorie des Himmels* vor, in der er der Erde zum ersten Mal ein großes Alter zugesteht, das weit über die üblichen biblischen Zählungen hinausgeht. Kant schlägt zudem vor, anzunehmen, daß die Schöpfung noch nicht vollendet sei. 1756 wird der Zement erfunden und Mozart geboren.

1774 steigt Ludwig XVI. auf den Thron, 1775 erhält der Brite James Watt sein Patent auf die Dampfmaschine, die er zehn Jahre zuvor gebaut hatte, 1776 verkünden die Amerikaner ihre Unabhängigkeitserklärung mit dem berühmten »pursuit of happiness« ihrer freien Bürger, und Adam Smith publiziert *The*

Wealth of Nations (Der Reichtum der Nationen) und feiert darin die legendäre unsichtbare Hand des Marktes, die alles zum Besten lenkt. 1777 führt der Italiener Spallanzani eine künstliche Befruchtung an Lurchen durch, und zehn Jahre später (1787) ist ein großes Jahr der Kultur: Goethe stellt *Iphigenie auf Tauris* fertig, Schiller bringt den *Don Carlos* heraus, und Mozarts *Don Giovanni* wird in Prag uraufgeführt.

Weitere zwei Jahre später beginnt die Französische Revolution, und in den Vereinigten Staaten von Amerika wird ein erstes Patentgesetz erlassen. Frankreich holt dies 1791 nach. 1790 entdeckt Leblanc ein Verfahren zur künstlichen Herstellung von Soda – eine Leistung, die zum Vorbild der industriellen Revolution wird und die Größe der chemischen Industrie in den kommenden Jahrhunderten andeutet. 1792 wird in Paris versucht, einen Republikanischen Kalender einzuführen, 1793 werden dort die Akademien und Universitäten abgeschafft, und 1794 stirbt nicht nur Lavoisier unter dem Fallbeil, auch der Marquis de Condorcet wird ein Opfer der Revolution. Seinen *Versuch über die Fortschritte des menschlichen Geistes* hat er bereits fertiggestellt, der den Menschen ein besseres Leben durch Wissenschaft verspricht. Das bis in unsere Tage nachwirkende Manifest des Fortschrittsglaubens erscheint 1795. Im selben Jahr noch wird das metrische System eingeführt.

Das Porträt

Wenn man mit einem Satz oder gar einem Wort sagen wollte, worin die bedeutende Leistung von Lavoisier besteht, dann müßte es heißen: »Lavoisier hat die Chemie mit der Waage revolutioniert.« Mit dem systematischen und intelligenten Einsatz der Waage beginnt die Chemie, eine exakte Wissenschaft zu werden, wobei natürlich zu betonen ist, daß Lavoisier viel Geld ausgegeben hat, um Waagen in der Qualität bauen zu lassen und kaufen zu können, die er für seine präzisen Analysen brauchte. Mit der Waage wandelt Lavoisier zwar vordergründig ein chemisches Experiment zu einer Übung in Buchhaltung um, aber entscheidend ist, daß das sorgfältige und unermüdliche Messen ihn in die Lage versetzt, ein bis heute gültiges Grundprinzip aufzustellen, dessen einfachste Formulierung lautet: »Nichts vergeht, nichts entsteht.« Etwas übertrieben könnte man in Analogie zum Energiesatz der Physik[4] vom »Massensatz der Chemie« reden, aber solche hohen Ziele hat Lavoisier zunächst nicht. Dazu ist seine Wissenschaft noch nicht reif, wie er genau weiß. Er will sie aber nach und nach so genau machen, wie es die Physik schon ist, und er glaubt im Laufe seiner Arbeiten immer fester daran, daß es einmal eine Algebra der Verbindungen und Reaktionen geben wird, die er und seine Kollegen untersuchen und analysieren.

Lavoisier fängt früh in seinem Leben an, nach diesen quantitativen Zusammenhängen zu suchen. Er interessiert sich schon in jungen Jahren für Wissenschaft, obwohl er zuerst noch in den Fußstapfen seines Vaters unterwegs ist und noch als Teenager am Collège des Quatre Nations in Paris ein Studium der Rechte abschließt. Da er einen entsprechenden Beruf nicht ausüben muß – Lavoisier verfügt stets über ausreichende Mittel für seinen Lebensunterhalt –, läßt er bald seinen wirklichen Interessen freien Lauf, und er bemüht sich um die Naturwissenschaften, das heißt zunächst um Geologie, Botanik und Astronomie. Dann wendet sich der Twen seinem eigentlichen Fach, der Chemie, zu, und Lavoisier ist dabei so erfolgreich, daß er bereits 1768 – im Alter von 25 Jahren – in die Pariser Akademie der Wissenschaften aufgenommen wird.[5] Seine erste Veröffentlichung lag damals schon vier Jahre zurück, und hierin

4 Der Energiesatz der Physik wird erst im 19. Jahrhundert aufgestellt, wobei vor allem Helmholtz eine große Rolle spielt. Er besagt, daß Energie weder erzeugt noch vernichtet werden kann. Sie geht nur von einer Form (Bewegung) in eine andere über (Wärme). Die Energie der Welt ist konstant.
5 Lavoisier wird zunächst nur als »Adjunkt« zugelassen, doch schon bald wird er Vollmitglied. Seine rasche Aufnahme in die Akademie hatte vor allem damit zu tun, daß ihm 23jährig der vom französischen König Ludwig XV. ausgelobte Preis für Projektstudien zur Beleuchtung von Großstädten zugesprochen worden war.

hatte er bereits den Wert der Waage bewiesen. 1764 hatte der junge Lavoisier mineralischen Gips vorsichtig erhitzt und das dabei freigesetzte Wasser mit äußerster Sorgfalt gesammelt und gewogen. Er konnte mit diesen Messungen zeigen, daß diese Menge an Wasser genau mit derjenigen übereinstimmt, die man beim Anrühren hinzufügen mußte, um brauchbaren Gips zu bekommen. Quantitative Befunde dieser Art machen von nun an die Qualität seiner Chemie aus, wie sie in den folgenden Jahren entsteht.

Wissenschaftler reden manchmal davon, daß sie sich wie im Himmel fühlen, wenn sie ein Experiment kennen, das funktioniert und das sie nur tagein, tagaus zu wiederholen brauchen, um der Natur immer besser auf die Schliche zu kommen.[6] Das Wiegen war Lavoisiers halber Himmel, und die zweite Hälfte steckte im Erhitzen bzw. in seiner Steigerung, der Verbrennung. Mit diesen beiden technischen Vorgaben schickte er sich nämlich an, die Leistung zu vollbringen, durch die er der Nachwelt außerhalb der Chemie am besten bekannt ist – die Widerlegung der sogenannten Phlogiston-Theorie, die zugleich die Entdeckung des lebenswichtigen Sauerstoffs vorbereitete.[7]

Phlogiston – mit diesem Wort bezeichneten die damaligen Chemiker eine Art Wärmestoff, der ihrer Ansicht nach von Substanzen freigesetzt wurde, die verbrannten. Offenbar – so zeigte es doch der Augenschein – verliert jedes Material etwas,

6 Diese Idee geht auf den Biologen Alfred Hershey zurück, der gemeinsam mit Max Delbrück und Salvador Luria den Nobelpreis für Medizin des Jahres 1969 gewonnen hat. Man redet deshalb auch gerne vom »Hershey Heaven«, was nicht nur hübsch klingt, sondern auch noch nach Schokolade schmeckt. Immerhin heißt eine amerikanische Schokoladefabrik Hershey.

7 Der Name »Sauerstoff« geht dabei auf Lavoisier zurück, der dieses chemische Element für das »Säureprinzip« hielt. »Oxygène« heißt soviel wie »säureerzeugendes Gas«, und Lavoisier hatte festgestellt, daß es in allen Stoffen vorkam, die er als Säuren kannte (Schwefelsäure zum Beispiel). Dies trifft nicht zu, wie heute verstanden worden ist. Der Name »Sauerstoff« ist geblieben, obwohl er nicht mehr stimmt.

wenn es in Flammen aufgeht. Mit dem lodernden Feuer entweicht augenscheinlich ein gasförmiges Material, und zwar das Phlogiston, wie man es damals nannte. Hinter diesem Namen für das Prinzip der Wärme (dem »Wärmestoff«) verbirgt sich eine insgesamt ziemlich komplizierte Theorie, die vor allem auf den deutschen Chemiker Georg Ernst Stahl zurückging. Stahl hatte zu Beginn des achtzehnten Jahrhunderts ein erstes chemisches System entworfen, mit dem er eine Vielzahl von Vorgängen und Verbindungen erklären konnte. Wir müssen seinen umfassenden Entwurf hier auf den Aspekt der Brennbarkeit hin verengen, selbst wenn er unter diesem Blickwinkel einfach nur falsch erscheint. Das Phlogiston gibt es nämlich nicht, wie spätestens seit Lavoisiers Abwägungen bekannt ist (und wie gleich gezeigt wird). Der hypothetische Stoff ist aber nach wie vor von besonderem Belang, und zwar deshalb, weil er der Wissenschaftsgeschichte ein gutes Beispiel dafür liefert, wie sich diejenigen irren können, die sich allein auf ihren gesunden Menschenverstand verlassen und niemals auf die Idee kommen, ihre Schlußfolgerung durch eine Messung zu kontrollieren, eine Messung mit der Waage zum Beispiel, die nachprüft, ob ein Stoff nach seiner Verbrennung (als Asche) auch tatsächlich leichter geworden ist.[8]

Das alles ändert sich im Jahre 1772, als der noch nicht 30jährige Lavoisier sich daran macht, Schwefel und Phosphor zu verbrennen und sie vor und nach dem Werk der Flammen zu wiegen. Seine ersten Resultate sind so ungewöhnlich und aufregend, daß er zwei Schritte zugleich tut: Zum einen hält er sie in einer schriftlichen Mitteilung fest, die er am 1. November 1772 in einem versiegelten Umschlag bei der Pariser Akademie hinterlegt – »um mir das Eigentum daran zu sichern«, wie er

---

8 Das Phlogiston könnte sogar als Beispiel dafür dienen, wie dick die Bretter sein können, die Wissenschaftler vor dem Kopf tragen. Als nämlich einmal tatsächlich nachgemessen wurde, daß etwas durch Verbrennen schwerer wird, da hat man nicht am Phlogiston gezweifelt, sondern die neue Annahme ersonnen, daß das Gewicht dieses Wärmestoffs negativ sei!

schreibt –, und zum zweiten unternimmt er sofort viele weitere Experimente, um wirklich sicher zu sein, daß er keinen Fehler gemacht hat, sondern »einer der merkwürdigsten Entdeckungen seit Stahl« auf die Spur gekommen ist.

Im Februar 1773 schließt er seine Versuche ab, die – in Lavoisiers Worten – »eine Revolution in der Chemie« bewirken sollen, und am 5. Mai dieses Jahres darf der versiegelte Umschlag geöffnet werden. Der Text beginnt mit den Worten: »Vor ungefähr acht Tagen habe ich entdeckt, daß der Schwefel beim Verbrennen, weit davon entfernt, sein Gewicht zu verlieren, im Gegenteil schwerer wird.« Im weiteren Verlauf des Manuskripts zieht Lavoisier den jetzt naheliegenden Schluß, daß Stoffe, die verbrennen, sich mit einem anderen Stoff verbinden, und er schlägt vor, daß es sich dabei um die Luft oder einen Teil von ihr handelt.

Wenn dieser Schluß auch heute nicht weiter aufregend klingt, so verkennt die eigentliche Leistung Lavoisiers, wer vergißt, gegen welche Chemie bzw. gegen welche chemischen Modelle er anzutreten hatte. Lavoisier hatte zum einen die uralte Elementenlehre der Antike gegen sich, die von den vier Grundstoffen Luft, Feuer, Erde und Wasser redete, und er mußte zum anderen gegen die überlieferten alchemistischen Denkweisen anrennen, die von den drei Ursubstanzen Schwefel, Quecksilber und Salz ausgingen, mit denen ihre Vertreter den »Stein der Weisen« anfertigen wollten, in der Absicht, das Wertvolle (die »prima materia«) aus den natürlichen Stoffen zu befreien. Unter diesen Vorgaben war es allein schon schwer, den Vorschlag zu machen, daß sich Luft und Schwefel vereinen, wenn der gelbe Stoff Flammen schlägt, aber es war noch sehr viel schwerer, die Idee zu haben, daß es nur Teile der Luft gibt, die dafür verantwortlich sind. In diesem Fall kann die Luft selbst keineswegs mehr so elementar sein, wie die westliche Welt seit Aristoteles annahm und wie es das *Chymische Wörterbuch* von Pierre-Joseph Macquer von 1766 noch einmal ausdrücklich festhält. Unter dem gesonderten Stichwort »Element« ist zu lesen, daß man, »ohne einen Irrthum zu begehen, in der Chymie das Feuer, die Luft, das Wasser und die Erde als einfache Körper betrachten kann«, und nicht nur das, »man muß sogar« so vorgehen.

Lavoisier überwindet solch eine Einstellung, und dieses Aushebeln der antiken Elementenlehre ist seine zweite revolutionäre Leistung. Doch bevor wir sie näher in Augenschein nehmen, bleiben wir bei der Austreibung des Phlogiston selbst und sehen uns den entscheidenden Versuch näher an, den Lavoisier dazu unternommen hat. Nach dem erfolgreichen Verbrennen und Wiegen des Schwefels hatte er sich Metalle wie Blei und Zinn vorgenommen, und er verschloß sie in versiegelten Gefäßen, in denen er sie anschließend verbrennen konnte.[9] Ihm fiel zunächst auf, daß sich dabei am Gewicht des – immer noch versiegelten – Gefäßes nichts änderte. Dies passierte erst, nachdem er eine Öffnung freigegeben hatte und Luft nach innen einströmen konnte. Lavoisier stellte nun mit Hilfe seiner äußerst empfindlichen Waagen fest, daß das Gewicht der Luft, das in den Behälter eindrang, etwa so groß war wie der Unterschied zwischen dem Metall und seinem Verbrennungsprodukt. Damit hatte er das Gespenst des Phlogiston endgültig ausgetrieben, und er ließ dieser Idee nur noch Platz in den Fußnoten der Wissenschaftsgeschichte.

Lavoisiers Ergebnisse wurden in demselben Jahr (1773) veröffentlicht, in dem der Engländer Joseph Priestley entdeckte, daß Luft verschiedene Bestandteile hatte, von denen nur einer besonders geeignet war, eine Kerze brennen zu lassen. Die beiden Herren trafen sich in Paris, um die Zusammensetzung der Luft wissenschaftlich zu erörtern (mit Hilfe von Lavoisiers Frau, die das Fachchinesisch zu dolmetschen hatte, was ich mir als extrem schwierige Aufgabe vorstelle). Als Anhänger der Stahlschen Phlogiston-Theorie sprach Priestley bei seinem Gas von »dephlogistierter Luft«, aber Lavoisier verstand sofort, daß es sich hier um den bei der Verbrennung aktiven Teil der Luft handelt, den wir heute Sauerstoff nennen. Es dauerte noch

---

9 Lavoisier folgte dabei Versuchen, die Robert Boyle gemacht hatte. Das Verbrennen im Inneren des Gefäßes gelang zum Beispiel durch Hitzezufuhr von außen.

ein paar Jahre, bis Priestley überzeugt war, daß die Erfindung des Kollegen Stahl überflüssig war, und diese Einstellung sorgte dafür, daß er den weiteren Schluß verpaßte, den Lavoisier bereits 1773 sofort und endgültig zog, den Schluß nämlich, daß die Luft nicht elementar ist und mindestens aus zwei Anteilen besteht. Diese beiden Komponenten konnte Lavoisier bald – nach vielen weiteren Experimenten – unter einem biologischen Aspekt sehr genau unterscheiden: Es gab nämlich eine »ausgesprochen gut einzuatmende Luft«, wie er es nannte – den Sauerstoff oder »oxygéne« – und es gab einen eher das Gegenteil bewirkenden Anteil, der aus unmittelbar einsichtigen Gründen heute als Stickstoff bezeichnet wird, ein Name, der ebenfalls auf Lavoisier zurückgeht, der bei diesem Gas von »azote« sprach.[10]

In den folgenden Jahren brachten weitere Experimente der Chemiker weitere Unterteilungsmöglichkeiten der Luft zum Vorschein. Da gab es zum Beispiel die »fixe Luft«, die Verbrennungen behinderte und für Lebewesen tödlich war – sie heißt heute Kohlendioxyd –, und da gab es vor allem das leichtentzündliche Gas, das rasch Feuer fangen konnte und deshalb als »brennbare Luft« bezeichnet wurde. Mit diesem wissenschaftlichen Werkzeug brachte Lavoisier eine weitere Stütze der antiken Elementenlehre zu Fall. Im Juni 1783 leitete er in einem berühmten Versuch gemeinsam mit seinem Kollegen Pierre Laplace vor den Mitgliedern der Pariser Académie des Sciences diese »brennbare Luft« durch ein Rohr in eine Gasglocke, in der sich bereits »dephlogistierte Luft« – also Sauerstoff – befand. Beim Zusammentreffen der beiden luftigen Sub-

10 Seit den Tagen des Lavoisier bezeichnen wir Verbrennungsvorgänge als Oxydation und die Freisetzung des Sauerstoffs aus einer Verbindung als Reduktion. Lavoisier war darüber hinaus klar, daß Verbrennungen nicht immer mit Flammen einhergehen müssen. Die chemische Verbindung von Stoffen mit dem »oxygéne« kann auch weniger spektakulär vor sich gehen, vor allem in Organismen. Lavoisier hat sehr früh verstanden, daß Atmen Sauerstoff in den Körper bringt, der dann in Verbrennungsprozessen gebunden wird.

stanzen entstand zur großen Verblüffung der Zuschauer weder ein weiteres drittes Gas noch ein einfaches Gemisch, es entstand vielmehr etwas ganz anderes, das man aber schon seit ewigen Zeiten kannte: Es bildete sich nämlich Wasser.

Mit dieser gelungenen Demonstration versetzte Lavoisier der antiken Theorie der vier Elemente endgültig den Gnadenstoß, als er überzeugend erklärte: »Wasser ist keine einfache Substanz; es ist Gewicht für Gewicht zusammengesetzt aus brennbarer Luft und Lebensluft.« Der brennbaren Luft gab er bald darauf noch den nach dem geschilderten Versuch naheliegenden Namen des »Wasserstoffs«, und so heißt sie bis heute.

In diesem Zusammenhang bleibt noch nachzutragen, daß Lavoisier damit tatsächlich alle vier Elemente entzaubern konnte. Was wir oben für Feuer, Luft und Wasser geschildert haben, hatte er bereits vor 1770 für die Erde getan, und zwar durch den längsten Versuch, den er jemals unternehmen sollte. Über 100 Tage lang hatte Lavoisier die uralte Behauptung geprüft, daß Wasser durch ausdauerndes Erhitzen in Erde verwandelt werden kann, und wieder sprach der Augenschein zunächst für diese Annahme, denn schließlich kannte jeder den Bodensatz, der sich in allen Gefäßen finden ließ, wenn man lange genug Wasser darin gekocht oder aufbewahrt hatte. Lavoisier baute sich ein Glasgefäß, in dem er unter Rückflußkühlung mehrere Monate lang Wasser sieden konnte. Am Ende konnte er konstatieren, daß der beobachtete Rückstand (die Kieselsäure) nicht einer Umwandlung des Wassers (in Erde) zu verdanken ist, daß es sich dabei vielmehr um Stoffe handelt, die zuvor im Wasser gelöst waren und bei der Erhitzung nach und nach ausfallen.

Mit den beiden erwähnten Leistungen – der Überwindung der antiken Elementenlehre und der neuen Theorie der Verbrennung – hatte Lavoisier schon längst mehr als genug geleistet, um seinen Namen unsterblich zu machen.[11] Doch sein

---

11 Lavoisier hat mit seiner Vorgehensweise sogar die Anerkennung der philosophischen Intellektuellen gewonnen. So versucht Friedrich Engels zum Beispiel im Vorwort zum zweiten Band des *Kapi-*

größter Beitrag zur Chemie als Wissenschaft stand noch aus, und wenn er auch mehr für die praktizierenden Wissenschaftler von Bedeutung ist als für den zuschauenden Laien, und wenn er auf den ersten Blick auch eher langweilig erscheint, so macht es mir doch Spaß, ihn zu erzählen. Gemeint ist die Erstellung einer neuen Nomenklatur für die Chemie, und Lavoisier tat dies so erfolgreich, daß sich seine Vorschläge bis heute gehalten haben.

Als sich der Steuereintreiber an das Aufräumen unter den Namen und Bezeichnungen machte, herrschte ein unglaubliches Durcheinander in der Wissenschaft. Damit ist nicht nur gemeint, daß die Namen möglichst kompliziert und pseudopoetisch klangen, um den Anschein der Gewichtigkeit beim Publikum zu erwecken – zum Beispiel Phlogiston, Vitriolgeist (statt Schwefelsäure), Weingeist (statt Alkohol), Blutstein (statt Eisenoxid) und viele mehr –, damit ist vor allem gemeint, daß es für ein und denselben Stoff eine unüberschaubare Fülle von Bezeichnungen gab. Für das, was die Chemiker heute mit der Nomenklatur von Lavoisier als Magnesiumkarbonat beschreiben, gab es damals zum Beispiel neun Versionen: Magnésie blanche, magnésie aérée de Bergman, magnésie crayeuse, craie magnésienne, magnésie effervescente, méphite du magnésie, terre muriatique de Kirvan, poudre du comte de Palme und poudre du comte de Santinelli.

Als sich seine antiphlogistische Theorie um 1787 durchgesetzt hat und ihre Triumphe zu feiern beginnt, sammelt Lavoisier seine Kollegen Louis Bernard Guyton de Morveau, Claude Louis Berthollet und Antoine Fourcroy um sich, um mit ihnen

tals von Karl Marx dessen Leistung durch einen Vergleich mit Lavoisier zu erhöhen: »Wie Lavoisier zu Priestley ..., so verhält sich Marx zu seinen Vorgängern in der Mehrwertstheorie. Die *Existenz* des Produktwertteils, den wir jetzt Mehrwert nennen, war festgestellt lange vor Marx. ... An der Hand dieser Tatsache untersuchte er die sämtlichen vorgefundenen Kategorien, wie Lavoisier an der Hand des Sauerstoffs die vorgefundenen Kategorien der phlogistischen Chemie untersucht hatte.«

nachzudenken und einen Aufsatz *Über die Notwendigkeit, die chemische Nomenklatur zu reformieren und zu verbessern* zu schreiben. Sie wollen, daß Chemie endlich sprachlich begriffen werden kann und nicht nur praktisch gelernt werden muß. Das Quartett arbeitet sehr erfolgreich, und schon nach wenigen Monaten liegt ihr Vorschlag für eine »Méthode de Nomenclature Chimique« vor, in der zum ersten Mal moderne Ausdrücke wie »Oxyd«, »Sulfat« oder »Radikal« vorgeschlagen werden, die wir immer noch verwenden und mit denen man tatsächlich Chemie verstehen und vermitteln kann.

In einer Reihe von Tabellen führen die Autoren insgesamt 55 Substanzen auf, die ihnen nicht weiter zerlegungsfähig erscheinen und die sie daher als elementar ansehen. Dazu gehören unter anderem das »Licht«, der »Wärmestoff«, der »Stickstoff«, der »Wasserstoff«, Schwefel, Phosphor, Kohlenstoff[12] und sechzehn damals bekannte Metalle (zum Beispiel Eisen und Blei). Bei der Namensgebung ihrer Verbindungen oder ihrer Reaktionen versuchen Lavoisier und seine Mitautoren vor allem, alle alchemistischen Wendungen auszuschließen. Ihr Ziel war es, die ungewöhnlichen Vorgänge in einem chemischen Laboratorium – all seine Gerüche, Geräusche und Gemische – durch gewöhnliche Wendungen der Sprache zu erfassen. Lavoisier wurde dabei stark von dem französischen Philosophen Étienne Bonnot de Condillac beeinflußt, der die Ansicht vertrat, daß »das Denkvermögen von einer wohlgeformten Sprache« abhängt, und den Wissenschaftlern riet, sich um solch eine Ausdrucksweise zu kümmern.[13]

12 Mit Hilfe einer riesigen Linse hatte Lavoisier bewiesen, daß Diamanten nichts als Kohlenstoff sind – chemisch gesehen, jedenfalls. Die neben dem Stoff unabhängige Bedeutung der Struktur für die Chemie ist erst im 20. Jahrhundert entdeckt und verstanden worden.

13 Lavoisiers neue Nomenklatur versucht nicht nur, die Sprache der Chemie zu verbessern. Er und seine Kollegen machen sich auch daran, so etwas wie chemische Symbole zu entwickeln. Dabei wirken vor allem noch Jean-Henri Hassenfrantz und Pierre-Auguste Adet mit. Elemente werden zum Beispiel durch gerade Linien, Me-

Um diese klare und angenehme Sprache wollte sich Lavoisier bemühen, und er versuchte unter anderem aus diesem Grunde, genauer zu definieren, was ein »Element« sein soll. Dies empfand er zudem als seine Pflicht, denn schließlich hatte er alles zerlegt und abgeschafft, was seit der Antike als elementar galt. In einem lange Zeit unveröffentlichten Manuskript mit dem Titel »Vorlesung über experimentelle Chemie, dargestellt nach der natürlichen Ordnung der Ideen« macht er zunächst einmal (um 1780) den folgenden Vorschlag:

> »Es genügt nicht, daß ein Stoff einfach, unteilbar oder zumindest unzerlegbar sein muß, um den Titel Element zu verdienen; er muß darüber hinaus in der Natur weit verbreitet sein und als wesentliches und konstitutives Prinzip in die Zusammensetzung einer großen Anzahl von Körpern eingehen.«

In seinem grundlegenden Werk *Traité élémentaire de chimie* von 1789 – dem Jahr der Französischen Revolution – geht er darüber hinaus, und zwar tut er den großen und entscheidenden Schritt, der Immanuel Kant gefallen hätte. Der Philosoph aus Königsberg hatte in seiner *Kritik der reinen Vernunft* 1781 für die Erkenntnisse der Wissenschaft festgestellt, daß die Forscher die Gesetze überhaupt nicht aus der Natur gewinnen, sondern sie im Gegenteil ihr vorschreiben. Naturgesetze werden nicht *ge*funden, sondern *er*funden. Lavoisier praktiziert genau diese Art der Philosophie, indem er die Elemente der Chemie nicht mehr der Natur entnimmt, sondern sie als Resultat der Tätigkeit eines Chemikers im Laboratorium vorstellt. Er schreibt in der Einleitung zu seiner oben genannten Abhand-

talle durch Kreise und Laugen durch Dreiecke repräsentiert. Die Idee besteht darin, »mit einem Blick auf dem Papier sehen zu können, was mit einem Metall in einer Lösung passiert«, wie Lavoisier schreibt. Ihm schwebte bereits damals eine »Algebra der Chemie« vor. Es dauerte aber noch bis etwa ins Jahr 1830, bevor die Chemiker anfingen, chemische Reaktionen und Verbindungen durch symbolische Gleichungen und Strichzeichnungen darzustellen.

lung von 1789, die in der deutschen Übersetzung den Titel *System der antiphlogistischen Chemie* trägt:

»*Alles, was man über die Anzahl und die Natur der Elemente sagen kann, schränkt sich meiner Meinung nach bloß auf metaphysische Untersuchungen ein: es sind unbestimmte Aufgaben, die man aufzulösen sich vornimmt und die einer unendlichen Art von Auflösungen fähig sind; von denen es aber sehr wahrscheinlich ist, daß keine insbesondere mit der Natur übereinstimmt. Ich werde mich also damit begnügen, zu sagen, daß wenn wir mit dem Namen Elemente die einfachen, untheilbaren Teilchen belegen, aus welchen die Körper zusammengesetzt sind; so ist es wahrscheinlich, daß wir sie nicht kennen. Verbinden wir im Gegentheil mit dem Ausdruck Element oder Grundstoff der Körper den Begriff des höchsten Ziels, das die Analyse erreicht, so sind alle Substanzen, die wir noch durch keinen Weg zerlegen können, für uns Elemente; nicht als könnten wir versichern, daß diese Körper, die wir für einfach halten, nicht aus zwei oder sogar aus einer größeren Zahl von Stoffen zusammengesetzt wären; sondern weil diese Grundstoffe sich nie trennen, oder vielmehr weil wir kein Mittel haben sie zu trennen; sie wirken vor unseren Augen als einfache Körper, und wir dürfen sie nicht eher für zusammengesetzt halten, als in dem Augenblick, wo Erfahrungen und Beobachtungen uns davon Beweise gegeben haben.*«

Mit dieser Definition revolutioniert Lavoisier die Chemie endgültig, die jetzt ganz neu werden und ihre moderne Form annehmen kann. Die elementare Substanz wird zum Endpunkt der Analyse und zum Startpunkt der systematischen Namensgebung zugleich. Damit legt Lavoisier den zentralen Ort frei, an dem Können (Experiment) und Wissen (Theorie) zusammenkommen. Er erreicht dadurch zwei große Ziele zugleich – die Elemente werden zur Grundlage aller Chemie, und es gibt einen elementaren Weg, sie zu lernen. Aller Anfang ist damit leicht geworden, und die Chemie geht ihrem großen Jahrhundert entgegen.

Michael Faraday

oder
Der bescheidene Buchbinder

Michael Faraday beeindruckt nicht nur durch die Fülle seiner wissenschaftlichen Entdeckungen, denen wir den Faraday-Käfig[1] im Kleinen und die Grundlagen für die elektrotechnische Energiewirtschaft (zum Beispiel Stromgeneratoren) im Großen verdanken, Faraday beeindruckt vor allem durch seine persönliche Bescheidenheit, seine Bereitschaft zum Verzicht und die vollständige Weigerung, geehrt zu werden. Es ist keineswegs so, daß er den Wert seiner Entdeckungen nicht einschätzen konnte: Als ihn ein Politiker um 1831 herum fragte, wozu man seine verdrahteten Spulen und Apparaturen eigentlich gebrauchen könnte, hat Faraday ohne jedes Zögern geantwortet: »Im Moment weiß ich es noch nicht, aber eines Tages wird man sie besteuern können.«

Faraday war also nicht bescheiden, was die Sache und seine Wissenschaft anging, er war aber wohl bescheiden und zurückhaltend, wenn es um seine Person ging, und er verzichtete sogar

---

[1] Der Faraday-Käfig – eine metallische Umhüllung zur Abschirmung eines begrenzten Raumes (das Innere eines Autos zum Beispiel) gegenüber äußeren elektrischen Feldern (zum Beispiel solchen, die bei Blitzen auftreten) – ist zwar sehr nützlich, wurde aber nicht von Faraday erfunden, sondern nur ihm zu Ehren so benannt. Er hat entdeckt, daß es überhaupt so etwas wie elektrische Felder gibt, die von Metall (etwa der Karosserie eines Autos) abgelenkt werden können.

auf Gehalt, um überhaupt zur Wissenschaft kommen zu können. Er lehnte es ab, in den Adelsstand erhoben zu werden, und er weigerte sich sogar zweimal, Präsident der Königlichen Gesellschaft (Royal Society) der Wissenschaften in London zu werden. Überhaupt hielt Faraday es für abwegig, Belohnungen bzw. Auszeichnungen für Ideen oder Entdeckungen entgegen zu nehmen: »Ich war immer der Ansicht, daß es etwas Abwertendes an sich hat, wenn man Preise für intellektuelle Anstrengungen vergibt, und wenn sich dabei Gesellschaften oder Akademien – und zuletzt sogar Könige und Herrscher – einmischen, wird die Abwertung dennoch nicht weniger.«[2]

Faradays Bereitschaft zum Verzicht und seine betonte Neigung zur Demut (»humility«) hängen mit einer religiösen Orientierung zusammen, die später noch wichtig wird, wenn es um seine wissenschaftlichen Leistungen geht. Er war wie schon sein Großvater und sein Vater überzeugter Anhänger einer fundamentalistischen christlichen Sekte, die sich nach ihrem Gründer, dem Schotten Robert Sandeman, benannt hatte. Als der 30jährige Faraday 1821 Sarah Bernard zur Frau nahm, heiratete er zudem in eine führende Familie dieser nonkonformistischen Bewegung hinein. Ein »Sandemanian« wie Faraday richtete sich streng nach den Lehren der Heiligen Schrift, was ihn privat zum Beispiel fest daran glauben ließ, daß es für Menschen moralische Gesetze gibt, die wie Naturgesetze sind und von Gott stammen, und was innerhalb der Sekte dazu führte, daß keine Beerdigungen veranstaltet wurden, da die Bibel dafür keine Instruktionen lieferte.

Ein »Sandemanian« stellte nur Ansprüche an sich selbst, und Faraday mußte sich persönlich sehr stark in der Tugend des Verzichts in dem Jahr üben, in dem er seine für den Alltag und die Nachwelt wohl wichtigste Entdeckung machte, die der elektromagnetischen Induktion nämlich, wie wir heute sagen. Als

---

2 »I have always felt that there is something degrading in offering rewards for intellectual exertion, and that societies or academies, or even kings and emperors, should mingle in the matter does not remove the degradation.«

er der damit bezeichneten Wechselwirkung zwischen Elektrizität und Magnetismus um 1831 auf die Spur kommen wollte, gab er alle Nebentätigkeiten auf, die er auszuüben gezwungen war, um finanziell wenigstens einigermaßen über die Runden zu kommen. Um ohne diesen Zusatzverdienst seine kleine Familie ernähren und sich nach den ersten erfolgreichen Versuchen ganz auf seine Forschungen konzentrieren zu können, bat er schriftlich den damaligen britischen Premierminister Lord Melbourne um so etwas wie ein winziges Stipendium. Der Lord lehnte nicht nur Faradays Gesuch ab, er brachte dabei auch noch zum Ausdruck, daß er das wissenschaftliche Getue überhaupt für einen »gross humbug« halte. Er reagierte wie viele Politiker bis heute, denen nur sehr schwer beizubringen ist, daß es besser wäre, sie förderten die stillen Talente, statt lauthals ihre Ignoranz möglichst umfassend bekannt zu machen.

Faraday hat sich durch diese Reaktion der politischen Öffentlichkeit weder entmutigen lassen, sein wissenschaftliches Ziel (zu unserem Nutzen) zu erreichen, noch hat er es sich nehmen lassen, die Ergebnisse seiner Wissenschaft immer wieder allgemeinverständlich vorzutragen und den interessierten Menschen anzubieten. Er gehört nicht nur zu den Genies, sondern auch zu den großen »popularizers«[3] der Wissenschaft, und seine 1826 ins Leben gerufene »Weihnachtsvorlesung für Kinder« wird bis heute am Sitz der Royal Society in London abgehalten.[4] Faraday selbst hat fast zwanzig solcher Vorlesungen gehalten, und die heutige britische 20-Pfund-Note zeigt ihn bei einer dieser Gelegenheiten. Sein berühmtester Vortrag behandelte dabei die *Naturgeschichte einer Kerze*. Er gehört zu den wenigen, die auch

---

3 Es fällt auf, daß es im Deutschen kein adäquates Wort für »popularizer« gibt. Der entsprechende Mangel ist hierzulande auch ganz offensichtlich.

4 Im Jahre 1994 hat zum ersten Mal eine Frau die Weihnachtsvorlesungen gehalten. Es ist Susan Greenfield aus Oxford. Sie hat über das menschliche Gehirn und seine Entwicklung gesprochen und dabei unter dem Titel »The Electric Ape« die Frage gestellt, ob das Organ unter der Schädeldecke so etwas wie ein Computer oder eine chemische Fabrik ist.

gedruckt erschienen sind, und das Buch ist nach wie vor im Handel erhältlich. Faraday liebte es, seine Wissenschaft den Kindern vorzuführen. Seine Ehe war zwar kinderlos geblieben, aber er hatte nicht vergessen, wie er selbst als Junge durch Vorlesungen seine Begeisterung für die Wissenschaft gewonnen und seinen Zugang zur Welt der Forschung gefunden hatte.

Der Rahmen

Als Faraday 1791 geboren wurde, starb Mozart in Wien. In Italien entdeckte Galvani, daß Froschbeine zucken, wenn man elektrischen Strom anlegt. In Frankreich steckte man mitten in der Revolution, die auch dem großen Chemiker Lavoisier zum Verhängnis wurde, den man 1794 zum Schafott führte und guillotinierte. Im selben Jahr starb der Marquis de Condorcet im Gefängnis, der zuvor das Manifest des Fortschritts publiziert hatte – seinen »Versuch über die Fortschritte des menschlichen Geistes« –, in dem er den Menschen eine immer bessere Zukunft durch die Wissenschaft prophezeite. 1796 unternahm Jenner in England die erste öffentliche Pockenschutzimpfung, und in Deutschland erschien das erste *Conversationslexikon* in sechs Bänden, aus dem später der Brockhaus wurde. 1800 gab es bereits 100 wissenschaftliche Periodika, von denen jedes dritte spezialisiert war. Im selben Jahr prägte Lamarck in Frankreich die Begriffe »Biologie« und »Evolution«. 1802 stellte Young in England seine Wellentheorie des Lichts vor, und in der Politik begann man sich Gedanken um Arbeitsgesetze zu machen: Englische Kinder unter neun Jahren dürfen nicht mehr länger als 12 Stunden pro Tag arbeiten. (Karl Marx ist nur drei Jahre jünger als Faraday.) 1810 publizierte Goethe seine Farbenlehre, die Berliner Universität wurde gegründet und in Essen entstanden die Kruppwerke.

Als Faraday seine großen Entdeckungen um 1831 macht, überschreitet die Zahl der Menschen die Milliardengrenze. Hegel und Goethe sterben, und die Zeit der großen Genies geht zu Ende. In den Jahren danach werden, ausgehend von kleinen

Apothekenbetrieben, viele der heute großen Pharma-Unternehmen gegründet. 70 % der chemischen Periodika beschäftigen sich vorwiegend mit Pharmazie. 1835 fährt eine Eisenbahn zwischen Nürnberg und Fürth, im selben Jahr wird der Colt erfunden (das Maschinengewehr folgt 1862), 1836 steigt Königin Victoria auf den englischen Thron, 1844 kommt es zum Weberaufstand in Schlesien, 1846 erstrecken sich zum ersten Mal die USA vom Atlantik zum Pazifik, 1847 dürfen in England Frauen und Kinder höchstens noch 10 Stunden am Tag arbeiten, und ein Jahr später erscheint das *Manifest der Kommunistischen Partei*. In Europa herrscht Revolution. Um 1850 gibt es bereits 1000 wissenschaftliche Publikationsorgane und über 200 Universitäten. In Australien kommt es zu einem Goldrausch, und die Bevölkerung dieses Kontinents vergrößert sich jährlich um 150 %. 1856 wird der Neandertaler entdeckt, aus Steinkohlenteer (und dem Nebenprodukt Anilin) lassen sich Farbstoffe herstellen, und die Farbenindustrie wird möglich. Als Faraday 1867 stirbt, haben Darwin und Mendel ihre großen Arbeiten bereits publiziert, hat Nobel das Dynamit erfunden, hat Wagner *Tristan und Isolde* komponiert und Karl Marx *Das Kapital* auf den Markt gebracht. Die Quelle des Kongo ist entdeckt, und Rußland hat Alaska an die USA verkauft.

Das Porträt

Faraday stammt aus äußerst kleinen Verhältnissen, und den Weg, den er in die Wissenschaft gefunden hat, kann man nur bestaunen. Er beginnt in einem Londoner Slumvorort namens Newington Butts, und hier in der wirklich armen und notleidenden Familie eines fahrenden Hufschmieds, der oft krank war und nur unregelmäßig Arbeit fand. Sein Sohn Michael muß als 13jähriger die Schule verlassen, um als Buchbinder Geld verdienen zu können. Die Bücher werden ihm dabei trotz langer Arbeitszeiten nicht zur Last, sondern zum eigentlichen Erlebnis und Glücksfall. Der Knabe Faraday liest die Texte, die er einbinden soll, und er ist vor allem begeistert von den Schriften, die sich mit Wissenschaft beschäftigen. Das Thema seiner Zeit

– ein Jahrhundert nach Newton – ist die Elektrizität, und der noch nicht 20jährige Faraday kann sich nicht satt lesen an dem entsprechenden Eintrag in der *Encyclopædia Britannica*, die ihm zur buchbinderischen Bearbeitung gegeben worden ist. Er kauft sich trotz minimaler finanzieller Spielräume das Zubehör, das man für eine sogenannte Leidener Flasche[5] braucht, wenn man damit kleinere Versuche ausführen will.

Trotz dieses Einsatzes bleibt Faraday Buchbinderlehrling, und es bedarf noch eines ganz besonderen Buches, um seinem Leben die entscheidende Wende zu geben. 1812 bekommt Faraday Gelegenheit, in London die Vorlesungen zu hören, die der damals berühmte Elektrochemiker Sir Humphry Davy über seine Wissenschaft hielt. Faraday schreibt sorgfältig mit, arbeitet seine Notizen zu Hause aus und bindet sie zuletzt zu einem Buch zusammen. Und dieses kleine Werk bringt ihm Glück, denn kurz darauf hat Davy einen kleinen Unfall im Laboratorium, und er beschließt, von nun an einen Laboranten einzustellen. Er hört von Faraday und seiner Mitschrift und stellt ihn 1813 ein. Faraday ist nun am Ziel – wenn er auch bei Davy nur eine Guinea pro Woche und damit weniger als zuvor als Buchbinder verdient. Trotzdem – seine ganze Karriere wird sich in dem Königlichen Institut (der Royal Institution) abspielen[6], das er als 22jähriger Laborant betritt. Zwar macht er im Laufe der Jahre Karriere – er steigt über die Posten des Assistenten und Superintendenten bald (1825) schon bis zum Direktor auf –, aber sein Gehalt bleibt immer gering, und Nebentätigkeiten in Form von Vorlesungen sind – wie erwähnt – zunächst an der Tagesordnung.

5 Bei der Leidener Flasche handelt es sich um die Urform eines Kondensators, mit dem sich Elektrizität speichern läßt. Das Gerät besteht aus einem zylindrischen Glasgefäß, dessen Innen- und Außenwände mit Stanniol belegt sind.
6 Als kleine Ausnahme sollte die Vortragsreise durch Frankreich, Schweiz und Italien erwähnt werden, die sein Chef Sir Davy von 1813 bis 1815 unternimmt, und zwar mit Faraday als Assistenten, der zudem als Kammerdiener von Lady Davy fungieren muß und dies ohne Murren tut.

Faraday beginnt seine eigenständige wissenschaftliche Arbeit als Chemiker, weil sich diese Wissenschaft direkt mit dem Umwandeln von Stoffen – etwa durch Kochen oder Mischen – beschäftigt, dem tiefen Thema, das ihm sein Leben lang am Herzen liegen und uns hier vor allem beschäftigen wird.[7] Bei seinen ersten Versuchen mit der Destillation fetter Öle entdeckt er das berühmte Benzol, ohne allerdings seine Komposition (C_6H_6) richtig zu ermitteln. Bald danach gelingt es ihm, bei tiefen Temperaturen das Gas Chlor zu verflüssigen, was seine Zeitgenossen deshalb so beeindruckte, weil viele von ihnen noch die Vorstellung hegten, Gase seien von Dauer und so etwas wie ein weiteres Grundelement der Welt. Für Faraday hingegen sind an diesem Erfolg zwei andere Dinge entscheidend: Zum einen – so zeigte sein Versuch mit dem Chlor – läßt sich selbst eine gasförmige Erscheinung der Natur umwandeln, was in ihm die Überzeugung hervorbringt, daß alle Formen sowohl der Materie als auch der Energie ineinander umzuwandeln sind und also in der Tiefe zusammengehören. Und zum zweiten wird ihm mit dem kalten Chlor vor Augen deutlich, daß selbst äußerst flüchtige Gegenstände wie Gase auf ihre Weise auch als Flüssigkeiten anzusehen sind und also fließend in Erscheinung treten und verstanden werden können.

Faraday brauchte diese Vorstellung von Flüssigkeiten, um

---

7 Wir werden sehen, daß Faraday sich vor allem deshalb für die Elektrizität interessiert, weil es hierbei zu besonderen Umwandlungen kommt. Er ist von allem Anfang an auf der Suche nach den Gesetzen für diese Transformationen, und auch die beiden Gesetze, die heute in der Physik seinen Namen tragen, haben damit zu tun. Wir führen sie hier für Spezialisten an, weil sie im Detail zu kompliziert sind für den Text, der sich um grundsätzlichere Fragen kümmert: 1) Die beim Stromdurchgang durch einen Elektrolyten abgeschiedenen Stoffmengen sind sowohl zur Stromstärke als auch zur Zeit proportional. 2) Die durch gleiche Elektrizitätsmengen aus verschiedenen Elektrolyten abgeschiedenen Stoffmengen sind den Äquivalentgewichten proportional. Der Faktor der Proportionalität heißt Faradaysche Konstante. Sie ist das Produkt aus der Avogadrozahl und der Elementarladung. Soviel für Spezialisten.

damit wenigstens ein wenig der Natur der Sache näherzukommen, die ihn eigentlich interessierte, der bereits erwähnten Elektrizität. Was war das für ein Stoff oder Ding, das durch Drähte fließen konnte, deren Enden sich auf zweifache Weise zeigten, nämlich als positiv oder negativ geladene Pole? Was war diese elektrische Spannung, die zwischen ihnen herrschte und ihrerseits den Strom zur Folge hatte? Woraus bestand solch ein Strom, der durch Kupfer oder Eisen fließen und dabei zum Beispiel Hitze erzeugen konnte? Wie wandelte sich die eine Form der Energie in die andere um?

Was fließt, muß flüssig sein, aber das Problem mit der Flüssigkeit »Elektrizität« bestand nicht nur darin, daß sie anscheinend in zwei Formen (plus und minus) auftrat, es bestand vor allem darin, daß diese beiden Flüssigkeiten nichts zu wiegen schienen. Faraday konnte jedenfalls kein Gewicht feststellen, aber er tröstete sich mit dem Gedanken, daß auch das flüssige Chlor als Gas nahezu gewichtslos wird, und mit der Vorstellung, daß die Elektrizität eine unendlich leichte Flüssigkeit sei, konnte man zunächst einmal weiter experimentieren.

Die Idee, daß sich physikalische Phänomene wie Wärme, Magnetismus oder Licht durch die Vorstellung von Flüssigkeiten verstehen lassen, war zu Faradays Zeit sehr verbreitet und fast so etwas wie ihr Paradigma. Für das Licht gab es zum Beispiel – trotz Newtons Beharren auf Teilchen – seit dem Beginn des 19. Jahrhunderts eine Wellentheorie. Flüssigkeiten als Erklärungsmodell standen aber nicht nur in der Physik, sondern auch in der Biologie und in der Medizin auf dem Programm, was uns besonders aus dem Gebiet der ärztlichen Kunst vertraut ist, die bekanntlich Krankheiten heilen wollte, indem sie Patienten zur Ader ließ oder ihnen Einläufe besorgte. Dabei sollte das Gift verschwinden, das krank machte, und darunter verstand man immer noch so etwas wie einen Saft.

Das Flüssige war also in Mode, und so hielt man Elektrizität eben für ein gewichtsloses Fluidum. Faraday interessierte sich nun vor allem für die Frage, wie man sie umwandeln kann bzw. wie sie umgeformt wird, etwa in Wärme. Er sprach dabei gelegentlich auch von der »Metamorphose« dieser und anderer Naturkräfte (etwa der Schwerkraft) und deutete damit an, daß er fest an ihre Einheit glaubte. Der erste Schritt auf dem Weg dorthin gelang mit der Entdeckung des dänischen Physikers Hans Christian Ørsted, die auf eine Verbindung zwischen zwei Kräften hinwies, die Faraday bald Tag und Nacht beschäftigen sollte. Ørsted hatte 1820 beobachtet, daß ein stromdurchflossener Draht eine Kompaßnadel ablenken kann und daß dieser Effekt von der Richtung des Stroms und der Position der Nadel abhängt. Faraday wiederholt diese Versuche sofort, weil er unmittelbar begriffen hat, was dabei wirklich passiert. Da wird nicht bloß eine Nadel abgelenkt, wenn Elektrizität im Versuchsdraht fließt, da wird vielmehr die Elektrizität des Stromes in Magnetismus umgewandelt, und er ist es, der dann die Nadel beeinflußt.

Mit anderen Worten, Ørsted hatte gefunden, daß Elektrizität in Magnetismus umgeformt werden kann, und Faraday hält in seinem Tagebuch die Aufgabe fest, die er sich selbst für die nächsten Jahre stellt: »Verwandle Magnetismus in Elektrizität.« Was aus heutiger Sicht wie der Auftrag lautet, einen Elektromotor zu bauen, hat bei Faraday natürlich eine ganz andere – eher philosophische – Bedeutung. Faraday glaubt mit romantischer Festigkeit an die Einheit der Naturkräfte bzw. der Naturerscheinungen, und er will dafür den Beweis haben, um sie als Gesetz formulieren zu können. Es soll zwar noch zehn Jahre dauern, bis er das »Gesetz der elektromagnetischen Induktion« erkennt, wie er es selbst bezeichnet, aber wir sollten uns klarmachen, daß Faraday sich mit dem oben zitierten Eintrag in sein Tagebuch nicht nur auf die Suche nach einem physikalischen Effekt machte. Er sucht in den Erscheinungen die Naturgesetze, und er hofft, sie würden sich ihm beim Lesen der Natur so zeigen wie die Gesetze Gottes beim Lesen der Bibel. In dem Buch, in dem Faraday seine vielen Entdeckungen auf dem Gebiet der Elektrizität veröffentlicht – *Experimental Researches in Electricity* –, steht zwar im Titel bescheiden nur etwas von *Experimentellen Forschungen*, aber im Text selbst spielt der Begriff des Gesetzes (»law«) eine ebenso große Rolle wie in der Bibel. Für Faraday steht fest, »daß es Gott gefallen hat, seine materielle Schöpfung mit Hilfe von Gesetzen zustande zu bringen«, und er schreibt, »der Schöpfer beherrscht seine materiellen Hervorbringungen durch *definitive Gesetze*, die durch die Kräfte zustande kommen, die auf die Materie einwirken«.[8] Wissenschaft besteht für Faraday darin, den Menschen das göttliche Handwerk zu offenbaren. Wissenschaft ist genau solch eine Offenbarung wie die Heilige Schrift.

Robert Sandeman, der Gründer der Sekte, der Faraday aus Überzeugung anhing, hatte 1760 ein kleines Büchlein mit dem Titel *The Law of Nature Defended by Scripture*[9] verfaßt und darin betont, daß Naturgesetze Gesetze göttlichen Ursprungs seien und universelle Anwendung finden würden. Faraday hatte sich in seinen religiösen Texten zu dieser Schrift bekannt und für sein eigenes Tun als zentrale biblische Stelle den 20. Vers aus dem 1. Kapitel des Briefes zitiert, den Paulus an die Römer geschrieben hat und in dem es um die Gottlosigkeit der Heiden geht. Paulus versteht diesen Zustand nicht, denn »was man von Gott erkennen kann, ist unter ihnen offenbar; Gott hat es ihnen offenbart«. Faradays zitierter Vers lautet in einer modernen Fassung der Übersetzung nach Martin Luther:

> *»Denn Gottes unsichtbares Wesen, das ist seine ewige Kraft und Gottheit, wird ersehen seit der Schöpfung der Welt und wahrgenommen an seinen Werken.«*[10]

Damit ist klar: Faraday liest im Buch der Natur, um die Zeichen (bzw. Symbole oder Signaturen) zu finden, die ihm die Bedeutung der »invisible things of Him«, die Bedeutung seines

---

8 »God has been pleased to work in his material creation by laws.« »The Creator governs his material works by *definite laws* resulting from the forces impressed on matter.«

9 Etwa »Das Gesetz der Natur, wie es die Heilige Schrift verteidigt«.

10 Faraday hatte folgenden Text vor Augen: »For the invisible things of Him from the creation of the world are clearly seen, being understood by the things that are made, even his eternal power and Godhead.«

unsichtbaren Wesens offenbaren. Das Sichtbare und das Unsichtbare werden dabei keineswegs durch Rationalität verbunden, sondern durch die biblischen Texte, die für Faraday eine strukturelle Übereinstimmung zwischen der physikalischen und der moralischen oder spirituellen Welt nahelegen.

Wir verstehen Faraday vermutlich nur, wenn wir den skizzierten Zusammenhang sehen, der für ihn ganz selbstverständlich zwischen Wissenschaft und Religion bestanden hat. Wir verstehen ihn aber auch nur dann, wenn wir uns anschauen, wie er denn die Zeichen gesucht hat und welche Schwierigkeiten er hatte, sie zu sehen. Kehren wir deshalb jetzt zur Naturwissenschaft zurück, und zwar in das Jahr, in dem die Beobachtung des Dänen Ørsted in London bekannt wird und sich Faraday die Aufgabe stellt, die Symmetrie zwischen Elektrizität und Magnetismus herzustellen, was in den folgenden Jahrzehnten zu der Wissenschaft führt, die heute noch aktuell ist, dem Elektromagnetismus bzw. der Elektrodynamik.

Bevor wir fragen, warum es rund zehn Jahre dauert, bis Faraday Erfolg hat und endlich zeigen kann, daß Magnetismus in Elektrizität verwandelt werden kann, wollen wir zuerst bewundern, welche Details Faraday an Ørsteds Versuch verbessert. Er bemerkte sofort mit intuitiver Sicherheit, daß hierbei drei Größen aufeinander einwirkten, die alle nicht nur durch einen Betrag, sondern auch durch eine Richtung ausgezeichnet waren[11] – der Strom im Draht, die Kraft, die auf die Nadel wirkt, und das zwischen beiden vermittelnde (unsichtbare) Medium, das zwar damals noch keinen Namen hatte, das aber heute als magnetisches Feld[12] bekannt ist, wobei wir beides – das Wort

11 Heute spricht man in solch einem Fall von Vektoren. Größen, bei denen die Richtung keine Rolle spielt, heißen Skalare.
12 Die Tatsache, daß wir kein Sinnesorgan für Magnetfelder besitzen und auf diese Weise magnetische Kräfte bzw. Felder auf uns nicht wirken und folglich – im Wortsinne – unwirklich werden, daß also Magnetisches unsichtbar und unwirklich zugleich ist, erhöht das Geheimnisvolle dieser physikalischen Größe, auf das wir hier nur verweisen können.

und die Idee – Faraday verdanken. Und er sieht noch mehr, nämlich das, was wir heute in der Schule als »Drei-Finger-Regel der rechten Hand« kennenlernen – die Stromrichtung, das Magnetfeld (des Drahtes) und die Kraftwirkung stehen senkrecht zueinander, so wie das der Daumen, Zeige- und Mittelfinger der rechten Hand tun, wenn man sie entsprechend (und ohne Verrenkungen) spreizt.

Offenbar konnte ein elektrischer Strom ein Magnetfeld erzeugen (denn wie sollte man sonst verstehen, daß die Kompaßnadel bewegt wurde?), und dazu brauchte man ihn bloß fließen zu lassen. Wie mußte man vorgehen, um den umgekehrten Effekt zu erzielen, nämlich mit einem Magnetfeld einen elektrischen Strom hervorrufen? Faraday versuchte viele Jahre diesen auch von anderen Forschern geahnten Zusammenhang zu demonstrieren, aber er machte zunächst einen grundsätzlichen Fehler, der ihn scheitern ließ. Er konzentrierte sich nur auf den sogenannten stationären Fall, der ja auch beim Ørsted-Versuch vorliegt und bei dem nichts ein- oder ausgeschaltet wird. Zwar ist etwas in Bewegung – der Strom nämlich –, aber man untersucht nicht dessen Wandel. Das Konzept des Wandels, die Idee der dynamischen Veränderung, brauchte noch einige Zeit, um sich in der Wissenschaft ganz durchzusetzen.[13]

Erst am 29. August 1831 hatte Faraday Erfolg, und zwar auf folgende Weise: Faraday hatte sich einen Eisenring gebaut und mit zwei Kupferspulen umwickelt. Eine dieser Spulen verband er mit einem Strommeßgerät (einem Galvanometer), und die andere setzte er unter Strom. Seine Idee war, durch diesen Strom ein Magnetfeld aufzubauen, das dann auch in der ersten Spule für fließende Elektrizität sorgen würde. Zunächst stellte er zwar wie immer fest, daß im stationären Fall nichts zu sehen war. Doch dann bemerkte er, daß beim Ein- und Ausschalten des Stroms in der zweiten Spule das Galvanometer reagierte und einen Strom anzeigte, und zwar immer dann und nur dann.

---

13 Genauer dauert es noch bis zur zweiten Hälfte des 19. Jahrhunderts, bis sich in der Physik die Idee der Entropie und in der Biologie das Konzept der Evolution verbindlich zeigen.

Das war die Lösung! Es war nicht das Magnetfeld selbst, sondern seine zeitliche Änderung – sein Auf- bzw. Abbau –, die einen elektrischen Strom hervorrief. Faraday hatte endlich das Prinzip der elektromagnetischen Induktion entdeckt, und bald konnte er das konstruieren, was wir heute Generatoren, Elektromotoren und Transformatoren nennen. Die Grundlage der Elektrotechnik war gelegt.

Faraday verfolgte sie nicht weiter. Ihn interessierte mehr, was dieser Magnetismus da war, der sich als so nützlich erwies und dessen Feldlinien er bald mit den berühmten Eisenspänen sichtbar zu machen in der Lage war, und in was dieser Magnetismus noch umgewandelt werden konnte. Als Faraday die »Kraftlinien« eines Magnetfeldes anschaulich machen konnte, betätigte er sich übrigens als »Theoretiker« im ursprünglichen Sinne des Wortes, nämlich als einer, der Zusammenhänge erschaute. Eine Theorie im modernen mathematischen Sinne ist nicht Faradays Ziel gewesen. Für ihn hatten die algebraischen Zeichen – anders als die Feldlinien – keinerlei Symbolkraft.

Die Sichtbarmachung der magnetischen Felder mußte für Faraday zwar auf der einen Seite sehr befriedigend sein – er hatte die Zeichen für etwas Unsichtbares gefunden, das Gott hatte werden lassen, und unsere Augen finden Gefallen an den schönen Mustern –, auf der anderen Seite hätte er sich eigentlich sehr beunruhigt fühlen müssen, denn was er sah, wich stark von dem Konzept der Kraft ab, das auf Newton zurückging. Was bei Newton noch zeitlos (die Wirkung) und ewig (das Schwerefeld) ist, wird bei Faraday irdischer. Felder können auf- und abgebaut werden, und es dauert so ein paar Sekunden, bis eine Wirkung sichtbar wird. Ohne daß Zeit vergeht, passiert jetzt nichts mehr.

Ob sich Faraday über diese Abweichungen von der Newtonschen Konzeption Gedanken gemacht hat, wissen wir nicht. Insgesamt gewinnt man den Eindruck, daß er sich nur wenig mit Newtons Physik angefreundet hat, und die Idee, daß Naturgesetze als mathematische Formeln aufgestellt zu werden hatten, blieb ihm fremd. Faraday war ein intuitiver Wissenschaftler, der mehr Sinn für das Qualitative und weniger Interesse am mathematisch Quantitativen hatte. Er betonte sogar, daß die Experimente sich nicht vor der Mathematik verstecken sollten und ebensogut Entdeckungen machen könnten.[14]

Er wollte auch die geahnte und religiös verstandene Einheit der Naturkräfte im Experiment finden, und so machte er sich nach der Aufdeckung der Verbindung zwischen Elektrizität und Magnetismus daran, den Zusammenhang zu suchen, den die beiden mit dem Licht haben. Er untersuchte zunächst, ob Elektrizität Einfluß auf Licht nehmen kann, und wenn er bessere Instrumente gehabt hätte, wäre ihm sicher die Verbindung aufgefallen, die heute als Kerr-Effekt in der Literatur auftaucht (und mit der Polarisation des Lichtes zu tun hat). Nachdem die Elektrizität sich weigerte, Faraday Zeichen zu geben, wandte er sich – nachdem er um 1840 einen mysteriösen Nervenzusammenbruch mit unklarer Auswirkung erlitten hatte – in der Mitte der vierziger Jahre dem Magnetismus zu. Auch hier blieb er zuerst erfolglos, doch am 13. September 1845 – so sagen es seine Labortagebücher – zahlte sich seine Hartnäckigkeit aus. Faraday schickte Licht erst durch einen Polarisationsfilter und dann durch ein selbstgefertigtes Bleiglas, das sich in einem Magnetfeld befand. Als das Licht wieder austrat, war die Ebene seiner Polarisation gedreht worden, und diese heute als Faraday-Effekt bekannte Erscheinung hatte mit den magnetischen Kräften im Bleiglas zu tun, denn als Faraday stärkere Elektromagneten in seinen Versuchen einsetzte, konnte er sich rasch davon überzeugen, daß die Drehung des Lichtes durch eine Vielfalt von Materialien zustande kommen konnte und das Bleiglas selbst nicht die entscheidende Rolle spielte.

Ende September 1845 hatte Faraday hinreichend experimentelle Evidenz, um sagen zu können, daß der Effekt auf das Licht keineswegs durch dessen direkte Wechselwirkung mit dem Magnetfeld erklärt werden konnte, daß es sich vielmehr um einen

---

14 Er schrieb 1831 in einem Brief an Richard Phillips: »It is quite comfortable for me to find that experiment need not quail before mathematics, but is quite competent to rival it in discovery.«

Einfluß des Magnetfeldes auf das Material handelte, durch das das Licht geschickt wurde. Dies erwies sich als eine entscheidende Beobachtung. Denn sie verwandelte den Magnetismus, und zwar in die Richtung, die Faraday anstrebte. Aus der Kraft, die bislang nur für ganz spezielle Stoffe von Belang war – eben für magnetische Materialien – oder von speziellen Einrichtungen – Elektromagneten – erzeugt wurde, war eine universelle Größe geworden, die alle Welt betraf (und insofern wieder Gottes umfassendes Wirken offenbarte).

Faradays Versuche mit dem Licht gaben ihm in der Mitte des 19. Jahrhunderts die Gelegenheit, sich in die Diskussion um die Natur des Lichts einzuschalten, die spätestens mit den Versuchen von Thomas Young begonnen hatte, als er 1802 dessen Wellencharakter nachweisen konnte. Die Physiker stimmten zwar bald darin überein, daß Licht sich wellenförmig ausbreitet, doch damit hatten sie mehr ein Problem geschaffen als gelöst. Das Problem bestand darin, daß eine Welle ein Medium brauchte, um sich auszubreiten, und die Frage lautete, in welchem Medium das Licht läuft. Man hatte zwar einen Namen dafür gefunden und sich auf die uralte Wendung des Äthers geeinigt, aber den Äther selbst hatte man noch nicht nachweisen können. Die Debatte wurde zuerst mit physikalischen und dann immer mehr mit mathematischen Argumenten geführt, so daß Faraday bald den Eindruck hatte, man würde das eigentliche Problem aus den Augen verlieren.

Er selbst hielt sich zurück, bis er am 3. April 1846 die seltene Gelegenheit bekam, aus dem Stegreif vortragen zu müssen – so berichtet es jedenfalls die Legende. An diesem Abend war ursprünglich Charles Wheatstone (der Erfinder der nach ihm benannten Brückenschaltung) als Redner für den sogenannten Evening Discourse vorgesehen. Doch Wheatstone geriet in Panik und floh aus dem Gebäude.[15] Faraday mußte einspringen, und er begann zunächst damit, Wheatstones Arbeit zu erläutern. Als er dies getan hatte, zeigte ihm ein Blick zur Uhr, daß

---

15 Heute werden die Redner traditionell eine halbe Stunde vor dem Beginn ihres Vortrags in einen besonderen Raum eingesperrt.

noch 20 Minuten Zeit waren, und Faraday entschloß sich, die Gelegenheit zu nutzen, seine Gedanken über den Äther vorzutragen. Gegen den damals aktuellen Trend stellte Faraday fest, daß er nicht an die Existenz eines solchen Mediums glaube. Er sähe auch nirgendwo ein Zeichen dafür, wenn man einmal von allerlei mathematischen Symbolen absieht. Seiner Ansicht nach müsse es ein noch unbekanntes Kraftfeld geben, an dessen Linien das Licht entlanglaufe, und zwar in Form einer winzigen Störung. Faraday malte sich Vibrationen aus, die auf Kraftlinien zwischen Materie liefen, so wie es Schwingungen auf gespannten Saiten tun. Mit anderen Worten, Faraday schlug vor, daß Licht aus Vibrationen bestehe, für die es allerdings kein vibrierendes Medium gebe.

Heute wissen wir, daß Faraday in dem Sinne recht hatte, daß es tatsächlich keinen Äther gibt, und die moderne Quantenfeldtheorie behandelt Licht als Störung in einem Feld, das den Gesetzen der Quantenelektrodynamik gehorcht. Es ist natürlich stark übertrieben, wenn wir behaupten, genau das hätte Faraday gesagt, aber wir sollten zur Kenntnis nehmen, daß er anschaulich als Bild (qualitativ richtig) gesehen hat, was man hundert Jahre später unanschaulich als Formel (quantitativ genau) zeigen konnte. Faraday hat sehr weit gesehen, ohne mathematische Hilfsmittel zu brauchen, und er hat schon um 1850 das einheitliche Kraftfeld im Experiment gesucht, das Albert Einstein ein Jahrhundert später auch nicht in Form einer einheitlichen Feldtheorie finden konnte. Weder Einstein noch Faraday haben sich von wissenschaftlichen Mißerfolgen besonders beeinflussen lassen. Sie hatten etwas anderes im Hinterkopf, nämlich die starke Gewißheit, die wir am ehesten religiösen oder ähnlich gelagerten Gefühlen verdanken. Als Faraday 1849 scheiterte, eine Verbindung zwischen Elektrizität und Gravitation nachzuweisen – sie entzieht sich uns bis heute, obwohl die Gemeinde der Physiker fest daran glaubt –, notierte er in seinem Tagebuch:

»*Die Ergebnisse sind negativ. Sie erschüttern mein starkes Gefühl für die Existenz einer solchen Verbindung zwischen der*

Gravitation und der Elektrizität nicht, obwohl sie keinen Beweis für eine solche Relation ergeben.«[16]

Als er 1867 starb, hatte er nicht nur viele wissenschaftliche, sondern auch sein höchstes persönliches Ziel erreicht. Er hatte alle offiziellen Ehrungen abgelehnt und war »plain Michael Faraday to the last« geblieben.

---

16 »The results are negative: they do not shake my strong feeling of an existence of a relation between gravity and electricity, though they give no proof that such a relation exists.«

Charles Darwin

*oder
Der kranke Naturforscher als
Philosoph*

Charles Darwin war – von den ersten zwanzig Jahren seiner Jugend abgesehen – sein ganzes Leben lang krank, und keine wirksame Therapie konnte gefunden werden, denn trotz größter ärztlicher Bemühungen war kein organischer Schaden festzustellen, weder am Hirn noch am Herzen oder sonstwo im Körper. Darwin litt besonders während und nach der Fertigstellung seines im Jahre 1859 publizierten Monumentalwerks *Über die Entstehung der Arten durch natürliche Zuchtwahl*[1], mit dem die Idee der Evolution des Lebens zum zentralen Gedanken der biologischen Wissenschaften aufstieg, die ihrerseits dadurch selbst einer umfassenden Revolution unterworfen wurden. Darwin hat diese Umwälzung seiner Wissenschaft übrigens klar vorausgesehen, als er am Ende des Buches schrieb: »Wenn die von mir in diesem Bande aufgestellten Ansichten über den Ursprung der Arten[2] [durch natürliche Zuchtwahl] all-

---

1 *On the Origin of Species by Means of Natural Selection*, in erster Auflage erschienen 1859. Das Problem mit diesem wohl wichtigsten Werk der Biologiegeschichte steckt schon im Titel. Darwin erzählt nichts über den Ursprung oder die Entstehung der Arten, er teilt uns wohl etwas über ihre Anpassung (Adaptation) mit.
2 Der biologische Begriff der »Art« (»Spezies«) gehört zu den schwierigeren Konzepten der Wissenschaft vom Leben, und eine scharfe Definition ist aus vielen Gründen nicht möglich. Am einfachsten zu

gemein akzeptiert werden, so läßt sich bereits dunkel voraussehen, daß der Naturgeschichte eine große Umwälzung [a great revolution] bevorsteht.«

Diese Ankündigung einer Revolution in einer wissenschaftlichen Publikation ist ohne Beispiel in der Wissenschaftsgeschichte, und sie geht von einem Mann aus, der unendlichen Körperqualen ausgesetzt bleibt. Darwin hat seinen bemitleidenswerten körperlichen Zustand einige Jahre nach der Veröffentlichung seines großen Werkes in allen schauerlichen Einzelheiten dargestellt:

»Alter 56–57. Seit 25 Jahren extreme, krampfartige tägliche und nächtliche Blähungen. Gelegentliches Erbrechen, zweimal monatelang anhaltend. Dem Erbrechen gehen Schüttelfrost, hysterisches Weinen, Sterbeempfindungen oder halbe Ohnmachten voraus, ferner reichlicher, sehr blasser Urin. Inzwischen vor jedem Erbrechen und jedem Abgang von Blähungen Ohrensausen, Schwindel, Sehstörungen und schwarze Punkte vor den Augen. Frische Luft ermüdet mich, besonders riskant, führt die Kopfsymptome herbei.«

Und die Liste ging noch weiter, die nicht nur Darwins Hausarzt, Dr. Chapman, ratlos machte. Der verordnete trotzdem Eisbeutel für die Wirbelsäule und setzte Darwin dreimal täglich für jeweils eineinhalb Stunden unter Kälteschock, um wenigstens irgend etwas gegen das Leiden zu tun. Und der Patient machte alles mit, in der Hoffnung, er könne anschließend entweder »wieder ein bißchen bergauf kriechen« – sprich: arbeiten – oder daß »mein Leben sehr kurz sein möge«.

Der zweite Wunsch ist zu unserem Glück nicht in Erfüllung gegangen, denn Darwin ist über 70 Jahre alt geworden. Doch seine Krankheit[3] hat ihn nicht verlassen, und so bleibt es nicht

---

merken ist die Festlegung, daß zwei Lebewesen zu einer Art gehören, wenn sie fruchtbare Nachkommen haben können.

3 Es gibt natürlich eine Fülle von Spekulationen über die Krankheit Darwins, die mit dem vegetativen Nervensystem zusammenhängt

nur für den Historiker ein Wunder, daß die meisten Werke Darwins erst nach dem oben zitierten Zustandsbericht geschrieben worden sind, denn an den Symptomen hat sich nahezu nichts geändert, und Darwin mußte sich bald nach jeder Mahlzeit erbrechen. Trotz all dieser geradezu unmenschlichen Belastungen hat Darwin sich nach seinem Hauptwerk, in dem er als erster die Macht der Selektion vorführte und die neue Art der Philosophie begründete, die heute als Darwinismus[4] fest mit seinem Namen verankert ist und nicht nur einige Glaubenskriege ausgelöst hat, noch um folgende erstaunliche Vielfalt von Themen gekümmert und im Buchumfang erörtert: *Die verschiedenen Einrichtungen, durch welche Orchideen von Insekten befruchtet werden, Die Variation der Tiere und Pflanzen im Zustand der Domestikation, Die Bewegungen und Lebensweise der kletternden Pflanzen, Die Abstammung des Menschen, Der Ausdruck der Gemütsbewegungen bei Menschen und Tieren, Insekten-fressende Pflanzen, Die Wirkungen der Kreuz- und Selbstbefruchtung im Pflanzenreich, Die verschiedenen Blütenformen an Pflanzen derselben Art, Das Bewegungsvermögen der Pflanzen* und zuletzt am Ende seines langen Lebens sogar noch mit besonderer Zuneigung *Die Bildung der Ackererde*

und keinen Namen zu haben scheint. Psychologen machen psychische Störungen verantwortlich – kein Wunder bei einem Werk, das scheinbar Gottes Schöpfung verdrängen will und auf jeden Fall mit ihr konkurrieren kann –, Parasitologen führen Erreger (Trypanosomen) ins Feld, die sich Darwin auf seiner großen Weltreise zwischen 1832 und 1836 zugezogen haben könnte, und so könnte man weitere Vermutungen aufzählen, was an dieser Stelle aber unterbleiben soll.

4 Der Ausdruck »Darwinismus« ist von Julian Huxley in seinem Buch *Evolution – The Modern Synthesis* vorgeschlagen worden, als er Darwins Idee mit der molekularen Biologie zusammenbringen wollte. Huxley definiert Darwinismus ideologiefrei als »jene Mischung aus Induktion und Deduktion, die Darwin als erster auf die Untersuchung der Evolution anwandte«. Wir werden noch sehen, was dies im Detail bedeutet. Unter »Darwinismus« wird heute leider die Weltsicht der Menschen verstanden, die den Spruch vom »Überleben des Tüchtigsten« sozial verstehen und aus der Tatsache, daß sie leben, den Schluß ziehen, daß sie tüchtig sind.

durch die Tätigkeit der Würmer, mit Beobachtungen über deren Lebensweise.

Darwin konnte es nicht lassen, die Natur zu beobachten, und was er da sehen und verstehen konnte, hat ihn allen Schmerzen und Qualen zum Trotz immer fasziniert. Er liebte zum Beispiel die Rätsel, die einige Lebensgewohnheiten der Pflanzen- und Tierwelt dem Biologen stellten, vor allem wenn es sich um sexuelle Rätsel handelte, hingen sie doch eng mit der Frage nach der Evolution zusammen. Als um 1865 seine Krankheit am schlimmsten wütete, konzentrierte er sich auf die Merkwürdigkeit der dreifachen Sexualität, die der Blutweiderich (*Lythrum*) an den Tag legt. Warum hatte die Natur – die Selektion bzw. die Evolution – bei diesen Weiderichgewächsen drei Arten von Blüten hervorgebracht? Was war der Vorteil dieser Dreifaltigkeit, mit dem sich diese Entwicklung durchsetzen konnte im Laufe der Evolution?[5]

Darwin tüftelte in seinem Gewächshaus herum und führte alle Arten von Kreuzungen durch, die er »illegitime Heiraten« nannte, und er hatte sogar noch die Kraft zum Scherzen, denn er bot seine Ergebnisse einer literarischen Damengesellschaft als Text mit dem Titel *Über die sexuellen Beziehungen der drei Formen von Lythrum salicaria*, in dem es unter anderem hieß:

> *»Die Natur hat [bei den Blutweiderichen] ein höchst komplexes Heiratsarrangement vorgesehen, nämlich eine dreifache Paarung zwischen zwei Zwittern, wobei jeder Zwitter sich in seinem weiblichen Organ deutlich von den anderen beiden Zwittern und in seinem männlichen Organ teilweise von die-*

---

5 Wir können hier nicht im Detail auf die Antworten eingehen, die Darwin vor über 100 Jahren gegeben hat. Seine Analyse des Weiderichs zeigte, daß durch die drei Formen sichergestellt wurde. daß es zu einer Fremdbestäubung kommt. Selbstbestäubung würde den Vorteil, den die Sexualität bringt, wieder aufgeben. Grundsätzlich gilt zu beachten – was Darwin verstanden hatte –, daß sich im Rahmen der Evolution die sexuelle Art der Fortpflanzung durchgesetzt hat, weil sie die größere Variabilität der Nachkommen nach sich zieht.

*sen unterscheidet und jeder mit zwei männlichen Organen aus-
gestattet ist.«*

Wir wissen nicht, wie die Damen auf solche Ausführungen reagiert haben, aber bei nüchterner Betrachtung zeigen dieser
Aufsatz und die anderen Arbeiten Darwins, wer hier am Werk
war: ein zugleich faktenbesessener und intimer Kenner und Be-
rechner von Pflanzen und Tieren. Wenn das Wort vom »Naturforscher«[6] einen nicht nur unbeirrbaren und systematischen,
sondern auch mitfühlenden und ahnenden Erforscher der Natur meint, dann ist es vor allem und zuallererst auf eine Person
der Geschichte anzuwenden, nämlich auf Charles Darwin, der
zu Beginn des 19. Jahrhunderts geboren wurde, als diese Tätigkeit und das dazugehörende Fach der Naturkunde noch fest in
den Händen von Theologen lag. Dementsprechend sprach man
von einer Naturtheologie, und das eigentlich Spannende an der
Geschichte Darwins ist seine Verwandlung der Naturtheologie
in eine Naturkunde bzw. Naturwissenschaft. Dies gelang ihm
auf eine sehr einfach scheinende Weise: Er nahm die Naturtheologen einfach bei ihrem Wort und glaubte an die Präzision,
die sie sich selbst vorgaben und anstrebten. Daß er sich im
Laufe dieser Entwicklung vom Christentum abwandte und zum
Agnostiker wurde, gibt seinem Leben zudem einen ganz persönlichen Reiz.

Als der junge und sicher noch im christlichen Glauben veran-
kerte Darwin auf die berühmte Weltreise ging, die ihn im Verlaufe der fünf Jahre, die sie dauern sollte, mit all den Funden
und Hinweisen versorgen sollte, die seine Einsichten in eine
biologische Evolution möglich machten, da gab es eine Schiffsbibel an Bord, in die jemand das von den damaligen Naturtheologen akzeptierte Datum der Weltschöpfung eingetragen hatte,
und zwar mit Uhrzeit: Gott war zu diesem Zweck am 23. Okto-

6 Darwins Zeitgenossen haben den Ausdruck »scientist« (»Wissenschaftler«) für ihn eingeführt, und zwar 1840. Sie meinten damit den
»cultivator of science in general«. Heute ist leider wenig von Kultur
die Rede, wenn über Wissenschaft gesprochen wird.

ber 4004 vor Christi Geburt zur Tat geschritten, und zwar um 9 Uhr vormittags. So genau wollte man sein, und so genau wollte Darwin es dann auch wissen, nur merkte er, daß mit diesem Anspruch auf Präzision zugleich etwas verloren ging – nämlich Platz für den Glauben und Raum für den Schöpfer. Einer Uhrzeit glaubt man nicht, man prüft sie nach, und am Ende seiner Weltreise ahnte Darwin, daß er die Schiffsbibel nicht nur über Bord werfen konnte, sondern auch mußte. Zu dieser Zeit begannen seine Magenbeschwerden.

Dabei hatte er sich sein Leben lang in acht genommen, nur ja niemanden zu stören, und diese Tugend praktizierte er konkret, als er nach der Umrundung der Welt in sein Heimatdorf zurückkehrte. Als der 27jährige Darwin am 4. Oktober 1836 wieder zu Hause eintraf, war er zwar fünf Jahre und zwei Tage fortgewesen, aber nun war es doch ein wenig spät geworden, und die Familie lag bereits schlafend in ihren Betten. Darwin weckte sie nicht, er schlüpfte in sein Zimmer und überraschte sie erst, als er zum Frühstück erschien.

Der Rahmen

Als Darwin 1809 geboren wurde, verfaßte Lamarck seine *Philosophie zoologique*, und Goethe schrieb an den *Wahlverwandtschaften*, Napoleon hatte sich zum Kaiser Frankreichs gekrönt, und er rüstete zum Rußlandfeldzug (1812). In England herrschte das Zeitalter der Naturtheologie. Alle Professoren für Botanik und Zoologie waren Theologen, und sie schwärmten von dem »argument by design«, das William Paley 1802 vorgestellt hatte, und zwar in seinem Buch *Evidence of the Existence and Attributes of the Deity Collected from the Appearance of Nature*. Paley wies hierin die Existenz Gottes mit dem Argument nach, daß derjenige, der zum Beispiel im Wald eine Uhr findet, sofort weiß, daß es irgendwo einen kleinen Uhrmacher geben muß. Und wer in demselben Wald einem Mitmenschen begegnet, weiß dann, daß es auch einen großen Uhrmacher geben muß.

Während Darwins Leben beginnt so etwas wie die Industrialisierung der Wissenschaft und des Lebens. Apotheken werden zu Fabriken und Unternehmen, die gegen 1880 eigene Laboratorien für die Forschung einrichten. Die Chemie wird maßgeblich für die Wirtschaft, und eine Agrarchemie entsteht, in der Justus von Liebig und seine Theorie der Fermentation eine große Rolle spielen. Als Darwin 1859 seine *Entstehung der Arten* publiziert, wird mit dem Bau des Suez-Kanals begonnen und die erste Bohrung nach Erdöl unternommen. In London gibt es eine erste Untergrundbahn (1864), Japan öffnet sich für den Westen (1868) und richtet sofort ein Ministerium für die Industrialisierung ein (1870), der erste Kunststoff (Zelluloid) wird angefertigt und der Suez-Kanal nach zehnjähriger Bauzeit eröffnet. In Frankreich wird die Schulpflicht eingeführt (1881), in Berlin fährt eine elektrische Straßenbahn, und New York bekommt eine elektrische Straßenbeleuchtung. 1882 entdeckt Robert Koch den Tuberkulose-Bazillus, und ein Jahr später wird in Deutschland eine Krankenversicherung eingeführt. Als Darwin stirbt (1882), sind Lise Meitner, Otto Hahn und Albert Einstein schon auf der Welt. Noch aber spielen sie im Sandkasten.

Das Porträt

Darwins Großvater Erasmus muß ein phantastisch interessanter Mann gewesen sein, der seine Zeitgenossen als Arzt, Dichter, Erfinder und Lebemann beeindruckt hat. Zu seinen Bekannten zählte auch der Porzellan-Patriarch Josiah Wedgwood, dessen Tochter einen der Söhne von Erasmus heiratete und im Jahre 1809 unseren Helden, Charles, zur Welt brachte. Charles sollte wie sein Vater Medizin studieren, was er zuerst ohne Begeisterung tat und schließlich ganz einstellte. Sorgen um seinen Lebensunterhalt brauchte Charles Darwin sich nie zu machen – die Familie besaß genügend Grund und Boden und andere Reichtümer –, und so kommt es, daß er niemals eine Prüfung abgelegt oder ein Studium abgeschlossen hat und nur vor sich selbst bestehen mußte. Die längste Zeit seines Lebens konnte er als Privatgelehrter das tun, was er »arbeiten« nannte und was bei ihm Naturbeobachtung, Sammeln, Ordnen, Vergleichen und Schreiben bedeutete. Dabei und nur dabei war er zufrieden und sorgenlos, wie der chronisch Kranke ausdrücklich in seinem Tagebuch notiert: »Niemals glücklich, außer bei der Arbeit.«

Das Glück beim Umgang mit den vielen Formen der Natur hat ihn von Anfang an von allen möglichen Studiengängen abgelenkt. Darwin war voller Leidenschaft, wenn es um Sammeln und Systematik ging – vor allem Käfer hatten es ihm angetan –, und darüber konnte er die Welt (und seine Krankheit) vergessen. Außerhalb dieses Bereiches – von der Liebe zu seinen Kindern einmal abgesehen – passierte alles ohne Spontaneität und innere Beteiligung, und er ließ seiner Phantasie nur auf dem Papier freien Lauf. Selbst die Frage, ob er heiraten solle oder nicht, entwickelte er zunächst ordentlich auf einem blauen Blatt Papier, auf dem er Pro und Contra notierte. Darwin war knapp 30 Jahre alt, als er folgende Abwägung traf:

»Heiraten
Kinder (so Gott will). Ständige Gefährtin (und Freundin im Alter), die sich für einen interessiert. Jedenfalls besser als ein Hund. Eigenes Heim und jemand, der den Haushalt führt. Charme von Musik und weiblichem Geplauder. Diese Dinge gut für die Gesundheit – aber schreckliche Zeitverschwendung.
Nicht heiraten
Freiheit hinzugehen, wo man will. Wahl der Gesellschaft, und wenig davon. Nicht gezwungen, Verwandte zu besuchen und sich in jeder Kleinigkeit zu unterwerfen … Keine Lektüre an den Abenden. Man wird fett und faul. Angst und Verantwortung, weniger Geld für Bücher usw.«

Zuletzt beweist er sich die Notwendigkeit zur Heirat mit einer bürgerlichen Idylle – »Stelle dir vor, den ganzen Tag allein in einem verrauchten Londoner Haus zu verbringen. Halte dagegen das Bild einer lieben, sanften Frau auf einem Sofa am Kaminfeuer …« –, und er schließt die ganze Passage mit den drei

Buchstaben QED, die ansonsten einen mathematischen Beweis beenden. Darwin hatte sich dabei längst entschieden, und zwar für eine seiner Cousinen, genauer für die Tochter namens Emma aus dem Hause Wedgwood, und der Naturforscher macht sich erst später Sorgen, daß die Verwandtschaft zwischen ihm und seiner Frau sich negativ auf die Kinder auswirken könnte, die das Paar bekam. Darwin bemerkte voller Sorge, daß seine Kinder nur langsam lernten, und ihm leuchtete nicht ein, warum sie zum Beispiel so lange brauchten, bis sie die Farbwörter richtig zuordnen konnten. Er wurde besonders bekümmert, als seine Lieblingstochter Annie anfing, über Übelkeit zu klagen. Ihm kam der Verdacht – wie wir heute sagen würden –, daß sein Leiden genetisch bedingt sein und er es an Annie vererbt haben könnte. Als sie 1851 im Alter von 10 Jahren starb, war Darwin zu erschüttert, um an ihrem Begräbnis teilzunehmen. Als er dann aus seiner Depression erwachte, sagte er sich endgültig vom Christentum und vom christlichen Glauben los. Diese Religion hatte ihm nichts mehr zu bieten, weder natürliche Gewißheiten noch menschlichen Trost.

Wenige Jahre nach diesem Bruch wagte er sich nach und nach aus dem Versteck hervor, in das er sich mehr als ein Dutzend Jahre zuvor zurückgezogen hatte, um mit dem Gedanken allein zu sein, den man heute als »Evolution« bezeichnet und der nicht nur die Welt der Wissenschaft und des Denkens erheblich verändert hat. Als sich Darwin daranmachte, seine Ideen zu Papier zu bringen und die Veränderbarkeit der lebenden Arten nachzuweisen, fühlte er sich schrecklich: »Mir ist, als gestehe ich einen Mord«, wie er einem Freund gegenüber eingestand, und Darwin meinte den Mord an dem Gedanken der ewigen Stabilität, dem das viktorianische England anhing, dem der Evolutionsgedanke atheistisch und unmoralisch vorkam. Tatsächlich reagierten britische Kritiker auf die *Entstehung der Arten* mit Hinweisen darauf, daß ihr »moralisches Empfinden gröblich verletzt« sei, weil Darwin mit seiner Idee der natürlichen Selektion von der Sicht abgewichen sei, daß »die Verursachung der Wille Gottes« sei, und so weiter und so fort.[7]

Was war so unendlich schwierig an diesem Gedanken von den veränderlichen Arten und wie hat Darwin zu ihm gefunden? Am Anfang steht die Einladung an den etwas über 20jährigen Studenten mit dem großen Sammeltalent, mit einem Vermessungsschiff namens HMS »Beagle« auf große Fahrt zu gehen. Primäres Ziel der Expedition war eine Weiterführung der bislang nur groben Vermessung und Kartierung Südamerikas, die in dem vom Seefahrerkönig William IV. beherrschten England in der Absicht begonnen worden war, Handelsrouten und Zugänge zu Rohstoffen ausfindig zu machen. 1831 ging die Reise der »Beagle« los, die Darwin unter anderem auf die Galapagos-Inseln, nach Tahiti, Australien und Süd-Afrika führte, und bei der er die meiste Zeit seekrank war.

Die Weltreise verwandelte Darwin. Er verließ England als ordnungsbesessener Naturliebhaber, der fest verankert im damaligen Denken war und die vielen Arten des Lebens als Gottes ewige (und also unveränderliche) Schöpfung ansah. Und Darwin kehrte als ausgereifter und erwachsener Naturforscher zurück, dem das aufgefallen war, was technisch geographische

---

7 Der bekannte Streit um die Idee der Evolution zwischen Bischof Wilberforce und Thomas Huxley, bei dem der Kirchenmann dem Wissenschaftler die berühmte Frage gestellt hat, ob er von seiten seines Großvaters oder seiner Großmutter von einem Affen abstamme, soll hier nur in einer Fußnote behandelt werden, weil Darwin sich daran nicht beteiligte. Ihm paßten solche Auseinandersetzungen nicht, weil die den Eindruck erweckten, bei der Evolution handele es sich um einen öffentlichen Streit zwischen Kirche und Wissenschaft. Solche Fragen gehörten in den Privatbereich. Trotzdem sei gestattet, die Antwort zu zitieren, die Huxley Wilberforce gegeben hat und die leider nicht so bekannt ist wie die Frage. Huxley hat erwidert: »Wenn mir die Frage gestellt würde, ob ich lieber einen erbärmlichen Affen zum Großvater hätte oder einen begabten Mann mit großem Einfluß, der aber diese Gaben und diesen Einfluß in der bloßen Absicht gebraucht, eine ernsthafte wissenschaftliche Diskussion ins Lächerliche zu ziehen, dann zögere ich nicht zu erklären, daß ich den Affen bevorzugte.«

Speziation (Artbildung) heißt und schlicht besagt, daß sich Tierarten dann unterschieden, wenn die Lebensräume (»Nischen«), die ihnen zur Verfügung standen, verschieden waren. Und genau das gab Darwin zu denken, wie er selbst zu Beginn seiner *Entstehung der Arten* notiert hat:

> *Als ich mich als Naturforscher an Bord der ›Beagle‹ befand, war ich aufs höchste überrascht durch gewisse Merkwürdigkeiten in der Verbreitung der Tiere und Pflanzen Südamerikas. Diese Tatsachen schienen mir Licht zu werfen auf die Entstehung der Arten, das Geheimnis aller Geheimnisse.«*

Genauer gesagt waren es seine Beobachtungen und Funde von den Galapagosinseln, die ihn an dem Dogma von der Konstanz der Arten zweifeln ließen, wie er noch während der Heimreise der »Beagle« 1836 festhielt:

> *Wenn ich sehe, wie diese Inseln, die in Sichtweite beieinander liegen und nur einen spärlichen Bestand an Tieren besitzen, von diesen Vögeln bewohnt sind, die sich in der Struktur nur geringförmig unterscheiden und denselben Platz in der Natur einnehmen, so muß ich den Verdacht haben, daß sie Varietäten[8] sind. Wenn es auch nur das geringste Fundament für diese Bemerkung gibt, so ist die Zoologie des Archipels wohl der Untersuchung wert, denn solche Tatsachen würden die Stabilität der Arten unterminieren.«*

Woher kam diese Überzeugung von der Konstanz der Arten, und was waren die entscheidenden Ideen, die Darwins Anschauungen in eine andere Richtung lenkten?

Was die Ewigkeit der Arten angeht, so fügte sich dieser Gedanke natürlich mit dem christlichen Glauben an eine gött-

---

8 »Varietät« ist wie »Art« ein ungenau definierter Begriff. Gemeint sind so etwas wie Untergruppen von Arten, wie wir sie etwa mit dem Wort »Population« bezeichnen, das natürlich auch wieder unscharf ist.

liche Schöpfung zusammen, die natürlich perfekt und von Dauer sein mußte, und in diesem Schema dachte nicht nur die viktorianische Gesellschaft. Auf der philosophischen Seite hatte zudem Platon erklärt, daß die sichtbaren Erscheinungen nicht so wesentlich seien und es mehr auf die unveränderlichen Ideen ankäme, was sicher nicht förderlich für den Entwicklungsgedanken war, auf den Darwin zusteuerte. Und selbst als zu Beginn des 19. Jahrhunderts zum ersten Mal auf der naturwissenschaftlichen Seite der Verdacht geäußert wurde, daß Arten vielleicht gar nicht sterben, sondern sich mit der Umwelt, wie wir heute sagen würden, wandeln und ändern können, stand der tiefen Idee der Evolution noch die geringe Zeit im Wege, die man dafür zu haben schien. Ein paar tausend Jahre – so schätzen die Naturtheologen das Alter der Erde ein, obwohl Immanuel Kant in seiner *Allgemeinen Naturgeschichte und Theorie des Himmels*[9] schon um 1755 bereit war, unserem Planeten eine halbe Million Jahre Dauer einzuräumen.

Es ist dann nach Kant die große Leistung der Geologen, das Alter der Erde immer weiter zu verlängern, indem sie zum Beispiel erloschene Vulkane analysierten und in vielen Schichten fossile Lebensformen freizulegen und zu datieren lernten. Auf diese irdische Weise konnte man auch einem sehr langsamen Prozeß die Chance geben, Auswirkungen auf das Leben selbst zu zeigen. Darwin nimmt persönlich den ersten Band der *Principles of Geology* seines Zeitgenossen Charles Lyell mit auf die Reise, der die langen Zeiträume für die Erdgeschichte nachweist, die die Evolution brauchen wird.[10]

Die Idee der Evolution gab es schon, als Darwin geboren wurde. Der Franzose Jean-Baptiste Lamarck hatte sich als erster ganz deutlich zum Wandel der Arten bekannt und geschrie-

---

9 In dieser Schrift findet sich der wunderschöne Satz, der so etwas wie eine Evolution zuläßt und mit der biblischen Geschichte verbindet: »Die Schöpfung ist niemals vollendet.«
10 Der zweite Band der *Prinzipien der Geologie* erreicht Darwin später in Montevideo.

ben: »Nach vielen aufeinanderfolgenden Generationen sind die Individuen, die ursprünglich einer Art angehörten, in eine neue, von der ersten verschiedenen Art umgewandelt.« Als ein Biologe aus Edinburgh Lamarck 1826 für die Idee lobte, erklärt zu haben, wie sich aus einfachsten Würmern komplexe Tiere »evolviert« (entwickelt) hätten, wird zum ersten Mal in der wissenschaftlichen Literatur das Wort »Evolution« gebraucht, das Darwin bis 1871 vermieden hat. Er hat zu gut gewußt, daß weder er noch Lamarck »erklärt« hatten, was oben behauptet wurde, und daß man viel vorsichtiger mit seinen Behauptungen zur Evolution umgehen mußte. Zuviel blieb offen und unklar, und wenn Darwin an das menschliche Auge (und seine Entwicklung bzw. ihre Erklärung) dachte, bekam er bis zuletzt Fieber, wie er einmal schrieb.

Jedenfalls kam der immer noch junge Darwin von seiner Weltreise voller Ideen über die Wandlungsmöglichkeiten der Lebensformen zurück, aber zunächst richtete er sein restliches Leben ein, und zwar zog er nach Down in Kent, um nie wieder weiter wegzugehen[11] (von Ausflügen nach London abgesehen). 1837 begann er mit seinem ersten Notizbuch über die Umwandlung der Arten, und zwar kurz nach dem Besuch des Ornithologen John Gould, der helfen wollte, die Sammlung der Spottdrosseln (*Mimus*) zu ordnen, die Darwin auf drei verschiedenen Inseln des Galapagos-Archipels gesammelt hatte. Mit Goulds Hilfe wurde ihm dabei der Vorgang klar, den wir als geographische Speziation bereits eingeführt haben. In Darwins eigenen Worten aus der *Entstehung der Arten* von 1859:

»Als ich die Vögel der einzelnen Inselgruppen miteinander und mit denen des amerikanischen Kontinents verglich, war ich erstaunt über die unscharfe und willkürliche Unterscheidung zwischen Varietäten und Arten.«

11 Darwin heiratete seine Cousine Emma Wedgwood im Jahre 1839.

Mit anderen Worten, Darwin erkennt, daß es zwischen den beiden genannten Klassifizierungen noch eine weitere Form der Einteilung geben muß, für die wir heute den Ausdruck der Population gefunden haben, und er ersieht aus seinen Sammlungen ganz deutlich, daß all die unterschiedlichen Populationen nur zu verstehen sind, wenn es zu allmählichen Modifikationen kommt.

Aber wie kommen diese Variationen zustande? Die Idee, die Darwin zur Lösung und somit zu seiner Vorstellung von der Anpassung bzw. Evolution der Arten brachte, ergab sich aus der Lektüre des *Essay on the Principle of Population*, den der Engländer Thomas Malthus um 1800 vorgelegt hatte und in dem er darauf hinwies, daß eine Bevölkerungsgruppe (eine Population eben) dazu tendiert, die Zahl der Mitglieder schneller zu vermehren als die Mittel, alle zu ernähren. Darwin teilt uns in seiner Autobiographie dazu mit:

> *Im Oktober 1838, also fünfzehn Monate, nachdem ich meine Untersuchungen systematisch angefangen hatte, las ich zufällig zur Unterhaltung Malthus, über Bevölkerung, und da ich hinreichend darauf vorbereitet war, den überall stattfindenden Kampf um die Existenz zu würdigen, namentlich durch lange fortgesetzte Beobachtung über die Lebensweisen von Tieren und Pflanzen, kam mir sofort der Gedanke, daß unter solchen Umständen günstige Abänderungen dazu neigen, erhalten zu werden, und ungünstige, zerstört zu werden. Das Resultat hiervon würde die Bildung neuer Arten sein. Hier hatte ich denn nun endlich eine Theorie, mit welcher ich arbeiten konnte.*

Der Biologe Ernst Mayr hat einmal die nun von Darwin entwickelte Theorie der Evolution in acht Komponenten zusammengefaßt, die in aller Kürze wie folgt dargestellt werden können. Die Logik der natürlichen Auslese kommt mit fünf Tatsachen aus, die drei Schlußfolgerungen zulassen [12]:

12 Diese acht Punkte könnten definieren, was unter »Darwinismus« zu verstehen ist.

Erste Tatsache: Alle Arten besitzen eine so große Fruchtbarkeit, daß die Größe einer Population exponentiell zunehmen würde, wenn alle Individuen sich erfolgreich fortpflanzen.

Zweite Tatsache: Die meisten Populationen erweisen sich als stabil, wenn man kleinere Schwankungen unberücksichtigt läßt.

Dritte Tatsache: Die verfügbaren Ressourcen sind nicht unbegrenzt, und sie bleiben in einer stabilen Umgebung konstant.

Da offenbar mehr Individuen erzeugt als ernährt werden können, läßt sich eine erste Schlußfolgerung ziehen: Unter den Mitgliedern einer Population muß es zu einem Überlebenskampf kommen, den nur ein Teil durchhält.

Vierte Tatsache: Zwei Individuen sind nie genau gleich. In jeder Population tauchen vielmehr viele Varianten auf.

Fünfte Tatsache: Ein erheblicher Anteil dieser Variation wird vererbt.

Daraus lassen sich zwei weitere Schlußfolgerungen ziehen: Zum einen überlebt ein Individuum seinen Kampf ums Dasein nicht zufällig, vielmehr hängt sein Erfolg oder Mißerfolg mit der genetischen Konstitution zusammen. Dieses ungleiche Überleben ist ein Prozeß der Auslese, und dabei kommt es – zum zweiten – nach einigen Generationen zu einer Abänderung der Populationen und folglich zur Evolution neuer Arten.

Als Darwin diese Gedanken um 1840 beisammen hatte, dachte er überhaupt nicht daran, sie zu publizieren. Er verfaßte zwar bis 1842 ein Resümee, hielt dies aber vor neugierigen Augen versteckt. Es ist viel über den Grund für dieses lange Zögern nachgedacht und spekuliert worden, und es leuchtet auch sofort ein, daß Darwin sich davor fürchtete, seinen Zeitgenossen zu offenbaren, daß sie sich täuschten, wenn sie sich als Ergebnis eines göttlichen Schöpfungsplans betrachteten. Alle Lebewesen – auch die Menschen – waren nicht mit Absicht in der Welt, sondern als Ergebnis eines wahrscheinlich zufälligen und gewiß nicht-zielgerichteten Vorgangs namens Evolution. Es muß weiter darauf hingewiesen werden, daß die herrschende Weltsicht der von Newton entworfene Kosmos war, der wie ein Uhrwerk ablief und in dem es dank seiner deterministischen Gesetze Sicherheit und Vorhersagbarkeit gab. Und genau dieses Weltbild würde Darwins Idee erschüttern, denn seine Theorie der Abstammung stellte eine Lehre dar, die vielleicht die Vergangenheit erklären, die aber keine Vorhersage für die Zukunft machen konnte. Wie die Evolution in Zukunft verläuft, kann niemand sagen – bis heute nicht.[13]

Mit diesen beiden gewichtigen Argumenten für ein Zögern Darwins scheint der wahrscheinlichste Grund aber noch nicht erfaßt zu sein. Was ihn wirklich vorsichtig sein ließ, hat damit zu tun, daß Darwin zwar verstanden hatte, daß er mit der Idee der natürlichen Selektion ein umfassendes Erklärungsprinzip gefunden hatte, daß er zugleich aber noch besser wußte, daß es in der Biologie anders als in der Physik nicht auf das Allgemeine, sondern auf das Einzelne ankam, und daß es hier viel mehr unerklärte individuelle Erscheinungen als verstandene allgemeine Phänomene gab. Darwin wußte genau, daß er nur die Richtung gefunden hatte, in der man gehen mußte, daß er aber keineswegs die Mittel kannte, um alle Hindernisse zu überwinden. Eine »echte Schwierigkeit« bestand zum Beispiel darin, die Frage zu klären, was für einen Vorteil halbe Flügel oder nur zum Teil fertige Augen bieten sollten, um von der Evolution beibehalten und weiter entwickelt zu werden. Und können Lungen schon atmen oder Hände schon greifen, wenn sie noch in einem Vorstadium sind? Wie und wo greift die natürliche Auswahl an, die als treibende Kraft hinter der Anpassung der Arten vermutet werden mußte?

Darwin hatte also nicht nur spätviktorianische oder christlich motivierte Gründe, um seine Gedanken erst einmal ruhen und gären zu lassen, und es ist keineswegs so, daß es sich bei der Evolution nur um eine Auseinandersetzung zwischen Kirche

---

13 Als Darwin seine Ideen entwickelte, tauchten in der Physik die statistischen Gesetze auf, in denen der alte Newtonsche Determinismus ebenfalls verloren ging. Während man sich an Wahrscheinlichkeitsaussagen in der Mitte des 19. Jahrhunderts erst noch gewöhnen mußte, verwundert es, daß es heute immer noch Kritiker der Evolutionstheorie gibt, die ihr vorwerfen, keine präzisen Vorhersagen machen zu können.

und Wissenschaft handelt. Mit der Theorie der Evolution tritt eine ganz neue Art zu denken auf die Bühne der Forschung, die bis heute jung geblieben ist und Rätsel aufgibt. Darwin ahnte wohl, daß es nie eine vollständige Erklärung seiner Beobachtungen geben würde, aber er wollte seinen Kritikern so wenig Angriffspunkte bieten wie möglich, und so ließ er sich mit der Veröffentlichung Zeit [14] und stellte dem Publikum lieber erst einmal seine *Geologischen Beobachtungen über vulkanische Inseln* (1844) und vor allem sein zweibändiges Werk über die Wunderwelt der winzigen Krebse namens Rankenfüßer (1854) vor. Darwin begann erst in dem Augenblick ernsthaft seine Notizen über die Umwandlung der Arten in einen Essay bzw. das berühmte Buch umzuwandeln, als Konkurrenz drohte und er riskieren mußte, daß jemand ihm zuvorkam.

Die Rankenfüßer sind wenigstens eine kleine Erzählung wert: Als Darwin die Ausbeute der »Beagle« fast komplett erfaßt hatte, blieb nur noch eine einzige Spezies übrig, ein Rankenfußkrebs, den er 1835 vor der südchilenischen Küste aufgegabelt hatte und als »mißgebildetes kleines Ungeheuer« bezeichnete. Dieser lebte als Parasit auf einer Molluske, indem er sich durch deren Muschelschale gebohrt hatte. Darwin wußte nicht, wie er den Winzling klassifizieren sollte, und dieser Frage wollte er 1846 kurz nachgehen. Wenn man Darwin damals gesagt hätte, daß er sich von nun an acht Jahre mit Rankenfüßern befassen und weit über 1000 Seiten dazu schreiben würde, er hätte es nicht geglaubt. Am Ende dieser Tortur (1854) fühlte er sich allerdings tatsächlich berechtigt, sich zum Thema der Arten und ihrer Variationsmöglichkeiten zu äußern, und die »Entstehung« konnte geschrieben werden. Wir wollen hier einige Beispiele anführen, die Darwins Faszination für die Ran-

---

14 Es muß betont werden, daß Darwin seine »Arten-Theorie«, wie er sie nannte, auf jeden Fall publiziert sehen wollte. Am 5. Juli 1844 hat er seiner Frau mitgeteilt, er habe einen Entwurf fertig, und er bat sie (schriftlich), im Falle seines »plötzlichen Todes 400 Pfund für dessen Veröffentlichung aufzuwenden«, wobei er ihr noch Instruktionen gab, wie sie einen Herausgeber finden könnte.

kenfüßer und ihre Bedeutung für die Idee der Evolution verdeutlichen.

Rankenfüßer galten als Hermaphroditen (d. h. jedes Tier hatte sowohl männliche als auch weibliche Geschlechtsorgane), aber Darwin fand im Laufe seiner Arbeit ein paar Ausnahmen. Und in diesen Fällen wiesen die Rankenfüßer nicht nur getrennte Geschlechter auf, Männchen und Weibchen waren sogar so verschieden, daß sie fast nicht verwandt erschienen. Darwin entdeckte folgendes:

>*Das Weibchen hat das übliche Aussehen, während das Männchen in keinem Körperteil dem Weibchen gleicht und mikroskopisch klein ist. Doch jetzt kommt das Merkwürdige: Das Männchen oder manchmal auch zwei Männchen werden in dem Augenblick, da sie ihre Existenz als fortbewegungsfähige Larven beenden, zu Parasiten in der Mantelhöhle des Weibchens, und so am Fleisch ihrer Gattinnen festklebend und halb darin eingebettet, verbringen sie ihr ganzes Leben und können sich nie wieder bewegen.*<

Was für ein Fortpflanzungsmechanismus und wie weit von der menschlichen Praxis entfernt – ein beherrschendes Weibchen, das sich kleine Ehemänner hält, die zu bloßen Spermiensäcken reduziert sind.

So hübsch dieser Einfall der Natur auch war, wichtig für den begeisterten Darwin war die Tatsache, daß die Rankenfüßer die ganze Reihe lieferten, die die Auseinanderentwicklung der Geschlechter zeigt – von richtigen Zwittern über solche mit atrophierten männlichen Organen bis zu den Weibchen, die ihre männlichen Organe zurückgebildet und sich entsprechende Begleiter zugelegt hatten. Darwin schrieb dazu einem Freund:

>*Ich wäre nie darauf gekommen, hätte mich meine Artentheorie nicht davon überzeugt, daß eine hermaphroditische Spezies in unmerklich kleinen Schritten in eine zweigeschlechtliche übergeht. Und hier haben wir es, denn die männlichen Organe des Zwitters beginnen zu versagen, und unabhängige*

Männchen sind bereits entstanden. Ich kann jedoch kaum erklären, was ich meine, und Du wirst vielleicht meine Rankenfüßer- und Speziestheorie al diabolo *wünschen. Aber Du kannst sagen, was Du willst, meine Speziestheorie ist mein Evangelium.«*

Mit diesem Rüstzeug konnte Darwin sich wieder dem allerersten Rankenfüßer zuwenden, der als letzter Fund von der Weltreise übrig geblieben war. Jetzt entdeckte Darwin bei ihm, daß das Männchen »ein bloßer, von ein paar Muskeln ausgekleideter Sack war, der ein Auge, einen Fühler und ein gigantisches Sexualorgan einschloß«. Das Glied kam zuerst, so schien es Darwin, und das Männchen folgte. Keine Spur mehr von den sonst üblichen 14 Segmenten eines normalen Rankenfüßers.

Die Segmentierung der Rankenfüßer erlaubte ihre Abstammung mit krabbenähnlichen Verwandten zu erkunden, und Darwin gelang es, die evolutionäre Beziehung zwischen den Segmenten seiner Lieblingsobjekte und denen der Krebse und Krabben zu konstruieren. Er geriet dabei aus dem Häuschen, als er jetzt auch dem Lebenszyklus der Rankenfüßer auf die Spur kam. Ihre entsprechende Metamorphose fand er »merkwürdig«. Er konnte zeigen, daß sich die Eileiter der Krabben bei den Rankenfüßern zu Klebstoffdrüsen entwickelt hatten, die ihre seßhafte Lebensweise ermöglichen, und daß aus Füßen Fangnetze geworden waren. Damit hatte Darwin überzeugende Belege für die Möglichkeiten von Organen, ihre Funktion zu wechseln, wenn es neue Umweltbedingungen gibt, die sich ein Lebewesen zunutze machen kann. Kein Wunder, daß Darwin erst von den Rankenfüßern ließ, als Wallace auftauchte und seine Ansichten zur Evolution verbreitete.

Wer war Alfred Wallace? Ein vermögender Globetrotter, der sich mit Insekten und exotischen Schmetterlingen vor allem auf der Insel Borneo beschäftigt hatte und dabei auch auf den Gedanken gekommen war, daß sich Arten entwickeln und ändern. Wallace hatte seine Überlegungen um 1854 publiziert – *Über die Tendenz von Varietäten, unbegrenzt vom Originaltypus abzuweichen* –, und Darwin mußte wohl oder übel um seine

Originalität fürchten, wenn er jetzt nicht aus seiner Deckung herauskam. Er tat es, und fühlte sich dabei wie »ein Kaplan des Teufels«, dem er zutraute, ein eindrucksvolles Buch »über das plumpe, verschwenderische, stümperhaft niedrige und entsetzlich grausame Wirken der Natur schreiben« zu können.

Nachdem Wallace dann auch das Buch von Malthus gelesen und dessen Überbevölkerungslogik von Menschen auf Tiere übertragen hatte, schickte er Darwin 1858 einen Brief, in dem genauso von Varianten und natürlichem Existenzkampf die Rede war wie in Darwins Fassung seiner *Natural Selection* aus dem Jahre 1842, und dies schreckte endgültig Darwins Freunde auf, die sofort reagierten. In letzter Minute wurden für die letzte Tagung der Linné-Gesellschaft vor der Sommerpause – am 30. Juni 1858 – zwei Essays von Wallace und Darwin auf die Tagesordnung gesetzt und vor den anwesenden Mitgliedern verlesen. Die Idee, daß die Arten sich ändern und anpassen können und daß dies durch natürliche Zuchtwahl geschieht, war nun öffentlich. Doch das Publikum schien eher gelangweilt und mit anderen Fragen (denen der Urlaubsreise) beschäftigt zu sein. Jetzt hatte sich Darwin zwar an die Öffentlichkeit getraut, aber die Sorge, daß im Anschluß daran die Hölle losbrechen würde, hatte er sich unnötig gemacht. Das Gegenteil war zunächst der Fall. Man schwieg oder eilte in die Ferien. Und der Präsident der Sitzung verabschiedete seine Kollegen sogar mit der Klage, das gerade vergangene Studienjahr sei offenbar »nicht durch eine jener bahnbrechenden Entdeckungen gekennzeichnet gewesen, die unser Fachgebiet auf einen Schlag revolutionieren«.

Darwin konnte – so gesehen – seinen Seelenfrieden bewahren. Aber die große Herausforderung lag erst noch vor ihm, denn vom Menschen war in der *Entstehung der Arten* noch nicht die Rede gewesen, genauer gesagt, nur in einem Satz, und in dem sagt Darwin nur, daß mit seiner Vorstellung »viel Licht auf den Ursprung der Menschheit und ihrer Geschichte fallen wird«. Seit diesen Tagen wissen wir, daß wir in einer dynamisch sich entwickelnden Welt leben und daß sich auch die menschliche Gesellschaft entlang evolutionärer Bahnen bewegt. Und niemand kann uns sagen, ob die dabei besser wird.

James Clerk Maxwell

oder
Die erste Vereinheitlichung
der Kräfte

James Clerk Maxwell ist ziemlich klein gewesen. Höchstens 5 Fuß und 4 Zoll – also gerade mal etwas über 1,60 m – soll der schottische Physiker gemessen haben, dessen wahrscheinlich größte Errungenschaft darin liegt, daß er vier Gleichungen gefunden bzw. aufgestellt hat – die heute nach ihm benannten Maxwell-Gleichungen[1] –, die auf dem Papier die Existenz der (elektromagnetischen) Wellen vorhersagten, mit denen wir heute Radio hören und Fernsehen empfangen können.[2] Diese Gleichungen, die etwa zu der Zeit in endgültige Form finden, in der Charles Darwin anfängt, seine Vorstellungen über die Anpassung bzw. Evolution der Arten aufzuschreiben, waren aber nicht nur in der angedeuteten Weise nützlich, sie kamen den Physikern überhaupt wie ein Wunder vor, und viele von ihnen meinten wie Goethes *Faust* fragen zu müssen:

1 Physiker sind immer noch begeistert von diesen vier Maxwell-Gleichungen, wie man am Beispiel des Nobelpreisträgers Murray Gell-Mann sehen kann, der in seinem 1994 erschienenen Buch *Das Quark und der Jaguar* diese mathematischen Wunderwerke nicht nur ausdrücklich niederschreibt, obwohl er bei seinen Lesern keine entsprechenden Vorkenntnisse voraussetzt, sondern sie sogar in drei verschiedenen Schreibweisen angibt.
2 Der Nachweis, daß es solche elekromagnetischen Wellen tatsächlich wie vorhergesagt gibt, ist dem deutschen Physiker Heinrich Hertz 30 Jahre nach Maxwells theoretischer Arbeit von 1862 gelungen.

War es ein Gott, der diese Zeichen schrieb,
Die mir das innre Toben stillen,
Das arme Herz mit Freude füllen
Und mit geheimnisvollem Trieb
Die Kräfte der Natur rings um mich her enthüllen?

Tatsächlich stellen die Maxwell-Gleichungen auf wunderbare Weise die Verbindungen zwischen elektrischen und magnetischen Phänomenen her. Sie drücken zum Beispiel auf ihre exakte Weise aus, daß ein elektrischer Strom die Quelle für ein magnetisches Feld sein kann. Sie sagen aber noch mehr und machen zum Beispiel deutlich, daß auch ein sich änderndes Magnetfeld einen elektrischen Strom anstoßen kann, und daß ein sich änderndes elektrisches Feld – nein, keinen magnetischen Strom, sondern ein magnetisches Feld hervorrufen kann. Völlig austauschbar sind Elektrizität und Magnetismus offenbar nicht – es gibt zum Beispiel keinen magnetischen Monopol, so wie es eine elektrische Ladung gibt –, aber sie hängen trotzdem in der Tiefe zusammen, und Maxwell vereinigte mit seinen Gleichungen zwei zunächst von den Physikern als völlig verschieden angesehene Kräfte zu einer einzigen. Seit seinem Erfolg redet man von elektromagnetischen Kräften bzw. von der Lehre der Elektrodynamik, und diese beiden Begriffe hat Maxwell selbst vorgeschlagen. Sein Erfolg ist zum großen Vorbild der theoretischen Physik des 20. Jahrhunderts geworden, und die Vereinheitlichung der Naturkräfte, die Suche nach der Urkraft des Universums, ist nach wie vor das über allen Zweifeln erhabene Ziel der Forscher. Der letzte Erfolg in diese Richtung konnte in den siebziger Jahren erzielt werden, als es gelang, die elektromagnetische Kraft Maxwells mit der sogenannten schwachen Kernkraft zu einer »elektroschwachen« Wechselwirkung zu vereinigen.

Ein Grund, warum die Physiker solch einer Vereinheitlichung hinterherlaufen, besteht darin, daß sie annehmen, am Anfang der Welt habe es nur eine Urkraft gegeben, die sich im Verlauf der kosmischen Geschichte immer weiter entfaltet und geteilt habe, bis ihre derzeitige Vielfalt erreicht worden sei. Ein weiterer Grund liegt in der Hoffnung, mit der neuen und einheitlicheren Kraft grundlegende physikalische Phänomene nicht nur besser, sondern überhaupt erst einmal erklären zu können. Maxwell ist genau dies nämlich zu seiner Zeit glänzend gelungen. Seit seinen Arbeiten aus der zweiten Hälfte des 19. Jahrhunderts – mit Hilfe der Maxwell-Gleichungen also – läßt sich Licht als Ausbreitung einer elektromagnetischen Welle erklären und damit verstehen, wie es das Licht schafft, durch den doch so leeren Kosmos zu uns zu kommen.

Damit steht der kleine schottische Physiker genau zwischen dem riesengroßen Newton und dem überlebensgroßen Einstein. Auf der einen Seite gelingt es Maxwell, Newtons mechanische Vorstellungen der Lichterscheinungen, bei denen sich Lichtteilchen bewegen und streuen sollten, hinter sich zu lassen und durch Felder zu ersetzen, die sich wechselseitig auf- und abbauen. Und auf der anderen Seite muß bzw. will Einstein die mechanischen Bewegungsgleichungen der Körper so umformen, daß sie dieselben Symmetrien erfüllen wie Maxwells berühmtes Quartett. Als es ihm 1905 gelingt, die »Elektrodynamik bewegter Körper« richtig zu behandeln, kommt es zu der großen Revolution der klassischen Physik, die unter dem Stichwort der Relativität bekannt ist und ein neues Weltbild nach sich ziehen sollte.

Es bleibt ein großes Geheimnis, wie Maxwell seine Gleichungen finden konnte. Er hatte sich eine ziemlich konkrete Aufgabe gestellt, nämlich die intuitiven Vorstellungen, die Michael Faraday – wie im entsprechenden Kapitel erläutert – von elektrischen und magnetischen Feldern entwickelt hatte, in ein mathematisches Gewand zu kleiden. Irgendwie und irgendwann muß beim intensiven Nachdenken über die von Faraday nachgewiesene besondere Symmetrie der beiden Erscheinungen in Maxwells Kopf ein Bild aufgetaucht sein, auf dem sich zwei Ringe gegenseitig umschlingen bzw. ineinander verschlungen sind. Magnetismus und Elektrizität umarmen sich wechselseitig, ein Feld bringt ein anderes hervor, und dieser dynamische Vorgang kann auch da erfolgen, wo keine Luft oder irgendein anderer Stoff mehr ist. Endlich konnte man erklären, wieso

Licht ein Vakuum durchqueren kann, und Maxwell konnte nach Umsetzen seiner Bilderphantasien in die Formelsprache der Mathematik auch die Geschwindigkeit angeben, mit der dies passierte. Die berühmte Lichtgeschwindigkeit war gefunden, und Maxwell gab sie 1862 mit 314 858 000 000 Millimeter pro Sekunde an, womit er ziemlich gut lag.[3]

Er war damals 31 Jahre alt, und er hatte es sich endgültig abgewöhnt, Zeitungen »or any of those things« zu lesen. Damit würde er nur seine Tage ruinieren, die danach ergebnislos vor sich hin »dissipieren«, wie Physiker gerne mit einem Ausdruck aus ihrer Fachsprache sagen, wenn sie »zerrinnen« meinen. Wie viele von uns las auch Maxwell gerne beim und nach dem Frühstück. Allerdings griff er zu dieser Zeit des Tages zu den griechischen und lateinischen Klassikern, um sie im Original zu lesen. Und danach ging es an die Physik. Und jedesmal, wenn er sich einem Thema zuwandte, krempelte er das Gebiet völlig um und gab ihm eine neue Richtung. Maxwells Spuren finden sich überall dort, wo Physiker heute noch tätig sind.

Was übrigens das Lesen von Magazinen bzw. Büchern angeht, so hat Maxwell der Idee Galileis vom Buch der Natur, das in mathematischer Sprache geschrieben sein soll, seine eigene Wendung gegeben:

> *Vielleicht ist das ›Buch der Natur‹, wie man es genannt hat, Seite für Seite ordentlich aufgebaut. Wenn das der Fall ist, dann werden die einleitenden Abschnitte ohne Zweifel die Teile erklären, die folgen, und die Methoden, die uns in den ersten Kapiteln beigebracht worden sind, können vorausgesetzt werden und als Anleitung für die fortgeschritteneren Partien des Kurses dienen. Wenn es aber gar kein ›Buch‹ gibt, wenn die Natur nur ein Magazin ist, dann ist nichts dümmer als die Annahme, daß ein Teil Licht auf einen anderen werfen kann.«*

---

3 Der heutige Wert liegt bei knapp 300 000 km/sec.

Der Rahmen

Als Maxwell 1831 als einziges Kind reicher Eltern in fortge-
schrittenem Alter[4] in Edinburgh geboren wurde, startete Darwin mit der »Beagle« zu seiner Weltreise, Faraday entdeckt das
Prinzip der elektromagnetischen Induktion, und in den USA
wird die erste Mähmaschine in Betrieb genommen. 1832 stirbt
Goethe, und Liebig gründet die *Annalen der Pharmazie*. Ein
Jahr später treffen sich Wissenschaftler zum ersten Mal, um
einen Kongreß abzuhalten – in Paris –, ein weiteres Jahr später
wird in Spanien die Inquisition abgeschafft. 1835 fährt die erste
Eisenbahn von Nürnberg nach Fürth, und in der Wissenschaft
taucht der Begriff »Vektor« auf, der eine Größe meint, bei der
nicht nur ihr Betrag, sondern auch ihre Richtung wichtig ist.
1839 wird in Deutschland der Zehnstundentag für Kinder unter
16 Jahren eingeführt und in Frankreich die moderne Photographie erfunden: Daguerre gelingt es, mit einer Kupferplatte ein
Silberbild festzuhalten. 1844 kommt es zum Weberaufstand in
Schlesien, und 1846 kann man zum ersten Mal Nähmaschinen
für den Hausgebrauch kaufen.

Als sich Maxwells kurzes Leben dem Ende zuneigt, werden
in Deutschland die zivile Eheschließung eingeführt (1875), in
den USA das Telefon erfunden und der erste Kühlschrank gebaut (1876), in Frankreich von Louis Pasteur eine Theorie der
Keime veröffentlicht (*Les Microbes*) und in England die Heils-
armee gegründet (1878). Als Maxwell 1879 in Cambridge
stirbt, kommt Einstein in Ulm zur Welt.

Das Porträt

Maxwell ist in der Physik zwar nahezu auf allen Gebieten zu
finden, aber außerhalb dieses Bereiches ist er fast unbekannt
geblieben, selbst in Schottland, wo er 1831 geboren worden ist

---

4 Maxwells Mutter war 40 Jahre alt, als James geboren wurde. Sie
  starb acht Jahre später an Magenkrebs. Ihr Sohn ist in demselben
  Alter an derselben Krankheit gestorben.

(in Edinburgh), und sogar in Aberdeen, wo er einige Zeit lang am Marischal College als junger Mann Professor für »Natural philosophy« war.[5] 1857 beschlossen die Bürger von Aberdeen, daß man eine Art Stadthalle brauche – für Konzerte und Kongresse. Zu diesem Zwecke wurde Geld gesammelt, und mit zu den Sponsoren zählte James Clerk Maxwell, der – anders als Faraday – aus reichem Hause stammte und im Grunde sein Leben lang Müßiggang hätte pflegen können. Geld zu verdienen brauchte er nicht, davon hatte er immer schon genug.

Die Sammelaktion in Aberdeen war so angelegt, daß die Spender einen Anteil an dem heute noch stehenden und meist als Music Hall verwendeten Gebäude erwerben konnten, und die beim Betrieb erwirtschafteten Gewinne wurden an sie ausgeschüttet. Diese kleinen Erträge sind für uns nur deshalb interessant, weil um 1920 in einer Aberdeener Zeitung eine Anzeige erschien, in der ein Mr. James Clerk Maxwell aufgefordert wurde, sich bitte zu melden, man wolle ihm seine Dividende endlich auszahlen. Seit Jahren wären die Briefe, die man ihm an das College geschickt habe, mit dem Vermerk »Unbekannt verzogen« zurückgekommen.

Maxwell hat während seines Lebens nur wenig Anerkennung gefunden, und bei seinem ungeheuren Ideenreichtum muß man sich fragen, wie das zu erklären ist. Ein Grund liegt sicher darin, daß Maxwell ein *theoretischer* Physiker war und das Hauptinteresse seiner Zeit der industriellen Entwicklung galt, deren Praxis Maxwell eher fremd gegenüberstand. Als Alexander Bell 1876 in den USA das Telephon erfunden hatte und Maxwell zwei Jahre später – ein Jahr vor seinem frühen Tod – zum ersten Mal solch einen Sprechapparat in der Hand hielt, fiel ihm vor allem eine mathematische Eigenschaft daran auf, nämlich die Symmetrie. An beiden Enden dieselbe Konstruktion einer Sprechmuschel und dasselbe Geschwätz.

---

5 Heute wäre Maxwell Professor für Theoretische Physik, aber dieses Fach gab es damals noch nicht, und es mußten erst Größen wie Niels Bohr und Albert Einstein kommen, um es zu etablieren.

Maxwells einziger Kontakt mit der Arbeitswelt bestand darin, daß er bereit war, Vorlesungen über Physik für Arbeiter zu halten, und diese Pflicht hat er wahrscheinlich mehr schlecht als recht absolviert. Ansonsten führte er ein zurückgezogenes, privates Leben, das man sich äußerlich als außerordentlich ruhig vorstellen muß. Maxwell und seine Frau Katherine hatten keine Kinder, und ihre Abende verbrachten sie meist allein, sich gegenseitig aus den Werken Shakespeares oder Gedichte vorlesend. Dabei konnten sie sogar auf eigene Verse von Maxwell zurückgreifen, der sich häufig poetisch versucht hat, etwa in seinen *Recollections of Dreamland*, seinen *Erinnerungen an Traumland*:

There are powers and thoughts within us, that we know not till they rise
Through the stream of conscious action from where the Self in secret lies.
But when Will and Sense are silent, by the thoughts that come and go
We may trace the rocks and eddies in the hidden depths below.[6]

Wir können uns vorstellen, daß Maxwell mit diesem Gedicht unter anderem verstehen wollte, woher diese Idee der verschränkten und verbundenen Ringe gekommen ist, die ihn so lange verfolgte, bis die vier berühmten Maxwell-Gleichungen auf dem Papier standen, die die Physik des 20. Jahrhunderts mehr als irgendeine andere Errungenschaft beeinflußt haben. Er fühlte intuitiv, daß diese Ideen aus unbewußten Tiefen

---

6 »Es gibt Kräfte und Gedanken in uns, die wir erst kennen, wenn sie aufsteigen
Durch den Strom des Bewußtseins von dort, wo das Selbst sein Geheimnis hütet.
Doch wenn Wille und Sinne schweigen, können wir, durch die Gedanken, die kommen und gehen
Die Felsen und Wirbel aufspüren, die in den verborgenen Tiefen weit unten liegen.«

aufgestiegen waren und daß es demnach irrationale Vorgänge sind, die große Entdeckungen möglich machen – Ansichten, die ihn von seinen wissenschaftlichen Zeitgenossen eher isolierten, was Maxwells soziale Abgeschiedenheit noch erhöhte.

Abgesehen davon scheint er eine kleine Spur von Arroganz gezeigt zu haben. Maxwell wußte nicht nur, daß er als Physiker besser war als viele andere, ihm war auch das Partywesen der höheren Stände eher zuwider, und für die Königin hatte er nur Spott übrig, nachdem man ihn zu ihr beordert hatte, um ihr zu erklären, was ein Vakuum ist.[7] Die Königin zeigte sich nicht besonders aufmerksam, und Maxwell meinte, das sei »much ado about nothing« gewesen, viel Lärm um das Nichts, das die Physiker herstellen konnten und eigentlich mehr königliches Interesse verdient hätte.

Maxwells Leben war die Physik, und seine Frau scheint dafür nicht nur Verständnis gehabt zu haben, sie ist ihm dabei sogar mit experimenteller Hilfe zur Hand gegangen, wenn sich die Gelegenheit bot. Manchmal war Maxwell nämlich von seinen theoretisch gewonnenen Einsichten – etwa zur Physik der Farben – so überrascht, daß er meinte, dies selbst ausprobieren zu müssen. Im übrigen wird Maxwells Verhalten seiner Frau gegenüber als »unexampled devotion« beschrieben. Wenn er allein auf Reisen war, hat er ihr mindestens einmal pro Tag (!) geschrieben und sie über seine Tätigkeiten in allen Details informiert. Und als Katherine Maxwell schwer krank war, hat er wochenlang an ihrem Bett gesessen und während dieser Zeit kein Auge zugetan.

Maxwells äußeres Leben ist nicht so interessant, daß man darüber informiert sein sollte – er hat zum Beispiel nur einmal in seinem Leben das britische Inselreich verlassen und eine

---

7 Der Engländer Sir William Crookes hatte damals ein Instrument zur Strahlungsmessung entwickelt, das mit einer Vakuumröhre arbeitete, und aus irgendwelchen Gründen meinte man, der Königin Victoria dies erklären zu müssen. Man schickte Maxwell, weil er zu den höheren Ständen zählte und Physik verstand.

Reise auf das europäische Festland unternommen, nach Deutschland, Frankreich und Italien, wobei er diesen Aufenthalt nutzte, um seine Sprachkenntnisse zu verbessern[8], und nur mit dem Holländischen haperte es bis zuletzt –, und von den Stationen seines Lebens – Edinburgh, Aberdeen, London, Cambridge und Glenlair – lohnt nur der letzte Ort im schottischen Kernland eine besondere Bemerkung, weil die Maxwells hier über großen Landbesitz verfügten, auf dem auch ein geräumiges Landhaus stand, nach dem Maxwell stets Sehnsucht hatte. Sein Vater hatte diese Ländereien – den Middlebie Estate – geerbt, wenige Jahre nachdem James zur Welt gekommen war. Zu diesem Zeitpunkt hieß die Familie nur Clerk. Nach der Erbschaft zog man von Edinburgh nach Glenlair und nahm zusätzlich den Namen Maxwell an, den die früheren Besitzer der Ländereien geführt hatten.

James selbst zog sich hierher in den sechziger Jahren des 19. Jahrhunderts zurück, um seine heute so berühmte *Abhandlung über Elektrizität und Magnetismus* zu schreiben, über deren Ergebnisse wir schon ein wenig berichtet haben. Im folgenden sollen einige weitere wissenschaftliche Themen vorgestellt werden, denen Maxwell eine neue Richtung gegeben hat, und die Liste zeigt seine unglaubliche Vielseitigkeit: Maxwell hat sich um die Theorie der Farben gekümmert und eine erste Farbphotographie vorgeführt, er hat die Stabilität der Ringe des Saturn verstanden[9], er hat eine kinetische Theorie der Gase aufgestellt und darin die heute sogenannte Maxwell-Verteilung angegeben, die fundamental für die statistische Physik ist, er hat sich eine teuflische Vorrichtung ausgedacht, die unter dem Namen »Maxwells Dämon« vielen Leu-

---

8 Maxwell wollte die Wissenschaft in der Originalsprache lesen, und er konnte deshalb relativ leicht viele europäische Sprachen lernen, weil er ein unglaubliches Gedächtnis hatte.

9 Maxwell hat als erster Physiker theoretisch bewiesen, was wir heute wissen, daß die »Ringe« gar keine sind, sondern aus vielen Brocken bestehen; dies muß sein, da sonst keine Stabilität der Drehbewegung möglich ist.

ten viele Jahre lang viel zu denken gegeben hat, er hat die Idee
der negativen Rückkopplung (»negative feedback«) eingeführt, und er hat ganz zuletzt sogar auf ein scheinbar winziges
Problem aufmerksam gemacht, das ihm allerdings riesengroß
erschien und dessen Auflösung erst in diesem Jahrhundert erfolgte – allerdings mit massiven Konsequenzen. Die Physiker
haben Maxwells Problem erst lösen können, nachdem sie die
Revolution hinter sich gebracht hatten, die man als Quantentheorie kennt.

Wir wollen einige der Themen beleuchten und beginnen am
Ende, als sich Maxwell über eine harmlos anmutende Diskre-
panz klar wurde. Es ging um das eher esoterische Gebiet der
spezifischen Wärme von Gasen, und Maxwell hatte mit Hilfe
seiner statistischen Verteilung ausgerechnet, wie groß sie sein
sollte. Seine Theorie sagte einen Wert von 1,33 voraus, aber
die Messungen zeigten in einigen Fällen 1,408. Was seine Kollegen nicht weiter beunruhigte und einem Außenstehenden
belanglos erscheint, verwirrte Maxwell selbst zutiefst, der
einem Freund schrieb: »Damit stehen wir vor der größten
Schwierigkeit, auf die die molekulare Theorie bislang getroffen ist.«

Molekulare Theorie – damit ist gemeint, daß Maxwell und
andere Physiker ihre Theorien über Gase und Flüssigkeiten unter der Annahme machten, daß die betrachteten Substanzen
bzw. Stoffe aus Atomen oder Molekülen aufgebaut waren. Was
heute selbstverständliches Bildungsgut ist, mußte damals erst
noch erkundet und bewiesen werden, und wenn bei den Rechnungen falsche Zahlen herauskamen, dann konnte es sehr wohl
sein, daß die Annahmen selbst falsch waren.[10] Das hätte Maxwell stark erschüttert, denn der molekulare Gedanke hatte ihn
sehr weit getragen und zum Beispiel verständlich werden lassen, was Hitze eigentlich ist, nämlich die Bewegung von Mole-

---

10 Heute ist klar, daß nicht die Annahme falsch war, daß die materielle Welt aus Atomen besteht. Falsch war und ist die hierin impli-
zit enthaltene Annahme, daß Atome Dinge sind. Atome sind etwas
anderes als kleine Kügelchen, die sich umkreisen.

külen. Wenn ein Gas erwärmt wird, bewegen sich seine Bestandteile schneller, wobei Maxwell als erster auf die Idee gekommen war, daß nicht alle Moleküle eines Gases gleich schnell sind, daß man bei ihnen vielmehr eine Geschwindigkeitsverteilung annehmen sollte. Er konnte dafür sogar eine mathematische Darstellung angeben, mit der die Wahrscheinlichkeit erfaßt wird, daß ein gegebenes Molekül eine bestimmte Geschwindigkeit hat, und seitdem kennt die Physik die Maxwell-Verteilung, die zu den am meisten verwendeten Formeln der Physik überhaupt gehört.

Maxwell ist diese Grundlegung der statistischen Physik im Jahre 1859 gelungen, und es ist sicher mehr als ein Zufall, daß dies auch das Jahr ist, in dem Darwin seine Vorstellungen von der Anpassung der Arten vorlegt. Es ist deshalb kein Zufall, weil Darwin und Maxwell im Prinzip dasselbe tun. Sie lenken den Blick weg von einzelnen Gegenständen und versuchen, Mengen in den Griff zu bekommen, und zwar mit Wahrscheinlichkeiten. Maxwell konnte mit seiner Verteilung voraussagen, daß unter gegebenen Umständen langfristig ein bestimmter Anteil von Gasmolekülen eine bestimmte Geschwindigkeit erreicht, und Darwin konnte sagen, daß sich unter bestimmten Umständen einige Lebewesen auf lange Sicht wahrscheinlich verändern und einer neuen Situation anpassen.

Die mit Maxwells Hilfe seit 1859 praktizierte statistische Sicht der Dinge hat sich heute derart in unser Alltagsleben eingenistet, daß wir uns gar nicht mehr vorstellen können, wie es jemals möglich war, ohne sie auszukommen. Wenn Meinungsumfragen berichtet und Wahlergebnisse hochgerechnet werden, nehmen wir den statistischen Charakter ganz selbstverständlich hin und denken, daß immer so argumentiert oder geplant wurde. Doch dieser Blick mußte erst entdeckt werden, und es war Maxwell, dem dies gelungen ist. Vor ihm dachten die Physiker, alle Moleküle eines Gases hätten die gleiche Geschwindigkeit. Die Idee der Verteilung geht auf ihn zurück, der damit jedem Molekül seinen unverwechselbaren Beitrag erlaubt.

Mit dem Begriff der Wahrscheinlichkeit war die Möglichkeit aufgetaucht, die Richtung zu verstehen, die physikalische Vorgänge offenbar aufweisen. Wenn ein Tropfen Tinte in ein Glas Wasser fällt, dauert es nicht lange, bis er sich ziemlich weit verteilt hat. Es ist extrem unwahrscheinlich, den umgekehrten Vorgang zu beobachten, bei dem sich alle Tintenmoleküle plötzlich wieder zusammenfinden würden. Zwar gilt für jedes einzelne Molekül eine Newtonsche Bewegungsgleichung, aber die läßt jede Richtung zu und erklärt uns nicht, warum alle Partikel lieber voneinander weglaufen, warum sie sich immer weiter ausbreiten und nicht zusammenfinden.

Mit dem Begriff der Wahrscheinlichkeit läßt sich sagen, daß die Natur dazu tendiert, den wahrscheinlicheren Zustand – die wahrscheinlichere Verteilung – einzunehmen, und es ist einfach ziemlich unwahrscheinlich, daß alle Tintenmoleküle sich an einem Ort aufhalten. Es ist viel wahrscheinlicher, daß sie zerstreut sind. Genauer formuliert wurde diese Richtung der physikalischen Prozesse durch den Zweiten Hauptsatz der Wärmelehre[11], der besagt, daß eine physikalische Größe namens Entropie so lange wächst, bis sie ihr Maximum erreicht hat. In diesem Fall spricht man vom Gleichgewicht des betrachteten Systems.

Maxwell glaubte an die tiefe Wahrheit dieses Hauptsatzes, und deshalb wollte er ihn gegen alle Eventualitäten absichern. Er dachte sich alle möglichen Verletzungen aus, nur um die dazugehörigen Prozesse als unvereinbar mit physikalischen Gesetzen entlarven zu können, und dies klappte auch, bis auf ein Gedankenexperiment, das er 1871 anstellte und das uns bis heute beschäftigt. Damals hat Maxwell den heute unter seinem Namen zitierten »Dämonen« erfunden, der ein winziges Wesen sein soll, das in der Lage ist, schnelle von langsamen Molekülen zu unterscheiden. Maxwell stellte sich einen gasgefüllten Ka-

11 Der Erste Hauptsatz der Wärmelehre besagt, daß die Energie der Welt konstant ist. Energie kann verwandelt, aber weder erzeugt noch vernichtet werden. Ihn werden wir näher bei Hermann von Helmholtz kennenlernen.

sten vor, der durch eine Trennwand in zwei Hälften geteilt ist. In der Trennwand befindet sich ein Loch, und darüber wacht der Dämon. Wenn von links ein schnelles Molekül kommt, läßt er es nach rechts durch, und wenn von rechts ein langsames Molekül kommt, läßt er es nach links durch. Ansonsten versperrt er den Durchschlupf.

Läßt man den Dämon gewähren, sortiert er die Moleküle, und wenn der Kasten vorher überall dieselbe Temperatur zeigte, dann wird bald die rechte Hälfte mit den schnellen Molekülen wärmer und die linke Hälfte mit den langsamen Molekülen kälter geworden sein. So ein Vorgang wird nicht beobachtet und der Zweite Hauptsatz verbietet ihn, und so soll es auch sein. Doch Maxwell hatte trotzdem eine Frage, und die lautet: Warum kann es solch einen Dämon nicht geben? Was hindert die Natur daran, solch eine Einrichtung zu entwickeln? Oder was verbietet einem Techniker, solch ein Maschinchen zu konstruieren, das doch ziemlich umfassende Folgen hätte, wenn es möglich wäre? Wenn man nämlich tatsächlich einen Dämonen dieser Art bauen könnte, ließe sich stets leicht eine Temperaturdifferenz herstellen, und die kann stets in Arbeit umgewandelt werden. Umweltfreundlicher ginge es nicht mehr.

Maxwell vermutete, daß es keinen Dämon geben könne, daß aber die Theorie der Wärme und die statistische Physik noch nicht vollständig genug waren, um dessen Unmöglichkeit beweisen zu können. Es mußte irgendeine noch zu erfindende oder entdeckende Größe geben, die hier eine Rolle spielt, und er sollte recht behalten. Heute läßt sich gut verstehen, was schiefgeht, wenn ein Dämon operieren soll, der natürlich nicht sehr groß sein darf. Den Schlüssel zur Lösung liefert der Begriff der Information, der mit der Entropie und dem Zweiten Hauptsatz zu tun hat. Und ohne die Details der Lösung beschreiben zu können, läßt sich sagen, daß ein Dämon ja viele Informationen braucht, um seine Trennaufgabe durchführen zu können, und er nimmt unentwegt weitere Daten auf, denn er muß ja jedes Molekül vermessen und das Ergebnis speichern. Irgendwann reicht seine Speicherkapazität nicht mehr aus, er muß etwas löschen, und dabei gerät er so durcheinander, er kommt so durch die Wärme des Vorgangs ins Wackeln, daß er seine eigentliche Aufgabe nicht mehr erfüllen kann.

Der Dämon hat Maxwell am Ende seines zu kurzen Lebens beschäftigt. Am Anfang seines wissenschaftlichen Lebens steht die Beschäftigung mit der Farbe, wobei die Behauptung der Biographen, Maxwell habe die Farbmessung (»Colorimetrie«) erfunden, zutrifft.[12] Wir wollen dies auf sich beruhen lassen und abschließend erzählen, wie er dazu gekommen ist, die erste Farbphotographie vorzuführen. Diese Geschichte lohnt deshalb, weil Maxwell dabei mehr Glück als Verstand hatte, wie man salopp sagen könnte.

Ausgangspunkt seiner entsprechenden Bemühungen war die Dreifarbentheorie, die er von Thomas Young übernommen und verbessert hatte. Young hatte um 1810 gezeigt, daß die drei Farben Rot, Blau und Grün ausreichten, um all die vielen anderen Töne mischen zu können, die das Auge zu unterscheiden wußte. Maxwell machte rasch deutlich, daß man nicht nur die drei, sondern irgendein Trio nehmen konnte, sofern diese nur deutlich genug zu unterscheiden sind. Diese Idee ließ ihn die heute bestätigte Vermutung äußern, daß es auch im Auge nur drei Farbempfindlichkeiten gebe und all die vielen Nuancen, die wir unterscheiden können, durch Mischung dieser drei Grundfarben zustande kommen.

Aus der Dreifarbentheorie schloß Maxwell, daß man ein Farbphoto herstellen könnte, wenn man ein und dieselbe Szene durch drei Farbfilter hindurch aufnimmt und die dabei erhaltenen Bilder kombiniert. Er hatte tatsächlich Erfolg, und 1861 führte er bei einer Vorlesung in London das erste Farbbild der Welt vor, das Bild von einem Schottenrock. Maxwells Erfolg stellt ein Rätsel für die Nachwelt dar, denn die von ihm benutzten photographischen Emulsionen waren überhaupt nicht empfindlich für das Licht, das uns rot erscheint. Wie konnten

12 Maxwell hatte übrigens auch als erster die Idee, daß Farbenblindheit dadurch erklärt werden kann, daß den betroffenen Personen der eine oder andere entsprechende Farbempfänger im Auge fehlt.

dann die roten Streifen des Schottenrocks auf das Bild kommen?

Genauere Nachprüfungen mit modernen Instrumenten haben gezeigt daß Maxwell in diesem Fall das Glück des Tüchtigen hatte. Es zeigte sich zum einen, daß der Rotfilter, den Maxwell benutzte, auch ultraviolettes Licht durchließ, und zum zweiten, daß das Rote des Rocks gerade viel UV reflektierte. Glück gehabt.

Im Anschluß an diesen Vortrag sind Maxwell und Faraday gemeinsam zum Essen gegangen, und wenn mich jemand fragte, welches Ereignis der Vergangenheit ich gerne selbst erlebt hätte, dann würde ich antworten, daß ich am liebsten mit den beiden zusammengesessen und bei ihrer Unterhaltung zugehört hätte. Faraday, der alles ohne Mathematik verstand, und Maxwell, der alles durch Mathematik verständlich machte. Der große durchschauende Experimentator, der die elektrischen und magnetischen Felder geahnt und sichtbar gemacht hat, und der große durchblickende Theoretiker, der sie zum elektromagnetischen Feld vereinigte und damit das Licht verständlich machte. Wenn sich die Menschen im Jahre 10 000 – so hat es der später noch ausführlich vorgestellte Physiker Richard P. Feynman einmal behauptet – noch an das 19. Jahrhundert erinnern, werden sie davon nur wissen, daß damals Maxwell gelebt hat. Sollten wir uns nicht schämen, daß wir so wenig von ihm wissen?

Aus der Alten Welt

Hermann von Helmholtz (1821–1894)
Gregor Mendel (1822–1884)
Ludwig Boltzmann (1844–1906)

Der zentrale Gedanke in der zweiten Hälfte des
19. Jahrhunderts – so heißt es oft – sei die Idee des
Wandels gewesen. Immerhin hat in dieser Zeit
Darwin die Anpassung der Arten und damit die
biologische Evolution beschrieben, und in der
Physik hat man die Umwandlung der Energie in
den Griff bekommen, die Maschinen leisten
können. Es geht dabei um eine bis heute
umstrittene Qualität namens Entropie, und die
drei Begriffe mit dem großen E – Energie,
Entropie und Evolution – beherrschen das
wissenschaftliche Denken vor der
Jahrhundertwende. Um mit dem Wandel
fertigzuwerden, versuchen die Forscher, ewige
Gesetze zu formulieren, und dies gelingt ihnen
sowohl in der Physik als auch in der Biologie. Sie
formulieren in den Hauptstädten Berlin und Wien
die berühmten Hauptsätze der Wärmelehre, und
in einem stillen Klostergarten entdeckt einer von
ihnen die noch berühmteren Regeln der
Vererbung.

Hermann von Helmholtz

*oder
Der Reichskanzler der Physik*

Hermann von Helmholtz beherrschte wie kein zweiter die Naturwissenschaft seiner Zeit – die zweite Hälfte des neunzehnten Jahrhunderts –, und zwar in mehrfacher Hinsicht. Helmholtz beherrschte sie innerlich und äußerlich: Was die inhaltliche Seite angeht, so kannte er sich auf nahezu allen Gebieten aus, und in vielen Bereichen stammten wesentliche Einsichten und Entwicklungen von dem universalen Helmholtz selbst – so hat er zum Beispiel 1847 als 26jähriger das Prinzip von der Erhaltung der Energie formuliert[1], er hat nur wenig später den Augenspiegel erfunden, er hat als Vierzigjähriger eine umfassende physiologische Optik entworfen, er hat danach eine »Lehre von den Tonempfindungen« in Angriff genommen und sich dabei an eine naturwissenschaftliche Begründung der Harmonielehre herangewagt, und damit haben wir nur einige Gebiete des Wissens nennen können, auf denen Helmholtz voran-

---

[1] Heute spricht man in dem Zusammenhang vom 1. Hauptsatz der Wärmelehre (Thermodynamik), demzufolge die Energie der Welt konstant ist. Energie kann weder vernichtet noch erzeugt, sondern nur von einer Form in eine andere umgewandelt werden, also etwa von Bewegungs- in Wärmeenergie (durch Reibung). Wenn es einen 1. Hauptsatz gibt, dann muß es auch einen 2. Hauptsatz geben. Das stimmt auch, und dieser Satz hat es in sich. Wir haben schon von ihm gehört, als es um Maxwell ging, und wir werden ihn noch näher kennenlernen, wenn wir Ludwig Boltzmann vorstellen.

schritt. Was die konzeptionelle Seite angeht, so bestimmte er das Forschungsprogramm seiner Epoche, und was ihm dabei im Detail vorschwebte, würden wir heute mit der Bezeichnung »Physikalismus« versehen. In seinen Worten aus dem Jahre 1869, vorgetragen auf dem Innsbrucker Treffen der deutschen Naturforscher: »Endziel der Naturwissenschaften ist, die allen Veränderungen zugrundeliegenden Bewegungen und deren Triebkräfte zu finden, also sie in Mechanik aufzulösen.«[2] Und was schließlich noch die politisch-organisatorische Seite angeht, so beherrschte Helmholtz die Wissenschaft seiner Zeit aufgrund der Stellungen, die er einnahm und die ihm in Anklang an Otto von Bismarck den Beinamen »Reichskanzler der Physik« einbrachten, der seine Gelehrtenrepublik regierte. Seine letzte große Position war die des ersten Präsidenten der 1888 gegründeten Physikalisch-Technischen Reichsanstalt in Berlin-Charlottenburg. Die Einrichtung eines solchen »Instituts für die experimentelle Förderung der exakten Naturforschung und Präzisionstechnik« hatte Helmholtz nicht nur selbst vorgeschlagen und durch eine Denkschrift aus eigener Feder gefördert (unter Mithilfe einiger Freunde, zu denen zum Beispiel auch Werner von Siemens gehörte), er hatte auch empfohlen, daß ihm als Präsidenten jährlich ein Gehalt von 24000 Mark zu zahlen war – und zwar neben seinem anderen Salär von 6900 Mark, das er von der Preußischen Akademie der Wissenschaften erhielt. Eine exorbitante Besoldung, die tatsächlich vom preußischen Staat bewilligt wurde.[3]

Helmholtz beeindruckte die Menschen, und er war ein preußischer Star, der in Öl gemalt wurde – zum Beispiel von dem Maler Franz von Lenbach, dessen Porträts eine majestätische

---

2 Die Triebkräfte waren mechanisch gemeint. Sie hatten so wenig mit sexuellen Trieben zu tun wie die Triebwagen der Deutschen Bundesbahn.

3 Als Helmholtz um 1850 seine erste Stelle antrat, verdiente er 600 Taler im Jahr (Mark – Goldmark – gab es erst 1871 nach der Reichsgründung), was nicht ausreichte, um seine Braut zu heiraten und eine Familie ernähren zu können.

Erscheinung zeigen, eine souveräne Person, deren intelligente Augen und breite Stirn die überragende Bedeutung erkennen ließen, die Helmholtz hatte. In einer Rede zum eigenen 70. Geburtstag (1891) legte er offen, was für ihn Ausgangspunkt aller Erkenntnis war, nämlich »der Trieb, die Wirklichkeit durch den Begriff zu beherrschen«. Helmholtz und die anderen Wissenschaftler versprachen immer mehr Fortschritt und immer mehr Macht über die Natur. Und man nahm ihnen jedes Wort ab. Niemals wieder war das Professorentum so angesehen wie in der Zeit, in der er lebte, und nirgendwo vertraute man einem Hochschullehrer mehr als in Deutschland, und unter allen preußischen Lehrstühlen für Physik hatte Helmholtz den vornehmsten inne, das Ordinariat in der Hauptstadt Berlin.

Um so tiefer muß ihn die Einsamkeit getroffen haben, die ihn ganz zuletzt am Ende seines Lebens umgeben hat. Einer seiner Söhne war gestorben, der bewunderte Freund Siemens war ebenso verschieden wie Helmholtz' genialer Schüler Heinrich Hertz und der hochverehrte Kollege August Kundt. Als Helmholtz im Spätsommer 1894 starb, war er geistig verwirrt, wie seine Frau Anna in einem Brief an ihre Schwester schreibt:

> *»Seine Gedanken gehen wirr durcheinander, Wirklichkeit und Traumleben, Wünsche und Geschehenes, Ort und Zeit sind in nebelhaft schwankender Bewegung vor seiner Seele – meist weiß er nicht, wo er ist – glaubt auf Reisen, in Amerika, auf dem Schiffe zu sein. Es ist immer, als wäre seine Seele weit, weit weg, in einer schönen edlen Sphäre, wo nur Wissenschaft und ewige Gesetze herrschen – dann stimmt das mit nichts, was ihn um gibt, und er wird unklar und irre ...«*

Der Rahmen

Kurz bevor Helmholtz 1821 geboren wird, schreibt die 20jährige Mary Shelley ihren berühmten *Frankenstein*. In seinem Geburtsjahr hebt die katholische Kirche den Bann gegen das kopernikanische Weltsystem auf, und die USA haben rund 10 Millionen Einwohner. 1822 entziffert Champollion die ägyptischen Hieroglyphen, Nièpce stellt die erste Photographie her, die Gesellschaft Deutscher Naturforscher und Ärzte wird gegründet, und Auguste Comte legt seinen *Plan der wissenschaftlichen Arbeiten zur Reorganisation der Gesellschaft* vor. Ein Jahr später beginnt die industrielle Herstellung von Seife. Beethoven komponiert seine 9. Symphonie und der amerikanische Präsident verkündet die nach ihm benannte Monroe-Doktrin, »Amerika den Amerikanern«. 1826 komponieren Schubert *Der Tod und das Mädchen* und Mendelssohn Bartholdy den *Sommernachtstraum*, und 1828 gelingt es dem Chemiker Wöhler, Harnstoff im Reagenzglas zu synthetisieren, »ohne dafür eine Niere zu brauchen«, wie er schreibt.

Vierzig Jahre später gibt es das erste transatlantische Kabel (1866), das Dynamit (1866) und den Wechselstromgenerator (1867), und dann kommt es zum Deutsch-Französischen Krieg, der 1871 mit der Gründung des Deutschen Reiches in Versailles und der Kaiserproklamation endet. Der große Politiker seiner Zeit ist der Reichskanzler Bismarck, der nach außen Frieden stiftet und nach innen einen Kulturkampf führt und gegen die Sozialisten streitet. Sein Sozialistengesetz von 1878 wird erst 1890 aufgehoben. Deutschland wird in diesen »Gründerjahren« modern – die zivile Eheschließung kommt ebenso wie die Krankenversicherung (1883) und vieles andere –, und seine Industrie erfährt ihren großen Aufschwung, weil sie auf Forschung setzt. 1884 werden Kunstseide aus Zellulose hergestellt, die Nipkow-Scheibe als Vorläufer des Bildschirms entwickelt und sowohl der Rollfilm als auch der Füllhalter erfunden. Als Helmholtz 1894 stirbt, hat man mit dem Bau der Transsibirischen Eisenbahn begonnen (1891) und den Dieselmotor erfunden (1893). Frankreich verstrickt sich in die »Affäre Dreyfus«, und es dauert noch ein Jahr, bis Röntgen eine »neue Art von Strahlen« entdeckt und Alfred Nobel den Preis stiftet, den Röntgen als erster erhalten wird – dann hat aber schon das 20. Jahrhundert begonnen.

Das Porträt

Nach Ansicht von James Clerk Maxwell war Hermann von Helmholtz[4] ein »intellectual giant«, und der Schotte bewunderte vor allem die »Gründlichkeit« des Deutschen bzw. Preußen, der seine Spuren in so vielen Fächern der Wissenschaft hinterlassen hatte. Wir wollen uns einige dieser Marksteine anschauen und können dabei Helmholtz als Arzt, als Physiker, als Physiologen und als Philosophen in Aktion sehen.

Geboren wurde Helmholtz 1821 in Potsdam, und zwar als erstes Kind eines Gymnasiallehrers und einer preußischen Offizierstochter. Der kleine Hermann wurde humanistisch gedrillt, und er lernte neben Latein und Griechisch noch Hebräisch, Italienisch, Arabisch, Französisch und auch ein wenig Englisch. Als der heranwachsende Knabe trotz all der Antike im Kopf Physik studieren wollte, lehnte der Vater dies zwar als zu teuer und als »brotlose Kunst« ab, ließ aber den Kompromiß eines Medizinstudiums zu. Als Ergebnis trat der 17jährige Abiturient 1838 in die Pepinière[5] in Berlin ein, die er 1842 als promovierter Anatom (!) verließ, um erst an der Charité eine Form von Assistenzzeit zu absolvieren und danach seine zweijährige Verpflichtung als preußischer Militärarzt abzu(ver)dienen.[6]

Helmholtz langweilte sich zwar bei den ärztlichen Handgriffen und Verrichtungen, die ihm nun auferlegt waren, aber seine Beschäftigung mit der damaligen Medizin hatte den Vorteil, daß er mit eigenen Augen sah, wie eine Disziplin unter dem Zugriff der exakten Naturwissenschaften verwandelt wurde. Und die entscheidende konzeptionelle Entwicklung hatte mit

---

4 Die Erhebung in den Adelsstand wurde vom Kaiser, Wilhelm I., 1883 vorgenommen.

5 Die Pepinière diente dem preußischen Staat zur Ausbildung von Militärärzten; offiziell hieß sie Medizinisch-chirurgisches Friedrich-Wilhelm-Institut. Hier ging es streng zu, und Helmholtz hatte 42 Stunden reinen Unterricht in 12 Fächern.

6 Durch diese Dienstverpflichtung konnte Helmholtz kostenlos studieren.

der Frage zu tun, ob es eine autonome Lebenskraft (»vis vitalis«) gebe, die der Materie das ermöglicht, was wir »Leben« nennen, oder ob hier ausschließlich die Gesetze der Physik ihre Wirkung taten und alles Biologische letztlich auf Physik bzw. Mechanik zurückgeführt werden kann, ob Leben nichts als Physik und Chemie ist. Die meisten von Helmholtz' Lehrern – etwa der bekannte Physiologe Johannes Müller, dessen *Handbuch der Physiologie des Menschen* um 1840 das Denken beherrschte – hielten noch an einer vitalistischen Auffassung fest. Ihnen mußte die Vorstellung einer ausschließlich mechanischen Erklärung der Lebensvorgänge als grauenhaft erscheinen[7], obwohl die Chemiker rund ein Dutzend Jahre zuvor bereits eine scheinbar grundsätzliche und ewig bestehende Schranke eingerissen hatten, nämlich die zwischen den anorganischen Teilen der toten Materie und den organischen Bausteinen der lebenden Körper. Organische Substanzen wie Harnstoff ließen sich seit einigen Jahren aus einfachen Vorläufern mit einfachen Tricks (Erhitzen) im Reagenzglas herstellen (und bald sollten die Seide und kompliziertere Substanzen folgen). Eine Niere, eine Drüse oder ähnliche vitale Vorrichtungen brauchten die Chemiker dazu nicht mehr.

Die Moleküle des Lebens waren eine Sache, aber die Kräfte des Lebens waren eine andere, und über ihre Herkunft und ihren Verbrauch dachte Helmholtz nach, während er als junger Militärarzt seine Dienstpflicht erfüllte: »Im nächsten Quartal habe ich Lazarettwache«, wie er seinem Freund Emil Du Bois-Reymond um 1845 schrieb, »da werde ich hauptsächlich Konstanz der Kräfte treiben.« Der entscheidende Ausdruck[8] ist da-

---

7 Der Ausdruck »mechanisch« ist natürlich alles andere als leicht zu verstehen. In der damaligen Zeit dachte man dabei immer an so etwas wie eine Maschine, die mechanisch lief, wobei eine Maschine eher ein stampfendes Ungetüm als eine raffinierte Konstruktion war.

8 Für Helmholtz hatten die Begriffe »Kraft« und »Energie« etwa die gleiche Bedeutung. Die saubere Trennung, die die heutige Physik vornimmt – Energie ist Kraft mal Weg –, gab es damals noch nicht.

bei die »Konstanz«, denn er weist auf eine philosophische Grundhaltung von Helmholtz hin, die dieser den Schriften von Immanuel Kant entnommen hatte. Helmholtz hatte viel von Kant gelesen und dabei vor allem dessen Ansicht übernommen, daß die Möglichkeit, Wissenschaft zu treiben und wissenschaftliche Gesetze zu finden, auf einer zentralen Annahme beruhe, der Annahme nämlich, daß allen natürlichen Veränderungen grundlegende Invarianzen entsprechen müssen. Irgendwelche Dinge müssen erhalten und konstant bleiben, und die lassen sich vom Verstand erkennen, und nur unter diesen Voraussetzungen ist eine wissenschaftliche Einsicht möglich.

Helmholtz suchte also nach einer grundlegenden und unveränderlichen Größe, die hinter allen physiologischen Erscheinungen steckt, und er ahnte schon, was sie sein könnte, die Kraft oder die Energie nämlich, mit der alle Bewegungen oder Änderungen möglich wurden. Helmholtz richtete sich ein Laboratorium ein, in dem er sich mit den Wärmeerscheinungen in unseren Körpern beschäftigte[9], etwa mit dem Schwitzen bei starker körperlicher Arbeit. »Über den Stoffwechselverbrauch bei Muskelaction« – so hieß seine erste Veröffentlichung aus dem Jahre 1845, in der Helmholtz die immer noch gängige Vorstellung einer besonderen Lebenskraft der Körper kritisierte. Seine Beobachtungen zeigten vielmehr, daß es die Muskelbewegungen waren, die für die körpereigene Wärme sorgten. Zusammen mit seinen Analysen von Fäulnis und Gärung konnte er seine entscheidende Einsicht gewinnen, die heute als Energiesatz bzw. 1. Hauptsatz der Wärmelehre bekannt ist und die er 1847 mit einem Vortrag *Über die Konstanz der Kraft* und mit einer Schrift *Über die Erhaltung der Kraft* vorstellte bzw. veröffentlichte.

An dieser Stelle tauchen zwei seltsame Probleme auf. Zum einen das der Originalität, denn Helmholtz war nicht der erste,

---

9 Helmholtz hat natürlich auch Tierversuche gemacht und viele Frösche für die Wissenschaft geopfert. Aber wir wollen das nicht an die große Glocke hängen.

248

der die Beobachtung von der Unzerstörbarkeit der Energie gemacht und publiziert hatte. Der aus Heilbronn stammende Arzt Julius Robert Mayer hatte bereits 1845 von der Umwandelbarkeit der Energie gesprochen und sogar schon ein »mechanisches Wärmeäquivalent« ermittelt, das angibt, wie mechanische Arbeit (Bewegung) zu Hitze (Schwitzen) wird. Nun findet sich in der Arbeit von Helmholtz kein Hinweis auf Mayer, und es dauerte nicht lange, bis unterstellt wurde, der noch keine 30 Jahre alte Helmholtz habe bewußt so gehandelt. Seine persönliche Integrität scheint allerdings so stark gegen diesen Verdacht zu sprechen, daß wir diesen Punkt nicht weiter verfolgen wollen, vor allem, weil er von dem zweiten Problem ablenkt, das historisch viel spannender ist. Gemeint ist die zwar wenig beachtete, aber unbestreitbare Tatsache, daß der bald als Fundament der Physik genutzte Energiesatz zur gleichen Zeit von zwei Menschen formuliert wird, die beide zunächst gar nichts mit der Physik zu tun haben, wenn sie beide auch den gleichen Beruf ausüben – den des Arztes nämlich.

Beide Wissenschaftler befaßten sich mit der Wärmeerzeugung im menschlichen Körper[10], und beide kamen zu dem Schluß, daß es eine unveränderliche Größe geben müsse, die heute Energie heißt, wobei dieser Ausdruck zum ersten Mal im 18. Jahrhundert benutzt wurde und das Werk oder die Tat meinte, die jemand verrichtete.

Es scheint, daß das Auftauchen dieser Naturgesetzlichkeit der Energieerhaltung auf einen tieferen Vorgang hinweist, der sich in den Seelen der Menschen abspielt[11] und in dem Bereich der Wissenschaften an die bewußte Oberfläche kommt, der den stärksten Wandel erfährt. Dieses Erkennen der Seele kann mit

10 Julius Robert Mayer war als Schiffsarzt unterwegs gewesen und weit herumgekommen. Er hatte bei Aderlässen bemerkt, daß das ansonsten dunkle Venenblut der Europäer (wenig Sauerstoff) in wärmeren tropischen Regionen eine ähnlich hellrote Farbe annahm wie das Arterienblut (viel Sauerstoff).
11 Diesen Punkt können wir hier nur antippen. Etwas mehr dazu findet sich in dem vorangehenden Band »Aristoteles & Co.« im Kapitel über Johannes Kepler.

der »Nachtseite der Natur« zusammenhängen, wie die zweite Ebene der Wirklichkeit, die hinter allen Dingen zu stecken scheint, von der romantischen Philosophie genannt wurde. Mayer war ein Anhänger dieses Denkens, und wenn Helmholtz sich auf Kant beruft, dann nicht unbedingt auf den berühmten Aufklärer, sondern auf den Naturphilosophen, der den invarianten Hintergrund der Natur betont, vor dem allein es möglich wird, allgemeingültige Sätze der Wissenschaft zu formulieren.

Lassen wir diese Spekulationen beiseite und kehren zu dem jungen Arzt Helmholtz zurück, der sich über die Bedeutung seiner Arbeit zur Erhaltung der Energie im klaren ist und seiner Verlobten Olga von Velten schreibt, daß er bald – nach ein paar weiteren Versuchen – beginnen könne, »mit meinen Produkten den literarischen Markt zu überschwemmen«. Tatsächlich erringt Helmholtz rasch die gewünschte wissenschaftliche Anerkennung, und er bekommt eine Stelle als Lehrer für Anatomie an der Kunsthochschule der Akademie in Berlin. Und nach seiner Befreiung vom Militärdienst und der immer weniger geliebten ärztlichen Praxis im September 1848 kann er sich nahezu ausschließlich mit wissenschaftlichen Fragen beschäftigen. Es dauert allerdings immer noch mehr als zwanzig Jahre – bis Ostern 1871, um genau zu sein –, bis sich sein eigentlicher Traum erfüllt, der darin besteht, sein Leben ganz der Physik widmen zu können. Erst zu diesem Zeitpunkt – im Jahr der Reichsgründung – wird Helmholtz Ordinarius für dieses Fach in Berlin, und er kommt hierher nach einem Umweg über Königsberg, Bonn und Heidelberg, wo er als Physiologe und Anatom gelehrt und gearbeitet hat.

In Königsberg hat Helmholtz unter anderem versucht, die Geschwindigkeit zu messen, mit der eine Erregung sich an den Nerven entlang ausbreitet, um zuletzt einen Muskel zu aktivieren. Die zu diesem Zwecke benötigten Instrumente – ein Gerät zur Ermittlung der Muskelspannung und eine Uhr zur Messung kleinster Zeiteinheiten – mußte er dabei selbst entwerfen und bauen. So erfolgreich Helmholtz als Forscher in Königsberg war, seine Frau vertrug das Klima Ostpreußens nicht. Sie litt unter Tuberkulose, und Helmholtz suchte eine südlichere Universität, die er – nach einem Zwischenspiel in Bonn – in Heidelberg fand. Als er 1857 nach Baden kam, war es für seine Frau allerdings schon zu spät. Sie starb wenig später und ließ ihn mit zwei noch kleinen Kindern zurück. 1861 heiratete Helmholtz erneut, und zwar die Professorentochter Anna von Mohl.

Was die Wissenschaft angeht, so hat Helmholtz sich in den Heidelberger Jahren vor allem um die Sehvorgänge gekümmert und sein großes *Handbuch der physiologischen Optik* in drei Bänden vorgelegt.[12] In diesem Werk kümmert sich der Autor umfassend um die Theorie der Farben, und er führt die drei Variablen ein, die bis heute verwendet werden, um eine Farbe zu charakterisieren – den Farbton, die Sättigung und die Helligkeit. Helmholtz war auch der erste, der verschiedene Formen der Farbmischung genauer unterschied und darauf hinwies, daß etwas anderes herauskommt, wenn man gelbes und blaues Licht kombiniert (»additive Mischung«), als wenn man gelbe und blaue Wasserfarben übereinander malt (»subtraktive Mischung«). Was die Mischungen selbst angeht, so ging Helmholtz mit der Zeit bzw. mit seinen Kollegen, die seit dem Beginn des 19. Jahrhunderts annahmen, daß es drei Grundfarben

12 Mit dem Auge hatte sich schon der junge Arzt Helmholtz gerne beschäftigt, der bekanntlich den Augenspiegel (Ophthalmoskop) erfunden hat, der für den Augenarzt unentbehrlich geworden ist. Helmholtz nutzte das Phänomen, daß Glas Licht sowohl reflektiert als auch durchläßt. Wenn Licht nun von einer seitlich angebrachten Quelle erst auf eine schräge Glasplatte und dann von dieser durch die Pupille ins Augeninnere gelangt, um anschließend durch das Glas hindurch zu kommen und hier betrachtet zu werden, dann erscheint aufgrund des optischen Apparates des Auges der Augenhintergrund für den betrachtenden Arzt vergrößert, der die Netzhaut mit ihren darunterliegenden Blutgefäßen in rosigem Schimmer leuchten sieht. Helmholtz hat diesen Effekt seinen zuerst ungläubigen Kollegen mit Katzen vorgeführt, die eine besonders stark reflektierende Netzhaut besitzen. Man sollte sich noch klarmachen, daß die ersten Augenspiegel Kerzen als Lichtquellen benutzen mußten.

gibt, aus denen sich alle anderen komponieren lassen, wobei er selbst sich für das Trio Rot-Grün-Blauviolett entschied.[13]

Helmholtz' Untersuchungen zum Sehen wurden dabei durch die stets präsente Analogie von Auge und Ohr geleitet. Die erwähnten drei Variablen der Farbempfindung hatte er passend zu den drei Parametern des Klangs gewählt, der Lautstärke, der Tonhöhe und der Klangfarbe. Der Unterschied zwischen den akustischen Erscheinungen und den Farbwahrnehmungen besteht dabei vor allem darin, daß das Auge die Komponenten einer gemischten Farbe nicht unterscheiden kann, während das Ohr sehr wohl in der Lage ist, die Elemente eines einzelnen Tons zu identifizieren. In Helmholtz' Worten aus dem Jahre 1857:

>*Das Auge kann zusammengesetzte Farben nicht voneinander scheiden; gleichgültig, ob in der Mischfarbe Grundfarben von einfachen oder nicht einfachen Schwingungsverhältnissen vereinigt sind. Es hat keine Harmonie in dem Sinne wie das Ohr; es hat keine Musik.*«

So umfassend die Darstellung auch war, die Helmholtz von der physiologischen Optik gab, und so erfolgreich seine Handbücher den Lehr- und Forschungsbetrieb bestimmten – vor allem die englische Übersetzung übte eine enorme Wirkung aus –, so deutlich wurde ihm dabei, daß nicht alle optischen Phänomene direkt kausal mit dem bloßen Rückgriff auf physikalische Gesetzmäßigkeiten oder chemische Regelmäßigkeiten zu verstehen sind. Bei optischen Sinnestäuschungen, bei Problemen der Tiefenwahrnehmung oder der Frage nach der Farbkonstanz mußte Helmholtz auf psychische bzw. psychologische Faktoren

---

13 Die Idee der Dreifarbigkeit (Trichromatizität) geht, wie wir im Kapitel über Maxwell gesehen haben, auf den Engländer Thomas Young zurück. Heute unterscheidet man additive Grundfarben (Rot, Grün, Blau) von subtraktiven Grundfarben (Cyan, Gelb, Magenta), und es ist das zuletzt genannte Trio, das zum Beispiel bei Farbkopierern benutzt wird.

zurückgreifen, und diese Einsicht in die Notwendigkeit unphysikalischer Deutungen muß für den Kausalitätsfanatiker Helmholtz ein Graus gewesen sein. Aus diesem Grund sperrte er sich auch gegen die Ansichten, die einige Psychologen zu den Farben vortrugen. Ewald Hering wies zum Beispiel darauf hin, daß es ihm völlig gleich sei, ob ein Physiker die Farbe Gelb zusammenmischen könne. Für jeden Menschen sei Gelb eine »reine Empfindung«. Da werde einfach nichts gemischt, und aus diesem Grund müsse ein Naturforscher nicht mit drei, sondern mit vier Grundfarben arbeiten – mit Rot, Gelb, Grün und Blau.[14]

Bald fühlte sich Helmholtz nicht mehr wohl in der Physiologie und ihrer schwierigen Biophysik des Lebens, und er konzentrierte sich stärker auf die klassische Physik, die er dann vor allem von Berlin aus betreiben konnte. Er war als 50jähriger endlich in der Hauptstadt angekommen, und er war stolz auf die Reichsgründung und sein Vaterland. An dem vorangegangenen Kriegsgeschehen hatte er sowohl als Lazarettdirektor wie auch als Feldarzt (bei der Schlacht von Wörth) aktiv teilgenommen, und diese Art des politischen Interesses stand im deutlichen Gegensatz zu seinem offensichtlichen Desinteresse an der Revolution von 1848. Der Begriff des Fortschritts hatte bei Helmholtz nur Bedeutung im Rahmen der Naturwissenschaft, und politisch muß man den großen Forscher sicher weniger liberal und eher konservativ einschätzen. Auf jeden Fall liebte Helmholtz das Feierliche und Würdevolle und die erhabenen Reden, wobei seine Frau Anna sehr darauf achtete, daß kein Witzbold mit seinem Humor und seiner Heiterkeit die ernsten und feierlichen Runden störte. Der Wiener Ludwig Boltzmann, über den wir noch berichten werden und der oft zu Scherzen aufgelegt war, hat davon erzählt, wie er zwar bei einem Besuch beim »Reichskanzler der Physik« seinen ge-

---

14 Heute gilt als bekannt, daß zwar im Auge drei Farbempfänger (Rezeptoren) sitzen, daß aber im Gehirn vier auf die genannten Farben spezialisierte Nervenzellen die Wahrnehmung bestimmen. Sowohl Helmholtz als auch Hering haben recht, sowohl der physikalische als auch der psychologische Physiologe – bei den Farben jedenfalls.

wohnten Ton anschlagen wollte, dann aber von Frau von Helmholtz an etwas erinnert wurde: »Sie sind hier in Berlin!« Und »ein einziger Blick Helmholtz'« legte es Boltzmann nahe, sich tatsächlich zu mäßigen.

In der deutschen Hauptstadt grübelten die Physiker über ernsten Problemen, und Helmholtz strebte erneut danach, den Nachweis zu führen, daß die Kausalität überall und uneingeschränkt gültig ist. Von der Harmonie der Töne und der Ästhetik der Farben war nicht mehr viel die Rede, dafür ging es mehr um hydrodynamische Fragen, wenn Flüssigkeiten strömen, und um elektrodynamische Themen, wenn Licht sich ausbreitet. Als Helmholtz auf der Höhe seines Ruhmes und in Berlin war, hatte er seinen 50. Geburtstag schon gefeiert, und allmählich mußte er seinen Bemühungen, immer neue Gebiete mit immer neuen Ideen und Einsichten zu beherrschen, Tribut zollen, und trotz zahlreicher Arbeiten, die sich um für den Fachmann aufregende Details wie »elektromotorische Kräfte von elektrochemischen Elementen« und »galvanische Ströme durch Konzentrationsdifferenzen« kümmern, erzielte der älter werdende Helmholtz seine größten Erfolge, indem er seinem talentiertesten Schüler, Heinrich Hertz, die richtigen Fragen stellte. Helmholtz stellte diese Fragen nicht persönlich. Er war vielmehr verantwortlich für die Preisfragen, für deren Antworten die Berliner bzw. Preußische Akademie der Wissenschaften eine Auszeichnung verlieh. Und die Aufgabe, die sich Helmholtz für das Jahr 1886 ausgedacht hatte, lautete zum Beispiel, ob elektromagnetische Erscheinungen dazu führen können, daß auch nichtleitende (»dielektrische«) Materialien polarisiert (also ihre Ladungen getrennt) werden. Im Dezember 1887 produzierte Hertz zwar keine einfache Antwort, aber ihm war es gelungen, elektromagnetische Wellen herzustellen, und zwar genau die, die wir heute zum Radioempfang benutzen, und Hertz hatte dies geschafft unter Anwendung der von Helmholtz umgearbeiteten Theorie des elektromagnetischen Feldes, die ursprünglich von Maxwell stammte, wie wir gesehen haben.

Als diese aufregende experimentelle Forschung ablief, hatte Helmholtz selbst sich stärker philosophischen Themen zugewandt und unter anderem über *Das Denken in der Medicin,* über *Induction und Deduction* und über *Die Tatsachen der Wahrnehmung* nachgedacht und geschrieben. Ihn interessierte vor allem, wie naturwissenschaftliche Erfahrungs- und Begriffsbildung vor sich ging, und er hatte den hübschen Gedanken, daß alle Sinnesempfindungen, nachdem sie als Nervenimpulse im Gehirn angekommen sind, dort wahrgenommen und als »Nachricht für das Bewußtsein« gedeutet werden. Die Empfindung wird auf diese Weise zu einem Symbol. Bei der Wahrnehmung formiert sich – nach Helmholtz – eine Welt von Symbolen, in der der betrachtende Mensch die Struktur der wirklichen Welt wiederfindet.

Trotz aller Vorliebe für das »viele Philosophiren« mahnte Helmholtz sich selbst und seine Kollegen, diesen Teil der Arbeit nicht zu übertreiben. Dabei entsteht »zuletzt eine Demoralisirung«, die »die Gedanken lax und vage macht«, wie er 1869 einmal geschrieben hat. »Ich will sie erst wieder eine Weile durch das Experiment und durch Mathematik discipliniren und dann wohl später wieder an die Theorie der Wahrnehmung gehen.«

Vielleicht zeigt man nur eine Seite der Medaille, wenn man sagt, daß Helmholtz die Wissenschaft seiner Zeit beherrschte. Ebenso gut beherrschte seine Zeit ihn, denn in seinen über die Details der Physik hinausgehenden Texten begegnen wir einem Mann des 19. Jahrhunderts, der keinen Zweifel an Qualität und Präzision seiner Wissenschaft hegt und ihre Genauigkeit über alles stellt. Helmholtz möchte alles zerlegen und auf Physik zurückführen und der Welt die umfassende Kausalität zum Geschenk machen, und er ist sicher, auf dem richtigen Weg zu sein, für sich und die anderen. Mit seinem Selbstbewußtsein erwacht das der Wissenschaftler allgemein, die in der zweiten Hälfte des 19. Jahrhunderts erleben können, wie ihre Forschung zu einem professionellen Projekt wird, in dem es immer mehr spezialisierte Bereiche mit immer besser ausgewiesenen Fachleuten gibt. Und diese Fachleute fangen an, gesellschaftlich akzeptiert zu werden. Die industrielle Revolution wirkt sich aus und erlaubt es vielen Chemikern, Physikern und Medizinern, in führende Positionen aufzusteigen oder sogar Unternehmer zu werden.

Wie sehr die gesellschaftliche Anerkennung der Wissenschaft in dieser Zeit zunimmt, erfährt vor allem Helmholtz, dessen Verabschiedung aus Heidelberg mit einem großen Festbankett begangen wird, an das sich ein Zeitgenosse wie folgt erinnert:

> *»Allen Teilnehmern werden die Worte, welche er und andere dort gesprochen, unvergeßlich bleiben – aber alle beherrschte auch das Gefühl, daß der größte Denker und Forscher Deutschlands dorthin gehöre, wo dem Gründer des Deutschen Reiches der gewaltigste Staatsmann und der genialste Feldherr zur Seite standen.«*

Der neue Ordinarius für Physik also in einer Reihe mit Kaiser Wilhelm I., Reichskanzler Bismarck und Generalfeldmarschall Moltke. Da hörte tatsächlich jeder Spaß auf.

Gregor Mendel

oder
Der Physiklehrer im Garten

Gregor Mendel hat sich viele Jahre Zeit gelassen, um seine schließlich 1866 publizierten *Versuche über Pflanzen-Hybriden* durchzuführen, aus denen sich die berühmten Gesetze der Vererbung herauslesen lassen, die letztlich eine Revolution der Wissenschaft vom Leben ermöglicht haben. Aber die Nachwelt hat sich zunächst viele Jahrzehnte Zeit gelassen, um Mendels Ergebnisse zur Kenntnis zu nehmen und anzuwenden. Die Vererbungslehre – oder Genetik – kommt erst im 20. Jahrhundert wirklich in Schwung. Ihre Geschichte beginnt im Jahre 1901, in dem mit über 30jähriger Verspätung die Regeln der Vererbung wiederentdeckt[1] werden, die den Lehrbüchern

---

1 Die Geschichte scheint hinreichend bekannt zu sein: Kurz nach 1900 werden die Mendelschen Gesetze (siehe die folgende Anmerkung) gleich von drei Biologen »wiederentdeckt«. Zwar haben die Historiker inzwischen durch eine »Feinanalyse« der Texte gezeigt, daß die drei Vererbungsforscher (Hugo de Vries, Erich Tschermak, Carl Erich Correns) ihre Hinweise auf Mendel erst nachträglich eingefügt haben und dies vermutlich auch nur deshalb geschehen ist, um einen Prioritätsstreit untereinander zu vermeiden, doch geht diese Analyse an der eigentlich spannenden Frage vorbei. Und sie lautet, warum man nach 1900 plötzlich verstehen konnte, was Mendel gut 30 Jahre vorher klar war. Es ist nicht so, daß niemand Mendels Arbeiten von 1866 gelesen hat – sie werden sogar ein dutzendmal zitiert vor 1900 –, man hat ihn einfach nicht verstanden. Aber was hat man

nach auf Mendel zurückgehen und deshalb seinen Namen tragen. Die Mendelschen Erbgesetze[2] haben nach wie vor Bestand, sie werden uns deshalb zu Recht auf der Schule beigebracht und wir sollten sie – wenigstens in ihrer einfachen Form – parat haben und angeben können.

Das Kuriose ist nur, daß Mendel verblüfft wäre, wenn er erfahren würde, daß wir ihn als Vater der Vererbungsforschung feiern. Denn um Vererbung ist es ihm eigentlich gar nicht gegangen. Jedenfalls nicht auf den ersten Blick. Das Wort kommt in seiner Arbeit über die *Pflanzen-Hybriden* gerade einmal vor, und zwar erst im 136. Satz, in dem wir erfahren, daß sich eine »grüne Färbung« gerade nicht (!) vererbt.[3] Was Mendel mit

nicht verstanden bzw. konnte man zunächst nicht verstehen? Wir werden darauf weiter unten zu antworten versuchen.

2 Wenn man gründlich und deut(sch)lich sein will, gibt es drei Mendelsche Gesetze, die beim ersten Lesen immer unverständlich wirken: 1) Eine Kreuzung zwischen zwei reinerbigen Individuen, die sich in einem Erbfaktor unterscheiden, führt zu einer ersten Generation von Nachkommen, deren Individuen für den betreffenden Erbfaktor mischerbig sind, deren genetische Ausstattung (Genotypen) also gleich ist. 2) Kreuzt man die Mischerbigen dieser ersten Generation von Nachkommen untereinander, so spalten sich die unterschiedlichen Genotypen heraus; ihr Häufigkeitsverhältnis beträgt nach den Gesetzen der Kombinatorik 1:2:1. 3) Kreuzt man Varietäten, die sich in mehr als einem Faktor unterscheiden, so vererbt sich jedes einzelne Faktorenpaar nach dem Spaltungsgesetz.

Die Mendelschen Gesetze lassen sich einfacher formulieren, wenn man weiß, daß es um Erbfaktoren namens Gene geht, die von Eltern stammen und bei der Bildung von Samen und Eizellen erst getrennt und dann bei der Befruchtung neu gemischt werden. Mendel hat nun entdeckt, daß sich diese Gene zum einen mehr oder weniger frei aufspalten bzw. trennen können (Prinzip der unabhängigen Segregation oder Spaltungsregel), und daß sie sich zum zweiten wieder beliebig vermischen können (Unabhängigkeitsregel). Der Rest ist Kombinatorik.

3 Auf diese verwunderliche Tatsache hat mich Martin Egli (Brütten, Schweiz) hingewiesen, der an einer genaueren Analyse der *Versuche über Pflanzen-Hybriden* arbeitet. Sie soll im *Mannheimer Forum/ Neue Horizonte 96/97* veröffentlicht werden.

seinen Experimenten im Klostergarten vor allem im Sinn hatte, verrät ein Bericht, der am 9. Februar 1865 im *Brünner Tagblatt* erschienen ist und die Neuigkeiten enthielt, die von der Versammlung des Naturforschenden Vereins am Tag zuvor in Brünn zu melden waren. Mendel hatte bei dieser Gelegenheit gesprochen, und die Zeitung sagt ihren Lesern, worauf er bei seinem »längeren, besonders für Botaniker interessanten Vortrag« besonderen Wert gelegt hatte, nämlich darauf, daß die »Pflanzenhybriden ... stets geneigt waren, zur Stammart zurückzukehren«. Mit anderen Worten, Mendels Versuche sollten zeigen, daß Pflanzen, die durch Kreuzungen (Mischbildungen) entstanden sind, im Laufe von Generationen in ihrer Erscheinungsform nicht konstant bleiben und dazu neigen, wieder zum elterlichen Ausgangspunkt zurückzukehren.

Man könnte jetzt den Verdacht schöpfen, daß hier jemand versucht, die Möglichkeit der Entwicklung (Evolution) zu widerlegen, aber selbst wenn Mendel diese Absicht im Hinterkopf gehabt hätte, alle Biologen, die sich auf ihn berufen, haben ihn anders verstanden und an seiner Arbeit vor allem bewundert, daß sie die im Inneren der Pflanzen verborgenen Mechanismen experimentell und quantitativ zugänglich macht, die zur Weitergabe von Merkmalen – also zu ihrer Vererbung – führen. Und diesen Zugriff haben nachfolgende Generationen immer weiter verbessert und so die Wissenschaft von der Vererbung aufgebaut, die heute zu den spannendsten Gebieten zählt, auf denen man sich forschend umtun kann.

In unseren Tagen wird Genetik tatsächlich mit einer ungeheuren Hektik betrieben. Unter den beteiligten Wissenschaftlern ist eine Art Goldrausch ausgebrochen, und nichts könnte weiter von der tiefen Stille eines Klostergartens entfernt sein, in der ein penibler Mönch namens Mendel mit großer Ruhe Pflanzen kreuzt, als die bissige Geschäftig- und Betriebsamkeit, mit der die Genetik in diesen Jahren in ihre kommerzielle Phase eintritt. Das zentrale Objekt der wissenschaftlichen und wirtschaftlichen Begierde ist unter dem Ausdruck »Gen« bekannt[4],

---

4 Der Ausdruck »Gen« ist 1909 von dem dänischen Biologen Wilhelm

einem Wort, das Mendel noch nicht benutzte, obwohl er es war, der entdeckt hat, daß es überhaupt solche Erbfaktoren (Gene) gibt bzw. mit ihnen gerechnet werden kann. Wenn man nämlich mit einem Satz ausdrücken sollte, was Mendel – vielleicht entgegen seiner Absicht – für uns von Bedeutung entdeckt hat, dann könnte man sagen: Mendel hat gefunden, daß Vererbung partikulär passiert, daß es teilchenartige »Elemente« der Vererbung gibt, die von Eltern auf ihre Nachkommen übertragen werden und sich dabei frei trennen und unabhängig mischen können. Die Mendelschen Regeln sagen, was dabei quantitativ vor sich geht.

»Elemente« – so hat der Mönch selbst die von ihm erfaßten und verfolgten Einheiten der Vererbung genannt, und es ist oft gesagt worden, daß diese Elemente, die wir heute Gene nennen, für die Biologie die Rolle spielten, die die antiken Atome für die Physik übernommen haben. Die Atome waren Grundbausteine der Materie, die unangreifbar und unsichtbar im Inneren der Stoffe ruhten und unteilbar waren. Und die Gene waren Grundelemente des Lebens, die unangreifbar und unsichtbar im Inneren der Organismen ruhten und unteilbar waren.

Natürlich haben wir uns bis heute sehr weit von diesen Vorstellungen entfernt – sowohl was die Atome als auch was die Gene angeht –, aber die hier angedeutete Verbindung zwischen der Physik und der Biologie spielt eine große Rolle bei Mendel, denn es ist zu vermuten, daß ihm die Geburt der Genetik im Jahre 1865 nur aus dem Geist der Physik heraus gelungen ist, also dem Fach, das er studiert hatte. Es war vor allem der da-

Johannsen in die Wissenschaft von der Vererbung eingeführt worden. Johannsen hatte dabei eine Art Verrechnungseinheit im Sinn, die ihm half, über seine Kreuzungsexperimente (mit Bohnen) Buch zu führen. Wenn heute von einem »Gen« die Rede ist, meint man etwas ganz anderes, nämlich eine molekulare Struktur, die aus DNS besteht. Es ist keineswegs klar, wie das alte und das moderne Gen zusammenhängen, und es ist durchaus denkbar, daß es nur das Wort »Gen« gibt, aber keine Sache, die dazugehört. Die Frage muß hier offen gelassen werden. Für Mendel spielt sie keine Rolle.

mals sich nach und nach durchsetzende und aufblühende Gedanke, daß Atome nicht eine beliebige Hypothese der Physik sind, daß es sie vielmehr wirklich gibt und die Materie tatsächlich aus ihnen aufgebaut ist, der Mendel beeindruckt und geleitet hat.

Mendel hat eine gründliche Ausbildung in Physik erhalten, viel umfassender, als man das einem Augustinermönch zutrauen möchte. Aber der Abt des Brünner Klosters, in das er 1843 als 21jähriger Novize eingetreten war, hatte ihn dazu ausersehen, Physiklehrer zu werden, und so schickte man ihn auf die Universität nach Wien. Vermutlich litt Mendel unter Prüfungsangst, und so hat er die Lehrerprüfung gleich zweimal nicht bestanden. Das Kloster gab ihm daraufhin die Möglichkeit, seiner zweiten Leidenschaft neben der Wissenschaft zu frönen, der Gärtnerei, mit der er von seinem Elternhaus her vertraut war. Und hier im Klostergarten fing Mendel an, über viele Jahre hinweg von durchreisenden Händlern Pflanzensorten zu erwerben und anzubauen, bis er die richtige Sorte für die Experimente hatte, die ihm vorschwebten. Man darf sich dabei aber keinesfalls vorstellen, daß Mendel ein völlig von der Außenwelt abgeschnittenes Klosterleben geführt hat. Er hat seine Klostermauern oft verlassen und sich im Ausland umgesehen. 1862 zum Beispiel ist er in Paris und London gewesen, um sich Industrieausstellungen (!) anzusehen, und mehrfach hat er an der »Wanderversammlung Deutscher Bienenwirte« teilgenommen (um eine weitere Leidenschaft, die Imkerei, zum Zug kommen zu lassen).

Was bei den langjährigen botanischen Versuchen im Klostergarten herausgekommen ist, hat der Pater Gregor Mendel zum ersten Mal in zwei Vorträgen am 8. Februar und am 8. März 1865 bei Versammlungen des von ihm selbst gegründeten Naturforschenden Vereins in Brünn vorgetragen. Seine schließlich 1866 in den *Verhandlungen* dieser Gesellschaft publizierten *Versuche über Pflanzen-Hybriden* zählen zwar heute zu den Klassikern der wissenschaftlichen Literatur. Aber es hat mehr als drei Jahrzehnte gedauert, bevor man sie verstehen und ihre Tragweite abschätzen konnte. Die wissenschaftliche Welt war erst soweit, als unser Jahrhundert bereits begonnen hatte.

Der Rahmen

1822 ist ein großes Geburtsjahr für die Wissenschaft. Neben Mendel, der noch Johann heißt, kommen der französische Bakteriologe Louis Pasteur, der deutsche Physiker Rudolf Clausius und der französische Mathematiker Adolphe Hermite zur Welt. Die *Astronomischen Nachrichten* werden gegründet, und Joseph von Fraunhofer entdeckt, daß die nach ihm benannten Linien in den Spektren der Fixsterne anders liegen als in der Sonne. 1824 legt die englische Regierung per Dekret die Länge eines Yards fest (die Länge eines Pendels, dessen Schwingungsdauer eine Sekunde beträgt), und ein Jahr später transportiert George Stephensons »Locomotion No. 1« zum ersten Mal Passagiere und Fracht. Im selben Jahr verkündet Cuvier seine Katastrophen-Theorie der Erde, und 1826 formuliert Heinrich Olbers das nach ihm benannte Paradox, das auf die Frage hinausläuft, warum es nachts dunkel ist. Olbers wundert sich, wie es sein kann, daß der Nachthimmel schwarz ist, wenn doch alle Sterne im unendlichen Kosmos gleichmäßig verteilt sein sollen. 1827 eröffnet der Freiherr Wilhelm von Humboldt eine Reihe von populären Vorträgen über Astronomie, und zwei Jahre später bricht sein Bruder Alexander zu einer Forschungsreise nach Sibirien auf.

1838 entsteht zum ersten Mal der Gedanke, daß Lebewesen aus Zellen bestehen, der Astronom Bessel kann die Entfernung eines Sterns bestimmen, der außerhalb des Sonnensystems liegt, der Mathematiker Poisson stellt seine Theorie der Wahrscheinlichkeit vor, und Justus von Liebig begründet die Agrarchemie und stellt eine Theorie der Fermentation auf. Als Mendel seine heute berühmten Arbeiten vorträgt (1865), komponiert Richard Wagner *Tristan und Isolde*, Manet malt die *Olympia*, Lewis Carroll schreibt *Alice in Wonderland* und Clausius prägt den Begriff der Entropie und formuliert den 2. Hauptsatz der Thermodynamik. Als Mendel stirbt, werden die Gewerkschaften in Frankreich legalisiert, die Ornithologen halten ihren ersten internationalen Kongreß ab, Tesla erfindet den Wechselstromgenerator, Weismann unterscheidet die Zellen des Körpers von denen der Keimbahn, und Herbert Spencer schlägt vor, daß die Gesellschaft das Prinzip »survival of the fittest« ernst nehmen und die Menschen sterben lassen soll, die ihr zur Last fallen. Im selben Jahr wird in den USA beschlossen, den Null-Meridian durch Greenwich in England laufen zu lassen.

Das Porträt

Als Mendel zur Welt kam, hieß er nur Johann. Den Namen Gregor hat er bekommen, als man ihn zum Priester weihte. Johann Mendel wurde 1822 in dem damals österreichischen und heute tschechischen (mährischen) Heinzendorf (Hyncice) als Sohn von Kleinbauern geboren, die es ihm trotz äußerster Geldknappheit ermöglichen, höhere Schulen zu besuchen. 1843 entschließt sich der junge Mendel, dem Augustinerkloster[5] in Brünn (Brno) beizutreten, und das Vorbild für diesen Schritt scheint der Heinzendorfer Priester J. Schreiber gewesen zu sein, der sich nicht nur um die Seelen seiner Gemeindemitglieder, sondern auch um das Vorankommen ihrer Landwirtschaft kümmerte. Nach einigen theologischen Studien wird Mendel 1847 zum Priester geweiht, und seine zugleich ruhige und für die Wissenschaft aufgeschlossene Art öffnet ihm den persönlichen Zugang zum Klosterabt Franz Cyril Napp, der daneben eine wichtige Rolle in der mährisch-schlesischen Gesellschaft zur Förderung des Ackerbaus spielte und an Fragen der Vererbung interessiert war. Napp gibt Mendel die Möglichkeit, sich als Wissenschaftler ausbilden zu lassen, und er schickt ihn unter anderem an die Universität von Wien, wo er Physik studieren

---

5 Der Augustinerorden war 1256 gegründet worden, wobei sich seine Gründer durch die Schriften des heiligen Augustinus (354–430) inspirieren ließen. Augustiner sind nicht zur Klausur verpflichtet, wohl aber zur intellektuellen Tätigkeit. Nach einem kaiserlichen Dekret von 1802 waren die Augustiner von Brünn dazu verpflichtet, in den Bildungsanstalten der Gegend Lehrtätigkeiten zu übernehmen.

kann.[6] Leider besteht Mendel – wie erwähnt – die erforderlichen Staatsprüfungen nicht, und offiziell bleibt er »Supplent«, also ein Hilfslehrer, und zwar bis zum Jahre 1868. Dann wählt ihn das Kloster zum Abt, und mit der wissenschaftlichen Arbeit will es nun nicht nur aus Mangel an Zeit kaum noch vorangehen. Nach den *Versuchen über Pflanzen-Hybriden* kümmert sich Mendel unter anderem zwar um die Fortpflanzung der Bienen, aber hier zeichnet sich keine klare Linie ab. Er resigniert und zeigt sich auch deshalb ein wenig frustriert, weil seine Vorträge aus dem Jahre 1865 so wenig Resonanz und noch weniger Anerkennung gefunden haben. Mendel ahnt aber, daß er etwas Wichtiges gefunden hat, denn als er 1883 – im Jahr vor seinem Tode – seinen Nachfolger auf dem Abtstuhl des Klosters einkleidet, teilt er ihm mit:

> *Mir haben meine wissenschaftlichen Arbeiten viel Befriedigung gebracht, und ich bin überzeugt, daß es nicht lange dauern wird, da die ganze Welt die Ergebnisse dieser Arbeit anerkennen wird.*

Es hat bekanntlich mehr als 30 Jahre gedauert, bis es soweit ist. Wir müssen dieses merkwürdige Zögern der Zeitgenossen ebenso erklären wie die dann gleich dreifach erfolgende »Wiederentdeckung« der Mendelschen Regeln zu Beginn des 20. Jahrhunderts. Doch bevor wir zu diesen Hintergründen kommen, müssen wir erst nachsehen, was Mendel selbst gemacht und auf welcher Grundlage sich sein Suchen abgespielt hat.

Drei Fragen sind es vor allem, auf die es ankommt und Antworten zu finden sind: Was hat Mendel wissen wollen, als er mit seinen Kreuzungen anfing? Was hat seinen Versuchsansatz so erfolgreich gemacht? Und wodurch unterscheidet sich Mendel von seinen wissenschaftlichen Zeitgenossen?

---

6 Und zwar nicht bei irgend jemandem, sondern bei Christian Doppler, der durch den nach ihm benannten Doppler-Effekt heute noch allgemein bekannt ist.

Fangen wir mit der letzten Frage an, denn sie läßt sich mit einem modischen Begriff erläutern, dem der Interdisziplinarität.[7] Mendel war weder Physiker noch Botaniker, er war auch kein Biophysiker, er war vor allem ein Naturforscher.[8] Das heißt, er war nicht der Vertreter einer Disziplin, er war vielmehr an Problemen interessiert, und so nahm er ein biologisches Thema und löste es mit der methodischen Strenge und dem Hypothesenreichtum der Physik seiner Zeit.[9] Und von den Physikern hatte er eine Menge gelernt, zum Beispiel daß es unsichtbare Elementarbausteine (Atome) gibt, die der Materie eine körnige Grundstruktur geben, und daß es so viele von diesen Atomen geben muß, daß man ihre Eigenschaften nicht einzeln erfassen kann, sondern den Blick auf große Mengen zu richten hat und die Ergebnisse anschließend mit statistischen Mitteln auswerten muß.

So trivial diese Einstellung heute klingt, so originell war dieser Ansatz damals, und Mendels Genie bestand unter anderem darin, die Tragweite dieser scheinbar einfachen Konzeption gesehen und genutzt zu haben. Er hatte auch verstanden, daß man in Experimenten höchstens *einen* Parameter oder *eine* Variable verändern sollte, um seine Auswirkungen anschließend bei *vielen* Versuchen statistisch erfassen zu können. Während seine Botanikerkollegen einige Pflanzen und ein paar Nachkommen zu analysieren versuchten (und nicht besonders weit

---

7 Interdisziplinarität meint die schlichte Tatsache, daß sich die Probleme (Umweltverschmutzung) heute nicht mehr nach den Disziplinen (den Fachrichtungen) richten, sondern daß sich die Disziplinen zusammentun müssen, um sich nach den Problemen zu richten.

8 Er war natürlich vor allem Priester und Augustinermönch, aber dies steht nicht im Zentrum dieses Essays, der sich auf die wissenschaftliche Leistung konzentriert.

9 Wir werden diesem Vorgang noch einmal begegnen, wenn in der Mitte des 20. Jahrhunderts der als Physiker ausgebildete Max Delbrück ein für ihn einfaches Problem der Biologie löst, um so die Molekularbiologie zu begründen. Sowohl die klassische als auch die molekulare Genetik sind entstanden, als Physiker ihre Methoden auf Fragen der Biologie anwandten.

kamen), nahm Mendel *eine einzige* Pflanze (die Erbse) her und untersuchte *so viele* Nachkommen wie möglich, um zu signifikanten Resultaten zu kommen, wie wir heute sagen würden. Mendel hatte verstanden, daß es Schwankungen gibt und ein Experimentator nur genau sein kann, wenn er nicht Einzel-, sondern Mittelwerte analysiert.

Wie Mendel den Weg zu seinem Ziel gefunden hat, läßt sich also erklären. Doch *was* hat er finden wollen (und warum konnten ihm seine Zeitgenossen nicht folgen)?

Wenn wir wissen wollen, woran Mendel interessiert war, als er seine insgesamt acht Jahre dauernden *Versuche über Pflanzen-Hybriden* begann[10], müssen wir in seiner Arbeit selbst nachschauen und vor allem einmal den Titel verstehen. Mendel sagt uns dort genau, was er machen wollte, nämlich ein paar *Versuche mit Pflanzen-Hybriden*, und er erklärt schon auf den ersten Seiten, warum er diese zeitraubende Arbeit auf sich genommen habe. Seine Experimente seien nötig gewesen, »damit endlich die Lösung einer Frage erreicht werden kann, welche für die Entwicklungs-Geschichte der organischen Formen von nicht zu unterschätzender Bedeutung ist«, und diese Frage lautet, wie es zu den vielen Varianten bzw. Varietäten kommt, die man in der Natur beobachtet. Woher kommt die Vielfalt der lebenden Formen?

Für heutige Leser klingt das alles sehr nach dem Gedanken der Evolution, und wenn eine ganz genaue Analyse auch zu fragen hätte, ob Mendel hier von der individuellen Entfaltung eines einzelnen Organismus spricht oder schon eine Stammesgeschichte à la Darwin im Auge hat[11], so läßt sich doch leicht

10 Hybrid – laut Duden ein Bastard, also ein aus Kreuzungen hervorgegangenes pflanzliches oder tierisches Individuum, dessen Eltern sich in mehreren erblichen Merkmalen unterscheiden.

11 Mendel hat Darwins Werk gekannt und zum Beispiel 1869 ausdrücklich von der »Darwinschen Lehre« geschrieben. Dabei hat er allerdings das, was wir heute als »Evolution« bezeichnen, mit dem Begriff der »Transformation« beschrieben. Übrigens hat Mendel ein Exemplar seiner Arbeit von 1866 an den großen Engländer geschickt. Darwin konnte ein wenig Deutsch, aber er hat die Blätter

annehmen, daß Mendel nach einer Erklärung für die Erfolge der Gärtner und Züchter suchte, die doch so erfolgreich darin waren, neue Pflanzen- und Tierformen hervorzubringen. Sie betrieben die künstliche Zuchtwahl, und Mendel suchte nach einer theoretischen Erklärung für ihren praktischen Erfolg.

Mendel war auf diesen Gedanken einer »Evolution« durch sein Studium vorbereitet, denn als er um 1852 in Wien die Hörsaalbänke drückte, hörte er auch Vorlesungen des Botanikers Franz Unger, der sich zu diesem Zeitpunkt mit den oben genannten Fragen befaßte. Unger hatte sich so etwas wie eine eigene kleine Theorie der Evolution zurechtgelegt, bei der in Populationen Varianten auftreten konnten, die zu Varietäten führten, aus denen sich dann Subspezies und schließlich neue Arten entwickelten. Niemand braucht diese Wörter und Ungers Theorie heute im Detail zu verstehen, weil inzwischen klar ist, daß dabei mit Begriffen operiert wurde, mit denen selbst ihr Urheber – und erst recht Mendel – nur unklare Vorstellungen verbinden konnte. Wichtig ist aber, daß Unger ein Problem vorgegeben hatte, nämlich die Entwicklung bzw. die Entwicklungsmöglichkeiten der Formen – etwa von Obstsorten – zu verstehen, und genau hier sah Mendel einen experimentellen Zugang. Er brauchte nur das richtige Studienmaterial, und nach langem Abwägen und Züchten im Garten entschied er sich für die Erbse, die die Botaniker als *Pisum sativum* kennen, und zwar aus folgenden Gründen:

Die geeigneten Versuchspflanzen müssen – so Mendel in seiner Schrift von 1866 –

»1. Constant differirende Merkmale besitzen. 2. Die Hybriden derselben müssen während der Blüthezeit vor der Einwirkung jedes fremdartigen Pollens geschützt sein oder leicht geschützt werden können. 3. Dürfen die Hybriden und ihre Nachkommen in den aufeinander folgenden Generationen keine merkliche Störung in der Fruchtbarkeit erleiden.«

von Mendels Manuskript nicht aufgeschnitten. Es liegt ungelesen in seinem Nachlaß.

Und damit liegt fest:

> »*Eine besondere Aufmerksamkeit wurde gleich Anfangs den Leguminosen wegen ihres eigenthümlichen Blüthenbaus zugewendet. Versuche, welche mit mehreren Gliedern dieser Familie angestellt wurden, führten zu dem Resultate, daß das Genus Pisum den gestellten Anforderungen hinreichend entspreche.*«

Die Historiker stimmen inzwischen darin überein, daß Mendel schon vor seinen später publizierten Ergebnissen eine Theorie hatte, was sich da auf dem genetischen Grund der Erbsen abspielen würde, und daß seine klassischen Versuche nur zur Überprüfung dieser Theorie dienten.[12] Was immer er da wußte, seinen Zeitgenossen muß es unverständlich erschienen sein, und erst mit dem 20. Jahrhundert scheint die Idee gesellschaftsfähig geworden zu sein. Bevor wir dies zu erläutern versuchen, gibt es noch eine knappe Zusammenfassung der *Versuche mit Pflanzen-Hybriden.*

Nach seiner Entscheidung für die Erbsen besorgte sich Mendel von den durchziehenden Samenhändlern in Mähren 34 Erbsenvarietäten und testete sie zwei Jahre lang. 22 dieser Varietäten blieben bei wechselseitiger Befruchtung konstant, und diese pflanzte er während der gesamten Versuchsperiode in jedem Jahr an. Bei diesen 22 Varietäten wählte er sieben Paare von Merkmalen aus, um ihre Weitergabe von Generation zu

---

12 Um 1935 hat der Populationsgenetiker Ronald A. Fisher darauf hingewiesen, daß Mendels Daten zu schön seien, um wahr sein zu können. Bei der Größe seiner Stichprobe hätte Mendel nur eine Chance von 5 % gehabt, die von ihm gefundenen Proportionen zu finden. Es bleibt natürlich unwahrscheinlich, daß Mendel gemogelt hat, und es ist klar, daß jemand, der etwa die Farbe der unreifen Hülse auswertet und dabei mit seinem Auge zwischen grün und gelb unterscheiden muß, Spielraum hat. Aber es scheint inzwischen unbestreitbar, daß Mendel sicher von Erbfaktoren wußte. Die Frage ist nur, woher er diese Kenntnis und die dazugehörende Standfestigkeit hatte.

Generation untersuchen zu können, und zwar die Gestalt der reifen Samen (rund, kantig oder runzlig), die Färbung des sogenannten Endosperms (gelb oder grün), die Färbung der Samenschale (weiß oder grau), die Form der reifen Hülse (einfach gewölbt oder zwischen den Samen eingeschnürt), die Färbung der unreifen Hülse (grün oder gelb), die Stellung der Blüten (achsenständig oder endständig) und die Achsenlänge (lang oder kurz).

Mendel konnte natürlich noch weitere Merkmale der Erbsen unterscheiden, aber er hielt sie für »ungeeignet«, wie er schrieb, sie verteilten sich offenbar nicht so, wie er wollte, und auch dieser Befund deutet an, daß Mendel wenigstens ahnte, was er suchte. In heutiger Sprache können wir nämlich festhalten, daß sämtliche von Mendel ausgewählten Merkmale von Faktoren (Genen) bestimmt werden, die auf verschiedenen Chromosomen sitzen. Mehr als sieben Eigenschaften konnte Mendel deshalb nicht wählen, weil die Erbse nur sieben Chromosomen hat, und bei jedem weiteren Attribut wäre ihm der Vorgang ins Gehege gekommen, der heute als Rekombination bzw. Crossing-over bekannt ist und hier nur erwähnt werden soll.

Wenn Mendel von dem »Muth« spricht, der dazu gehört, »sich einer so weit reichenden Aufgabe zu unterziehen«, dann meint er sicher nicht nur die Mühe, die es macht, in acht Jahren 28 000 Pflanzen zu kreuzen und ihre anvisierten Merkmale auszuzählen, er meint sicher auch den Mut zur Lücke, den ein Forscher braucht, um seine Neugierde so zu zähmen und sich so einzuschränken, daß am Ende allen Zählens tatsächlich etwas herauskommen kann. Und dies war bei Mendel tatsächlich der Fall. Am Ende aller Zahlen und Versuche ist er in der Lage, eine »Hypothese« aufzustellen, wie er es nennt, die erklären kann, wie die Erbsen zu ihren Qualitäten kommen:

»Die unterscheidenden Merkmale zweier Pflanzen können zuletzt doch nur auf Differenzen in der Beschaffenheit und Gruppirung der Elemente beruhen, welche in den Grundzellen derselben in lebendiger Wechselwirkung stehen.«

Wenn wir von den »Grundzellen« absehen, die wir heute als Keimbahn kennen, dann fällt an dem Satz vor allem die Logik der Gene (»Elemente«) auf, die Mendel richtig erkennt. Man kann nicht sagen, daß ein Gen zu einem Merkmal führt. Man kann nur sagen, daß die Unterschiede zwischen Genen zu Unterschieden zwischen Merkmalen führen. Es gibt – in der Mendelschen Logik der Gene – kein Gen für die Hülsenfarbe oder Achsenlänge, es gibt nur Varianten der Gene, die zu Varianten der Hülsenfarbe oder Achsenlänge führen.

Neben der richtigen Logik hat Mendel uns auch noch die Algebra der Gene beigebracht, und die steckt in vielen Zahlenverhältnissen, die sich durch einfache Kombinatorik in seinen Gesetzen finden läßt. Wir wollen uns darauf aber nicht weiter einlassen und endlich zu dem Problem kommen, was es den Zeitgenossen so schwer gemacht hat, Mendel zu verstehen. Seine eigentliche Entdeckung kann – wie schon erwähnt – in einem Satz zusammengefaßt werden, dem Satz, daß Vererbung partikulär vor sich geht, daß es im Inneren der Zellen winzige Partikelchen gibt, die das Äußere eines Organismus bestimmen bzw. dazu beitragen.[13] Und so leicht uns diese Einsicht heute (hoffentlich) fällt, so schwer war sie für die anderen Forscher des 19. Jahrhunderts, und es hat sogar noch bis in die zwanziger Jahre des 20. Jahrhundert gedauert, bevor sich endgültig Mendels Bild von der Vererbung und den Genen durchsetzte.

Den letzten Widerstand – wenn man so will – haben die Embryologen geleistet, die sich wie Mendel auf die Spur der »Entwicklungs-Geschichte der organischen Formen« gesetzt hatten. Sie konnten sich einfach nicht vorstellen, daß die unendliche Vielfalt und der unglaubliche Reichtum, der sich ihrem Auge zeigte, wenn aus einer befruchteten Eizelle ein komplettes Le-

13 Mendel hat bekanntlich auch bemerkt, daß jede Körperzelle zwei Ausgaben (Kopien) eines Erbteilchens (Gens) trägt, die nicht identisch sein müssen. Und er hat bereits zwischen der sich außen vordrängenden (»dominanten«) und der sich zurückhaltenden (»rezessiven«) Form unterschieden, wie wir es bis heute tun.

bewesen wurde, auf ein paar kleine Kügelchen der Vererbung zurückzuführen war. Das organische Material, die Moleküle der Körper, die man damals kannte – sie schienen zu einfach zu sein, um die Komplexität erklären zu können, die dem Naturforscher überall eindrucksvoll begegnet. Da mußte es raffiniertere Lösungen geben, und der Blick richtete sich auf die flüssige Substanz, das Plasma bzw. das Blut. Insgesamt hatte sich das Denken der Biologen viele Jahrhunderte hinweg mehr auf das Fließende und weniger auf das Feste konzentriert. Krankheiten erklärte man, wie wir schon früher erwähnt haben, durch Körpersäfte, die aus der Balance geraten waren, und als Therapien riet man zu Aderlässen und Einläufen.

Das Kontinuierliche war wichtig, und genau darauf kam es bei der Vererbung ja auch an, und kontinuierlich, das waren vor allem die Flüssigkeiten wie etwa das Blut. Als Mendel aufwuchs, betonte endlich auch die Physik diesen Aspekt der Kontinuität. Michael Faraday und James Clerk Maxwell hatten – wie in den entsprechenden Kapiteln beschrieben – die elektrischen und magnetischen Felder entdeckt und damit gezeigt, daß der Raum gleichmäßig von Kraftlinien durchzogen wird und keinerlei Unstetigkeit zu erwarten ist. Aus diesem Grund hat es auch der atomare Gedanke bei vielen Wissenschaftlern schwer, sich durchzusetzen, und die Physiker, allen voran Ernst Mach, haben bis zur Jahrhundertwende erbitterte Kämpfe um die Frage ausgetragen, ob es diskrete Atome wirklich gibt.

Mendels Zeit dachte also in Kontinua, und das Diskrete hatte keinen Platz. Genau so aber sollten die Elemente sein, die er seinen Zuhörern vorstellte und zumutete, und so läßt sich verstehen, daß sie zwar zur Kenntnis nahmen, was er über seine Erbsen berichtete, daß sie aber nicht wirklich auf- und zu sich nahmen, was sie vorgesetzt bekamen. Sie verstanden ihn vielleicht mit dem Kopf, aber sie bleiben dabei unbewegt und unbeteiligt.

Der Gedanke, daß das Diskrete eine fundamentale Rolle spielt, bricht sich unter großen Schmerzen erst Bahn, als das 20. Jahrhundert beginnt. Die Physiker treten die Quantentheorie[14] los, die mit einer fundamentalen Unstetigkeit – dem Quantum der Wirkung – das physikalische Weltbild der klassischen Physik umwirft, und genau zur selben Zeit taucht sowohl im Blickfeld als auch im Denken der Biologen ebenfalls eine diskrete und diskontinuierliche Größe auf, und mit deren Hilfe werden die Erbregeln nun plötzlich für jeden einsichtig. Gemeint ist die Mutation, die Variation eines Gens, die zu einer sprunghaften Änderung im Aussehen einer Pflanze oder einer Fliege[15] führt und bei deren Weitergabe sich genau die Verhältnisse ergeben, die Mendel schon 1866 publiziert hatte.

»Gene sind partikulär« – dieser einfachen und einsichtigen Botschaft hätte ihr Urheber, der Augustinermönch Mendel, zwar problemlos zugestimmt, aber er hätte sich den Hinweis erlaubt, daß dies nicht heißt, daß Gene für alle Zeiten fest sind. Gene müssen beweglich bleiben, wie die Wissenschaftler, die sie zu erfassen versuchen. Wenn Mendel am Ende seines Lebens die Muße gefunden hätte, die er in seiner Mitte gehabt hat, hätte er mit der Kenntnis der Darwinschen Ideen vielleicht den Gedanken fassen können, daß die Gene fest und flüssig zugleich sein müssen, auch wenn dies zunächst paradox klingt. Gene müssen fest sein, um einem Individuum die Eigenschaften zu verleihen, die es braucht, um sich in der Welt zurecht zu finden. Sie müssen aber auch fließend sein, um die Anpassungen zu ermöglichen, die zum Überleben gehören.

P. S. Wer sich für Mendel interessiert, sollte seine Statue besuchen, die im Garten des Augustinerklosters in Brünn steht. Sie stammt aus dem Jahre 1912, und achtzig Jahre später ist sie renoviert worden. Bis 1992 waren sie und der Garten verwüstet, und diese Verwüstung ist planmäßig geschehen, und zwar

---

14 Von ihr werden wir mehr hören, wenn Niels Bohr und Albert Einstein an der Reihe sind.

15 Es sind vor allem die Mutationen, die bei der Fruchtfliege *Drosophila melanogaster* spontan auftreten, die den Genetikern zu Beginn des 20. Jahrhunderts Gelegenheit geben, zu Jüngern Mendels zu werden.

nach dem Ende des Zweiten Weltkriegs. Im Mai 1945 sind etwa 30 000 Brünner Deutsche im Mendelschen Garten des Klosters zusammengetrieben und auf ihren schrecklichen »Brünner Todesmarsch« geschickt worden. Dabei sind wahrscheinlich Tausende auf der Landstraße über Pohorelice in Richtung Österreich umgekommen. Im Garten erinnert heute nichts mehr an diese schreckliche Folge des Zweiten Weltkriegs. Allein Mendels Statue ist zu sehen, und sie ist strahlend weiß. Sie steht vor dem renovierten Kloster, das auch ein Mendelianum beherbergt, in dem man sich über die ruhigen Anfänge der Genetik informieren kann, die heute alle Welt zu beunruhigen scheint.

Ludwig Boltzmann

oder
Der Kampf um die Entropie

Ludwig Boltzmann ist 1906 durch Selbstmord aus dem Leben geschieden, und sein österreichischer Landsmann Karl Popper vermutet, daß hinter dieser Verzweiflungstat des knapp über 60jährigen ein sehr tiefer Grund steckt. Boltzmann zeigte keinerlei körperliche Gebrechen und seine Wissenschaft, die Physik, trat in eine neue und aufregende Phase – Albert Einstein hatte gerade seine spezielle Relativitätstheorie von Raum und Zeit publiziert, und die Quantentheorie der Atome war auch schon ins Blickfeld gekommen. Aber Boltzmann quälte während eines Ferienaufenthaltes in Duino bei Triest trotzdem eine schwere Depression[1], und Popper zufolge hing sie damit zusammen, daß es Boltzmann trotz intensivster Anstrengung nicht gelungen war, den sogenannten Zweiten Hauptsatz der Wärmelehre[2] (Thermodynamik) so abzuleiten, wie er es sich

---

1 Boltzmann scheint sein Leben lang schwankenden Stimmungen unterworfen gewesen zu sein und alle Verhaltensweisen zwischen ausgelassener Fröhlichkeit und tiefer Traurigkeit gezeigt zu haben. Seiner eigenen Einschätzung zufolge rührt dies von der Tatsache her, daß er in einer Nacht zwischen dem Faschingsdienstag und dem Aschermittwoch geboren worden ist.
2 Den Ersten Hauptsatz der Thermodynamik, der die Konstanz der Energie formuliert, haben wir bei Hermann von Helmholtz kennengelernt. Neben dem Zweiten nennt man oft noch einen Dritten Hauptsatz der Wärmelehre, demzufolge es unmöglich ist, den abso-

vorstellte. In diesem Hauptsatz geht es um die Richtung der Zeit. Er legt fest, daß die Zeit nur in eine Richtung verlaufen kann – und zwar vorwärts –, und wem der Beweis im Rahmen der klassischen Physik gelang, der lieferte damit eine objektive Begründung für den Pfeil der Zeit, der bekanntlich nicht rückwärts fliegt.

Boltzmann glaubte am Ende des 19. Jahrhunderts, dieser Nachweis sei ihm mit ausschließlich mathematischen Mitteln und aus unbestreitbaren Annahmen heraus gelungen, aber seine Arbeiten wurden heftig kritisiert. Er mußte sich verteidigen, und in einer berühmten Erwiderung auf eine der vielen gegen seine Beweisführung erhobenen Einwände schrieb Boltzmann 1896, daß es »für das Weltall als Ganzes keine Unterscheidung zwischen ›Rückwärts‹- und ›Vorwärts‹-Richtungen der Zeit« gebe. Sie bestünde nur »für die Welten, auf denen Lebewesen existierten«. Damit aber gab er seine ursprünglich anvisierte objektive Beweisführung auf, und er flüchtete sich in subjektive Annahmen. Boltzmann öffnete einen Fußbreit die Tür für eine subjektive Physik. Und wenn wir uns heute – zuerst nach der Quantentheorie und zuletzt nach dem anthropischen Prinzip [3] – auch an diesen Gedanken gewöhnt haben, so mußte er für Boltzmann nach und nach unerträglich geworden sein, »und mit dieser Einsicht mag seine Depression und sein Selbstmord zusammenhängen«, wie Karl Popper gegen Ende seines Lebens geschrieben hat.

Richtig an dieser Analyse ist auf jeden Fall die Beobachtung,

---

luten Nullpunkt der Temperatur zu erreichen. Unter Studenten kursieren witzige Versionen dieser Hauptsätze, etwa wie folgt: 1. Du kannst beim Spiel des Lebens nicht gewinnen. 2. Du kannst nur verlieren, und 3. Du kannst nie damit Schluß machen.

3 Die Probleme mit der Quantentheorie werden erörtert, wenn Albert Einstein und Niels Bohr miteinander diskutieren. Unter dem anthropischen Prinzip versteht man die Idee, daß die Naturkonstanten so beschaffen sein müssen, daß eine Welt entstehen kann, in der Leben möglich ist. Weil wir die Welt beobachten, wissen wir, daß ihre Kräfte nicht beliebig groß oder klein sein können. Unsere Existenz schafft die Bedingungen.

daß Boltzmann die grundlegenden Probleme einer statistischen Mechanik nicht zu lösen vermochte.[4] Aber daran sind viele gescheitert. Ein populäres amerikanisches Lehrbuch der dazugehörenden und darauf aufbauenden Physik[5] beginnt mit folgender Warnung:

> *Ludwig Boltzmann, der einen großen Teil seines Lebens der statistischen Mechanik widmete, starb 1906 von eigener Hand. Paul Ehrenfest, der seine Arbeit fortsetzte, starb 1933 unter ähnlichen Umständen. Nun sind wir an der Reihe, uns der statistischen Mechanik anzunehmen. Vielleicht ist es eine gute Idee, vorsichtig an die Sache heranzugehen.*

Es ist sicher eine gute Idee.

Der Rahmen

Als Boltzmann 1844 in Wien geboren wird, hält Auguste Comte in Paris seine »Rede über den Geist des Positivismus«, kommt es zum Aufstand der Weber in Schlesien und wird in den USA zwischen Washington und Baltimore eine Telegraphenlinie eingerichtet. Ein Jahr später wird der populärwissenschaftliche *Scientific American* gegründet, und eine Kartoffelmißernte in Irland führt zur Auswanderung von zwei Millionen Iren nach Amerika. 1848 schreiben Marx und Engels das *Manifest der Kommunistischen Partei*, und in vielen europäischen Ländern kommt es zu Revolutionen. Der Biologe Bates hält sich damals seit elf Jahren im Amazonasgebiet auf und legt die

---

4 Aus heutiger Sicht ist zum Beispiel auch klar, daß zu Boltzmanns Zeit selbst das mathematische Rüstzeug noch unzureichend war. Zwar stand Boltzmann das auf Bernhard Riemann zurückgehende Integral zur Verfügung, aber seine Beweisführung brauchte eine raffiniertere Form, und die hat erst der Franzose Henri Lebesgue zu Beginn des 20. Jahrhunderts vorgelegt.
5 D. L. Goodstein, *States of Matter*, New York 1974; Übersetzung des Zitats von EPF.

Vorstellung von der Insektenmimikry vor. 1850 gibt es rund 1,2 Milliarden Menschen, und Clausius formuliert den legendären Zweiten Hauptsatz der Thermodynamik. Einige Jahre später taucht die absurde Idee auf, daß damit der »Wärmetod des Universums« besiegelt sei. 1856 wird der Neandertaler entdeckt, und bald publiziert Darwin seine Ideen über den »Ursprung der Arten«. Damals sind knapp 20000 Wirbeltierarten, fast 12000 Weichtierarten und etwa halb so viele Gliederfüßlerarten bekannt.

Am Ende des 19. Jahrhunderts zerfällt die Habsburger Monarchie, und eine fast siebenhundert Jahre alte Ordnung hört auf zu bestehen. Die Wiener Moderne wird möglich, in der es nicht nur eine Kaffeehausliteratur, sondern auch eine Psychoanalyse gibt, in der Ludwig Wittgenstein philosophiert, Egon Schiele malt und Theodor Herzl den *Judenstaat* propagiert. Die Intellektuellen entdecken eine zweite Ebene der »doppelten Wirklichkeit«, und die Physiker fangen an, sich um die Realität der Atome zu streiten. Nach der Entdeckung der Röntgenstrahlen (1895) und der Radioaktivität (1896) besteht die Chance, die Größe und das Gewicht von Atomen zu messen und sie damit greifbar zu machen. Als Boltzmann von eigener Hand stirbt (1906), gibt es ein großes Erdbeben in San Francisco, erhält Marie Curie als erste Frau einen Lehrstuhl an der Sorbonne, und der Engländer William Bateson schlägt in einer Buchrezension vor, der Wissenschaft von der Vererbung endlich einen anständigen Namen zu geben – Genetik zum Beispiel.

Das Porträt

Boltzmann stammt aus dem Mittelstand, und man – das heißt vor allem seine Mutter – hat alles für ihn getan, damit er sich in Ruhe seinen Studien widmen konnte. Sein Vater war »Kaiserlich Königlicher Cameral-Concipist«, wie ein Steuerbeamter damals genannt wurde, und für den Sohn sollte alles vom Feinsten sein. Als Schüler war Boltzmann entsprechend »fleißig und fromm«, und er ging regelmäßig zur Beichte. Als Gymnasiast hatte er Klavierunterricht bei keinem Geringeren als Anton Bruckner, der seinen Schüler vor allem mit der Musik Beethovens vertraut machte. Sie wurde für Boltzmann ein Schatz fürs Leben, wie sich der Geschichte entnehmen läßt, die er von seiner kalifornischen Reise aus dem Jahre 1905 erzählt hat. Er war bei einer reichen Familie zu Gast, und nach dem leider unbehaglichen Abendessen[6] schritt man in ein Musikzimmer, das »ungefähr so groß war wie der Bösendorfer Saal«:

>*»Unter den Anwesenden war auch ein Professor der Musik aus Milwaukee. Er hatte ebenfalls ein Klavierspiel betrieben, man kann nicht sagen, gelernt. Er wußte, daß Beethoven neun Symphonien geschrieben hat und daß die neunte davon die letzte ist. Mir tat er unverdiente Ehre an, denn gelegentlich einer Debatte, ob Musik auch humoristisch sein könne, ersuchte er mich, das Scherzo aus der neunten vorzuspielen. Da ward ich humoristisch und sagte: Gerne, nur bäte ich ihn, die Pauke zu spielen, es nimmt sich besser aus, wenn sie ein zweiter hineinspielt.«*

Die Neunte Symphonie hat für Boltzmann übrigens eine besondere Bedeutung, weil Beethoven hier »in seinem grössten werke zum schlusse schillern, und zwar nicht dem ausgereiften, sondern dem in jugendlicher begeisterung sprudelnden schiller das wort erteilt«, wie Boltzmann in sehr eigenwilliger Rechtschreibung in seinem »forwort« zu den *Populären Schriften* mitteilt. Dies ist für sein Leben wichtig, denn »durch schiller bin ich geworden, one in könnte es einen man mit gleicher bart- und nasenform wi ich, aber nimals mich geben«.

Der so auf das klassische Bildungsgut eingestellte und zugleich zu Witzen aufgelegte junge Mann studiert Physik in

---

6 Boltzmann leidet unter dem amerikanischen Essen, wie er in seinen *Populären Schriften* berichtet: »Dann kam ein Kleister, mit dem man in Wien vielleicht die Gänse mästen würde; ich glaube aber eher nicht, denn Wiener Gänse würden das kaum fressen.« Außerdem leidet er unter dem amerikanischen Alkoholverbot. Das Wasser verdirbt ihm den Magen.

Wien, und als er diesen Teil seines Lebens 1866 mit der Promotion abschließt, erscheint auch seine erste Publikation. Sie behandelt das Thema, das ihn sein Leben lang gepackt und ihn sogar bis zu seinem Tod hin gefangen gehalten hat. Boltzmann beschreibt zum ersten Mal, was er *Über die mechanische Bedeutung des Zweiten Hauptsatzes der Thermodynamik* zu wissen meint.

Schon ein Jahr später kann er sich habilitieren, und 1869 – im Alter von nur 25 Jahren – wird er zum ordentlichen Professor für mathematische Physik nach Graz berufen. Vier Jahre später kehrt Boltzmann für einige Zeit nach Wien zurück, unter anderem, um zu heiraten (und mehr scheint es zu diesem Teil seines Lebens nicht zu sagen zu geben). 1876 setzt sich das Hin und Her mit Graz fort, wo er die kommenden 14 Jahre die Lehrkanzel (überraschenderweise) für Experimentalphysik besetzt, um zuletzt – mit einem Umweg über München – wieder in Wien zu landen, wo er – abgesehen von einem kurzen Gastspiel in Leipzig – für den Rest seines Lebens bleibt.

Zwei Themen sind es, die Boltzmanns wissenschaftliches Denken und Suchen beherrschen: der schon erwähnte Zweite Hauptsatz der Wärmelehre und der Versuch, den Beweis zu führen, daß es die Atome wirklich gibt, obwohl man sie nicht sehen oder sonstwie direkt wahrnehmen kann.[7] Wir werden sehen, daß beide Ideen bzw. beide Themen physikalisch so eng zusammenhängen, daß sie im Grund nicht voneinander zu trennen sind.

Der Zweite Hauptsatz war im Jahr vor Boltzmanns Promotion zum ersten Mal in seiner universalen Form vorgestellt worden, und zwar von dem Physiker Rudolf Clausius, der zu diesem Zwecke eine neue Größe ersonnen hatte, die berühmtberüchtigte Entropie.[8] Mit diesem Begriff, der dem griechi-

---

7 In Wien gab es einen sehr prominenten Gegner der Atomhypothese, den Physiker Ernst Mach. Wenn jemand in seiner Nähe von Atomen sprach, schnauzte er ihn auf gut Wienerisch an: »Habens' schon eins g'sehn?«

8 Mit diesem Konzept muß extrem vorsichtig umgegangen werden. Es

schen Wort für »Änderung, Entwicklung, Umwandlung« nachgebaut ist und so ähnlich wie »Energie« klingen sollte, konnte
Clausius sagen: »Die Entropie der Welt strebt einem Maximum
zu«[9], und wenn dieser höchste Wert erreicht ist, befindet sie
sich im Gleichgewicht – natürlich nicht der politischen, sondern
der thermodynamischen Art.

Selbst wer nicht versteht, was Entropie ist – wir werden
gleich mehr zu diesem schwierigen Konzept sagen –, erkennt,
daß der Zweite Hauptsatz eine besondere Aussage macht. Er
führt nämlich den Pfeil der Zeit ein und behauptet, daß er nur
in eine Richtung fliegen kann, nämlich auf das Gleichgewicht
(und damit auf den Tod) zu. Wichtig ist zudem, daß es von allen
Gesetzen der Physik *nur* der Zweite Hauptsatz ist, der dies tut
und der (physikalischen) Zeit eine Richtung gibt. Alle anderen
Gesetze – die der Mechanik oder die der Elektrodynamik – ändern sich nicht, wenn die Zeit sich umkehrt. Sie sind zeitumkehrinvariant, wie man sagt, und allein der Zweite Hauptsatz
bildet eine große Ausnahme. Er bestimmt die Richtung, in der
die natürlichen Vorgänge sich ohne Rückkehr (»irreversibel«)
entfalten können, und es ist diese unheimliche Größe namens
Entropie, die dafür verantwortlich ist.

Was ist Entropie? Dies ist – nicht nur für Boltzmann, sondern bis in die Gegenwart hinein – die entscheidende Frage,
und eine heute akzeptierte Antwort steht auf Boltzmanns

gibt vermutlich keinen anderen Ausdruck der Physik, der mehr miß-
verstanden und mißbraucht worden ist.

9 Ein bekanntes Beispiel für den Mißbrauch der Entropie ergibt sich,
wenn man die allzu schlichte Gleichsetzung von Entropie und Unordnung vornimmt. Dann strebt das Universum dem Zustand maxi-
maler Unordnung entgegen, den man – aus unerfindlichen Gründen
– den Wärmetod der Welt nannte. In dieser Form – so albern sie ist –
machte der Zweite Hauptsatz einen starken Eindruck auf die intellektuelle Welt am Ende des 19. Jahrhunderts. Man versuchte, aus
der thermodynamischen Einsicht eine Art Memento mori zu destil-
lieren, und man verdächtigte die Entropie, die verborgene Ursache
zu sein, die hinter dem vermeintlichen Verfall der Kultur stand, die
man als dekadent erlebte.

Grabstein auf dem Wiener Zentralfriedhof. Sie findet sich dort in Form einer mathematischen Gleichung, die in dieser Schreibweise auf Max Planck zurückgeht:

$$S = k \cdot \ln W,$$

kann eine Besucherin dort lesen, und wenn sie Physik studiert hat, kann sie ihrem Begleiter erläutern, daß damit gesagt wird, daß sich die Entropie (S) eines Systems in einem gegebenen physikalischen Zustand aus der Wahrscheinlichkeit (W) berechnen läßt, mit der dieser Zustand (seine Eigenschaften) vorkommt bzw. verwirklicht werden kann. Man braucht dazu nur den Logarithmus (ln) dieser Wahrscheinlichkeit zu bilden und den dabei gefundenen Zahlenwert mit einem konstanten Faktor (k) zu multiplizieren, der Boltzmann zu Ehren »Boltzmann-Konstante« heißt.[10]

Natürlich kann außer den Experten niemand ohne Erläuterung verstehen, was damit gemeint ist, und vor allem bleibt unklar, was das für eine Wahrscheinlichkeit sein soll, die da ins Spiel kommt. Sie hängt mit den Atomen bzw. Molekülen zusammen, aus denen sich physikalische Systeme – Gase, Flüssigkeiten oder Festkörper – aufbauen, und sie hat mit den Möglichkeiten zu tun, die einem Wissenschaftler zur Verfügung stehen, zum Beispiel das Wasser, das sich in einem Glas befindet, dadurch zu beschreiben, daß er angibt, wie sich alle Moleküle bewegen, die dazu gehören, und wo sie sich aufhalten. Physiker nennen diese sehr detaillierte Darstellung den Mikrozustand eines betrachteten Systems – in unserem Fall des Wassers im Glas – und unterscheiden ihn von dem Makrozustand, der durch Meßwerte festliegt, etwa für die Temperatur des Wassers oder sein Volumen.

Nun gibt es offenbar Mikrozustände, die verschieden wahrscheinlich sind. Es kommt einfach viel häufiger vor, daß alle Moleküle durcheinander jagen, als daß sie alle die gleiche Rich-

---

10 Für die Boltzmann-Konstante gilt folgender Wert: $k = 1{,}38 \cdot 10^{-23}$ J K^{-1} (wobei J für Joule und K für Kelvin stehen).

tung einschlagen. Dieser Fall gleicher Bewegung repräsentiert auch einen unwahrscheinlichen Makrozustand des Wassers im Becher, denn er kann nur durch einen einzigen Mikrozustand realisiert werden. Da nun jeder einzelne Mikrozustand für sich gleich wahrscheinlich vorliegen kann – die Natur kennt keine bevorzugten Lieblinge –, wird ein System, das man in Ruhe läßt, in dem Zustand angetroffen, der durch die meisten Mikrozustände erreichbar ist. Er hat einfach die höchste Wahrscheinlichkeit. Diesen Zusammenhang hat Boltzmann erkannt, mathematisch formuliert und auf seinen Grabstein meißeln lassen. Er deutete damit die Zunahme der Entropie als Abnahme einer molekularen Ordnung, genauer als Abnahme des Vorrats an Zufälligkeiten, die ein System beherbergt.[11]

So leicht sich das heute auch formulieren (und hoffentlich auch nachvollziehen) läßt, so schwer war diese Gedankenführung vor 1900 durchzusetzen. Was uns heute selbstverständlich erscheint – nämlich die Existenz von Atomen und Molekülen –, war damals stark umstritten, und der Kampf fand vor allem in Wien statt. Der Physiker Boltzmann, der von der Wirklichkeit der Atome überzeugt war, weil er mit ihrer Hilfe so viele Phänomene qualitativ verständlich machen und quantitativ vorhersagen konnte (Gasgesetze, Strahlungseigenschaften), kämpfte gegen Philosophen (Ernst Mach) und Chemiker (Wilhelm Ostwald), und die Intensität, mit der gestritten wurde, macht deutlich, daß für die beteiligten Forscher die Seele auf dem Spiel stand. Mit anderen Worten, dem Betrachter wird deutlich, daß die Vorstellung von Atomen mehr ist als eine wissenschaftliche Hypothese unter vielen. Diese Idee weist vielmehr auf archetypische Bilder und archaische Menschheitsideen hin,

---

11 Bei all diesen Überlegungen muß man sich klarmachen, daß Entropie keine willkürliche, sondern eine meßbare Größe ist, die mit der Arbeit zu tun hat, die ein System (z. B. eine Maschine) leisten kann. Nicht alle Energie, über die eine Apparatur verfügt, kann in Arbeit umgesetzt bzw. als Arbeit freigesetzt werden. Die Differenz zwischen der gesamten und der freien Energie wird durch die Entropie bestimmt.

die im kollektiven Hintergrund der Seele eine Rolle spielen und die wir bei Johannes Kepler näher kennengelernt haben.

Boltzmann schien es zwar, daß »die Zeitströmungen den Lehren des Atomismus entgegenstünden«, aber das hat ihn nicht daran gehindert, wie entfesselt für diesen Gedanken einzutreten. Der Physiker Arnold Sommerfeld hat berichtet, wie Boltzmann sich auf einer Versammlung von Naturforschern im Jahre 1897 in der Auseinandersetzung engagierte:

> *Der Kampf zwischen Boltzmann und Ostwald glich, äußerlich und innerlich, dem Kampf des Stiers mit dem geschmeidigen Fechter. Aber der Stier [Boltzmann] besiegte diesmal den Torero trotz aller seiner Fechtkunst. Die Argumente Boltzmanns schlugen durch.«*

Diese Schlacht konnte Boltzmann zwar gewinnen, aber die eigentliche Probe stand ihm noch bevor, nämlich der Beweis des Zweiten Hauptsatzes aus dem Geist des Atomismus. Wie kann man zum Beispiel zeigen, daß die Entropie eines Wasserglases zunimmt, wenn sein Inhalt aus Atomen besteht? Das Problem besteht darin, daß für die Bewegung der Atome mechanische Gesetze gelten (an denen niemand zweifelte oder zweifelt), die – wie erwähnt – zeitumkehrinvariant sind. Das heißt, wenn man ein einzelnes Atom mit einer Kamera verfolgt und den dabei entstehenden Film abspielt, kann niemand entscheiden, ob die Spule vorwärts oder rückwärts läuft. Was ein einzelnes Atom tut, ist reversibel. Wenn man aber viele Atome anschaut oder alle zusammen aufnimmt, dann läßt sich sehr wohl erkennen, ob man den richtigen Vorgang sieht oder ob da etwas falschherum läuft. Was viele Atome tun, ist irreversibel.

Woher kommt diese Richtung der Zeit? Wie läßt sich verstehen, daß makroskopische Erscheinungen nicht umkehrbar (»irreversibel«) sind, wenn sich die ihnen zugrunde liegenden mikroskopischen Bewegungen genau gegenteilig verhalten, nämlich reversibel sind? An welcher Stelle der Überlegungen taucht der Pfeil der Zeit auf, wenn man von Annahmen ausgeht, die ihn nicht enthalten?

Boltzmann versuchte vor allem, diese Frage mathematisch in den Griff zu bekommen, und er nahm an, daß die Irreversibilität mit der Wechselwirkung der Atome bzw. Moleküle zu tun hat und irgendwie bei ihren Zusammenstößen in Erscheinung tritt. Technisch nennt man dies den Stoßzahlansatz, den Studenten als H-Theorem von Boltzmann kennenlernen, aber selbst wer damit zurecht kommt, hat am Ende das Gefühl, das eigentliche Problem nur aus weiter Ferne gesehen zu haben. Und während Boltzmann sein mathematisches Geschütz auffuhr, griffen auch seine Kontrahenten mit diesen Waffen an. Der Franzose Henri Poincaré wollte den Zweiten Hauptsatz komplett loswerden, und er formulierte dazu seinen berühmten »Wiederkehreinwand«:

> *Ein leicht zu beweisender Satz sagt uns, daß eine beschränkte Welt, die nur von den [reversiblen] Gesetzen der Mechanik beherrscht wird, immer wieder durch einen Zustand gehen wird, der sehr nahe bei ihrem Ausgangszustand ist.*

Dieses Theorem hatte zur Folge, daß der Mathematiker Ernst Zermelo in Deutschland den Mut fand, eine scharfe polemische Attacke gegen Boltzmann zu reiten, und auf diesen Angriff mußte dieser reagieren, ob er wollte oder nicht. Boltzmann wollte zuerst nicht und meinte, es reiche zu erwidern, daß »natürlich der Anfangszustand gelegentlich wiederkehren wird, die Wiederkehrzeit ist aber so groß, daß keine Chance besteht, die Wiederkehr je zu beobachten«.

Zermelo ließ nicht locker, redete von »Unsinn« und willkürlichen Annahmen, und er zwang Boltzmann, aus seiner Schmollecke herauszukommen. Als es 1896 so weit war, stellte er eine Hypothese vor, die »in ihrer Kühnheit und Schönheit atemberaubend« ist, wie Karl Popper meint. Bevor wir sie im Wortlaut wiedergeben, soll noch einmal zusammengefaßt werden, worum es geht. Was wollte Boltzmann beweisen? Boltzmann hatte – wie gesagt – die Entropie mit der Unordnung (Zufälligkeit) eines Systems verknüpft und gezeigt, daß ungeordnete Zustände etwa eines Gases wahrscheinlicher sind als geordnete

Zustände. Daraus folgerte er, daß es ein *allgemeines mechanisches Gesetz* gibt, demzufolge abgeschlossene Systeme immer wahrscheinlichere Zustände annehmen, daß geordnete Systeme dazu neigen, ihre Ordnung zu verkleinern und also ihre Entropie vergrößern. Im Laufe der Zeit nimmt also die Entropie zu, und mit diesem Anstieg liegt fest, in welche Richtung der Pfeil der Zeit fliegt.

Um diese Sicht gegen Zermelos Einwände und das Argument mit der Wiederkehr zu verteidigen, machte Boltzmann folgenden Vorschlag:

»*Der Zweite Hauptsatz der Thermodynamik kann aus der mechanischen Theorie bewiesen werden, wenn man annimmt, der gegenwärtige Zustand des Weltalls oder zumindest desjenigen Teils, der uns umgibt, habe seine Entwicklung mit einem unwahrscheinlichen Zustand begonnen und befinde sich noch in einem relativ unwahrscheinlichen Zustand. Das ist eine vernünftig zu machende Annahme, da sie uns in den Stand setzt, die Erfahrungstatsachen zu erklären.*

Man mag darüber Spekulationen anstellen, ob sich das Weltall als Ganzes im thermischen Gleichgewicht befindet und ob es daher tot ist, es wird doch lokale Abweichungen vom Gleichgewicht geben, die die relativ kurze Zeit von wenigen Äonen dauern können. Für das Weltall als Ganzes gibt es keine Unterscheidung zwischen ›Rückwärts‹ – und ›Vorwärts‹- Richtungen der Zeit, für die Welten aber, auf denen Lebewesen existieren und die sich daher in relativ unwahrscheinlichen Zuständen befinden, wird die Zeitrichtung durch die Richtung wachsender Entropie bestimmt, die von weniger wahrscheinlichen zu wahrscheinlicheren führt.«

Dies ist Boltzmanns letztes publiziertes Wort zu diesem Thema, und da sich seine Kontrahenten zu Lebzeiten auch nicht mehr gemeldet haben, müssen wir jetzt zu der Frage Stellung nehmen, ob es am Ende einen Sieger gibt, und wenn ja, wen? Die moderne Physik, die keine Atomtheorien mehr ablehnen kann, neigt den Ansichten Boltzmanns zu. Man akzeptiert zwar nicht die Idee der wechselnden Zeitrichtungen, macht sich aber die statistische Deutung des Zweiten Hauptsatzes zu eigen. Ganz zufrieden mit der Lösung ist aber niemand. Das tiefe Problem scheint in der Subjektivität zu stecken, derzufolge wir es sind, die die Zeit so erleben, als habe sie einen Pfeil, der in Richtung Entropiezunahme weist. Das subjektive Element kommt verstärkt zur Geltung, seit klar geworden ist, daß die Entropie eines Systems mit der Information verwandt ist, die wir darüber haben bzw. nicht haben. Die Entropie eines Objektes läßt sich mit der fehlenden Information eines Subjektes vergleichen und in gewisser Weise sogar gleichsetzen.

Bei alledem reden wir die ganze Zeit über die Entwicklung (»Entropie«) eines Systems, und damit unterscheiden wir seine Vergangenheit von seiner Zukunft, und das hat Konsequenzen für die statistischen Überlegungen. Die Vergangenheit liegt bekanntlich fest. Hier ist es folglich sinnlos, von Wahrscheinlichkeiten zu reden. Dies geht nur für die Zukunft, und dabei verliert die Zeit ihre Symmetrie.

So gesehen befinden wir uns in einer neuen Situation. Wir reden hier im Rahmen einer Naturwissenschaft, die sich auf Erfahrungen gründet. Erfahrungen machen wir nur in der Vergangenheit, und wir wenden sie auf die Zukunft an. Damit erhält aber jede Form eines Naturgesetzes eine zeitliche Struktur. Unter den und den Bedingungen – so heißt es – wird dieses oder jenes eintreten. Damit wird aber der Vorwurf der Subjektivität unhaltbar, den Popper gegen Boltzmann erhebt, denn jede objektive Beschreibung der Realität muß eine *Vor*aussage dessen sein, was einer findet, wenn er etwas *nach*prüft. *Nach*prüfen kann man aber nur, *nach*dem man eine *Vor*hersage getroffen hat. Die unbezweifelbare Richtung der Zeit, der Unterschied von Vergangenheit und Zukunft, ist subjektiv schon allein dadurch, daß die Zeitstruktur die Grundlage jeder Form von Naturwissenschaft ist. Wenn wir nun Wahrscheinlichkeit konsequent als *vorausgesagte relative Häufigkeit* auffassen, dann sind wir die Frage auf einmal los geworden, wie der subjektive Pfeil der Zeit aus der zeitsymmetrischen Wirklichkeit zu erklären ist.

Natürlich war Boltzmann Physiker, und natürlich reden wir

die ganze Zeit über physikalische Systeme – Wasser im Glas, Gase in Behältern –, aber Boltzmann hat immer über diesen engen Zaun hinweggesehen und sich gefragt, wie sein geliebter Zweiter Hauptsatz mit den Erscheinungen des Lebendigen in Einklang zu bringen sei. In der Physik entsteht aus Ordnung spontan Unordnung, aber das organische Leben behält seine Ordnung und steigert sie sogar (im Rahmen der Evolution). Wie umgehen die Lebewesen das Gebot der Entropiezunahme? Wie überlisten sie den Zweiten Hauptsatz?

Offenbar kann Leben nur existieren, wenn auch Prozesse ablaufen, bei denen die Entropie lokal abnimmt (der Zweite Hauptsatz ist eine globale bzw. sogar universale Aussage). Und heute versteht man gut, wie dies passieren kann. Die Erde verringert zum Beispiel ihre Entropie mit Hilfe des Energiestroms, der von der Sonne ausgeht. Dabei nimmt die Entropie der Sonne stärker zu als die der Erde ab. Der Zweite Hauptsatz behält in diesem Rahmen seine Gültigkeit. Lebende Organismen senken ihre Entropie durch Aufnahme und Abbau energiereicher Verbindungen aus der Nahrung. Daß Leben einen dauernden Strom von Energie voraussetzt, durch den seine Entropie klein gehalten wird, hat Boltzmann bereits klar gesehen. Bei ihm heißt es bereits 1886:

> *»Der allgemeine Daseinskampf der Lebewesen ist nicht ein Kampf um die Grundstoffe, auch nicht um die Energie, sondern ein Kampf um die Entropie, welche durch den Übergang der Energie von der heißen Sonne zur kalten Erde disponibel wird.«*

Hier läßt sich auch Boltzmanns Ziel erkennen, das hinter dem Horizont der Physik liegt. Er versuchte, die Gerichtetheit der Zeit – das Leben betreffend – an das physikalische Verstehen des Weltalls anzuknüpfen. Er wußte intuitiv, daß beide recht haben – Darwin mit der Evolution und Clausius mit der Entropie (und dem Zweiten Hauptsatz) –, und er sah, daß die Idee einer biologischen Entwicklung der lebenden Natur auf ähnlich statistische Weise erfaßt werden konnte wie die Gesetze der Gase oder Flüssigkeiten (was dem Schotten Maxwell gelungen war). Leben war jetzt prinzipiell kein Fremdkörper mehr im Reich der Physik, und wenn Boltzmann der mechanische Beweis für die Entropiezunahme gelungen wäre, hätte er sich wie der Darwin der Physik fühlen können.

Boltzmann bewunderte Darwin, und er vermutete, daß man das 19. Jahrhundert einmal als das Zeitalter Darwins bezeichnen wird. Dieses extreme Vertrauen in den Gedanken der Evolution und die Gewißheit, daß die belebte wie die unbelebte Natur auf einer einheitlichen Grundlage – bestehend aus statistischen Analysen und mechanischen Gesetzen – zu verstehen sind, erlaubten Boltzmann schon im Jahre 1900 den Abriß einer Theorie der Erkenntnis zu formulieren, die sich erst in jüngster Zeit durchsetzen konnte. Gemeint ist die vor allem auf den ebenfalls aus Wien stammenden Konrad Lorenz zurückgehende »Evolutionäre Erkenntnislehre«, deren vorweggenommene Grundgedanken Boltzmann im November 1900 in Leipzig wie folgt vorgestellt hat:

»Nach meiner Überzeugung sind die Denkgesetze dadurch entstanden, daß sich die Verknüpfung der inneren Ideen, die wir von den Gegenständen entwerfen, immer mehr der Verknüpfung der Gegenstände anpaßte. Alle Verknüpfungsregeln, welche auf Widersprüche mit der Erfahrung führen, wurden verworfen und dagegen die allzeit auf Richtiges führenden mit solcher Energie festgehalten. Und dieses Festhalten vererbte sich so konsequent fort auf die Nachkommen, daß wir in solchen Regeln schließlich Axiome oder angeborene Denkweisen sahen. Man kann diese Denkgesetze aprioristisch nennen, weil sie durch die vieltausendjährige Erfahrung der Gattung dem Individuum angeboren sind.«

Drei Frauen

Marie Curie (1867–1934)
Lise Meitner (1878–1968)
Barbara McClintock (1902–1990)

Es hat lange gedauert, bis es auch Frauen möglich
geworden ist, eigenständig zur Wissenschaft
beizutragen. Erst im 20. Jahrhundert bietet sich
einigen von ihnen die Chance. Was dem
Historiker dabei unter anderem auffällt, ist die
Tatsache, daß die beiden europäischen
Physikerinnen sich um dieselbe Erscheinung
kümmern, um die Radioaktivität nämlich. Und
wer sich überlegt, was Radioaktivität bedeutet
– nämlich die Umwandlung des Atomkerns –,
dem fällt auf, daß die Dritte im Bunde, eine
amerikanische Biologin, sich grundsätzlich mit
demselben Thema befaßt. Sie interessiert sich für
die Verschiebung von Genen und analysiert ihre
Dynamik zu einer Zeit, als die männlichen
Kollegen noch nicht verstanden hatten, wie die
Gene selbst aufgebaut sind. Dies tun auch die
Physikerinnen. Sie erkunden bereits den Wandel
der Atome, während sich die Männer noch um
Verständnis für deren Stabilität bemühen.

Marie Curie

oder
Die Leidenschaft für die Radioaktivität

Marie Curie hieß Maria Skłodowska, als sie 1867 in Warschau geboren wurde. Die erste Biographie über sie trägt den Titel *Madame Curie*, und wenn es auch scheint, als ob dabei der Blick auf die polnische Frau verlorengegangen ist und nur noch die Gattin des französischen Physikers Pierre Curie gesehen wird, so steigert sich beim Leser im Verlauf der Lektüre doch die Bewunderung für die große Wissenschaftlerin, die von ihren Schwestern »Mania« genannt wurde. »Madame Curie« – so haben sie die meisten ihrer Kollegen genannt, zum Beispiel auch Albert Einstein, der von ihr gesagt hat: »Madame Curie ist unter allen berühmten Menschen der einzige, den der Ruhm nicht verdorben hat.«[1] Es würde vielen Wissenschaftlern unserer Zeit nicht schaden, wenn sie Marie Curie[2] zum Vorbild ihres Handelns wählten und wie sie dächten, als sie schrieb:

1 Es wäre natürlich besser gewesen, Einstein hätte geschrieben: »Madame Curie ist unter allen Menschen *die* einzige, *die* der Ruhm nicht verdorben hat.«
2 Ich werde nicht einfach »Curie«, sondern »Marie Curie« oder »Madame Curie« schreiben, und zwar aus mehreren Gründen. Zum einen ist »Curie« inzwischen eine Einheit für die Radioaktivität (nämlich die Menge einer radioaktiven Substanz, bei der pro Sekunde $3,7 \cdot 10^{10}$ Atomkerne zerfallen); zum anderen treten viele Curies auf – Pierre, Irène, Eve –, und zum dritten bleiben Frauen etwas Besonderes in der Naturwissenschaft, und deshalb sollen sie

»Im Einvernehmen mit mir verzichtete Pierre Curie darauf, aus unserer Entdeckung [des Radiums und seiner Radioaktivität] pekuniären Vorteil zu ziehen; wie haben kein Patent auf sie genommen und ohne jede Einschränkung die Ergebnisse unserer Forschung veröffentlicht, ebenso wie das Herstellungsverfahren des Radiums. Wir haben überdies allen Interessenten jede Auskunft erteilt, die sie wünschten. Dies war eine große Wohltat für die Radiumindustrie, die sich frei entwickeln konnte und so in die Lage kam, Gelehrten und Ärzten die Erzeugnisse zu liefern, die sie brauchten.«

Madame Curie brauchte keine finanziellen Belohnungen[3], obwohl sie viele Jahre lang nur sehr knapp mit dem Geld ausgekommen ist. Sie lenkte ihren Blick in eine andere Richtung, um eine andere Art von Glück erst zu suchen und dann zu finden. Im Alter von rund 25 Jahren schafft sie es, Polen zu verlassen und das »Universum im Kleinen« namens Paris zu erreichen. Als die junge Frau hier Vorlesungen über Physik und andere Wissenschaften hört, wundert sie sich:

»Wie kann man die Wissenschaft trocken finden? Gibt es etwas Schöneres als die unveränderlichen Regeln, die die Welt regieren, etwas Wunderbareres als den menschlichen Geist, der fähig ist, sie zu entdecken? Wie leer, wie phantasielos scheinen Romane und Märchen neben diesen außerordentlichen Phänomenen, die durch harmonische Gesetze miteinander verbunden sind!«

Von Märchen ist erneut die Rede, als sich die zuletzt weltberühmte Madame Curie 1933 – ein Jahr vor ihrem Tod – in Madrid bei einer von Paul Valéry angeregten Diskussion über

auch anders angesprochen werden. »Marie Curie« klingt besser als »Curie«. Vielleicht sollte ich auch allen Männern Vornamen geben.
3 Das Geld für ihre beiden (!) Nobelpreise hat sie nicht für persönliche Belange verbraucht, sondern in Stiftungen angelegt, die dem öffentlichen Wohl dienen sollten.

»Die Zukunft unserer Kultur« zu Wort meldet und die anderen Teilnehmer mit einem Bekenntnis überrascht:

> *Ich gehöre zu denen, die die besondere Schönheit des wissenschaftlichen Forschens erfaßt haben. Ein Gelehrter in seinem Laboratorium ist nicht nur ein Techniker; er steht auch vor den Naturgesetzen wie ein Kind vor der Märchenwelt. Wir dürfen niemanden glauben machen, daß der wissenschaftliche Fortschritt sich als ein Mechanismus, als eine Maschine, als ein Getriebe ineinandergreifender Zahnräder begreifen läßt – die übrigens auch ihre eigene Schönheit haben.*
>
> *Ich glaube auch nicht an die Gefahr, daß der Geist des wissenschaftlichen Abenteuers aus unserer Welt verschwindet. Wenn von allem, was ich um mich gewahre, irgend etwas lebenskräftig ist, so ist es eben dieser Geist des Abenteuers, der unausrottbar scheint und sich mit der Neugier verbindet.«*

Die Männer, die ihr zuhören, sind verwirrt. Sie fühlten sich als »lauter Don Quichottes des Geistes, die gegen Windmühlen kämpfen«, sie wollen die Spezialisierung der Wissenschaft bejammern, um sie so mitverantwortlich für die Kulturkrise zu machen, in der sie zu leben meinen. Und da steht diese Frau auf, redet von der Liebe zu ihrer Forschung, von ihrer Leidenschaft für ihr geistiges Kind, die Radioaktivität, von ihrem sozialen Engagement[4], und sie hat so unendlich viel geleistet, daß man ihr einfach zuhören muß: Sie hat zwei Nobelpreise gewonnen, zwei Kinder großgezogen, als erste Frau einen Lehrstuhl an der Sorbonne besetzt, im Ersten Weltkrieg rund 200 Röntgenstationen eingerichtet und das dazugehörige Bedienungspersonal unterrichtet, der Stadt Warschau zu einem Radiuminstitut verholfen und vieles mehr.

Vielleicht sollten wir wirklich mehr auf Madame Curie hören und nicht nur ihrer Bescheidenheit nacheifern, sondern auch

---

4 Man hat Marie Curie oft als »Schöpferin der sozialen Radiologie« bezeichnet, weil sie sich für den verbreiteten Einsatz der radiologischen Methoden der Medizin eingesetzt hat.

ihren Vorschlag ernst nehmen, daß es sich lohne, dafür zu streiten, daß der geistige Einfluß der Wissenschaft stärker in der Welt zum Tragen kommt und befestigt wird. Sie hat ihr Leben für die Forschung eingesetzt und es dabei zuletzt auch verloren. Madame Curie ist an einer Leukämie gestorben, die sicher auf den Umgang mit den vielen radioaktiven Präparaten zurückzuführen ist, die im Laufe ihrer Tätigkeit durch ihre Hände gegangen sind.[5] Gerade noch rechtzeitig vor ihrem Tod hat sie ihr Buch abgeschlossen, das sich an junge Physiker wendet. Es trägt im Titel das eine Wort, das sie geprägt hat und das uns heute manchmal Angst macht: *Radioaktivität*.[6]

Der Rahmen

Als Maria Skłodowska 1867 geboren wird, veröffentlicht Karl Marx den ersten Band des *Kapitals* und stellt dabei Hegel vom Kopf auf die Füße (wie er sagt), der Psychologe Wilhelm Wundt hält zum ersten Mal eine Vorlesung unter dem Titel *Physiologische Psychologie* und William Thomson (später Lord

---

5 Heute kann man häufig lesen, daß schon ein einziges Strahlenereignis ausreichen kann, um Krebswachstum von Zellen auszulösen. Die Wahrscheinlichkeit dafür bleibt extrem gering, und wer den schwierigen und wichtigen Zusammenhang zwischen Radioaktivität und Krebs erkunden will, sollte zunächst berücksichtigen, daß es in jedem menschlichen Körper rund 4000 radioaktive Zerfälle pro Sekunde gibt, die zumeist von radioaktivem Kalium stammen. Wer 50 Jahre alt ist, hat also schon mehr als 10^{12} natürliche Zerfälle im eigenen Körper überlebt.

6 Unter Radioaktivität – »Strahlenaktivität« – versteht man heute einfach die Tatsache, daß es Atome gibt, die Strahlen bzw. Partikel aussenden. Man unterscheidet dabei die sogenannten α-, β- und γ-Strahlen. α-Strahlen sind Helium-Kerne, β-Strahlen sind Elektronen, und γ-Strahlen sind extrem hochfrequente elektromagnetische Strahlen. Die vielleicht unbewußte Faszination, die das Thema Radioaktivität auf die Forscher ausübt, rührt möglicherweise daher, daß hierbei Wandlungsprozesse stattfinden, und zwar im Kern der Atome. Und was interessiert einen Psychologen mehr als der Wandlungsprozeß einer Person, der sich in ihrem Kern abspielt?

Kelvin) schlägt ein erstes Atommodell vor, das mit Wirbeln operiert (»vortex model«) und zwanzig Jahre lang Bestand hat, bevor es von einem »Rosinenkuchen« abgelöst wird. 1868 entdecken Straßenarbeiter in Frankreich die Skelette des Menschen, der heute als Cro-Magnon bekannt ist und vor rund 35 000 Jahren gelebt hat. Ein Jahr später wird in London das heute berühmteste Fachblatt *Nature* gegründet, schlägt Mendelejew ein noch unvollständiges »Periodensystem der Elemente« vor, und in Danzig kommt ein anderer großer Wissenschaftler zur Welt, der Chemiker Richard Abegg, der seine Heimat ebenfalls verläßt, im westlichen Deutschland Karriere macht und als erster bemerkt, daß die chemischen Eigenschaften von Atomen nicht von ihrer Masse im Kern, sondern von den Elektronen in der äußeren Hülle abhängen.

Im Laufe des Lebens von Marie Curie ändert sich das Bild von den Atomen gewaltig. Sie bekommen Untereinheiten und sind nicht mehr elementar im einfachen Sinne. Sie haben eine Struktur, und die gilt es herauszufinden. Voraussetzung dafür sind unter anderem die Arbeiten des Ehepaares Curie und die Entdeckung der Erscheinung, die später Radioaktivität heißt. Sie gelingt Henri Becquerel im Jahre 1896, als auch die ersten Olympischen Spiele der Neuzeit stattfinden und die erste öffentliche Filmvorführung (1895) schon für Aufsehen gesorgt hat.

Als Madame Curie 1911 ihren zweiten Nobelpreis (für Chemie) erhält, kommt der Neuseeländer Ernest Rutherford mit seinem Planetenmodell eines Atoms der Wirklichkeit näher. Ein Jahr später bricht die »Titanic« zu ihrer ersten und letzten Fahrt auf, und 1913 führt der Amerikaner Henry Ford das Fließband ein und verkürzt die Montagezeit für ein Auto von 12,5 auf 1,5 Stunden. Es folgt der Erste Weltkrieg, in dem zum ersten Mal mit wissenschaftlichen Mitteln gekämpft wird, mit chemischen Waffen. 1918 entdeckt die Mathematikerin Emmi Noether einen tiefen Zusammenhang: Jede Symmetrie in der Physik impliziert ein Erhaltungsgesetz (und umgekehrt). Im selben Jahr führt Großbritannien das allgemeine Wahlrecht ein (für Frauen allerdings erst vom 30. Lebensjahr an). Als

Marie Curie 1934 stirbt, beginnt Thomas Mann mit dem Roman *Joseph und seine Brüder*. Hitler ist bereits Reichskanzler, und die Vertreibung der Wissenschaftler aus Europa beginnt.

Das Porträt

Marie Curie hat zwei Töchter, die in Paris zur Welt kommen, als sie 30 bzw. 37 Jahre alt ist. Die ältere Tochter – Irène – wird ebenfalls Wissenschaftlerin[7] und sogar auf dem Gebiet tätig, das ihre Mutter begründet hat. Irène heiratet den Physiker Frédéric Joliot[8] und entdeckt mit ihm in Maries Todesjahr (1934) das, was man heute »künstliche Radioaktivität« nennt und den Weg zur Kernspaltung bahnt.[9] Das Ehepaar Joliot-Curie erhält dafür den Nobelpreis für Chemie. Madame Curies jüngere Tochter – Eve – bleibt hingegen der Forschung fern. Sie schreibt dafür die Lebensgeschichte ihrer Mutter auf, die 1938 erscheint und mit folgendem Vorsatz beginnt:

> »*Sie ist eine Frau, sie gehört einer unterdrückten Nation an, sie ist arm, sie ist schön. Eine innere Berufung läßt sie Polen, ihre Heimat verlassen, um in Paris zu studieren, wo sie Jahre der Einsamkeit und der Schwierigkeiten durchlebt. Sie begegnet einem Mann [Pierre Curie], der ein Genie ist wie sie selbst. Sie heiratet ihn. Ihr Glück ist einzigartig. Die härteste, erbittertste Anspannung läßt sie eine magische Substanz entdecken, das Radium. Ihre Entdeckung schenkt nicht nur einer neuen Wissenschaft, einer neuen Philosophie das Leben; sie bringt der Menschheit die Möglichkeit, eine furchtbare Krankheit[10] zu*

7 Irène Curie stirbt 1956 an Leukämie – wie ihre Mutter.
8 F. Joliot würde eine eigene Geschichte lohnen. Er hat, als Mitglied der Kommunistischen Partei Frankreichs, erst entscheidend zur Nutzung der Kernenergie beigetragen und anschließend einen Nationalrat der Friedensbewegung ins Leben gerufen.
9 Mehr dazu im Kapitel über Lise Meitner, die als dritte Frau für große Fortschritte auf dem Sektor der Radioaktivität sorgt.
10 Gemeint ist Krebs. Mit Hilfe des Radiums konnte man zum ersten Mal eine Strahlentherapie konzipieren.

bekämpfen. In dem Augenblick, in dem der Ruhm der beiden Gelehrten sich in der Welt verbreitet, fällt ein schwarzer Schatten auf Marie. Der wunderbare Gefährte wird ihr mit einem Schlag durch den Tod entrissen. Trotz der Not ihres Herzens, der körperlichen Leiden, setzt sie das begonnene Werk fort, entwickelt sie glanzvoll die Wissenschaft, die sie beide geschaffen haben. Der Rest ihres Lebens ist nichts als immerwährende Hingabe. Den Kriegsverwundeten widmet sie ihre Opferkraft, ihre Gesundheit. Später einmal wird sie ihren Rat, ihr Wissen, jede Stunde ihrer Zeit den künftigen Wissenschaftlern geben, die aus der ganzen Welt kommen. Sie hat es nicht verstanden, berühmt zu sein.«

Wenn wir dies heute an manchen Stellen auch zurückhaltender formulieren würden, so gibt diese Einleitung dennoch die Themen vor, die es anzusprechen gilt – das Erwachen des Interesses an der Wissenschaft, der Abschied von Polen, das Leben mit Pierre Curie und die Faszination durch die Forschung, die über das Phänomen der Radioaktivität den Weg zum Verständnis der Atome bereitet und die allein uns zu verstehen erlaubt, wie Marie Curie die unglaubliche Leistung vollbracht hat, die ihr Lebenswerk darstellt.

Maria Skłodowska kommt als fünftes Kind eines Lehrerehepaares zur Welt, und sie hat es leicht in Kindheit und Schule, wenn man davon absieht, daß sie eines der wenigen Mädchen ist, dem der Zutritt zum »Gymnasium für Knaben« gewährt wird. Sie absolviert alle Schulprüfungen glänzend, bekommt eine Goldmedaille und versucht anschließend, als Erzieherin oder Gouvernante Geld zu verdienen. Sie findet – noch in Warschau – eine Stelle »in einem jener reichen Häuser, wo man vor Gästen französisch spricht – ein erbärmliches Französisch –, Rechnungen ein halbes Jahr nicht bezahlt, aber das Geld aus dem Fenster wirft und dabei an dem Petroleum für Lampen spart. Es gibt fünf Dienstboten, man posiert auf Liberalismus, in Wirklichkeit aber herrscht finsterste Dummheit.«

Marie Curie ist 18 Jahre alt, als sie dies ihrer Cousine Henriette schreibt. Sie hat sieben Stunden zu arbeiten und danach viel Zeit zu lesen. Sie »stürzt sich auf die Bücher« und liest »immer mehreres auf einmal [Physik auf polnisch, Soziologie auf französisch, Anatomie und Physiologie auf russisch]: die fortlaufende Beschäftigung mit ein und demselben Gegenstand könnte mein schon stark überanstrengtes Gehirn ermüden. Wenn ich mich absolut unfähig fühle, mit Nutzen zu lesen, löse ich algebraische und trigonometrische Aufgaben: die vertragen kein Nachlassen der Aufmerksamkeit und bringen mich wieder ins rechte Fahrwasser.«

Die Gesellschaft, in der sie zu tun hat, ärgert sie zwar – »für die alle sind Wörter wie ›Positivismus‹ und ›Arbeiterfrage‹ wahre Schreckgespenster« –, aber große Zukunftspläne stellen sich nur langsam ein. Es ist nicht nur für Frauen schwierig, in Polen zu studieren. Der russische Bär hat es sich im Lande bequem gemacht und alle Hochschulen geschlossen. Doch die Polen verstehen, ihn auszutricksen. Sie gründen die »Fliegende Universität«, die von Raum zu Raum ziehen kann und den russischen Behörden Potemkinsche Dörfer vorführt. Hinter der Fassade, auf der »Museum für Industrie und Landwirtschaft« steht, verbirgt sich in Wahrheit ein Laboratorium, und dessen Leiter ist ein Cousin Marias, die hier ihren »Sinn für experimentelle Naturforschung ausbildet«, wie sie später erzählt, ohne das Wichtigste zu sagen. Als die inzwischen 23jährige Frau nämlich zum ersten Mal in der Lage ist, Experimente zu wiederholen, die sie aus Lehrbüchern kennt, kann sie danach nicht mehr schlafen. Eine innere Erregung hält sie wach. Sie erlebt ein völlig neues Gefühl – die Leidenschaft – und hat damit den Faden ihres Lebens aufgenommen. Sie will mehr von der Wissenschaft lernen, und die Chance dazu bietet sich in Paris. Hier wohnt ihre Schwester Bronia mit ihrem Mann, bei denen sie unterkommen kann, und im Herbst 1891 bricht Maria Skłodowska nach Westen auf.

Zwei Jahre später legt sie das physikalische und noch ein Jahr später das chemische Lizenziat ab, und sie macht sich Mut, weiter voranzugehen: »Man muß daran glauben, für eine bestimmte Sache begabt zu sein, und diese Sache muß man erreichen, koste es, was es wolle«, wie sie ihrem Cousin von der

»Fliegenden Universität« 1894 schreibt. Wer sie in dieser Zeit beobachtet, meint zwar, daß sie Liebe und Ehe aus ihrem Lebensprogramm gestrichen habe, aber dann trifft sie Dr. Pierre Curie[11]: »Er sah sehr jung aus, obwohl er damals 35 Jahre alt war. Wir sprachen über wissenschaftliche Fragen, und ich war glücklich, mich mit ihm beraten zu können.« Er überreicht ihr den Sonderdruck seiner letzten Arbeit, in der er sich »Über die Symmetrie in den physikalischen Erscheinungen« äußert. Auf den Rand hat er eine kleine Widmung geschrieben, »Für Fräulein Skłodowska in respektvoller Freundschaft, P. Curie«, und die langsame Annäherung der beiden beginnt.

Es dauert zwei Jahre, bis Pierre um ihre Hand anhält, und zu diesem Zeitpunkt ist sie in Warschau. Sie will wissen, ob sie sich in ihrer Heimat für ihn und sein Land entscheiden kann, und nach einer Besprechung mit der Familie sagt sie »Ja«. Noch ist Pierre kein berühmter Physiker. Er ist nur ein kleiner Lehrer an der École municipale de Physique et de Chimie industrielle in Paris, und Marie braucht eine Sondergenehmigung, um mit ihm in dem ziemlich winzigen und armselig eingerichteten Laboratorium arbeiten zu können (ohne dafür bezahlt zu werden), das ihm zur Verfügung steht. Aber das junge Ehepaar hat seinen »Traum von der Humanität und der Wissenschaft«, und beide arbeiten sehr hart an seiner Umsetzung. Ihr Thema hat mit einer Entdeckung zu tun, die der Franzose Henri Becquerel 1896 gemacht hatte. Beim Umgang mit Uran bzw. uranhaltigen Mineralien war ihm eine außergewöhnlich intensive Strahlung aufgefallen, die von diesen Substanzen ausging. Und diese unsichtbare Uranstrahlung war völliges Neuland für die Wissenschaft. Woher kam sie? Was war ihre Natur? Wie lange hielt sie vor? Woher bezog sie ihre Energie? Wieso entstand dabei Wärme? Ist es nur das Uran, das so strahlen kann, das also »radioaktiv« ist, wie Marie Curie es zu nennen vorschlägt, oder gibt es noch andere Elemente, die dies tun? Und wenn

---

11 Das Curiesche Gesetz, das die Temperaturabhängigkeit der Magnetisierung eines Festkörpers erfaßt, geht auf Pierre zurück. Auch die Curie-Temperatur ist nach ihm benannt.

ja, wodurch lassen sich diese radioaktiven Elemente charakterisieren?

Fragen über Fragen, und also genau die richtige Ausgangssituation für eine neugierige und ehrgeizige Forscherin, die auf der Suche nach einem Thema für ihre Doktorarbeit ist. Marie Curie beginnt die Uranstrahlen zu vermessen[12], und bald versteht sie, daß es tatsächlich das Uran selbst ist, das aktiv strahlt, und daß weder die Temperatur noch die Feuchtigkeit oder irgendein anderer äußerer Parameter damit etwas zu tun haben bzw. darauf Einfluß nehmen. Sie ist die erste, die weiß oder ahnt, daß sie mit der Strahlung bzw. der Radioaktivität nicht irgendeine Eigenschaft von irgendwelchen Stoffen untersucht, sondern daß da etwas aus dem tiefen Inneren der Materie kommt. Marie Curie weiß, daß sie einer Qualität der Atome selbst auf der Spur ist. Mit anderen Worten formuliert, die heute vielleicht trivial klingen, damals aber erregend gewesen sein mußten: Mit der Strahlung konnten auf einmal Atome untersucht werden, es gab einen experimentellen Zugang zu den Bausteinen der Materie, die jetzt nicht mehr unnahbar waren – und nicht nur das: Diese für alle menschlichen Zeiten als unteilbar und unveränderbar geltenden Atome, sie konnten offenbar Energie nach außen abgeben, sie sonderten etwas ab. Sie waren überhaupt nicht *un*wandelbar, wie man seit der Antike dachte, sie waren vielmehr *um*wandelbar, und diese Idee gewann an Überzeugungskraft, als die Curies bald feststellten, daß neben dem Uran auch Thorium und andere chemische Elemente radioaktiv sind.[13] Bald bemerken sie, daß in der sogenannten

12 Technisch gesehen untersucht sie z. B. die Ionisationsfähigkeit der Strahlen oder ihren Streuquerschnitt, aber obwohl diese anspruchsvollen Details weitgehend ihren Tagesablauf bestimmen, wollen wir nicht näher darauf eingehen.

13 Wie oben (Anm. 6) erwähnt, glaube ich, daß die Faszination, die die Radioaktivität ausübt, psychologische Gründe hat und mit dem Wandlungsprozeß zu tun hat, den das Atom durchmacht: Ein aktives Zentrum (»Ich«) wird umgewandelt, und das ganze spielt sich in einem Bereich der Wirklichkeit ab, der unserer Wahrnehmung so unzugänglich bleibt wie das Unbewußte.

Pechblende, die sie aus Bergwerken beziehen (als Geschenk der österreichischen Regierung), eine radioaktive Substanz enthalten ist, die bedeutend stärker als das Uran strahlt, und an dieser Stelle entschließt sich Marie Skłodowska Curie – unter diesem Namen – zu einer gewagten Hypothese. Sie schlägt am 12. April 1898 vor, daß die Pechblende (und möglicherweise auch andere Verbindungen) ein neues Element enthält, das weit aktiver als das Uran und den Forschern bislang unbekannt ist.

Nun beginnt die schwere, mühevolle und langwierige Arbeit der Abtrennung, die man einem Außenstehenden kaum begreiflich machen kann. Endloses Rühren, dauerndes Schütteln, jahrelanges Trennen, immer wieder mischen, ausfällen, in Lösung bringen und vieles mehr, und das alles in einem engen, stinkenden Laboratorium, das eher einer Baracke gleicht und das im Winter zu kalt und im Sommer zu heiß ist – Woche um Woche, Tag um Tag mit größter Konzentration arbeiten, und zwar immer in der Angst, das gereinigte Material verlieren zu können, und dazu in der Ungewißheit, ob man zuletzt etwas in den Händen halten kann, ob man einem Thema auf der Spur ist, das sich wissenschaftlich auszahlt und Anerkennung findet. Doch die Curies werden belohnt. Am Ende ihrer Bemühungen können sie der wissenschaftlichen Welt zwei neue Elemente vorstellen: das »Polonium«, das diesen Namen zu Ehren von Maries Heimat bekommen hat, und das »Radium«, das so heißt, weil seine Radioaktivität einfach »ungeheuerlich« ist [14], wie Marie Curie in ihrem ersten Bericht dazu schreibt, der am 26. Dezember 1899 veröffentlicht wird. Sie verfaßt dieses Manuskript übrigens, wie sich ihren Tagesnotizen entnehmen läßt, zwischen den Monaten, in denen die Tochter Irène nicht mehr auf allen vieren geht, »Gogli, Gogli« zu sagen lernt und den fünfzehnten Zahn bekommt. Die Mutter selbst lernt (!) in dieser Zeit auch endlich, anständiges Johannisbeergelee zu machen. Marie Curie kann stolz auf sich sein.

Nach der Entdeckung des Radiums fängt die Schwerarbeit aber erst an. Es gilt, das neue Element in reiner Form zu gewin-

---

14 1 Gramm Radium entspricht etwa 1 Curie (siehe Anm. 2).

nen, und die Curies arbeiten weitere 45 Monate unter unbeschreiblichen und eigentlich unmenschlichen Bedingungen. Im Jahre 1902 endlich geben sie sich zufrieden – aus 500 kg uranhaltiger Pechblende haben sie immerhin Radium in einer zugänglichen Verbindung isoliert und 0,1 g reines Radiumchlorid gewonnen. Dafür wird ihnen im Jahre darauf der Nobelpreis für Physik zugesprochen.[15] Was heute ein Großereignis wäre, hängt man damals noch tief, denn der Nobelpreis ist noch eine junge Einrichtung, und seine Verleihung zieht noch nicht so viel öffentlichen Rummel wie heute nach sich. Die Curies freuen sich zwar über das Geld, an der großen Feier, die gewöhnlich an Nobels Geburtstag, dem 10. Dezember, stattfindet, haben sie aber nicht teilnehmen können, »weil es zu schwierig einzurichten war«. »Eine so lange Reise in ein nördliches Land« nimmt ihnen im Augenblick zu viel Zeit weg. Sie warten, bis es Ostern (und wärmer) wird, ehe sie nach Stockholm fahren.

Die Verleihung des Nobelpreises hat zwei wichtige Konsequenzen. Zum einen läßt sich die Universität von Paris endlich dazu herab, Pierre Curie einen Lehrstuhl für Physik anzubieten, den er auch annimmt. Zum anderen erlaubt man ihm, drei Mitarbeiter zu haben, einen Assistenten, einen Helfer und einen Diener. Der Assistent wird eine Frau, genauer *seine* Frau. In der Tat bekommt Marie Curie zum ersten Mal eine Anstellung – nach dem Nobelpreis. Bis zu diesem Tag war ihre Anwesenheit im Laboratorium zwar geduldet worden, aber es gab weder einen Titel noch eine Bezahlung für die viele Arbeit, bei der sie das Radium gewonnen und sein Atomgewicht bestimmt hat. Dies ändert sich erst mit dem November 1904. Jetzt bekommt Marie Curie – neben der zweiten Tochter Eve – eine Stellung (nebst Gehalt) und zum ersten Mal auch das offizielle Recht, das Laboratorium ihres Mannes zu betreten. Was sie hier tun, hat Pierre am 14. April 1906 so dargestellt:

»*Madame Curie und ich arbeiten an der präzisen Dosierung des Radiums mittels der von ihm ausgesandten Strahlung. Das*

---

15 Und zwar zur Hälfte; die andere Hälfte geht an Becquerel.

sieht nach nichts aus, dabei beschäftigen wir uns schon einige Monate damit und beginnen erst jetzt, greifbare Ergebnisse zu erzielen.«

Niemand kann ahnen, daß er nur noch fünf Tage zu leben hat, nachdem er den Brief geschrieben hat, aus dem eben zitiert wurde. Dann überrollt ihn mitten in Paris eine Kutsche, und so erfährt Marie Curies Leben ganz plötzlich einen schmerzlichen Einschnitt. Sie ist fassungslos und läuft wie benommen (»hypnotisiert«) umher, und wir sollten auf den Versuch verzichten, ihre Gefühle nach dieser Katastrophe zu beschreiben. In ihrem Tagebuch spricht sie mit Pierre, sie schreibt ihm, bittet ihn um Rat, ohne dabei allerdings die innere Ruhe wiederzufinden.

In dieser Zeit der Verzweiflung bietet ihr die Universität von Paris die Nachfolge ihres Mannes an. Ohne zu zögern nimmt Marie Curie an, und am 5. November 1906 darf sie als erste Frau in der Sorbonne auf die Lehrkanzel steigen[16], um ihre Antrittsvorlesung zu halten. In der Ankündigung heißt es schlicht, daß »Madame Curie um halb zwei Uhr nachmittags die Ionentheorie der Gase darstellen und über die Radioaktivität sprechen wird«.

Der Hörsaal ist übervoll, als sie ihn pünktlich betritt und ihre Eröffnungsvorlesung beginnt. Mit den ersten Worten knüpft sie genau an dem Punkt an, an dem Pierre vor seinem Tod aufgehört hatte:

»Wenn man die Fortschritte ins Auge faßt, die die Physik seit zehn Jahren gemacht hat, ist man erstaunt über den Umschwung, der sich in unserer Auffassung über die Elektrizität und die Materie vollzogen hat.«

16 Marie Curie ist nicht nur die erste Frau, die einen Lehrstuhl an der Sorbonne bekommen hat, sie ist auch die erste Frau, deren irdische Reste ins Pariser Panthéon überführt worden sind und dort nun nicht weit entfernt von Voltaire und Victor Hugo ruhen. Die entsprechende Zeremonie hat im April 1995 stattgefunden, und zwar in Anwesenheit der beiden Staatspräsidenten aus Frankreich (Mitterrand) und Polen (Wałesa). Auf Bitten der Familie Curie wurde dabei auch die Asche von Pierre in das Panthéon überführt.

Zehn Jahre – damit meint sie die Zeit, die seit der Entdeckung der Radioaktivität und der Röntgenstrahlen vergangen sind, und tatsächlich hat sich seit diesen letzten Jahren des 19. Jahrhunderts ein Umsturz im Weltbild der Physik vorbereitet, und es waren unter anderem die Arbeiten von Marie Curie, die diese Fortschritte des Erkennens ermöglicht haben. Sie kümmert sich in den folgenden Jahren weiter um die Reindarstellung des Radiums, die ihr 1910 endgültig gelingt und erlaubt, alle physikalischen und chemischen Eigenschaften dieses Metalls zu bestimmen. Im selben Jahr liefert sie 22 mg reines Radiumchlorid beim Pariser Büro für wissenschaftliche Standards ab, und mit dieser Menge werden die international gebräuchlichen Einheiten für die Radioaktivität (»Curie«) und ihre Strahlung festgelegt. 1911 erhält Madame Curie dafür ihren zweiten Nobelpreis – diesmal für Chemie –, und es sollte noch sehr, sehr lange dauern, bis jemand kam, der ihr in ihrer Leistung bzw. deren Anerkennung gleichkommen sollte.[17]

In den letzten Jahren ist Marie Curie viel gereist, sie war in den USA und in Brasilien, sie hat Preise und Ehrendoktorhüte entgegengenommen, aber sie hat sich durch die Anerkennung nicht von ihrer wissenschaftlichen Arbeit abhalten lassen und ist bis zuletzt im Laboratorium gestanden und hat selbst experimentiert. Sie hat die Reichweite der Strahlung erkundet, die etwa vom Polonium ausgeht, und sie hat immer wieder geprüft, ob es auch wirklich keinen äußeren Faktor gibt, der den radioaktiven Zerfall eines Atoms beeinflussen oder gar aufhalten kann. Es hat sie beruhigt, daß sie keinen finden konnte.

---

17 Kurz bevor Marie Curie ihren zweiten Nobelpreis erhielt, war der Öffentlichkeit bekannt geworden, daß sie eine Affäre mit dem französischen Physiker Paul Langevin hatte. Das Nobelpreiskomitee teilte ihr mit, daß sie nur dann in Stockholm willkommen sei, wenn sie in sauberen Verhältnissen lebte. Marie Curie verbat sich diese Einmischung in ihr Privatleben und antwortete, daß sie den Preis doch für ihre wissenschaftliche Arbeit bekommen habe. Sie fuhr zwar nach Schweden, aber ihre Hoffnungen, Langevin zur Scheidung zu bewegen, mußte sie begraben.

Lise Meitner

oder
Verstehen, wo die Kraft herkommt

Lise Meitner hat nie einen deutschen Paß besessen, obwohl sie mehr als dreißig Jahre lang – von 1907 bis 1938 – in Berlin gearbeitet hat. Als sie nach dem Anschluß Österreichs im März 1938 – »als Wiener Jüdin«[1], wie es im Jargon der Nazis hieß – aus Deutschland vertrieben wurde und fliehen mußte, hat sie in Schweden eine neue Heimat gefunden. 1946 ist sie dann Staatsbürgerin dieses Landes geworden, dessen Sprache sie nicht mehr richtig lernen konnte. Zurückgekehrt ist sie weder nach Deutschland noch in ihre Geburtsstadt, und gestorben ist sie 1968 fast neunzigjährig im englischen Cambridge.

Es gab für Lise Meitner vor allem keinen Grund, wieder nach Deutschland zu kommen. Hier hatte sich nahezu jeder, der mit ihr zu tun hatte, blamiert, so gut er konnte (von den Naziverbrechen ganz zu schweigen), und von irgendeiner Art von Entschuldigung war bis zum Jahre 1991 (!) nichts zu sehen und nichts zu hören. Erst dann hat man ihr nach vielen Protesten einen Platz im Ehrensaal des Deutschen Museums eingeräumt – als eine Art Alibi-Ehrenfrau –, und zwar in der Nachbarschaft der Köpfe von Max Planck und Otto Hahn. Ab-

---

1 Lise Meitner stammte aus einer alten jüdischen Familie. Zwar hat man sie christlich getauft und protestantisch erzogen, aber auf solche Feinheiten haben die Nationalsozialisten keine Rücksicht genommen.

gesehen von dieser viel zu spät erfolgten Geste der Wiedergutmachung ist der Umgang mit Lise Meitner ein Armutszeugnis für die deutschen Männer (wenn wir für den Augenblick von ihren wissenschaftlichen Leistungen absehen, die uns gleich noch ausführlich beschäftigen), und ein biographisches Lexikon, das *Große Naturwissenschaftler* vorstellt[2], weiß seine Leser zwar selbst über Heinrich den Seefahrer und Marco Polo zu unterrichten, aber Lise Meitner scheint den Herausgebern bis heute unbekannt oder zumindest keines Eintrags wert zu sein.

Man hält es nicht für möglich, wie deutsche Ehrenmänner mit einer großen Frau umspringen: Als sie 1907 frisch promoviert[3] in Berlin ankommt und an der Universität die Vorlesungen von Max Planck hören will, wird sie von dem berühmten Physiker[4] gefragt: »Sie haben doch schon den Doktortitel; was wollen Sie denn jetzt noch?« Als sie mit Otto Hahn kooperieren will, darf sie das Institut auf ausdrückliche Anweisung des Direktors nur durch einen Hintereingang betreten, sie hat ausschließlich Zugang zu der Holzwerkstatt und darf sich nicht außerhalb dieses Raumes blicken lassen. Und als sie sich 1926 habilitiert und ihre Einführungsvorlesung »Über kosmische Physik« hält, teilt die Berliner Presse ihren Lesern mit, ein »Fräulein Meitner« habe die Zuhörer mit einem Vortrag »Über kosmetische Physik« (!) unterhalten.

Wer meint, mit dieser Form der Diskriminierung sei nach dem Zweiten Weltkrieg Schluß gewesen, unterschätzt die Borniertheit der deutschen Nobeleliten, aus der man Lise Meitner

---

2 *Große Naturwissenschaftler*, herausgegeben von Fritz Krafft, VDI Verlag, Düsseldorf 1985, 2. Auflage.

3 1906 hatte Lise Meitner als zweite Frau an der Universität Wien in Physik promoviert.

4 Der konservative Planck hat später geschrieben, daß man Frauen den Zutritt zu seinen Vorlesungen nur »probeweise und stets widerruflich« gestatten solle, und überhaupt sei er der Meinung, »daß die Natur selbst der Frau ihren Beruf als Mutter und Hausfrau vorgeschrieben habe«.

natürlich ausgeschlossen hat.[5] Als sie Anfang der fünfziger Jahre einen Vortrag über ein ausschließlich physikalisches Thema hält, stellt die Max-Planck-Gesellschaft, an deren Spitze inzwischen Otto Hahn steht, die Rednerin als »langjährige Mitarbeiterin unseres Präsidenten« vor, ohne dies jemals zu korrigieren. Aber die Krone gebührt Werner Heisenberg, der 1953 in einem Aufsatz »Die Beziehungen zwischen Physik und Chemie in den letzten 75 Jahren« darstellt[6] und darin das »Fräulein Meitner« nicht nur noch einmal »als die langjährige Mitarbeiterin Hahns« diffamiert, er unterschlägt zudem schlicht und einfach, daß sie es war, die 1939 als erste verstanden hat, was passiert, wenn es im Uran zu einer Kernspaltung kommt und die ungeheure Energie des Atomkerns freigesetzt wird. Offenbar kann sich Heisenberg nicht vorstellen, daß eine Frau etwas von Physik versteht, und er teilt seinen Lesern mit, daß sie nur »die genauen Ergebnisse, die sie aus einem Brief von Hahn erfuhr, sofort telegraphisch an eine eben in Washington tagende Physikerkonferenz weitergegeben« hat.[7]

Noch bis zum Ende der achtziger Jahre führte das Deutsche Museum in München Lise Meitner als bloße Assistentin von Otto Hahn, obwohl sie nicht nur längst Professorin war (und zwar schon seit 1926), sondern auch als Mitglied der Akademie Leopoldina in Halle und der Gesellschaft der Wissenschaften zu Göttingen angehörte, obwohl sie zu den Trägerinnen des amerikanischen Enrico-Fermi-Preises[8] und der Leibniz-Me-

5 Es ist gesagt worden, daß Otto Hahn den Nobelpreis von Lise Meitner bekommen hat. Dem kann ich nur zustimmen.

6 *Naturwissenschaftliche Rundschau 6* (1953), S. 6.

7 Wir weisen an dieser Stelle nur auf die dritte Unverschämtheit Heisenbergs hin, die darin besteht, Lise Meitner so etwas wie Vertrauensmißbrauch oder Verrat unterzuschieben. Zwar erreichte sie dieser Brief von Otto Hahn, als die deutsche Politik den Krieg vorbereitete, und in Washington saß damals nicht die Regierung einer befreundeten Macht. Tatsächlich aber hat Lise Meitner kein Wort nach Washington weitergegeben!

8 Den Enrico-Fermi-Preis hat Lise Meitner als erste Frau und als »erster Nichtamerikaner« bekommen.

daille gehörte, obwohl man sie mit zahlreichen Ehrendoktorhüten und vielen anderen Ehrungen im Ausland geehrt hatte, und obwohl jeder Eingeweihte wußte, daß in dem zu Recht gerühmten und berühmten Team Hahn-Meitner *sie* die geistig Führende war. Aus diesem Grunde auch haben die Mitarbeiter der beiden den Unterschriften »*Otto Hahn, Lise Meitner*«, die unter Bekanntmachungen und Anordnungen zu finden waren, häufig durch eine kleine Schlangenlinie eine neue Bedeutung gegeben, die eher den Tatsachen entsprach: »*Otto Hahn, lies Meitner*«. Ihr häufig verwendeter Ratschlag: »Hähnchen, laß mich das machen, von Physik verstehst du nichts« ist jedenfalls nie ernsthaft auf Widerspruch gestoßen. Sie verstand tatsächlich etwas von Physik, aber sie war eine Frau, und sie mußte sich dauernd hinten anstellen oder verstecken.

Der Rahmen

Als Lise Meitner 1878 in Wien geboren wird, besuchen 16 Millionen Menschen die Pariser Weltausstellung, und in den USA wird die erste kommerzielle Telephonverbindung in New Haven eingerichtet. 1879 werden Albert Einstein und Otto Hahn geboren, der Biochemiker Albrecht Kossel beginnt mit dem Studium der Zellkerne, Wilhelm Wundt richtet in Leipzig das erste Laboratorium für Psychologie ein, und in Berlin führt die Firma Siemens eine elektrische Lokomotive vor. Ein Jahr später veröffentlicht Dostojewskij *Die Brüder Karamasoff*, Robert Koch führte das Agar in die Mikrobiologie ein und Louis Pasteur entwickelt die Vorstellung, daß Krankheiten durch Keime verursacht werden können. 1881 wird tatsächlich ein »Bazillus« entdeckt, der Typhus bewirkt, und zwar von Edwin Klebs, und 1882 findet Koch den Erreger der Tuberkulose. In Berlin fährt inzwischen eine elektrische Straßenbahn, im Amsterdamer Zoo stirbt das letzte Quagga, das man als evolutionären Vorläufer der Zebras ansieht, und Johannes Brahms komponiert seine Dritte Symphonie.

Als Lise Meitner Professorin wird (1926), stellen Heisenberg und Schrödinger die beiden äquivalenten Formen der Quantentheorie der Atome auf, und Heidegger beendet sein Manuskript *Sein und Zeit*. Zwei Jahre später wird das Penicillin entdeckt (das aber erst 20 Jahre später medizinisch zum Einsatz kommt), und D. H. Lawrence löst mit *Lady Chatterley's Lover* einen Skandal aus. 1932 wird das Neutron entdeckt, und die Kernphysik wird richtig aufregend. Als sie sechs Jahre später ihrem ersten Höhepunkt entgegenstrebt, muß Lise Meitner Deutschland verlassen und nach Schweden emigrieren. Im selben Jahr (1938) wird der Kugelschreiber patentiert, Porsche stellt den Prototyp des »Käfers« vor, und Jean-Paul Sartre veröffentlicht sein Buch *Der Ekel*.

Bald folgen der Zweite Weltkrieg, die Spaltung Deutschlands, die Gründung der Bundesrepublik, die Ära Adenauer, das 11. Vatikanische Konzil, die Abrechnung mit dem Stalinismus, die Kuba-Krise, John F. Kennedy und der allgemeine Optimismus der sechziger Jahre. Seit 1967 verpflanzen die Menschen Herzen. Im Todesjahr Lise Meitners (1968) revoltieren die Studenten weltweit, vor allem aber in Berlin und Paris. Es gibt Rockmusik, Antibabypillen, Drogen und vieles mehr, Fortschritt und Wachstum werden verherrlicht, und noch redet niemand von der Umwelt. Man möchte nur, daß der Himmel über der Ruhr wieder blau wird.

Das Porträt

Gerade noch rechtzeitig vor der Jahrhundertwende – im Jahre 1899 – werden die österreichischen Universitäten für Frauen geöffnet, und 1901 beginnt Lise Meitner in Wien ihr Studium der Physik. Sie freut sich darauf, die Vorlesungen von Ludwig Boltzmann zu hören, und durch seine meisterhafte Beherrschung der Wärmelehre angestachelt, steuert sie auf das Thema ihrer Doktorarbeit zu – »Wärmeleitung in homogenen Körpern« –, die sie 1906 abschließt. Sie ist jetzt 28 Jahre alt und hat bereits einige Umwege in einer von Männern beherrschten Welt in Kauf nehmen müssen. Natürlich kann sie nicht einfach auf eine höhere Lehranstalt, da hier Mädchen (noch) keinen Zutritt haben, und natürlich denkt ihr Vater (ein Wiener

Rechtsanwalt mit jüdischen Vorfahren), daß seine Tochter Lise kaum Chancen haben wird, als Wissenschaftlerin eine Stelle zu finden. Zwar fördert er ihre sich früh zeigende Neigung für die Physik, aber er verlangt auch, daß sie erst einen anständigen Beruf erlernt, und sie tut ihm den Gefallen. Sie absolviert die notwendigen Prüfungen, um Lehrerin für Französisch werden zu können, und schreibt sich anschließend an der Universität Wien ein. Hier fühlt sie sich als »Schülerin von Boltzmann«, wie sie selbst 1958 geschrieben hat, und an ihrem ersten Lehrer faszinierte sie, wie sehr er »erfüllt war von der Begeisterung für die Wunderbarkeit der Naturgesetze und ihre Erfaßbarkeit durch das menschliche Denkvermögen«.

Sie wird von seinem Schwung »mitgerissen« und ist daher zunächst enttäuscht über die unpersönlichen und eher nüchternen Vorlesungen, die Max Planck in Berlin über Theoretische Physik hält, die Lise Meitner seit dem Herbst 1907 besucht. Sie konnte dabei, übrigens, nicht einfach in den Hörsaal hineinspazieren, denn noch war es Frauen nicht ohne weiteres gestattet, auf preußischen Hochschulen ein Studium aufzunehmen. Dazu war eine persönliche Erlaubnis des Dozenten erforderlich, und obwohl – wie oben erwähnt – das erste Zusammentreffen mit dem großen Planck eher unerfreulich verlaufen ist, hat Lise Meitner im Laufe ihres Lebens immer mehr Respekt vor seiner Persönlichkeit bekommen. Max Planck sei »als Mensch so wunderbar gewesen«, hat sie einmal erzählt, »daß wenn er in ein Zimmer kam, die Luft im Zimmer besser wurde«.[9]

Planck hat bald begriffen, was für ein Talent Lise Meitner besaß, und sie später zu seiner Assistentin gemacht. Diese Position behielt sie bis in den Ersten Weltkrieg hinein. 1915 meldete sie sich freiwillig als Röntgenschwester, um in einem Krankenlazarett an der österreichischen Front zu arbeiten. Sie hatte sich eigens durch Kurse auf diese Aufgabe vorbereitet.

9 Damit greift sie ein Wort von Planck selbst auf, der Lise Meitner gegenüber einmal geäußert hat, der Geiger Joseph Joachim sorge durch seine Anwesenheit dafür, daß die Luft im Zimmer besser würde.

Vom Standpunkt der Wissenschaft stellt der Erste Weltkrieg dadurch eine entscheidende Markierung dar, daß hier zum ersten Mal mit direkter Hilfe der Chemiker und Physiker gekämpft wurde. Am bekanntesten ist der Einsatz chemischer Waffen, den alle Kriegsparteien mit Macht probiert haben – und nicht nur die Deutschen. Ihren Anstrengungen waren unter der Führung von Fritz Haber nur die größten »Erfolge« beschieden, wenn man die tatsächlich erfolgte Tötung von Tausenden von Menschen so nennen darf. Zwar hat Lise Meitner nichts mit diesem gefährlichen Aspekt der Forschung zu tun, wir erwähnen den Gaskrieg und seine Folgen aber deshalb, um den Kritikern der Wissenschaft an ihrem Beispiel zu zeigen, daß man es sich bei seiner Bewertung nicht zu einfach machen sollte und die Zeitumstände berücksichtigen muß, wenn man Handlungen moralisch be- oder verurteilt. Lise Meitner hat nämlich verstanden, daß ihre Kollegen sich um den Einsatz chemischer Waffen bemühten, denn »vor allem ist jedes Mittel barmherzig, das diesen schrecklichen Krieg abzukürzen hilft«, wie sie im März 1915 schrieb. Und wer will sie für diesen Gedanken tadeln, der bekanntlich 30 Jahre später auf amerikanischer Seite erneut auftaucht, nachdem man die erste Atombombe über Hiroshima abgeworfen hat?

Lise Meitner hat mit dem oben zitierten Schreiben ihren Kollegen Otto Hahn trösten wollen, der damals im Fronteinsatz stand. Hahn hatte ihr acht Jahre zuvor die große Chance gegeben, experimentell zu arbeiten. Er hatte sich im Frühjahr 1907 habilitiert und dabei ein neues Gebiet für die Wissenschaft erschlossen, das er Radiochemie nannte. Es ging darum, die radioaktiven Substanzen, mit denen zum Beispiel die Curies in Paris beschäftigt waren [10], chemisch genauer zu charakterisieren. Hahn hatte verstanden, daß es – modern ausgedrückt – auf Teamwork ankam, und so suchte er als Chemiker einen Physiker, der ihm zur Hand ging, und da er gerade aus den USA zurück gekommen war und hier mit gleichaltrigen jungen Forscherinnen zusammengearbeitet hatte, da er zudem »eine ausgespro-

10 Mehr dazu findet sich im Kapitel über Marie Curie.

chene Schwäche für das weibliche Geschlecht« zeigte, wie es ein Biograph etwas sehr konventionell formuliert, konnte es auch eine Physikerin sein, und so bekam Lise Meitner ihre Chance.

Zwar durfte sie – wie erwähnt – nur in einer Holzwerkstatt experimentieren, aber trotzdem erlebte sie jetzt in Berlin-Dahlem ihre »unbeschwertesten Arbeitsjahre«:

> *Die Radioaktivität und Atomphysik waren damals in einer unglaublich raschen Fortentwicklung; fast jeder Monat brachte ein wunderbares, überraschendes, neues Ergebnis in einem der auf diesem Gebiet arbeitenden Laboratorien. Wenn unsere eigene Arbeit gut ging, sangen wir zweistimmig, meistens Brahmslieder, wobei ich nur summen konnte, während Hahn eine sehr gute Singstimme hatte. Mit den jungen Kollegen am Physikalischen Institut hatten wir menschlich und wissenschaftlich ein gutes Verhältnis. Sie kamen uns öfters besuchen, und es konnte passieren, daß sie durch das Fenster der Holzwerkstatt hereinstiegen, statt den üblichen Weg zu nehmen. Kurz, wir waren jung, vergnügt und sorglos, vielleicht politisch zu sorglos.«*

Bald sind die Tage der Werkstatt gezählt. Seit 1911 gibt es in Deutschland eine Kaiser-Wilhelm-Gesellschaft[11], sie richtet in Dahlem ein »Kaiser-Wilhelm-Institut für Chemie« ein, 1913 zieht das Gespann Hahn-Meitner um, und 1917 übernimmt Lise Meitner dort ihre eigene Abteilung – und zwar die »physikalisch-radioaktive« – und sie darf den Professorentitel führen. Seit dieser Zeit ist »das Fräulein Meitner« nicht mehr die Assistentin von Otto Hahn, aber es sollte noch rund 80 (!) Jahre dauern, bis das die Männerwelt der deutschen Wissenschaft zur Kenntnis nimmt.

Es ist Lise Meitner gar nicht leichtgefallen, 1917 schon nach Berlin zurückzukehren. Noch herrschte Krieg, und noch arbeitete sie in österreichischen Frontspitälern. Aber dann erhielt

---

11 Aus ihr ist nach dem Zweiten Weltkrieg die Max-Planck-Gesellschaft geworden.

sie einen Brief von Hahn, der in höchster Aufregung war. Er schrieb, »daß auch unsere Abteilung für militärische Zwecke verwendet werden würde, falls ich [Lise Meitner] nicht dauernd dahin zurückginge. Da unsere Untersuchungen über das [chemische Element] Protaktinium als Muttersubstanz des Aktiniums sehr genau reproduzierbare Messungen mit festgeschraubten Apparaten usw. erforderten, hätte die Wegnahme unserer Abteilung unsere jahrelange Arbeit zunichte gemacht. Daher kam ich im September 1917 für dauernd nach Dahlem zurück, um die Arbeit zu Ende zu führen«, etwas, das sie ohne die Hilfe von Planck nicht geschafft hätte, der ihr die militärischen Herren vom Hals hielt.

Protactinium und Actinium – damit sind konkrete Hinweise auf das wissenschaftliche Thema gefallen, um das sich das Hahn-Meitner-Team gekümmert hat. 1908 konnte das Duo seine erste gemeinsame Arbeit publizieren, und die handelte von dem chemischen Element namens Actinium, das radioaktiv und etwas schwerer war als das berühmte Radium des französischen Teams Curie-Curie. Damals gab es zwar schon ein Periodensystem der Elemente, und in dem wurden die erkannten Atomsorten auch mit einer »Ordnungszahl« eingetragen, die beim Wasserstoff mit 1 begann und vorläufig bei Radium mit 88 bzw. bei Actinium mit 89 endete, aber was dieser aufsteigende Zahlenwert bedeutete, wußte um 1908 niemand. Lise Meitner wußte nur, daß es eine »Muttersubstanz« für das Actinium gab, das heißt ein Element, das selbst radioaktiv war und so zerfiel, daß dabei Actinium entsteht. Zusammen mit Hahn machte sie sich auf die Suche nach diesem Element, das sie Protactinium nannten und 1917 fanden. Sie konnten ihm die Ordnungszahl 91 zuweisen, eins weniger als das Uran, das als Element 92 geführt wurde.

Bei ihren Untersuchungen konzentrierte sich Lise Meitner auf Elemente, die als β-Strahler bekannt waren, was einfach hieß, daß sie von den drei bekannten und mit den griechischen Buchstaben α, β und γ benannten Strahlungsarten, die bei der Radioaktivität auftraten, die Sorte für ihre Experimente ausgesucht hatte, von der man heute weiß, daß es sich um Elektronen handelt. Von diesen Elektronen stellte sie fest, daß sie zum einen aus dem Atomkern herausgeschleudert werden und zum anderen dabei alle möglichen Geschwindigkeiten annehmen können (sie besitzen ein »kontinuierliches Energiespektrum«, wenn man es genauer sagen will).

Beide Erkenntnisse waren sensationell, wenn dies auch heute nicht mehr leicht zu ersehen ist. Zur Erinnerung: Die Physiker lebten damals in der Annahme, daß die Welt allein aus zwei Bausteinen besteht, dem Proton, das schwer und positiv geladen ist, und dem Elektron, das leicht und negativ geladen ist. Um 1912 herum hatte der neuseeländische Physiker Ernest Rutherford bei Streuversuchen bemerkt, daß Atome aus einem Kern und einer Hülle bestehen, wobei im Atomkern alle Protonen – und damit fast die ganze Masse – vereinigt sind, während die Elektronen dieses Zentrum umrunden. Zwar wurde dem Dänen Niels Bohr, der uns noch beschäftigen wird, sofort klar, daß damit das Ende der klassischen Physik à la Newton und Maxwell erreicht war, weil sie die Stabilität eines solchen Miniaturplanetensystems nicht erklären konnte, aber welche neue Theorie an ihre Stelle treten sollte, wußte natürlich niemand. Sie wurde erst rund ein Dutzend Jahre später – um 1925 – aufgestellt, doch bevor es diese revolutionäre »Quantentheorie« der Atome gab, herrschte allgemeine Verwirrung unter den theoretischen Physikern. Man mußte sich an die Experimente halten und hier Orientierung suchen. Auf diesem Sektor war Lise Meitner führend, und obwohl ihre zuverlässigen und genauen Messungen eher noch mehr Überraschungen an den Tag brachten, die der klassischen Physik das Kreuz brachen, so gaben ihre Daten doch den neuen Rahmen, in dem man Halt finden und sich umsehen konnte.

Ihre Ergebnisse waren die große Herausforderung für die Physik: Wie kamen die Elektronen, die sie bei β-Strahlern wie Protactinium untersuchte, erstens in den Kern der Atome hinein und zweitens wieder heraus? Daß hier eine schwerwiegende Besonderheit stecken mußte, zeigte vor allem die von ihr mehrfach bestätigte (obwohl von den Kollegen allzugerne als Fehlmessung zurückgewiesene) Tatsache, daß die Elektronen der β-Strahler alle möglichen Energien annehmen konnten und damit deutlich von all den scharfen Linien und diskreten Übergängen abwichen, die man sonst von den Atomen her gewohnt war.[12]

Die Sache wurde erst etwas klarer, als zu Beginn der dreißiger Jahre entdeckt wurde, daß es nicht nur Protonen und Elektronen gibt, sondern daß es neben den beiden geladenen Bausteinen der Materie noch einen neutralen gibt, dem die Physiker aus diesem Grund die Bezeichnung »Neutron« gaben. Mit dem Auftauchen des Neutrons beginnt für Lise Meitner ein neuer Arbeitsabschnitt, und nicht nur für sie. Überall auf der Welt besorgen sich die Wissenschaftler Neutronenquellen, um sie auf andere Atome zu lenken, und zwar in der Hoffnung, daß es diesen elektrisch neutralen Partikeln dabei irgendwie gelingt, in den Atomkern vorzudringen und in ihm steckenzubleiben. Dahinter steckt sicher bis zu einem gewissen Grade immer noch der alte alchemistische Traum, unedle Stoffe etwa in edle Metalle umzuwandeln, dahinter steckt aber zunächst vor allem die Neugierde, wie die Stabilität des Atomkerns zu verstehen ist, der doch dem Modell zufolge aus lauter Protonen zu bestehen scheint. Solche Bausteine gleicher Ladung sollten sich doch eher abstoßen und nicht so zusammenkleben, wie sie es offensichtlich tun. Was hält sie im Kern fest? Welche Kraft gibt es hier? – so lauten die großen Fragen, und mit dem Neutronenbeschuß hofft man sie zu beantworten.

Um die Mitte der dreißiger Jahre entdeckt man, daß Kerne nicht nur aus Protonen, sondern auch aus Neutronen selbst bestehen, und die Möglichkeit erscheint danach allzu verlockend,

---

12 Das kontinuierliche Energiespektrum der Elektronen von β-Strahlen aussendenden radioaktiven Elementen hat Niels Bohr eine Zeitlang in Erwägung ziehen lassen, daß bei diesem Vorgang das Prinzip von der Erhaltung der Energie verletzt sei. »Gelöst« wurde die Frage durch eine Idee des Physikers Wolfgang Pauli, der vorschlug, daß bei β-Zerfall eines Atoms nicht nur Elektronen freikommen, sondern auch ein damals noch unbekanntes Teilchen, das inzwischen nachgewiesen ist und als Neutrino Karriere macht.

das schwerste bekannte Element, das Uran mit der Ordnungszahl 92, mit Neutronen zu beschießen, um auf diese Weise zu ganz neuen, »künstlichen Elementen« zu kommen. Die Idee sieht klar, übersichtlich und durchführbar aus: Wenn der Urankern ein Neutron einfängt – oder ein paar –, wird er doch sicher größer und schwerer, es entsteht genau, was man will, nämlich ein »Transuran«, und tatsächlich beginnt sehr bald überall in der wissenschaftlichen Welt der Wettlauf um die Herstellung von diesen Transuranen.[13]

Doch plötzlich wird die Wissenschaft brutal gestört, und vor allem Lise Meitner ist böse betroffen. Die Nationalsozialisten haben längst die Macht in Deutschland übernommen und inzwischen Österreich gleich mit. Um einer jetzt drohenden Verhaftung zu entgehen, flieht sie 1938 nach Schweden. Sie wird auf einmal aus der Mitte einer aufregenden Phase des wissenschaftlichen Arbeitens gerissen und von heute auf morgen zur Untätigkeit verdammt. Man soll sich da nichts vormachen. So freundlich sie in Schweden aufgenommen wird, und so großzügig man ihr Gehalt und Gerätschaften gewährt, sie ist schlagartig allein und abgeschnitten von der Welt: »Ihr könnt Euch vermutlich nicht vorstellen, was es für einen Menschen meines Alters [Lise Meitner ist inzwischen über 60 (!) Jahre alt] bedeutet, seit 9 *Monaten* in einem kleinen Hotelzimmer zu wohnen und mit der Angst, daß niemand die nötige Zeit hat, um meine Angelegenheiten [in Berlin] vorwärtszubringen. Und hier im Institut bin ich auch ganz ohne Hilfe«, wie sie im März 1939 schreibt, um später hinzuzufügen: »Mein Leben ist so leer, daß es wirklich nicht dafür steht, ein Wort darüber zu sagen.«

Einige der »Angelegenheiten« werden schon weitergebracht. Otto Hahn und sein neuer Mitarbeiter Fritz Straßmann untersuchen mit zunehmender Neugierde, was passiert, wenn man Neutronen auf Uran schießt, und vor allem gehen sie dabei

---

13 Man kann inzwischen tatsächlich neue »superschwere« Elemente mit höheren Ordnungszahlen herstellen, und 1992 hat man es bis zum Element 109 geschafft. Es trägt Lise Meitner zu Ehren den Namen »Meitnerium«.

der Nachricht aus Paris nach – sie stammt von Marie Curies Tochter Irène Joliot-Curie –, daß dabei gar keine Elemente mit höherer Ordnungszahl (»Transurane«) entstehen sollen, daß vielmehr Elemente mit kleinerer Ordnungszahl auftreten. Von Radium (Ordnungszahl 88) ist die Rede, doch als Hahn und Straßmann dies überprüfen, kommen sie aus dem Staunen nicht heraus: Die vermuteten »Radiumatome« verhalten sich nämlich wie Bariumatome, und Barium mit der Ordnungszahl 56 ist sehr viel leichter als Uran. Der Schluß läßt sich nicht mehr vermeiden, daß der Kern des Uranatoms zerplatzt ist.

Lise Meitner, die untätig in Schweden sitzen mußte und auf Briefe aus Berlin wartete, hat 1963 so beschrieben, was im Dezember 1938 passiert ist, als die Kernspaltung von Hahn und Straßmann entdeckt und von ihr verstanden wurde [14]:

> *Ich möchte betonen, daß dieser Nachweis [des Bariums] bei der geringen Intensität der zu identifizierenden Präparate wirklich ein Meisterstück radioaktiver Chemie war, das in der damaligen Zeit kaum jemand anderem hätte gelingen können als Hahn und Straßmann.*
>
> *Hahn teilte mir brieflich Weihnachten 1938 das sowohl ihn als auch Straßmann sehr überraschende Resultat ihrer letzten Versuche mit. Ich war damals an der schwedischen Westküste in Kungälv, um dort mit [meinem Neffen] O. R. Frisch, der von Kopenhagen herüber gekommen war, ein paar gemeinsame Weihnachtsfeiertage zu haben. Begreiflicherweise klang Hahns Brief richtig aufgeregt und er fragte, was ich als Physikerin über dieses Ergebnis dächte. Ich wurde beim Lesen des Briefes selbst ganz aufgeregt vor Erstaunen und – ehrlich gesagt – auch beunruhigt. Ich kannte zu genau Hahns und Straßmanns ungewöhnliches chemisches Wissen und Können, um auch nur eine Sekunde an der Richtigkeit ihrer überraschenden Ergebnisse zu zweifeln. Ich begriff, daß diese Resultate einen ganz neuen wissenschaftlichen Weg eröffneten – aber*

---

14 Lise Meitner, Wege und Irrwege zur Kernenergie, *Naturwissenschaftliche Rundschau 16* (1963): 167–169

*wie sehr waren wir in den früheren Arbeiten [bei der Suche
nach Transuranen] in die Irre gegangen.«*

Lise Meitner beginnt bei einem Spaziergang durch die weih-
nachtliche Stille einer schwedischen Winterlandschaft mit ihrem Neffen eine Diskussion über die Frage, was in einem Urankern passiert, der von einem Neutron getroffen wird und dabei
zerplatzt. Als Vorstellung legten sie ein (heute zwar als unzureichend verstandenes, damals aber sehr hilfreiches) Modell
des Atomkerns zugrunde, das auf Niels Bohr zurückging. Bohr
hatte gezeigt, daß man sich einen Kern als Tröpfchen vorstellen
kann, dessen Gestalt wie bei einem Wassertropfen durch die
sogenannte Oberflächenspannung stabilisiert wird. Von diesem Bild ging Lise Meitner in ihrem Gespräch mit Frisch aus:

*»Wir kamen in der Diskussion zu folgendem Bild: Wenn in
dem hochgeladenen Urankern – in dem durch die gegenseitige
Abstoßung der Protonen die Oberflächenspannung stark ver-
mindert ist – durch das eingefangene Neutron die kollektive
Bewegung der Kerne genügend heftig wird, so kann sich der
Kern in die Länge ziehen; es bildet sich eine Art ›Taille‹, und
schließlich erfolgt eine Trennung in zwei ungefähr gleich
große, leichtere Kerne, die dann wegen ihrer gegenseitigen
Abstoßung mit großer Heftigkeit auseinanderfliegen. Wir
konnten aus diesem Bild auch die dabei frei werdende Energie
abschätzen«,*

wie sie erzählt hat, und die war so gewaltig, daß die beiden
Physiker erschrocken sind und den Rest des Weges schweigend
zurückgelegt haben. Das Ergebnis ihrer Diskussion wurde Anfang 1939 publiziert, und zwar in englischer Sprache, in der von
»fission« die Rede war.

Die Kernspaltung war damit entdeckt und benannt, und am
Vorabend des Zweiten Weltkriegs bestand natürlich starkes
Interesse an der riesigen Energie, die dabei frei wird. Schon im
Januar 1939 war die Information darüber via Kopenhagen in
Washington angekommen, und »die weitere Entwicklung ist

bekannt«, wie Lise Meitner 1963 lakonisch feststellt. Als der Krieg zu Ende und die erste Atombombe explodiert ist, schreibt sie an Hahn einen Brief, der seinen Adressaten allerdings nie erreicht hat. Sie macht ihm – natürlich – keinen Vorwurf wegen der Kernspaltung[15], der im Mittelpunkt aller Gewissenserforschung zu stehen scheint. Lise Meitner spricht aber die Greueltaten der Nazis und ein eng damit zusammenhängendes Thema an, das viele Männer jahrzehntelang tabuisiert haben:

>*Das ist ja das Unglück von Deutschland, daß Ihr alle den Maßstab für Recht und Fairneß verloren habt. Du hattest mir selbst im März 1938 erzählt, daß [man] gesagt hat, daß schreckliche Sachen gegen die Juden gemacht werden würden. [...] Ihr habt auch alle für Nazi-Deutschland gearbeitet und habt auch nie nur einen passiven Widerstand zu machen versucht. [...] Du wirst Dich vielleicht erinnern, daß ich, als ich noch in Deutschland war, Dir oft sagte: Solange nur wir die schlaflosen Nächte haben und nicht Ihr, solange wird es in Deutschland nicht besser werden. Aber Ihr hattet keine schlaflosen Nächte, Ihr habt nicht sehen wollen, es war zu unbequem.«*

Man versteht, warum ihr nach diesen Ereignissen und dem »verschleierten Blick« ihrer ehemaligen Kollegen gegenüber dem Naziterror ein Leben in Deutschland »unmöglich« ist. Ende 1945 nimmt Lise Meitner in Stockholm an der Verleihung des Nobelpreises für Chemie an Otto Hahn teil. Sie selbst geht leer aus.

---

15 Es ist erstaunlich, wie sehr die Diskussion über die Verantwortung der deutschen Wissenschaftler unter den Nationalsozialisten auf diesen rein wissenschaftlichen Punkt konzentriert ist und dabei an dem Problem vorübergeht, das Lise Meitner anspricht.

Barbara McClintock

oder
Allein das Gefühl für den Organismus

Barbara McClintock ist einmal gefragt worden, warum sie besser und früher als ihre (zumeist männlichen) Kollegen einige der tiefen genetischen Geheimnisse der Natur bemerken und verstehen konnte. Sie hat geantwortet, daß sie sich Zeit gelassen hat, den Pflanzen zuzuhören, mit denen sie gearbeitet hat. Wie hätte sie sonst auch die Antwort verstehen können, die die Pflanzen auf ihre Fragen – ihre Experimente also – gegeben haben. Die Organismen hätten sich ihr nur deshalb geöffnet, weil sie offen für sie gewesen wäre. Wer ein guter Biologe oder Genetiker werden wolle, müsse »a feeling for the organism« haben, »ein Gefühl für den Organismus«, den er für seine Forschungen gewählt hat. Und Organismus – das hört nicht mit einer Pflanze oder einem Tier auf, »every component of the organism is as much of an organism as every other part«.[1]

Als sie dies im Frühjahr des Jahres 1983 sagte, war Barbara McClintock schon über achtzig Jahre alt. Außerhalb eines sehr engen Zirkels von Wissenschaftlern an der amerikanischen Ostküste schien sie immer noch niemand zu kennen, und selbst die meisten Genetiker dieser immer stärker gentechnisch geprägten Zeit konnten nur sehr wenig mit ihrem Namen anfangen, der auch aus den Biologie-Lehrbüchern verschwunden zu

---

1 Also etwa auf deutsch: »Jede Komponente des Organismus hat genau so viel von einem Organismus an sich wie jeder weitere Teil.«

sein schien. Diese Situation änderte sich schlagartig, als ihr im Herbst 1983 der Nobelpreis für Physiologie und Medizin[2] zugesprochen wurde, und zwar ganz allein. Sie brauchte die Auszeichnung (und das Geld[3]) mit niemandem zu teilen. Die schwedische Akademie hatte eine glänzende Entscheidung getroffen, und die vielen vielleicht allzu ruhmsüchtigen molekularen Nachfahren von Barbara McClintock erhielten die Gelegenheit, sich vor der großen Dame der Genetik zu verneigen.

Dreißig Jahre zuvor hatten sie sie anders behandelt. Damals hörte niemand so recht hin, als Barbara McClintock von den Ergebnissen erzählte, die sie bei ihren genetischen Arbeiten mit Mais erzielt hatte (und für die sie 1983 den Nobelpreis erhielt). Zu Beginn der fünfziger Jahre brach die Biologie – und vor allem die Genetik – zu neuen Ufern auf, aber sie mochte dabei nicht mittun. »Molekularbiologie« hieß das Zauberwort der Zeit, das die Aufmerksamkeit von den Organismen weg lenkte und viele Wissenschaftler dazu verführte, nahezu ausschließlich die Bestandteile der Zellen – die genetischen Moleküle – anzuvisieren. Die Struktur des Erbmaterials, die berühmte DNA-Doppelhelix[4], war entdeckt worden, man hatte gefunden, daß es einen universellen genetischen Code gab, den es nun zu brechen galt. Mikroorganismen wie Bakterien und Viren waren gefragt, und niemand wollte sich mehr so recht für die Maispflanzen interessieren, die Barbara McClintock viele Jahre lang beobachtet und in mindestens einem Punkt so genau

---

2 Die Nobelpreise werden nach dem Willen des Stifters Alfred Nobel für drei naturwissenschaftliche Bereiche vergeben, für Physik, für Chemie und für Physiologie und Medizin. Als der Nobelpreis 1901 zum ersten Mal vergeben wurde, gab es das Fach Genetik noch nicht. Genetiker müssen also als Physiologen bzw. Mediziner eingestuft werden.

3 Der Nobelpreis bringt neben der Ehre und dem Ruhm noch fast (umgerechnet) eine Million DM ein. Ich weiß nicht, was Barbara McClintock mit dem Geld gemacht hat, aber sich selbst hat sie höchstens eine neue Brille gekauft.

4 Die Abkürzung für den englischen Namen der Desoxyribonukleinsäure, die der chemische Stoff ist, aus dem die Gene bestehen.

verstanden hatte, daß ihr zunächst kein Molekularbiologe folgen konnte.[5] Plötzlich war sie, die man erst kurz zuvor zur Präsidentin der amerikanischen Gesellschaft für Genetik gewählt und in die berühmte Amerikanische Akademie der Wissenschaften aufgenommen hatte, wieder allein. Sie war wieder so allein, wie sie nahezu ihr ganzes Leben gewesen war, und so allein, wie sie Jahrzehnte später in Stockholm im schlagartig grellen Rampenlicht der Öffentlichkeit stehen sollte. Wenn Alleinsein, wie es manchmal heißt, ein Merkmal des großen Künstlers ist, dann darf man Barbara McClintock als die große Künstlerin der Genetik bezeichnen. Und das Bild, das sie von den Genen entworfen hat, versuchen wir bis heute genauer zu verstehen.

Der Rahmen

Barbara McClintock war immer etwa so alt wie die Genetik selbst, wenn man von Gregor Mendel absieht. Als sie 1902 in Hartford (Connecticut) zur Welt kommt, sind seine Erbgesetze gerade wiederentdeckt worden, und der junge Amerikaner Walter Sutton macht zum ersten Mal (nach Beobachtungen mit Heuschrecken) den Vorschlag, daß es zelluläre Strukturen namens Chromosomen gibt, die etwas mit der Vererbung zu tun haben könnten. Im selben Jahr flieht Trotzki aus seiner sibirischen Verbannung nach London, und in Australien wird als erstem Land der Welt das allgemeine Frauenwahlrecht eingeführt (Deutschland ist erst 1918 so weit, und die USA folgen 1920). 1903 versucht Paul Ehrlich durch seine »Seitenkettentheorie« die Wirkung von Chemotherapeutika zu begründen, in den USA unternehmen die Brüder Wright den ersten Motorflug (er dauert keine Minute), und Lenin schmiedet in der Emigration seine Kaderpartei (die Bolschewiki) zurecht. Ein Jahr später schreibt Max Weber *Die protestantische Ethik*, und 1905

5 Barbara McClintock hatte entdeckt, daß es das gibt, was heute »springende Gene« bzw. »Transposons« heißt. Wir werden dies weiter unten ausführlicher erläutern.

hat Albert Einstein sein »annus mirabilis«, in dem mehrere legendäre Arbeiten von ihm erscheinen. Seit 1910 gibt es Damenstrümpfe aus Kunstseide und elektrische Waschmaschinen, Karl von Frisch führt erste Versuche über das Farbensehen von Bienen durch, und Thomas H. Morgan und seine Mitarbeiter legen die erste Chromosomenkarte von einer Fliege namens *Drosophila* vor.

Als Barbara McClintock zu Beginn der dreißiger Jahre ihre ersten Arbeiten veröffentlicht, entdecken die Physiker die Antimaterie, erobern die Japaner die Mandschurei, wird Haile Selassie Kaiser von Äthiopien, und in Deutschland gibt es mehr als sechs Millionen Arbeitslose. Außerdem ist 1932 der erste Fernsehempfänger mit Kathodenstrahl-Bildröhre zu bewundern. Noch ist die Sprache der Wissenschaft Deutsch, doch dies ändert sich bald. Zwanzig Jahre später – Barbara McClintock macht ihre entscheidenden Entdeckungen – spricht und schreibt man amerikanisches Englisch, wenn man unter Forschern verstanden werden will. 1952 tritt in Deutschland zum ersten Mal ein Mutterschutzgesetz in Kraft, und Albert Schweitzer erhält den Friedenspreis des Deutschen Buchhandels und ein Jahr später auch den Friedensnobelpreis. 1953 wird zudem die Doppelhelix entdeckt, in den USA findet die erste öffentliche Farbfernsehsendung statt, Stalin stirbt, Königin Elisabeth II. besteigt in England den Thron (wobei diese Zeremonie im Fernsehen übertragen wird und diesem Medium zum Durchbruch verhilft), und die ersten Menschen erreichen den höchsten Gipfel der Erde, den Mount Everest im Himalaja-Gebirge.

1992, im Todesjahr von Barbara McClintock, ist die Gentherapie zwei Jahre alt, es gibt eine Genindustrie, die Millionen umsetzt, und der Versuch wird unternommen, das komplette menschliche Genom zu sequenzieren. Dieses sogenannte »Human Genome Project« zielt auf eine neue Medizin ab – ihre prädiktive Form –, aber Barbara McClintock bleibt skeptisch. So einfach sei das mit den Genen nicht, meint sie, das Leben sei »komplizierter und einfach schöner«.

Das Porträt

Barbara McClintock ist beinahe ihr ganzes Leben über allein gewesen. Dieser Satz bezieht sich auf den Umgang mit Menschen, und er ist körperlich, emotional und intellektuell gemeint. Natürlich hatte sie eine verständnisvolle Familie – sie ist die Tochter eines Arztes aus Connecticut, der insgesamt vier Kinder hatte, die von einer unternehmungslustigen Mutter erzogen und angeleitet werden –, aber ihre »capacity to be alone« (ihre Fähigkeit, allein zu sein) ist von Anfang an da: »Meine Mutter legte mir ein Kissen auf den Fußboden, gab mir ein Spielzeug und ließ mich da sitzen«, so erinnert sich die achtzigjährige Barbara McClintock. »Sie hat später erzählt, daß ich nie geschrien oder um etwas gebeten hätte.«

Zu diesem frühen Zeitpunkt heißt Barbara noch Eleanor, aber die Eltern beschließen an ihrem vierten Geburtstag, ihr diesen von ihnen als besonders fein und feminin empfundenen Namen zu nehmen und sie dafür mit den als maskulin eingeschätzten harten drei Silben »Barbara« zu rufen.[6] Das Verhältnis zur Mutter wird gespannt, und als kurz nach dem Wechsel des Namens ein Sohn geboren wird, schickt man Barbara zu ihrem Onkel und ihrer Tante in Massachusetts. Sie kann sich nicht erinnern, dabei jemals Heimweh bekommen zu haben.

Wenn trotz dieser Spannungen oben von einer verständnisvollen Familie gesprochen wurde, dann ist damit gemeint, daß man Barbaras Temperament akzeptiert und ihr alle Chancen gibt, eine gute Ausbildung zu bekommen. Die Familie zieht

---

6 Offenbar sollte der Name wenigstens ein wenig so klingen wie der ihres Großvaters Benjamin. Aber europäische Ohren brauchen nicht daran erinnert zu werden, daß bei »Barbara« der Klang der »Barbaren« nicht weit weg ist, also die Bezeichnung, die die Griechen der Antike den Nicht-Griechen gegeben haben, weil sie unverständlich redeten. Im Deutschen drückt man solch ein Gemurmel mit ähnlichen Vokalen aus: »Rhabarber, Rhabarber.« So reden eben Barbaren. Und für die Molekularbiologie unverständlich redete Barbara McClintock in den fünfziger Jahren. Namen sind nicht nur Schall und Rauch.

bald nach New York, und 1919 kommt sie an die Cornell-Universität, um hier am »College of Agriculture«[7] zu studieren. Cornell ist sehr fortschrittlich, was die Chancen für Frauen angeht. Die mit privaten Mitteln gegründete Universität wollte von Anfang an nicht nur »any person in any study« eine Erziehung anbieten, in der Gründungsschrift heißt es sogar ausdrücklich, daß Frauen genauso umfassend Zugang zu den Einrichtungen haben sollen wie Männer.[8]

Barbara McClintock fühlt sich rund siebzehn Jahre lang sehr wohl an der Cornell-Universität, die sie erst 1936 verläßt, rund zehn Jahre, nachdem sie sich dort ihren Doktorhut erarbeitet hat, und zwar auf dem Gebiet der Botanik. Sie trifft während dieser Zeit viele Freunde, sie geht wie alle anderen mit Kommilitonen aus, sie lernt auch Menschen kennen, die nicht in den naturwissenschaftlichen Rahmen passen, aber so etwas wie eine Verbindung geht sie nicht ein: »There was not that strong necessity for a personal attachment to anybody. I just didn't feel it. And I could never understand marriage. I really do not even know … I never went through the experience of requiring it.« So erzählte sie am Ende ihres Lebens. »Es gab keine Notwendigkeit, mit irgend jemandem eine persönliche Verbindung einzugehen. Ich habe mich einfach nie danach gefühlt. Und ich konnte nie verstehen, was Heirat sein sollte. Ich weiß noch nicht einmal … Ich habe nie die Erfahrung gemacht, so etwas zu brauchen.«

Als Barbara McClintock 1927 zum Doktor der Naturwissenschaften promoviert, ist die Genetik eine spannende Wissenschaft geworden, und sie hat diesen Status vor allem mit amerikanischer Hilfe gewonnen. An der Spitze der Forschung steht ein Laboratorium – der legendäre »fly room«, das sagenhafte

---

7 Mit »Landwirtschaftsschule« im Deutschen nicht ganz richtig übersetzt. Besser wäre »Hochschule für Landwirtschaft«.

8 So gut dies klingt, so sehr schmerzt es, daß diese Gleichstellung der Frauen nur für das Studium galt. Von gleich viel Professorenstellen für Frauen ist nirgendwo die Rede, und erst nach 1947 hat die Cornell-Universität hier etwas geändert.

»Fliegenzimmer« der Columbia-Universität in New York –, in dem unter Führung des ehemaligen Embryologen Thomas H. Morgan die um 1910 begonnenen und heute klassischen Untersuchungen der Fruchtfliege *Drosophila* faszinierende Ergebnisse an den Tag bringen. »Der Mechanismus der Mendelschen Vererbung« wird immer besser verstanden von den Fliegengenetikern [9], wie sie in einem Buch mit diesem Titel schon vor 1920 behaupteten. Gemeint war, daß sie eine physikalische Basis der Mendelschen Erbelemente nachgewiesen hatten, die seit 1909 »Gene« hießen. Damit ist genauer gemeint, daß die Genetiker Strukturen in der Zelle ausfindig gemacht hatten, die als konkrete Träger der bislang nur abstrakten Gene in Frage kamen. Diese zellulären Bausteine waren deshalb gut im Lichtmikroskop auszumachen, weil sie sich zufällig – wie seit dem 19. Jahrhundert bekannt war – mit Farbstoffen selektiv anfärben und somit vom Rest einer Zelle unterscheiden ließen. »Farbige Körper« läßt sich mit griechischer Sprachhilfe in »Chromosomen« umwandeln, und mit diesem Begriff konnte man die ersten Ergebnisse der Morganschen Fliegenschule mit einem scheinbar harmlosen Satz zusammenfassen: »Es gibt offenbar eine chromosomale Basis der Mendelschen Erbgesetze.«

Mit dem mikroskopischen Blick auf die Chromosomen hatte sich eine ganz neue Methode ergeben, Vererbungsforschung zu treiben. Man konnte nicht nur wie einstmals Mendel Pflanzen (oder Tiere) kreuzen, mit dem unbewaffneten Auge prüfen und zählen, welche Eigenschaft wann und wo wieder auftaucht, und darüber genau Buch führen. Man konnte jetzt auch Genetik mit dem Mikroskop treiben und tut dies bis heute – Zytogenetik heißt das Fach, und es war Barbara McClintock, die es hierin zu früher Meisterschaft brachte und sich im Alter von 30 Jahren als führende amerikanische »Zytogenetikerin« etablierte, wie man sagt. Als ihren Organismus hatte sie sich nicht

---

9 Zu nennen sind neben T. H. Morgan A. H. Sturtevandt, H. J. Muller und C. B. Bridges.

die Fliege gewählt[10], sondern eine Pflanze, genauer den Mais, den die Amerikaner »maize« nennen und der wissenschaftlich als *Zea mays* klassifiziert wird.

Mit Mais hatte einer der Genetiker an der Cornell-Universität gearbeitet – R. A. Emerson –, und er hatte auch erkannt, daß sich die Farbe der Körner auf den Maiskolben hervorragend eignete, um den Gesetzen der Vererbung auf die Spur zu kommen. Sie trat in vielen Tönen und Mustern auf, und selbst wer niemals Mais unter dem Gesichtspunkt der Genetik betrachtet hat, wird vielleicht das zumeist rot-gelb gesprenkelte und sehr dekorative Farbenspiel des Indianermais kennen, der inzwischen den Touristen im Westen der USA als Souvenir angeboten wird.

Als Barbara McClintock anfing, sich mit Mais zu beschäftigen, hatte noch niemand eine chromosomale bzw. zytogenetische Analyse versucht. Schon als Doktorandin hatte sie gelernt, die Pflanzen anzubauen und ihr Wachsen von Jahr zu Jahr zu verfolgen. Und nun versuchte sie, den Mais zu ihrem Forschungsthema zu machen. Sie identifizierte, charakterisierte und klassifizierte seine Chromosomen so sorgfältig, daß sie bald in der Lage war, die Ergebnisse von Kreuzungsexperimenten mit den mikroskopischen Untersuchungen zusammenzubringen – zu korrelieren, wie man sagt. 1931 publizierte sie – gemeinsam mit Harriet Creighton – eine Arbeit, in der gezeigt wird, daß der Austausch der genetischen Information, der von der Natur dann vorgenommen wird, wenn Organismen ihre Keimbahnzellen herstellen, von einem Austausch des genetischen Materials begleitet wird, d. h. es kommt zu einem nachweisbaren Überkreuzen (»crossing-over«) der Chromosomen.

Natürlich hat Barbara McClintock das nicht so ausgedrückt,

10 T. H. Morgan hatte *Drosophila* aus drei Gründen gewählt: Zum einen konnte man die Fliege gut im Laboratorium halten, zum zweiten bietet sich den Genetikern alle 10 Tage eine neue Generation dar, und zum dritten tauchten von Anfang an viele spontane Mutationen auf – die berühmteste ist eine Fliege mit weißen Augen.

denn der Begriff der »Information« wird wissenschaftlich erst nach dem Zweiten Weltkrieg verwendet. Aber sie zeigt, daß es eine *Korrelation zwischen dem zytologischen und dem genetischen Crossing-over* gibt, wobei uns der unübersetzt bleibende Begriff »Crossing-over« deutlich macht, daß die Genetik als umfassende Wissenschaft in Amerika entstanden ist und sich in ihrer Sprache vollzieht. »Überkreuzen« – »Crossing-over« –, ›so nennt man den Vorgang, bei dem sich Chromosomen nebeneinander legen und einige Stückchen miteinander austauschen[11], und diesen Vorgang konnte jeder unter dem Mikroskop beobachten, der geschickt genug war und die Techniken beherrschte. Barbara McClintock kam nicht nur damit exzellent zurecht, sie zeigte 1931 eben zusätzlich, daß immer dann, wenn die Maispflanzen einige Eigenschaften – meistens ging es um die Farbmuster der Körner auf den Kolben – untereinander ausgetauscht hatten, zugleich auch ein Crossing-over zu registrieren war. Mit dieser längst als klassisch eingestuften Arbeit wurde die von den Fliegengenetikern vorläufig aufgespürte chromosomale Basis der Genetik endgültig zur Tatsache, und die Vererbungsforschung hatte ein neues Ziel.

Bevor wir auf dieses Ziel eingehen, muß darauf hingewiesen werden, daß es selbst mit den besten Färbetechniken sehr schwer ist, einzelne Chromosomen zu unterscheiden, und erst recht schwer ist der Nachweis, daß ein Chromosom sich von einer Generation zur nächsten hin verändert hat. Man benötigt nicht nur viel Geduld und Geschick für die Präparation, man benötigt vielmehr so etwas wie ein inneres Verständnis für diese zellulären Gebilde, will man doch deren Individualität er-

---

11 Nicht alle Chromosomen können sich zu einem Crossing-over treffen. Sie müssen baugleich (homolog) sein, aber wir wollen hier nicht die in ihren Details sehr komplizierte Choreographie des Chromosomenballetts wiederholen, die den meisten von uns schon auf der Schule so viel Probleme bereitet hat. Man sollte sich aber verdeutlichen, daß alle diese verwickelten Feinheiten erst einmal erfaßt und verstanden werden mußten. Auch in dieser Hinsicht kann man Barbara McClintocks Arbeit nur bewundern.

kennen und herausfinden, ob sie sich verändert haben. Wenn Barbara McClintock – wie oben zitiert – davon spricht, daß auch jeder Teil eines Organismus ein Organismus ist, für den es ein Gefühl zu entwickeln gilt, wenn man ihn verstehen und nicht von ihm genarrt werden will, dann läßt sich an den Chromosomen illustrieren, was damit gemeint ist. Indem sie nicht nur für den Mais, sondern auch für seine Chromosomen ein Gefühl entwickelte – und dies gilt auch für den richtigen und geduldigen Umgang mit den Proben, die sie untersuchte –, verstand sie, was passierte. Sie sah, was die Pflanze machte, und die Pflanze machte, was sie sah.

Nachdem viele Fliegengenetiker und eine Korngenetikerin verstanden hatten, daß die Vererbung eine Eigenschaft der Chromosomen ist, stellte sich die neue Frage, wo die Gene waren. Was hatten die Gene, die man nicht sehen konnte, mit den Chromosomen zu tun, die man sehen konnte. Es mußte viel mehr Gene als Chromosomen geben, denn die erkennbaren farbigen Strukturen der Zelle ließen sich an den Fingern von einer Hand (im Fall der Fliege) oder an den Fingern von zwei Händen (im Fall des Mais) abzählen, und Gene gab es sicher sehr viel mehr. Bald wurde zwar klar, daß die Gene auf den Chromosomen lagen, und zwar vorteilhafterweise immer brav eins hinter dem anderen, ohne jede Verzweigung zur Seite. Aber mit diesem einprägsamen Bild von den Genen als »Perlen auf der Kette namens Chromosom« (oder alternativ auch als Smarties auf einem Schokoladenkuchen) war dann plötzlich das Ende der klassischen Genetik erreicht. Mehr konnte sie zu der Frage nicht beitragen, und mehr brauchte sie auch nicht zu tun, denn im Verlauf der dreißiger Jahre hatte eine völlig neue Entwicklung begonnen, und mit ihr waren plötzlich Biochemiker und Physiker aufgetaucht, die ihre eigene Form von Genetik betrieben und inzwischen dieselbe Frage stellten, nämlich die nach der Natur des Gens.[12]

Die entscheidende Wende kam in der Mitte der vierziger

12 Die für diesen Wandel ausschlaggebende Person ist Max Delbrück, der in einem eigenen Kapitel vorgestellt wird.

Jahre – also im Zweiten Weltkrieg –, als zum Beispiel die chemische Natur des Stoffes zum ersten Mal identifiziert wurde, aus dem die Gene sind. Als Oswald Avery und seine Mitarbeiter in New York auf die Rolle der DNA stießen und damit eine weitere Beschleunigung der neuen Molekulargenetik in die Wege leiteten, ging Barbara McClintock nicht weit davon entfernt anderen Spuren der Gene nach. Sie arbeitete seit 1941 in dem heute berühmten Laboratorium, das in der Nähe der kleinen Stadt Cold Spring Harbor auf Long Island liegt. Cold Spring Harbor befindet sich zwar nur rund eine Autostunde von Manhattan entfernt, aber wer im Cold Spring Harbor Laboratorium ankam, meinte bis in die siebziger und achtziger Jahre hinein in einer völlig anderen Welt gelandet zu sein.[13] In diesem großen Wohnzimmer der Wissenschaft war Barbara McClintock 1941 als Mitglied des Carnegie-Instituts angekommen, und sie ist hier bis zum Ende ihres Lebens geblieben. Sie war nicht direkt von Cornell gekommen, sondern hatte einen Umweg über die Universität von Missouri genommen, aber jetzt war sie wieder an der Ostküste und konnte sich auf die Maispflanzen konzentrieren. Erste Anerkennungen für ihre wissenschaftliche Arbeit hatten sich eingestellt – sie war schon Vizepräsidentin der Gesellschaft für Genetik geworden und sollte bald das Präsidentenamt übernehmen –, und so schien eine geradlinige Zukunft bevorzustehen. Sie pflanzte in Cold Spring Harbor ihren Mais an, um eine Familie oder Gruppe von Genen durch die Generationen zu verfolgen, die mit Änderungen in der Pigmentierung der Körner zu tun hatten. Es

---

13 Der Autor hatte zwischen 1973 und 1977 Gelegenheit, viele Monate in Cold Spring Harbor zu verbringen. Er hat dabei auch Barbara McClintock persönlich kennengelernt und ihren Umgang mit der natürlichen Umgebung bewundert. Wenn sie spazieren ging, machte sie keinen Schritt achtlos, und man konnte den Eindruck gewinnen, daß es ihr leid tat, auf Gras oder Erdboden treten zu müssen. Sie lebte in ihrem Laboratorium und war die meiste Zeit allein. Ich habe noch keinen Menschen gesehen, der einen ausgeglicheneren und zufriedeneren Eindruck gemacht hat als Barbara McClintock.

gab unter diesen Genen einige Varianten (oder Mutationen), die sich seltsam verhielten und zu kommen und zu gehen schienen, ohne daß eine Regelmäßigkeit erkennbar war. Gene waren ja inzwischen als Stücke auf den Chromosomen bekannt, das heißt, jedes Gen – was immer das auch war – mußte seinen Platz auf einem Chromosom haben, und mit lateinischer Sprachhilfe reden die Genetiker seitdem vom »Gen-Locus« auf einem der bunten Fäden oder in der Mehrzahl von den »Loci«, die es da gibt. Barbara McClintock wollte nun »Ursprung und Verhalten der veränderbaren Loci in Mais« erkunden, und nachdem sie zu diesem Zweck fast ein Jahrzehnt lang Mais gepflanzt, gekreuzt und analysiert hatte – natürlich vor allem seine Chromosomen unter dem Mikroskop –, fühlte sie sich in der Lage, ihre Ergebnisse vorzutragen. Die Gelegenheit dazu bot sich im Sommer 1951, und zwar auf einem Symposium vor ihrer Haustüre in Cold Spring Harbor.

Der Schock traf sie völlig unvorbereitet, »it really knocked me out«, wie sie später zugeben würde. Am Ende ihres Vortrages über die »Organisation der Chromosomen und die Aktivität der Gene in Mais« herrschte einfach nur Unverständnis und eisiges Schweigen. Niemand hatte etwas verstanden, und niemand wollte etwas wissen. Der nächste Redner wurde aufgerufen, und Barbara McClintock war allein.

Dabei läßt sich das, was sie gefunden hatte, relativ einfach darstellen (wenn auch zu sagen ist, daß sie selbst es ihren Lesern – und wahrscheinlich auch ihren Hörern – nicht gerade leicht und durch ihre allergrößte Genauigkeit und Detailverliebtheit genau so schwer wie sich persönlich macht). Barbara McClintock hatte gefunden und vorgetragen, daß es neben den »normalen« Genen, die an der Farbgebung der Maiskörner beteiligt waren, noch andere Gene gab, die sie als »controlling elements« – als »Kontrollelemente« – bezeichnete, wobei nicht zu übersehen ist, daß sie sich des alten Ausdrucks von Mendel bediente und sich damit vor dem Begründer der Genetik verbeugt, der so allein gearbeitet hat wie sie – und dann auch fast dreißig Jahre lang nicht verstanden wurde.

Von diesen Kontrollgenen hatte sie zwei Stück gefunden.

Eins mußte sich ganz in der Nähe des für die Pigmentierung verantwortlichen Gens befinden und als eine Art Schalter funktionieren, den die Zelle an- und abschalten konnte. Das zweite Kontrollelement schien in größerer Entfernung von dem »Pigment-Gen« – aber auf demselben Chromosom – zu sitzen und für die Häufigkeit (Rate) zu sorgen, mit der dessen An- bzw. Abschaltung bewerkstelligt wurde.

Und das war nicht alles. Über die Existenz der Kontrollelemente hinaus hatte Barbara McClintock gezeigt, daß diese neuen Gene keine festen Plätze (»Loci«) auf ihrem Chromosom einnehmen. Sie sind vielmehr beweglich und können verlegt werden und dann ein anderes »normales« Gen auf ähnliche Art beeinflussen. Und diese Verlagerung kann nicht nur auf einem Chromosom erfolgen, sondern von einem bunten Faden zu einem anderen geschehen.

Akzeptiert wurden diese in der Tat revolutionären Einsichten in die Organisation und das Funktionieren der Gene von der Gemeinde der Molekularbiologen erst, nachdem sie selbst so etwas entdeckt hatten, und zwar in den Bakterien, mit denen sie arbeiteten. Aber sie haben die Einsicht nicht mit einem Schlag, sondern Stückchen für Stückchen hervorgebracht. Zuerst haben die Franzosen Jacques Monod und François Jacob in der Mitte der sechziger Jahre gefunden, daß es regulierende »Kontrollgene« gibt (und sie sind dafür mit dem Nobelpreis ausgezeichnet worden). Obwohl Barbara McClintock damals sofort in mehreren Aufsätzen auf den Zusammenhang zwischen ihren Elementen und den französischen Regulationsgenen hingewiesen hat, blieben die Molekularbiologen unbeeindruckt. Es dauerte noch einmal zehn Jahre, bis auch ihre wandelnden Genelemente in einem Reagenzglas eingefangen waren und nun fachchinesisch als »Transposons« der Welt vorgestellt wurden. Erst jetzt dämmerte es den molekularen Männern endlich, daß eine Frau ihnen das alles schon im Zusammenhang gesagt hatte. Sie hatten Anfang der fünfziger Jahre einfach nicht richtig hingehört.

Ein Grund für das anfänglich fehlende Verständnis zwischen der einsamen Barbara McClintock und dem zahlreicher werdenden Rest der Genetikwelt lag natürlich darin, daß man dort inzwischen angefangen hatte, eine andere Sprache zu sprechen. Für Wissenschaftler, die mit Begriffen wie »Nukleinsäuren«, »Bakteriophagen« und »Plaque-Assay« aufgewachsen waren, mußte unverständlich bleiben, was Barbara McClintock über »Kopplungsgruppen«, »Chromatidaustausch« und »Chromosomenaberrationen« sagte. Und wer Bakterien oder Zellen züchten und mit Viren anstecken konnte, war nur in seltenen Ausnahmefällen einmal durch ein Maisfeld spaziert, und dann auch nicht unbedingt in wissenschaftlicher Absicht.

Aber dies ist nur eine Seite der Medaille. Neben der sprachlichen Barriere gab es noch eine konzeptionelle. Der Stolz der in den vierziger und fünfziger Jahren aufblühenden Bakteriengenetik lag unter anderem darin, gezeigt zu haben, daß bei den auftretenden Variationen der Gene – ihren Mutationen – alles seinen akzeptierten Gang ging, so wie man es seit und von Charles Darwin gelernt hatte. Und das hieß, daß alle Mutationen oder Variationen rein zufällig auftreten sollten und keinesfalls unter irgendeiner Kontrolle stehen konnten. Genau dies aber – so behauptete Barbara McClintock nun 1951 – ist offensichtlich der Fall. Sie hatte beim Mais etwas grundlegend anderes beobachtet, und in ihrem Vortrag auf dem Cold Spring Harbor Symposium erzählte sie den Genetikern von Mutationen, die unter der Kontrolle der Zelle bzw. des Organismus standen. Und an dieser Stelle haben alle Zuhörer ganz schnell die Ohren zugemacht und dem nächsten Redner das Wort erteilt, der niemanden mehr aus seinem dogmatischen Schlummer wecken würde.

Natürlich hat Barbara McClintock ihre »Kontrollelemente« nur als Hypothesen vorstellen können, und es sollte auch nicht verschwiegen werden, daß sich nicht alle von ihr im Laufe eines langen Lebens vorgelegten Hypothesen gehalten haben und viele durch die molekulare Genetik als unzureichend erkannt worden sind. Trotzdem lohnt es sich zuletzt zu fragen, wie Barbara McClintock diese große Leistung in den vierziger und fünfziger Jahren vollbringen konnte, als deren Resultat sie als erste das dynamische Bild des vielfach beweglichen genetischen

Materials zu zeichnen imstande war, das heute weitgehend akzeptiert ist und Gefallen findet. In einem Gespräch mit dem Autor zu Beginn der achtziger Jahre hat sie erzählt, wie sie sich fühlte, als sie zunächst all die vielen wechselnden Farben auf den Maiskörnern sah und am Anfang als einzig stabiles Element die Instabilität der dazugehörenden Gene bemerkte:

»Ich hatte das sichere Gefühl, daß ich verstehen konnte, was die Maispflanze machte, wenn ich das Ganze im Auge behielt und mich nicht durch einzelne Effekte beeinflussen ließ. Ich mußte aber auch lokale Erscheinungen beobachten. Da waren überall diese vielen Mutationen, und dann fielen mir Bereiche der Maiskolben auf, wo es mehr Mutationen als in der ganzen Pflanze gab. Jeder dieser Sektoren nun hatte seinen Ursprung in einer einzelnen Zelle, und das war der Schlüssel zur Lösung. Irgend etwas mußte bei den frühen Zellteilungen passieren, und zwar etwas, das dafür sorgte, daß eine Zelle gewinnen würde, was die andere verlor. Eine Zelle bekam, was eine andere abzugeben hatte. Ich wußte plötzlich, daß ich damit die Lösung finden würde.«

Sie hat recht behalten.

Zwei Giganten

Albert Einstein (1879–1955)
Niels Bohr (1885–1962)

Eine der spannendsten und philosophisch ergiebigsten Auseinandersetzungen unseres Jahrhunderts hat zwischen zwei großen Physikern stattgefunden, die zur selben Zeit den Nobelpreis bekommen haben, und zwar zwischen dem Schweizer Staatsbürger Einstein und dem Dänen Niels Bohr. Der eine – Einstein – war mit seinen Gedanken weiter in den Makrokosmos des Universums vorgedrungen als jeder andere Mensch vor ihm, und der andere – Bohr – hatte als erster verstanden, welche gedanklichen Opfer es kosten würde, ebenso tief in den Mikrokosmos der Atome gelangen zu können. Der eher konventionell wirkende und stets korrekt gekleidete Bohr ist dabei viel radikaler im Denken gewesen als Einstein, der selbst dann nicht bereit war, Grenzen des menschlichen Erkenntnisvermögens anzuerkennen, als mit ihnen das zu verschwinden drohte, was er offenbar am höchsten schätzte – die Freiheit nämlich.

Albert Einstein

*oder
Die angenehme Tätigkeit des Denkens*

Albert Einstein ist immer wieder von Reportern bedrängt worden, doch einmal in einem Satz zu sagen, was er denn eigentlich entdeckt habe und was das Besondere an seinen Theorien sei, die unter diesen komplizierten Namen Spezielle und Allgemeine Relativität gehandelt würden. Eines Tages hat Einstein ihnen den Gefallen getan und gesagt:

»Früher hat man geglaubt, wenn alle Dinge aus der Welt verschwinden, so bleiben noch Raum und Zeit übrig; nach der Relativitätstheorie verschwinden aber Zeit und Raum mit den Dingen.«

Ein großartiger Satz, der leicht und schwer zugleich ist. Daß er leicht zu lesen ist, wird jeder eben gemerkt haben, und daß er schwer zu verstehen ist, wird jeder merken, sobald er versucht, sich genauer vorzustellen, was Einstein da gesagt hat. Wenn »Zeit und Raum mit den Dingen« gemeinsam verschwinden können, dann heißt das doch, daß die Dinge mit Raum und Zeit verbunden sind, daß die Dinge also Raum und Zeit beeinflussen können. Und tatsächlich verbiegt sich der Raum[1], wie Ein-

---

1 Wenn der Ausdruck »Raum« fällt, ist zunächst eine geometrische Größe gemeint, in der die Regeln von Euklid gelten. Das heißt zum Beispiel, Parallelen schneiden sich nie. Und wenn wir »Zeit« sagen,

stein ermittelt und die Experimente bestätigt haben, wenn Materie da ist, und die Zeit vergeht anders. In der Nähe der Sonne zum Beispiel wird eine gerade Linie krumm, und die Zeit vergeht langsamer.[2]

Raum, Zeit, Materie – sie sind fest miteinander verwoben, man kann sie nicht alleine behandeln, sondern jede Größe nur in Hinblick auf die anderen erfassen, und diese *Relationen* erklären letztlich den Namen »Relativität«, der Einsteins Theorien gegeben wurde. Entdeckt hat der junge Einstein solch einen einheitlichen Zusammenhang, als er sich fragte, was man meint, wenn man sagt, »zwei Ereignisse finden gleichzeitig statt«. Was bedeutet Gleichzeitigkeit für zwei Beobachter, wenn sie sich an verschiedenen Orten befinden und zudem noch mit unterschiedlichen Geschwindigkeiten unterwegs sind – einer fährt zum Beispiel in der Eisenbahn und einer spaziert auf einem Bahnhof umher? Wie wollen sie überhaupt feststellen – und sich darüber verständigen –, ob sie gleichzeitig etwa dieselbe Meldung in einer Zeitung lesen und sich darüber ärgern?

Dieses Thema ist von den vielen Einstein-Biographen so oft durchgekaut worden, daß wir es auf sich beruhen lassen können, um auf einen anderen Gesichtspunkt der Relativität hinzuweisen, der am heutigen Ende der Theorie zu stehen scheint und den Anfang der Welt erklären will. Raum, Zeit und Materie hängen in Einsteins Theorien nämlich so eng zusammen, daß sie nur gemeinsam entstanden sein können, und tatsächlich erlaubt es die Theorie der Relativität, das Modell des Universums zu zimmern, das in unseren Tagen als »Urknall« oder »Big

---

ist zunächst die Größe der klassischen Physik gemeint, die ohne unser Zutun unerbittlich gleichmäßig in die Richtung abläuft, die der Zweite Hauptsatz der Thermodynamik vorschreibt.

2 Die Effekte sind natürlich extrem klein und für unseren Alltag unerheblich. Aber deshalb war es zum einen so schwer, sie zu finden, und deshalb bleibt es zum zweiten so schwer, sie zu verstehen bzw. zu akzeptieren. Sie entziehen sich dem Augenschein und sind nicht offensichtlich.

Bang« das populäre Denken über den Kosmos beherrscht.[3] Einstein selbst hat sich nie zum Urknall vernehmen lassen, denn als es in den sechziger Jahren ernst mit dieser Spielerei wurde[4], da war er schon tot. Einstein hat aber um 1915 – also rund ein halbes Jahrhundert zuvor – gezögert, seinen Gleichungen zu trauen, die so etwas wie ein sich entwickelndes Weltall beschrieben und nicht das statische Universum, das er vor Augen hatte.[5] »Entwickeln wohin und woher?« so fragte sich Einstein, dem dieses Ergebnis seines Denkens zu weit ging und der seine Theorie lieber auf Normalmaß stutzte, indem er seinen Gleichungen ein »kosmologisches Glied« hinzufügte, das er mit mathematischem Geschick aus dem Ärmel zog. Später hat er dies zwar »als die größte Dummheit meines Lebens« bezeichnet, aber die Beobachtung, die ihn zur Rücknahme der Ergänzung zwang – die Entdeckung der sogenannten Rotverschiebung entfernter Galaxien –, ist keineswegs so eindeutig, wie es vielen Befürwortern des Urknalls heute scheint.[6] Auf keinen Fall kann man Einstein als Kronzeugen für diese Theorie der Welt aufrufen, und wer Kosmologie treibt, sollte sich eher

3 So populär die Urknall-Theorie ist, so unklar ist, ob sie zutrifft. Es gibt eine Fülle von Beobachtungen, mit denen sie nicht fertig wird. Es gibt aber auch keine Alternative zu ihr, wenigstens keine, die ebenso rasch dem gesunden Menschenverstand einleuchtet.

4 Damals war die sogenannte kosmische Hintergrundstrahlung entdeckt worden, die von dem 1948 eher scherzhaft aus der Taufe gehobenen Urknall-Modell erklärt werden konnte. Der Name »Big Bang« diente ursprünglich auch dazu, sich über diese Vorstellung lustig zu machen. Das scheint mißglückt zu sein.

5 Als Einstein seine Gleichungen ableitete, glaubte man noch, daß es im Weltall nicht viel mehr Galaxien als die Milchstraße geben würde. Um so erstaunlicher, daß diese aus heutiger Sicht kleine Welt so große Gedanken zuließ.

6 Die zunehmende Rotverschiebung weit entfernter Galaxien wird so gedeutet, daß sich diese kosmischen Systeme mit immer größerer Geschwindigkeit von der Erde entfernen. Grob scheint dies zu stimmen, doch je genauer gemessen wird, desto mehr Ungereimtheiten treten auf. Noch besteht die Chance, daß unser Kosmos dem Urknall entgeht.

daran erinnern, daß der Urheber aller kosmischen Mathematik Schwierigkeiten mit der Vorstellung hatte, daß das Universum einen *Anfang in der Zeit* hatte, von dem aus es sich bis zur Gegenwart entwickelte – vielleicht sogar vorhersagbar.

Keine Schwierigkeiten hatte Einstein hingegen bei der Frage nach dem *Anfang der Welt im Raum*, und hier läßt sich sogar behaupten, daß seine Physik eine uralte Frage der Philosophie geklärt hat. Seine Antwort klingt zwar kompliziert, sie ist aber so schön, daß sich die dazugehörige Anstrengung lohnt. Sie lautet in einem Satz, den es zu erläutern gilt: Unsere Welt hat im Raum keinen Anfang und kein Ende, denn sie ist die dreidimensionale Oberfläche einer vierdimensionalen Welt. Sie ist zwar endlich, aber unbegrenzt.

Um sich dies besser vorstellen zu können, gehen wir eine Dimension zurück und denken an die zweidimensionale (flächige) Oberfläche einer dreidimensionalen (räumlichen) Kugel. Auf der Oberfläche können wir beliebig lange mit dem Finger herum fahren, ohne an ein Ende zu kommen, und das heißt, wir können uns auf diesem endlichen Platz unbegrenzt bewegen, ohne an ein Ende zu kommen (und ohne einen Anfang zu brauchen). Natürlich leben wir in Wirklichkeit in einem dreidimensionalen Raum – wir können uns vor oder zurück, nach rechts oder links und rauf und runter bewegen –, aber diese räumlichen Koordinaten sind – so Einsteins Theorie – nicht von der Zeit zu trennen, die als vierte Dimension hinzutritt. Durch den physikalischen Zusammenhang entsteht ein vierdimensionales Gebilde – die Physiker sprechen dabei vom Raum-Zeit-Kontinuum –, und auf dessen räumlicher »Oberfläche« halten wir uns auf – so wie Einstein das auch getan hat.

Seine Gedanken sind dabei offenbar tatsächlich nicht an eine Grenze gestoßen, und der Grund hierfür ist natürlich kein äußerlich geometrischer. Er kommt von innen, und es ist eher Einsteins wundersame Gabe, am reinen Denken Spaß zu finden, die ihn so weit in den Kosmos hat vordringen lassen. In einem Brief hat er einmal auf die Frage, was ihm am meisten Freude bereite, geantwortet:

*»Das Denken um seiner selbst willen ist wie Musik! Wenn ich
kein Problem zum Nachdenken habe, dann leite ich mit Vorliebe mathematische und physikalische Sätze wieder ab, die
mir längst bekannt sind. Hier ist also gar kein Ziel da, sondern
nur eine Gelegenheit, um sich der angenehmen Tätigkeit des
Denkens hinzugeben.«*

Mehr hat Einstein sein Leben lang eigentlich nicht gemacht.

Der Rahmen

Als Einstein 1879 als Sohn eines jüdischen Kleinunternehmers
in Ulm zur Welt kommt, wird neben zwei bedeutenden Wissenschaftlern – Otto Hahn und Max von Laue – auch Stalin geboren. Albert Michelson bestimmt damals für die Lichtgeschwindigkeit den Wert von 299850 km/sec. Ein Jahr später führt
Werner von Siemens den ersten elektrischen Fahrstuhl vor,
und Emil Du Bois-Reymond erklärt sieben Welträtsel für un-
lösbar: das Wesen der Kraft, den Ursprung der Bewegung, die
Entstehung der Empfindung, die Freiheit des Willens, die Entstehung des Lebens, die Zweckmäßigkeit der Natur und den
Ursprung von Denken und Sprache. 1881 zeigt Michelson, daß
man einen »Äther« als Medium des Lichts nicht nachweisen
kann – Einstein schafft dieses Gebilde ein Vierteljahrhundert
später dann einfach ab –, und in Wörishofen gründet Pfarrer
Sebastian Kneipp die erste Wasserkuranstalt.

Als Einstein 1905 sein großes Jahr feiern kann, steckt Picasso
mitten in der rosa Periode, von Heinrich Mann erscheint *Professor Unrat*, und die österreichische Pazifistin Bertha von Suttner erhält den Friedensnobelpreis. Als 1915 die Allgemeine
Relativitätstheorie fertig wird, erscheint *Der Untertan* von
Heinrich Mann, die Deutschen setzen erfolgreich Giftgas ein,
und irgendwo in Europa führt jemand das erste transkontinen-
tale Telephongespräch. 1920 schreibt Ernst Jünger *In Stahlge-
wittern*, 1921 erscheint der *Tractatus logico-philosophicus* von
Ludwig Wittgenstein, 1922 findet der Engländer Howard Carter das Grab des Tut-ench-Amun, und 1924 stirbt Franz Kafka.

1955 stirbt Einstein in Princeton (USA). Im selben Jahr tritt die Bundesrepublik Deutschland der NATO bei, und die Westmächte stimmen einer Wiederbewaffnung Westdeutschlands zu. Adenauer reist nach Moskau, um die Entlassung deutscher Kriegsgefangener zu erreichen. Hermann Hesse bekommt den Friedenspreis des Deutschen Buchhandels. Das erste Atomkraftwerk – Calder Hall in England – wird in Betrieb genommen. Das Atomzeitalter kommt langsam in Schwung.

Das Porträt

Der Weg ins Atomzeitalter beginnt mit einer kleinen Formel, die der 26jährige Einstein 1905 als Nachtrag an die Fachzeitschrift *Annalen der Physik* schickt. Dieser geht hier am 27. September ein und trägt den seltsamen Titel: *Ist die Trägheit eines Körpers von seinem Energiegehalt abhängig?* Einstein will etwas zu einer Arbeit vom Sommer nachtragen, in der er sich *Zur Elektrodynamik bewegter Körper* geäußert hatte, das heißt zu der Energie der Strahlung, die sie abgeben. Ihm war beim zweiten Blick auf seine Formeln plötzlich aufgefallen, daß sie mit der Masse – und folglich mit der Trägheit – des Körpers zusammenhing, und zwar auf die folgende Weise: »Gibt ein Körper die Energie E in Form von Strahlung ab«, so stellte Einstein fest, dann »verkleinert sich seine Masse um E/c^2«, wobei der Buchstabe c die Geschwindigkeit des Lichts bedeutet, und er fügte noch die allgemeine Bemerkung an: »Die Masse eines Körpers ist ein Maß für dessen Energieinhalt.«

Mit anderen Worten, Einstein fügte die bislang getrennt behandelten Größen Energie und Masse zusammen, und er tat dies mit der inzwischen berühmtesten Gleichung der Welt:

$$E = m \cdot c^2$$

Diese Gleichung ist natürlich deshalb berühmt, weil sie die Grundlage für all die Atombomben und Kernenergieprojekte geworden ist, die uns heute mehr Kopfzerbrechen als Erleichterungen bringen. Als Einstein sie zum ersten Mal aufschrieb, war davon nichts zu ahnen, und noch drei Jahrzehnte später haben Experten auf die Frage, ob man nicht die Kernenergie nutzen könne, geantwortet, das sei wie mit dem Champagner. Es sei zwar möglich, darin zu baden, es sei aber auch viel zu teuer.

Wie gesagt, die Äquivalenz von Energie und Masse war nur der Nachtrag zu einer von insgesamt vier Arbeiten, die Einstein in seinem »annus mirabilis« ablieferte, und man hatte zunächst gar keine Zeit, diese zur Kenntnis zu nehmen. Es gab genug anderes von Einstein zu verdauen, denn das eigentliche Wunder des Jahres 1905 waren die vier Texte, die er vorher zustande gebracht hatte. Sie handeln von der Lichtquantenhypothese, der Größe der Atome, der sogenannten Brownschen Bewegung und der Elektrodynamik bewegter Körper, wobei wir diese Begriffe hier zunächst ohne Erläuterung aufzählen.

Die erste Veröffentlichung wird Einstein 16 Jahre später (1921) den Nobelpreis einbringen, die zweite, mit der er 1906 an der Universität von Zürich promoviert wird, gehört ebenso wie die dritte zu den meistzitierten Veröffentlichungen des Jahrhunderts, und beide zusammen machen ihn zum Begründer der Statistischen Physik, und die vierte – hierin steckt die »Spezielle Relativitätstheorie« – bringt unsere Vorstellungen von Raum und Zeit durcheinander (bzw. die beiden Größen enger zusammen), und der Nachtrag – wohlgemerkt – ist noch gar nicht geschrieben.

Keine Frage – hier geschieht ein Wunder an Kreativität, von dem sich die Welt immer noch nicht erholt hat, und an dieser Stelle soll kein Versuch unternommen werden, dieses Wunder zu erklären. Wir nehmen es ebenso hin wie die Tatsache, daß es nicht ein hochdotierter Professor an einer angesehenen Hochschule war, der dieses Wunder vollbracht hat, daß es vielmehr jemand war, der als Angestellter (»technischer Experte III. Klasse«) am Patentamt in Bern arbeitete und sich freute, diesen Posten zu haben. Und die Frage, die wir zuerst beantworten müssen, lautet: Wie ist er hierhin gekommen?

Einstein stammt aus Ulm, und er hat bis zum Ende seines Lebens mit einem schwäbischen Akzent gesprochen. Seine Eltern ziehen bald nach München um und anschließend weiter nach Italien, immer auf der Suche nach besseren Geschäften, die nur wechselnd erfolgreich waren. Einstein, der allen Gerüchten zum Trotz ein guter Schüler war, hat das von ihm besuchte Gymnasium nur deshalb ohne Abschluß verlassen, weil er zu seinen Eltern nach Mailand wollte, und zudem gab es in der Schweiz die Möglichkeit, ohne Abitur ein Physikstudium zu beginnen. Zwar ist er bei der ersten Aufnahmeprüfung an der ETH – der Eidgenössischen Technischen Hochschule – in Zürich gescheitert, aber da war er erst 16 Jahre alt, und wenn nur die Leistungen in Mathematik und Physik gezählt hätten, wäre er unter den besten des Jahrgangs gewesen.

Mit diesen Fächern bzw. den dazugehörigen Aufgaben kam Einstein offenbar immer gut zurecht, und man kann das Gespür dafür bis in seine Kindertage zurückverfolgen. Aus der Jugend von Einstein werden nämlich einige kleine »Wunder« berichtet – sein ganz frühes Staunen über einen Kompaß, seine pubertäre Verehrung für ein »heiliges Geometriebüchlein« und die wie aus dem Nichts auftauchende Frage, wie die Welt wohl aussehen würde, wenn man auf einem Lichtstrahl reiten könnte. Es gibt daneben auch Beobachtungen, die schwieriger mit dem Geniestatus zu verbinden sind, etwa die sich nur zögernd entwickelnde Fähigkeit (oder Bereitschaft) des Knaben zu sprechen.[7] Wir müssen dieses Feld den Psychologen[8] überlassen, allerdings nicht ohne den Hinweis, daß trotz zahlreicher Biographien über Einstein seine Lebensleistung nach wie vor als Rätsel vor uns liegt.

Nach dem geschilderten frühen Fehlversuch in Zürich ver-

---

7 In einem Interview mit einem Psychologen hat Einstein gegen Ende seines Lebens zwar darauf hingewiesen, daß ihn die Wörter beim Denken nur hindern und daß alle seine Einsichten mit Bildern beginnen, aber damit wird ein viel schwierigeres Thema angestoßen, als dieser kleine Essay aufzugreifen imstande ist.

8 Einstein selbst hat mit Psychologen wie Jean Piaget korrespondiert oder gesprochen, um mit ihrer Hilfe zu verstehen, wieso er so anders denken konnte als all die normalen anderen, und warum er besser hinter den Augenschein gelangen konnte.

bringt er ein Jahr in Aarau (Schweiz), wo er die Matura besteht und anschließend endlich zur ETH darf. Sein Studium verläuft – relativ zum übrigen Leben – wenig spektakulär[9], wenn man davon absieht, daß er hier seine erste Frau trifft, Mileva Marić. Natürlich ist er anfänglich stark verliebt – inzwischen sind seine Liebesbriefe aus dieser Zeit gefunden und publiziert worden –, und der »Johonzel« stellt dem lieben »Doxerl« so lange nach, bis geheiratet wird. Doch dabei tritt schon bald ein persönlicher Zug an Einstein zutage, der das Zusammenleben mit ihm schwierig gemacht haben muß. Im Grunde lebt er nur für seine Wissenschaft und ist dabei am liebsten allein (in seiner »Bärenhöhle«). Er will nur versorgt werden, und so verhält er sich im privaten Bereich mehr oder weniger rücksichtslos. Mileva bekommt zum Beispiel ein voreheliches Kind, das er nie sieht und das sie (mit seinem Kopfnicken) einfach weggeben muß, und als er später nach Berlin gehen kann und Mileva andeutet, sich dort nicht wohlzufühlen, läßt er sie mit den zwei (kranken) Kindern einfach sitzen und wendet sich seiner Cousine Elsa zu, die er später heiratet – allerdings nur, weil sie ihn nach einem schweren Leberleiden aufopfernd gesundgepflegt hat und ihm zusätzlich das Versprechen gibt, sich nicht daran zu stören, daß er sich weder besonders gern wäscht noch die Zähne putzt.

Wenn Einstein sich überhaupt jemals um seine erste Frau gekümmert hat, dann zu der Zeit, als er sein Studium abgeschlossen hatte und zunächst keine Anstellung finden konnte. Als 1901 alle Versuche scheitern, eine Assistentenstelle zu finden, nimmt er alle möglichen Lehrerstellen an, um Geld für sich und Mileva zu verdienen, und als er im Juni 1902 am Patentamt eine Stelle bekommt, freut er sich ehrlich. Nun kann er eine Familie ernähren. 1903 wird geheiratet, 1904 wird der erste Sohn geboren, und Einsteins Leben gerät in ruhigere Bahnen, das heißt, er driftet wieder in wissenschaftliche Gewässer ab, nachdem er bemerkt hat, daß es ihm keine Mühe macht, nach getaner Arbeit über Physik nachzudenken. Er hat mit

9 Während des Studiums war Einstein staatenlos. 1901 wird er Schweizer Staatsbürger. Er bleibt dies bis zum Ende seines Lebens.

zwei Freunden – Maurice Solovine und Conrad Habicht – sogar eine »Akademie Olympia« gegründet, in der die drei physikalische und philosophische Texte besprechen.

Es ist die Zeit, in der sich in Einsteins Kopf das Wunder vorbereitet, das 1905 zum Ausbruch kommt, und er teilt es einem der Freunde aus der Akademie in einem Brief vom Mai 1905 mit. Wir zitieren diesen »wohl erstaunlichsten Brief der Wissenschaftsgeschichte«, wie er einmal genannt worden ist, in voller Länge, nicht nur um die Explosion des Wissens deutlich zu machen, die hier in einem Augenblick zu beobachten ist, sondern auch, um ein Beispiel für die herrliche Sprache zu geben, die dieser »Dreckskerl« und »Schlampi« zu sprechen imstande ist, die ihn trotz aller Schwächen so sympathisch sein läßt und das Lächeln verständlich macht, das die meiste Zeit in seinen Gesichtszügen zu erkennen war:

»Lieber Habicht! Es herrscht ein weihevolles Stillschweigen zwischen uns, so dass es uns fast wie eine sündige Entweihung vorkommt, wenn ich es jetzt durch ein wenig bedeutsames Gepappel unterbreche. Aber geht es dem Erhabenen in der Welt nicht stets so? – Was machen Sie denn, Sie eingefrorener Walfisch, Sie getrocknetes, eingebüchstes Stück Seele, oder was ich sonst noch, gefüllt mit siebzig Prozent Zorn und dreissig Prozent Mitleid, Ihnen an den Kopf werfen möchte? Nur letzteren dreissig Prozent haben Sie es zu verdanken, daß ich Ihnen neulich, nachdem Sie Ostern sang- und klanglos nicht erschienen waren, nicht eine Blechbüchse voll aufgeschnittenen Zwiebeln und Knobläuchen zuschickte. – Aber warum haben Sie mir Ihre Dissertation immer noch nicht geschickt? Wissen Sie denn immer noch nicht, daß ich einer von den anderthalb Kerlen sein würde, der dieselbe mit Interesse und Vergnügen durchliest, Sie Miserabler? Ich verspreche Ihnen vier Arbeiten dafür, von denen ich die erste in Bälde schicken könnte, da ich die Freiexemplare baldigst erhalten werde. Sie handelt über die Strahlung und die energetischen Eigenschaften des Lichtes und ist sehr revolutionär, wie Sie sehen werden, wenn Sie mir Ihre Arbeit vorher schicken. Die zweite Arbeit ist eine Bestim-

mung der wahren Atomgröße aus der Diffusion und inneren Reibung der verdünnten flüssigen Lösungen neutraler Stoffe. Die dritte beweist, dass unter Voraussetzung der molekularen Theorie der Wärme in Flüssigkeiten suspendierte Teilchen von der Größenordnung 1/1000 Millimeter bereits eine wahrnehmbare, ungeordnete Bewegung ausführen müssen, welche durch die Wärmebewegung erzeugt ist. Es sind Bewegungen lebloser kleiner, suspendierter Körper in der That beobachtet worden von den Physiologen, welche Bewegungen von ihnen ›Brownsche Molekularbewegung‹ genannt werden. Die vierte Arbeit liegt im Konzept vor und ist eine Elektrodynamik bewegter Körper unter Benützung einer Modifikation der Lehre von Raum und Zeit; der rein kinematische Teil dieser Arbeit wird Sie sicher interessieren. Es grüßt Sie Ihr Albert Einstein.«

Was Einstein »sehr revolutionär« nennt, ist sein Vorschlag, die von den Physikern seit mehr als 100 Jahren als Gewißheit betrachtete Wellennatur des Lichts wieder aufzugeben und zuzulassen, daß auch Teilchencharakter hat, was wir sehen und in unsere Augen fällt. Die Energie des Lichts kommt in winzigen Paketen – sogenannten Quanten – daher, wobei er die partikulären Träger dieser Energiequanten Photonen nannte. Mit dieser Hypothese brach Einstein nicht nur einen seit Newton tobenden Streit der Physiker erneut vom Zaun, er teilte ihnen auch zum ersten Mal mit, daß es eine doppelte Natur (einen »Dualismus«) des Lichts gebe und keine Entscheidung für den einen oder anderen Fall möglich ist. Einstein mußte zu dieser Konstruktion greifen, um physikalische Beobachtungen (den sogenannten photoelektrischen Effekt) erklären zu können, und er sah ganz genau, daß er damit der alten (klassischen) Physik den Boden unter den Füßen wegzog.[10] Trotzdem schritt

10 Einsteins Annahme drückte die Energie des Lichts durch seine Frequenz aus. Das Schockierende an dieser Gleichsetzung besteht grob gesagt darin, daß die Energie in jedem Augenblick gegeben und erhalten sein muß, daß aber eine Frequenz nicht in jedem Augenblick definiert ist.

der in der Fachwelt unbekannte Angestellte mutig mit seiner »sehr revolutionären« Idee voran, und man dankte ihm später mit dem Nobelpreis dafür.

Wohlgemerkt, Einstein hat die große Anerkennung aus Stockholm nicht für seine Spezielle Relativitätstheorie – die vierte Arbeit aus dem Wunderjahr – bekommen, auf deren Spuren wir uns jetzt setzen wollen, weil sie die größten Folgen in der Öffentlichkeit hatte. Einstein hat die hierin vorgenommene »Modifikation der Lehre von Raum und Zeit« in den folgenden zehn Jahren zu einer Allgemeinen Relativitätstheorie erweitert, die manchmal auch einfacher Gravitationstheorie genannt wird. Während er »speziell« nur Raum und Zeit verbindet, werden »allgemein« auch Raum und Materie – und damit natürlich alle drei – aus ihrer Isolierung befreit und verknüpft. Der Weg zu dieser Vereinigung öffnet sich dabei im Jahre 1907, als Einstein den »glücklichsten Gedanken meines Lebens« hat, wie er es im Rückblick nennt, und zwar einen sehr anschaulichen: »Für einen Beobachter, der sich im freien Fall vom Dach seines Hauses befindet, existiert – zumindest in seiner unmittelbaren Umgebung – kein Gravitationsfeld.«

Diese Idee nimmt Einstein auf, er grübelt viele Jahre lang über ihre Konsequenzen nach, quält sich mit vielen neuen mathematischen Formalismen, um seine physikalischen Vorstellungen ausdrücken zu können – da ist manchmal sehr wenig von den angenehmen Seiten des Denkens zu spüren –, aber er hält durch, und 1915 hat er die Theorie fertig, mit der wir heute immer noch versuchen, das Weltall zu verstehen.[11] Seine »Gravitationsgleichung« macht dabei eine kuriose Vorhersage, die bei einer Sonnenfinsternis 1919 überprüft werden kann, und

11 Natürlich wird die Fachwelt nach 1905 auf Einstein aufmerksam. Bald wird er promoviert und habilitiert, er wird Professor erst in Zürich, dann in Prag, wieder in Zürich und folgt zuletzt dem Ruf der deutschen Physiker unter Führung von Max Planck nach Berlin, wo er am Kaiser-Wilhelm-Institut für Physik arbeiten kann, ohne durch Lehrverpflichtungen vom Denken abgelenkt zu werden.

nach deren erfolgreicher Bestätigung ist Einstein mit einem Schlag weltberühmt.

Die Vorhersage hat mit der Verbindung zwischen Raum und Materie zu tun, die dafür sorgt, daß eine Masse einen Raum krümmen kann (ein ganz klein wenig jedenfalls). Die Sonne sollte groß genug sein, um dies nachprüfen zu können, und der beste Weg dazu ist, einen Stern zweimal anzupeilen. Einmal wie gewöhnlich, und ein zweites Mal, indem man an der Sonne vorbei schaut (was man im Falle einer Sonnenfinsternis gerade kann). Wenn die Sonnenmasse den Raum krümmt, dann muß der Lichtstrahl, mit dem der anvisierte Stern von der Erde aus beobachtet wird, auf einer gebogenen Bahn laufen, wenn er an der Sonne vorbei muß, und als Folge davon sollte eine unter diesen Umständen durchgeführte Beobachtung den Stern an einer anderen Position zeigen.

Genau dies wurde 1919 beobachtet, und die Aufregung war groß. »Die Sterne sind nicht da, wo wir sie vermuten.« So lauteten die Schlagzeilen der Zeitungen, die in den dazugehörigen Aufsätzen verkündeten, daß es da einen Herrn Einstein gäbe – er war immerhin Professor für Physik in Berlin –, der besser als Newton am Himmel Bescheid wußte und die ganze Welt durch Denken erfaßte, und so weiter und so fort.

Der Erste Weltkrieg war gerade zu Ende, die Welt suchte positive und friedvolle Helden, und Einstein war die Lösung, auf die sich die Medien stürzen konnten. Er war kein Deutscher, und seine Theorien bestätigt hatten vor allem Engländer und Franzosen, und nachdem die Deutschen den Krieg verloren hatten, konnten alle zusammen nun einen Sieg (der Wissenschaft) über die ganze Welt (den Kosmos) feiern. Einsteins Ruhm stieg kometenhaft auf, und er war der ideale Mann für die Medien: Er hatte dieses zerzauste Haar und war zerstreut, er spielte Geige, er hatte diese unverständlichen Formeln entwickelt[12], mit denen er die ganze Welt erfaßte, er bediente sich gerne einer kräftigen Sprache – so sprach er öffentlich von der

---

12 Charlie Chaplin hat Einstein gegenüber einmal geäußert: »Mich lieben alle Leute, weil sie alles verstehen, was ich sage, und Sie

»drolligen Tintenscheißerei« der Behörden oder den »alten Krachern, die in der Universität das Regiment führen« –, und vor allem führte er das herrlich naive Gottesbild im Mund, das jeder sofort verstand. Einstein fragte zum Beispiel, »ob der Herrgott nicht [über meine Einfälle] lacht und mich an der Nase herumführt«, oder »welche Schräubchen der Alte wohl dreht, um das alles zu bewerkstelligen«, welche Wahl »der ewige Rätselgeber« bei der Erschaffung der Welt hatte und vieles mehr.

Damit kann man zwar populär werden, wie Einstein gezeigt hat – und wie ihm heute einige kleinere Kollegen nachzutun versuchen –, aber es wäre vielleicht besser gewesen, er hätte die Frage nach Gott etwas ernster genommen und die Welt nicht mit solchen leichtfertigen Floskeln wie »Raffiniert ist der Herrgott, aber boshaft ist er nicht« oder »Gott würfelt nicht« unterhalten. Einstein weicht der Frage nach Gott ununterbrochen durch Witzchen und Albernheiten aus, und wenn das möglicherweise auch seiner persönlichen Stimmung entsprochen haben mag, so scheint hier ein weiteres Feld unbearbeitet von den Biographen liegengelassen worden zu sein.

Einsteins berühmte »bange Frage«, »ob Gott wirklich würfelt«, findet sich in einem Brief an Niels Bohr aus dem Jahre 1949, in dem er sich für dessen Glückwünsche zum 70. Geburtstag bedankt. Obwohl nahezu jeder Einsteins Floskel kennt, ist Bohrs Antwort viel wichtiger. Er komme nicht umhin, so schreibt Bohr im Juli 1949, »über die bange Frage zu sagen«, »daß niemand – und nicht einmal der liebe Gott selber – wissen kann, was ein Wort wie würfeln in diesem Zusammenhang heißen soll«. Darauf antwortet Einstein nicht mehr, und es scheint, als ob er etwas verstanden hat und sich seine Nachfolger ihn hier zum Vorbild nehmen (und zu dieser Frage ebenfalls schweigen) sollten.

Der kleine Briefwechsel markiert den Abschluß der Diskussion zwischen Bohr und Einstein, in der es um die Natur der physikalischen Wirklichkeit (und um Gott) ging. Bevor wir

lieben alle Leute, weil sie nichts von dem verstehen, was Sie sagen.«

einen Punkt dieser großen Auseinandersetzung ansprechen, müssen wir wenigstens andeuten, was wir alles auslassen zwischen 1919 und 1949, nämlich das Aufkommen einer »Deutschen Physik«, die Einsteins »jüdische Theorie« ablehnte, die Übersiedlung nach Princeton in die USA, als die Nationalsozialisten an die Macht kommen, sein Abweichen vom Pazifismus angesichts des Naziterrors, seine Empfehlung an Präsident Roosevelt, mit einem Programm zum Bau der Atombombe zu beginnen, das Angebot, Präsident von Israel zu werden, seine vielen Reisen und Vorträge durch alle Welt, und seine lange, einsame und letztlich vergebliche Suche nach einer sogenannten einheitlichen Feldtheorie, die vielen Physikern bis heute als Traum vorschwebt.

Einer der Gründe, warum Einstein nach einer umfassenden physikalischen Theorie suchte, war seine durch nichts zu erschütternde Überzeugung, daß irgend etwas an der Quantentheorie der Atome nicht stimme oder fehle [13], und seinen großen Versuch, dies zu beweisen, legte er 1935 vor, und zwar gemeinsam mit Boris Podolsky und Nathan Rosen. Ihre gemeinsame Frage lautete: *Kann die quantenmechanische Beschreibung der physikalischen Realität als vollständig angesehen werden?*, und sie gaben ein kräftiges »Nein« zur Antwort. Sie beschrieben ein (zunächst nicht zu realisierendes) Experiment, das die Quantenmechanik nur dann richtig erfassen kann, wenn es Verbindungen (Korrelationen) zwischen atomaren Bausteinen gibt, die über die physikalischen Wechselwirkungen hinausgehen (und zum Beispiel keine Zeit brauchen, um sich einzustellen). Man redet in diesem Zusammenhang heute von EPR-Korrelationen – EPR steht dabei für Einstein-Podolsky-Rosen –, und so gerne Einstein etwas vereinte und verknüpfte,

---

13 Als Einstein 1911 Professor in Prag war, ging eins der Fenster seines Arbeitszimmers auf einen Garten, der zu einer Irrenanstalt gehörte, wie es damals noch hieß. Einstein pflegte Besucher an dieses Fenster zu führen und auf die dort spazierenden Geisteskranken mit der Bemerkung zu verweisen: »Sie sehen dort den Teil der Verrückten, der sich nicht mit der Quantentheorie beschäftigt.«

das ging ihm zu weit, und die EPR-Korrelationen sollte es unter keinen Umständen geben.

Es gibt sie aber doch. Die Experimentalphysiker haben sie nämlich in den achtziger Jahren gefunden, und zwar nicht nur qualitativ, sondern quantitativ in genau dem Maß, das Bohrs Quantentheorie vorhersagt. Mit diesen EPR-Korrelationen ergibt sich nun ein auf den ersten Blick sehr ungewohntes Bild der atomaren Wirklichkeit. Man findet hier – einfach ausgedrückt – ein Ganzes, das gar nicht aus Teilen besteht, also auch nicht aus den Teilchen (Elektronen, Photonen), von denen wir dauernd reden. Und es ist schade, daß die Frage, was Einstein hierzu gesagt hätte, für immer ohne Antwort bleiben muß. Seine Korrelationen sind einfach ein anderer Ausdruck für die Ganzheitlichkeit der Quantentheorie, und die Verschränktheit der Mikrowelt ist das eigentlich Neue, das die atomare von der klassischen Physik unterscheidet.

Einstein hat geahnt, daß solch ein völliges Umkrempeln auf die Wissenschaft zukommen würde, als er 1905 die ersten Schritte in diese Richtung gegangen ist. Um so schwieriger ist die Frage zu beantworten, warum er zuletzt nicht mehr mitmachen wollte und statt dessen den Weg zurück in eine deterministische Physik der klassischen Art suchte, etwas, das von berufener Seite als »neurotisches Mißverständnis Einsteins«[14] bezeichnet worden ist und sich demnach nur auf der seelischen Ebene analysieren und klären läßt.

Kein Biograph hat bislang auch nur den winzigsten Schritt in diese Richtung unternommen, und so bietet Einsteins Leben noch ein großes Feld für diejenigen, die den Verlauf der Wissenschaft erfassen wollen, um zu verstehen, wie er wirklich vonstatten gegangen ist. Apropos Wirklichkeit – wenn es einen Satz von Einstein gibt, den man verstehen und ernst nehmen sollte – vor allem die Leute, die heute mit seinem Namen so gerne hausieren gehen –, dann ist es der folgende:

---

14 Diese Bemerkung stammt von Wolfgang Pauli (1900–1958), den Einstein selbst als seinen geistigen Nachfolger bezeichnet hat.

»*Insofern sich die Sätze der Mathematik auf die Wirklichkeit beziehen, sind sie nicht sicher, und insofern sie sicher sind, beziehen sie sich nicht auf die Wirklichkeit.*«

Wer diesen Satz von Einstein zur Kenntnis nimmt, wird vielleicht aufhören, aus der Tatsache, daß er den lieben Gott in dessen Formeln nicht findet, den Schluß zu ziehen, daß es den Alten überhaupt nicht gibt. Gott muß man sich auf anderen Wegen nähern. Bei Einstein jedenfalls sollte er ihn nicht suchen.

Niels Bohr

*oder
Der gute Mensch von
Kopenhagen*

Niels Bohr ist nur einer aus einer ganzen Reihe von berühmten Bohrsöhnen. Sein Vater Christian war ein großer Physiologe, nach dem der sogenannte Bohr-Effekt[1] benannt ist, sein Bruder Harald war ein großer Mathematiker, der zudem 1908 der dänischen Fußballmannschaft geholfen hat, eine Silbermedaille bei den Olympischen Spielen zu gewinnen[2], sein Sohn Aage ist ein großer Physiker, der mehr als fünfzig Jahre nach seinem Vater ebenfalls den Nobelpreis für Physik gewonnen hat – und zwar für seine Beiträge zur Theorie des Atomkerns –, und was die Enkel angeht, so stehen die Chancen gut, daß einer von ihnen ebenfalls seine Spur in der Wissenschaftsgeschichte hinterlassen wird.

Noch aber ist Niels der größte unter den Bohrs, und wer über das Bohrsche Atommodell nachgrübelt, wer den Bohrschen Radius des Wasserstoffs verstehen will und wer in Kopenhagen nach dem Bohr-Institut fragt, der meint immer etwas, was Niels gemacht hat, und dabei wurden seine wichtigsten Beiträge noch

---

1 Der Bohr-Effekt erfaßt die Tatsache, daß die Bindung von Sauerstoff an Blut (bzw. an das Molekül namens Hämoglobin im Blut) in der Lunge leichter klappt als in den anderen Geweben, in denen er wieder abgegeben werden soll.
2 Der 23jährige Niels war zwar mit dabei, aber leider nur als Ersatztorwart.

gar nicht genannt. Gemeint ist zum einen der Geist von Kopenhagen, den er in die Wissenschaft einführte (und den wir noch kennenlernen werden), und gemeint ist zum zweiten die Kopenhagener Deutung der Quantentheorie, die er um 1927 zusammen mit Werner Heisenberg erstritten hat und in der er versucht, »die Lektion der Atome zu lernen«, wie Bohr es genannt hat. In der Mitte der zwanziger Jahre sahen sich die Physiker auf einmal einer erkenntnistheoretischen Situation ausgeliefert, auf die sie kein Philosoph vorbereitet hatte, und es war Niels Bohr, der dies am klarsten erkannte und einen Ausweg suchte. Er war damals 40 Jahre alt und gerade mit dem Nobelpreis für Physik geehrt worden. Die Physiker hatten damals eine Theorie der Atome gefunden, die zwar eine Erklärung für viele Phänomene lieferte, die aber auch Probleme mit sich brachte. Man konnte auf einmal nicht mehr mit anschaulichen Begriffen beschreiben, was zum Beispiel ein Elektron war oder wie Licht sich ausbreitete. Die Wissenschaftler konnten zwar noch herausfinden, wie es sich mit den Atomen und ihren Bausteinen verhielt, sie konnten es aber nicht mehr sagen – jedenfalls nicht mehr eindeutig. Das Licht oder die Elektronen verhielten sich in einem Fall (d. h. in einem Versuch) wie Teilchen, die zusammenstoßen und sich dabei ablenken können. Sie verhielten sich aber in einem anderen Fall – sprich: in einem anderen Experiment – wie Wellen[3], die sich nicht nur gegenseitig verstärken, sondern auch auslöschen können (Interferenz[4]).

3 Daß sich Licht sowohl als Welle als auch als Teilchen zeigte, überraschte die Physiker zwar, machte sie aber nicht weiter nervös, denn mit diesem Thema schlugen sie sich seit Newtons Zeiten herum. Unheimlich wurde die Sache, als sich nachweisen ließ, daß sich auch Elektronen wie Wellen verhalten können. Dies war deshalb völlig überraschend, weil man wußte, welche Masse ein Elektron hatte, und wie sollte man da an eine Welle denken?

4 Wenn zwei Wellenbewegungen geeignet (»in Phase«) zusammengeführt werden, kommt es nur in den seltensten Fällen zu einer Addition der Wellenberge. In den meisten Fällen kommen sich die Wellenzüge ins Gehege. Sie interferieren, wie man sagt und auf der Schule demonstriert bekommt, und bei dieser Interferenz kann es

Wie sollte man mit diesem Welle-Teilchen-Dualismus umgehen, und in welchen konzeptionellen Rahmen ließ er sich einfügen?

Diese Zweiteilung mußte deshalb sehr ernst genommen werden, weil es auch zwei mathematische Fassungen der neuen Atomphysik gab, die sich zwar so fremd gegenüberstanden wie das Wellenbild und das Teilchenbild, die aber beide zu denselben Vorhersagen führten und insofern als korrekt anzusehen waren.[5] Wieso gibt es zwei völlig verschiedene und zugleich doch völlig äquivalente Beschreibungen der physikalischen Wirklichkeit? Und wieso läßt sich sonst keinerlei Anschaulichkeit gewinnen?

Die Physiker in Kopenhagen – vor allem Werner Heisenberg und Niels Bohr – diskutierten zu Beginn des Jahres 1927 so intensiv über diese Fragen, daß sie an den Rand der Erschöpfung gerieten. In dieser Situation entschied sich Bohr, Ferien zu machen, und zwar die längsten seines Lebens. Er fuhr für vier Wochen zum Skilaufen nach Norwegen, und bei einer der langen Abfahrten fiel es ihm plötzlich wie Schuppen von den Augen: Physik handelt nicht von der Natur, sondern von unserem Wissen von der Natur. Mit den beiden sich widersprechenden Bildern – Welle und Teilchen – beschreiben wir doch überhaupt nicht dieselben Erscheinungen der physikalischen Welt. Vielmehr teilen wir mit Hilfe dieser Begriffe nur die Erfahrungen mit, die unter verschiedenen Versuchsbedingungen gemacht worden sind, und zwar unter solchen Anordnungen, die sich gegenseitig ausschließen, die man also gar nicht gleichzeitig machen kann. Die beiden Bilder widersprechen sich zwar, aber

---

auch zu einer Löschung der Wellen kommen. Licht plus Licht kann tatsächlich Dunkelheit ergeben, was sich nicht verstehen läßt, wenn Licht aus Teilchen besteht.

5 Man spricht dabei von der Matrixmechanik, die auf eine Idee von Werner Heisenberg zurückgeht, und von der Wellenmechanik, die auf einen Vorschlag von Erwin Schrödinger zurückgeht (»Schrödinger-Gleichung«). Beide Formen gehören zusammen, und sie haben sich als gültige Theorien der Materie erwiesen. Es gibt bis heute kein Experiment, das nicht mit ihnen in Einklang steht.

sie gehören doch auch zusammen, weil nur beide gemeinsam das ganze Verständnis ausmachen.

»Ich ergänze, ich füge zusammen« heißt auf lateinisch »compleo«, so erinnerte sich Bohr, und er nahm sich vor, seinen Gedanken »Komplementarität« zu nennen.[6] Er meinte damit seine Einsicht, daß Beobachtungen durch experimentelle Einrichtungen festgelegt (also »definiert«) werden, von denen sich einige gegenseitig ausschließen. Die in den dazugehörigen Versuchen gemachten Erfahrungen sind komplementär zueinander, das heißt, jede einzelne stellt einen gleichwertigen Aspekt der vollständigen Information dar, die erhalten werden kann. Die ungeteilte Wirklichkeit – das Ganze – kann nur in komplementären Bildern beschrieben werden, und da die Quantentheorie ganzheitlich ist, muß die Realität, die sie beschreibt, für uns unanschaulich bleiben.

Ich halte diese Idee der Komplementarität für einen großen Gedanken, und es war Bohr, der sie beim Skilaufen in Norwegen zum ersten Mal in voller Klarheit erblickte. Die Idee besagt ganz allgemein, daß die ungeteilte Wirklichkeit nur durch komplementäre Naturbeschreibungen zu erfassen ist, das heißt durch Naturbeschreibungen, die sich zwar gegenseitig ausschließen, dabei aber gleichberechtigt bleiben. Das Paar »Welle – Teilchen« war nur die erste Spitze eines Rieseneisbergs, der damals sichtbar wurde und an dem es nach wie vor viel zu erkunden gibt.[7]

Als Bohr aus Norwegen zurückkam, hatte der junge Werner Heisenberg, der in Kopenhagen geblieben war, seine Ideen ebenfalls weiterverfolgt und dabei die berühmten Unbestimmt-

6 Historisch gab es den Ausdruck der Komplementarität schon länger. Er stammt aus der Farbenlehre. Hier spricht man seit dem 18. Jahrhundert von komplementären Farben – wie etwa Rot und Grün –, die additiv gemischt zusammen Weiß ergeben. Bohrs Konzept hat damit nicht viel zu tun.

7 Weitere Beispiele für komplementäre Paare sind die »Mutter Natur«, zu der wir gehören, und die »Umwelt«, der wir gegenübertreten, oder Veranlagung (»nature«), die wir mitbringen, und die Bedingungen (»nurture«), die uns formen.

heitsrelationen[8] abgeleitet, die man sich für diese Zwecke einfach als mathematische Fassung der Komplementaritätsidee denken kann. Beide Konzepte zusammen – die Bohrsche Komplementarität und die Heisenbergsche Unbestimmtheit – machen die sogenannte Kopenhagener Deutung der Quantenmechanik aus, wobei es keinen offiziellen Text gibt, den beide gemeinsam verfaßt hätten und auf den man sich berufen könnte.

Als Bohr nach Abschluß dieser Debatte seinen alten Schulfreunden aus Kopenhagen von seiner Idee erzählte, überraschten sie ihn mit der Bemerkung: »Das ist ja alles schön und gut, Bohr, aber du kannst doch nicht bestreiten, daß du das alles auch schon vor zwanzig Jahren gesagt hast.« Die Denkfigur der Komplementarität ist also älter als das physikalische Modell, auf das Bohr sie anwenden wollte. Komplementarität ist offenbar eine Erfahrung, die man beim Denken machen kann und die mit den begrenzten Möglichkeiten unserer gewöhnlichen Sprache zu tun hat. Sie ist durch Anschauliches geprägt, und man darf nicht erwarten, daß sie auch dort standhält, wo es kein Schauen mehr gibt, nämlich in der atomaren Wirklichkeit. In diesem Bereich verlieren – in den Worten von Bohr – »selbst Wörter wie ›sein‹ und ›wissen‹ eindeutigen Sinn. Wir werden hier vor einen Grundzug in dem allgemeinen Erkenntnisproblem gestellt, und wir müssen uns klarmachen, daß wir dem Wesen der Sache nach letzten Endes immer darauf angewiesen sind, uns durch ein Gemälde von Worten auszudrücken, die in unanalysierter Weise gebraucht werden.«

Kein Wunder, daß Bohr Skrupel hatte, sich direkt und einfach auszudrücken, und daß er die harten Behauptungen immer hinter weichen Formulierungen versteckte. Beim Reden kam Bohr nur zögernd voran, und wenn es ganz wichtig wurde, hielt er auch noch die Hände vor den Mund. Ihn befielen Hem-

---

8 Sie besagen zum Beispiel, daß man Ort und Impuls eines Elektrons nicht gleichzeitig mit beliebiger Genauigkeit messen kann. Kenne ich seinen Ort sehr genau, wird sein Impuls entsprechend unbestimmt. Dies erklärt, warum Elektronen sich nicht in einem Atomkern aufhalten können. Ihre Position läge dann zu genau fest.

mungen zu reden, wenn er sich der Wahrheit näherte. Schließlich, so meinte Bohr, ist jedes Wort eine Improvisation, eine Übertreibung und eigentlich eine Lüge. Wahrheit und Klarheit sind komplementär zueinander. Wir können nichts genau sagen, und doch müssen wir reden.

Der Rahmen

Als Bohr 1885 geboren wird, rettet Louis Pasteur einem Jungen durch eine riskante Tollwut-Impfung das Leben, die Brüder Mannesmann entwickeln ein Verfahren zur Herstellung nahtloser Rohre, und Alfred Ploetz prägt den unheilvollen Ausdruck »Rassenhygiene«. Ein Jahr später ertrinkt Ludwig II., König von Bayern, im Starnberger See, der amerikanische Apotheker Pemberton stellt erstmals Coca Cola her, und Heinrich Hertz beginnt seine Suche nach elektromagnetischen Wellen, die ein Jahr später Erfolg hat. Zu dieser Zeit beginnt auch die Konstruktion des Eiffelturms. 1888 wird in Paris das Institut Pasteur gegründet, Vincent van Gogh malt sein *Selbstporträt mit abgeschnittenem Ohr* und Cézanne *La montagne Sainte-Victoire.*

Als Bohr kurz vor dem Ersten Weltkrieg (1913) sein Atommodell vorstellt (und damit das Ende der klassischen Physik einläutet), komponiert Strawinsky *Le sacre du printemps*, Pawlow beschreibt die bedingten Reflexe, und in Berlin veranstalten die Fürsten ihre letzte große Versammlung vor dem Untergang der Monarchie. Mitten im Ersten Weltkrieg, als Bohr versucht, in Kopenhagen ein Institut aufzubauen, schlägt Alfred Wegener eine neue Theorie über *Die Entstehung der Kontinente und Ozeane* vor (»Plattentektonik«), und Albert Einstein schließt seine Allgemeine Relativitätstheorie ab. 1917 findet die russische Oktoberrevolution statt, die USA greift in den Krieg ein, und die Balfour-Deklaration befürwortet die Bildung einer nationalen jüdischen Heimstätte in Palästina.

1941 fallen deutsche Truppen in Dänemark ein. Bohr muß fliehen, und er gelangt über Schweden und Großbritannien in die USA. Als er 1945 zurückkehrt, haben die Amerikaner zwei

Atombomben über Japan abgeworfen. 1946 tritt in New York die UNO zu ihrer ersten Vollversammlung zusammen. Auf der Erde leben rund 2,5 Milliarden Menschen. Es gibt 10000 wissenschaftliche Zeitungen, darunter etwa 200 für Abstracts. 1947 legen die USA den Marshallplan zum Wiederaufbau Europas vor.

Als Bohr 1962 stirbt, erhält Linus Pauling als zweiter Wissenschaftler nach Marie Curie einen zweiten Nobelpreis, und zwar den für den Frieden. Den Nobelpreis für Medizin bekommen in diesem Jahr unter anderen Francis Crick und James Watson für die Entdeckung der Doppelhelix als Strukturprinzip des Erbmaterials. In Deutschland geht die Ära Adenauer zu Ende. Der Alte tritt im Oktober 1963 zurück. Einen Monat später wird der amerikanische Präsident John F. Kennedy erschossen.

Das Porträt

Mindestens vier große Persönlichkeiten muß derjenige erwähnen, der Niels Bohr vorstellen möchte – den Wissenschaftler, der 1913 ein revolutionäres Atommodell präsentiert, das Oberhaupt der Physiker, das den legendären Geist von Kopenhagen zum Leben erweckt, den Philosophen, der mit Einstein erkenntnistheoretische Fragen diskutiert und ihn von der Vollständigkeit der Quantentheorie zu überzeugen versucht, und den Politiker, der für seinen Traum einer offenen Welt eintritt.

Angefangen hat Bohr ohne alle Ambitionen als ein experimentell arbeitender Physiker, der für seine erste Forschungsarbeit – eine Präzisionsmessung der Oberflächenspannung von Wasser[9] – die Goldmedaille der Königlich Dänischen Akademie erhielt. Er war damals (1906) 21 Jahre alt, und er führte ein

---

9 In den dreißiger Jahren hat Bohr das sogenannte Tröpfchen-Modell für einen Atomkern vorgeschlagen, mit dessen Hilfe Lise Meitner verstehen konnte, was bei der Kernspaltung passiert. Wesentlich für das Verständnis eines solchen Modells ist die Oberflächenspannung des Wassers, die überhaupt erst eine Tröpfchenbildung ermöglicht. Es war sicher nützlich, daß Bohr sich hiermit präzise auskannte.

zugleich sorgenfreies und neugieriges Leben. Seine Eltern waren begütert – Bohrs Mutter Ellen Adler gehörte zu einer jüdischen Bankiersfamilie –, und er liebte die Physik, die voller aufregender Probleme steckte. Sie wußte inzwischen zwar ganz genau, daß es Atome gab, aber sie konnte sich kein Bild von ihnen machen. Wie hingen und hielten die (negativen) Elektronen und (positiven) Protonen zusammen? Wie kam das Licht zustande, das sie aussandten und das die Physiker als Spektrallinien auffangen und messen konnten?

Bohr vermutete, daß dies mit den Elektronen zusammenhing, und er begann, sich um ihre Theorie zu kümmern. Er widmete diesem Thema seine Doktorarbeit, die 1911 abgeschlossen werden konnte. Bevor er tiefer in die Welt der Atome tauchte, verlobte er sich mit Margarete Norlund. Ein Jahr später wurde geheiratet, und als die beiden 50 Jahre später ihre Goldene Hochzeit feiern konnten, nahmen nicht nur die vielen Enkel und Urenkel von den eigenen fünf Söhnen daran teil, sondern die ganze dänische Nation, denn die Bohrs wohnten inzwischen seit vielen Jahren im »Haus der Ehre«, einer herrlichen Villa in Kopenhagen im pompejanischen Stil, die Dänemark seinem berühmtesten Bürger zur Verfügung stellt[10], und das war zweifellos Niels Bohr.

Der lange Weg zu diesem Ruhm beginnt 1912, und zunächst hockte Bohr in einem kleinen Zimmer in einer englischen Industriestadt. Er war nach Manchester gekommen, weil hier der neuseeländische Physiker Ernest Rutherford arbeitete, dem bei Streuexperimenten aufgefallen war, daß Atome einen positiven Kern haben mußten, um den die negativen Elektronen dann kreisen konnten. So anschaulich und überzeugend dieses Modell wirkte, es war mit den Gesetzen der klassischen Physik nicht zu vereinbaren. Ein rotierendes Elektron muß ihnen zufolge nämlich Strahlung aussenden. Das taten die Atome zwar, aber sie blieben dabei stabil, und genau das konnte die Physik in Rutherfords Modell nicht erklären. Ein Elektron, das etwas

---

10 Mit freundlicher Unterstützung der Carlsberg-Brauerei, die die Villa erworben und dann dem dänischen Staat überlassen hat.

abstrahlt, verliert Energie, und dann wird es vom Kern angezogen, bis es zuletzt in ihn hineinstürzt und es anschließend kein Atom mehr gibt.

Bohr verstand, daß man sich entscheiden mußte. Entweder war Rutherfords Vorschlag richtig oder die klassische Physik. Ein Drittes gab es nicht. Und wenn es auch leichtfertig und wahnsinnig zu sein schien, Bohr entschied sich für das Modell[11], und er überlegte fieberhaft, wie man die von ihm so verehrte Physik Newtons und Maxwells ergänzen konnte, um die Atome zu verstehen. Die Lösung, die Bohr fand, ist tatsächlich nur als verrückt zu bezeichnen, denn seine 1913 gegebene Beschreibung der Atome – das berühmte Bohrsche Atommodell – wirkt wie das Produkt einer gespaltenen Persönlichkeit. Erst läßt Bohr den klassischen Physiker in sich auftreten, der die möglichen Umlaufbahnen der Elektronen um den Atomkern berechnet und dabei so tut, als ob Satelliten um ein Zentralgestirn kreisen. Danach verschwindet dieser Bohr, und seine Quantenpersönlichkeit kommt zum Vorschein. Dieser zweite Bohr betrachtet die ausgerechneten Bahnen, sucht sich diejenigen heraus, die ihm passen (und in der Natur vorkommen), und erklärt die hier befindlichen Elektronen für stabil, solange sie nicht gestört werden.

Möglich wird diese schizophrene Konstruktion, weil rund ein Dutzend Jahre zuvor Max Planck das berühmte Quantum der Wirkung entdeckt hatte, das ein Mindestmaß an Energie festlegt, das Elektronen aufnehmen oder abgeben müssen. Sie können nicht kontinuierlich ihre Energie ändern, und die Diskontinuität rettet sie, denn mit ihrer Hilfe sind sie auf ihren

---

11 Diese aus irrationalen Tiefen getroffene Entscheidung hat vielleicht mit einer Vorliebe Bohrs für die Zweiteilung zu tun, die sich in der Komplementarität zeigt. Rutherfords Modell schafft zwei Bereiche eines Atoms, ein Innen (Kern) und ein Außen (Elektronenhülle). Dieser strukturellen Dichotomie entspricht eine funktionelle. Atome haben sowohl physikalische Eigenschaften (Radioaktivität) als auch chemische Qualitäten (Reaktionsbereitschaft). Beides paßt zusammen, die Physik der Atome steckt im Kern, und ihre Chemie kommt aus der Hülle.

jeweiligen Bahnen stabil – jedenfalls solange sie nicht mit dem notwendigen Quantum an Energie versorgt werden. In diesem stationären Zustand strahlen sie auch kein Licht (Energie) ab. Das tun sie erst, wenn sie ihre Bahnen wechseln und es dabei zu der berühmten Quantenspringerei kommt.

Auf den ersten Blick wirkt das alles an den Haaren herbeigezogen[12], aber bald wurde klar, daß Bohrs Ansatz nicht nur qualitativ, sondern vor allem auch quantitativ erklären konnte, was zum Beispiel im Wasserstoffatom los ist, dessen einziges Elektron seit dieser Zeit auf einer Bahn mit dem »Bohrschen Radius« unterwegs ist. Natürlich wußte keiner besser als Bohr, daß sein Modell nicht so sehr eine Erklärung lieferte, sondern vielmehr eine brauchte, aber mit seinen Ideen und seinen Versuchen, die neue Beschreibung der Atome mit der alten (klassischen) Physik korrespondieren zu lassen, bekamen die Physiker seiner Zeit endlich eine Chance, sich einer konsistenten Atomtheorie zu nähern.

Sie erreichten ihr Ziel rund ein Dutzend Jahre später. Dabei war der Weg nicht nur schmerzlich und voller Irrungen, das Ergebnis – die Quantenmechanik der Atome, wie man heute sagt – war so verwirrend, daß eine Deutung notwendig und Bohr zum Philosophen der Komplementarität wurde, wie eingangs beschrieben. Während sich die neue Physik herausschälte und andere Personen ins Zentrum des Geschehens drängten, war Bohr vor allem mit zwei Themen befaßt, einem wissenschaftlichen und einem organisatorischen. Wissenschaftlich versuchte er, das Periodensystem der Elemente zu erklären bzw. sein Aufbauprinzip mit Hilfe der Elektronen und ihren Bahnen zu verstehen, und mit seiner von allen bewunderten Mischung aus intuitivem Erfassen und kritischem Prüfen gelang ihm dies sogar. Bohr führte dabei eine *chemische Qualität* – ein bestimmter Stoff zu sein – auf eine *physikalische Quantität* – die Zahl der Elektronen in einem Atom – zurück. Man

---

12 Bohr hat damals und später betont, daß derjenige, der nicht verrückt wird, wenn er von der Quantentheorie hört, sie nicht verstanden habe.

konnte jetzt zum Beispiel verstehen, warum es kein Element zwischen Natrium und Magnesium geben kann, aber man konnte immer noch nicht wirklich verstehen – selbst Bohr war da keine Ausnahme –, wieso die Annahmen erfolgreich waren, mit denen er jonglierte.

Bohr hatte das Gefühl, das könne nur gelingen, wenn die Physiker sich regelmäßig zusammentun könnten und ihnen dazu ein eigenes Haus zur Verfügung stehen würde, und das war das organisatorische Thema, dem er einen großen Teil seiner Kraft widmete. Er setzte sich nach seiner Ernennung zum ersten Professor für Theoretische Physik in Dänemark das Ziel, ein Institut für diese Disziplin zu bekommen, und nach vielen schwierigen Verhandlungen und allen möglichen Problemen mit der Finanzierung [13] konnte er seinen Plan verwirklichen. 1921 konnte man das heutige Niels-Bohr-Institut für Theoretische Physik eröffnen. In ihm wurde Bohr zum Oberhaupt der Physiker, und in diesen Räumen am Bledgdamsvej schuf er den Geist von Kopenhagen.

Wer in den zwanziger und dreißiger Jahren nicht hier war oder keinen Kontakt mit Kopenhagen hielt, kam – was die Entwicklung der Physik anging – sehr rasch ins Hintertreffen. Jede Arbeit, die publiziert wurde, war längst schon als Manuskript bei Bohr im Institut herumgereicht und erörtert worden. Aber es war nicht nur die wissenschaftliche Atmosphäre, die zählte, oder der fröhliche und respektlose Umgang, den Bohrs Schüler miteinander pflegten, es war auch die ganz neue Erfahrung der Internationalität, die hier möglich wurde. Um einigermaßen mit dem Sprachgewirr zurecht zu kommen, das am Institut herrschte – es gab neben Dänen, Deutschen, Amerikanern und Franzosen auch Russen und Chinesen –, führte Bohr die Regel ein, daß niemand ein Seminar in seiner Muttersprache halten durfte, und er selbst sprach immer eine Mischung aus Dänisch,

---

13 Im Ersten Weltkrieg verlor die Dänenkrone rasch an Wert, und alle Vorkriegsplanungen wurden bald Makulatur. Wenn damals nicht die Carlsberg-Stiftung eingesprungen wäre, gäbe es ein Bohr-Institut heute nicht.

Deutsch und Englisch. Man redete dabei nicht nur über Physik, sondern diskutierte über alle möglichen Themen bis hin zu Wildwestfilmen. Dabei wurde zum Beispiel der Frage auf den Grund gegangen, wieso immer der gute Held den Bösewicht erlegt. Bohr wußte auch hier die Antwort: »Weil der Gute nicht denken muß.«

Ein Russe – George Gamow – wollte dies ausprobieren. Er kaufte zwei Spielzeugpistolen, händigte eine davon Bohr aus und band sich die zweite selbst um. Während sie über Physik diskutierten, versuchte Gamow, Bohr »abzuknallen«. Doch vergeblich – Bohr zog seine Waffe stets schneller, und er erklärte dies wie folgt: Eine Person, die sich vornimmt zu handeln, die also denkt, agiert langsamer als eine Person, die nur zu reagieren braucht, ohne dabei nachdenken zu müssen. Der gute Mensch von Kopenhagen gewann jeden Shoot-out.

Ende der zwanziger Jahre begannen die legendären Kopenhagener Konferenzen, bei denen es keine feste Tagesordnung gab, sondern besprochen wurde, was noch nicht verstanden war.[14] Es gab doppelt so viele Stunden Zeit wie Teilnehmer, und man konnte sich jedem Problem in Ruhe widmen. Dabei konnte es seltsam zugehen, besonders wenn Bohr selbst an der Reihe war. Er redete oft unverständlich, stammelte mit schräggehaltenem Kopf unvollständige Sätze, und manchmal stopfte er zwischendurch seine Pfeife und redete murmelnd mit den Händen vor dem Mund weiter. Manchmal schrieb er – ohne Pfeife – mit der rechten Hand Formeln an die Tafel, die er mit der linken Hand wieder wegwischte, bis ihm endlich jemand den Schwamm wegnahm.

---

14 Die Diskussionen gingen natürlich auch abends weiter, und wenn Bohr an einem Thema besonders interessiert war, lud er die Gesprächspartner zu einer Segeltour oder in sein Landhaus an der Ostsee ein. Über der Türe dieses Hauses hing übrigens ein Hufeisen. Als jemand Bohr fragte, ob er etwa abergläubisch sei, gab er (Bohr) die Antwort: »Nein, ich bin nicht abergläubisch, aber ich habe gehört, es funktioniere auch dann, wenn man nicht daran glaubt.«

Alle Physiker liebten Bohr, aber einer tat dies ganz besonders, und zwar Albert Einstein. Als beide 1922 gleichzeitig den Nobelpreis für Physik zugesprochen bekamen – Einstein rückwirkend für 1921 –, war Bohr darüber sehr erschrocken. Er beeilte sich, alle Welt darauf hinzuweisen, wie wenig er – Bohr – diese Ehre verdient habe. Einstein antwortete ihm:

>*Lieber oder vielmehr geliebter Bohr! ... Besonders reizend finde ich Ihre Angst, Sie könnten den Preis vor mir bekommen – das ist ächt bohrisch. Ihre neuen Untersuchungen [zum Aufbau des Periodensystems] haben meine Liebe zu Ihrem Geist noch vergrößert.*«

Doch die große Liebe der beiden großen Physiker hinderte sie nicht, nach und nach anderer Meinung über die Quantenmechanik zu werden. Einstein gefiel zum einen Bohrs Deutung nicht und irgendwann nannte er sie eine »Beruhigungsphilosophie«. Ihm gefiel zum anderen auch nicht, daß die alten »Bahnen« der Elektronen inzwischen durch »Aufenthaltsbereiche« oder »Orbitale«[15] ersetzt worden waren und die Physiker in Wahrscheinlichkeiten dachten. Einstein ärgerte sich darüber, daß die Atomtheorie nicht mehr so deterministisch war wie die klassische Physik, und er versuchte in den folgenden Jahren zu zeigen, daß die Quantenmechanik noch unvollständig war (was dann die Annahme ermöglichte, daß eine abgeschlossene Atomtheorie wieder so deterministisch sein könnte, wie man es seit Jahrhunderten gewohnt war). In zahlreichen Diskussionen vor allem mit Bohr versuchte Einstein zum Beispiel den Nachweis zu führen, daß sich die Unbestimmtheitsrelation hintergehen ließ und damit Bohrs Komplementarität hinfällig wird.

Die Diskussionen fanden seit dem Ende der zwanziger Jahre statt, und sie wurden zumeist in Brüssel im Rahmen der sogenannten Solvay-Konferenzen geführt. Einsteins berühmtester

15 »Umlaufbahn« heißt auf englisch »orbit«. Aus diesem Wort sind die »Orbitale« geworden, die den Elektronen heute von Chemikern und Physikern zugestanden werden.

Angriff gegen die Quantenphysik fand 1930 statt. Er stellte ein Gedankenexperiment vor, in dem offenbar nicht nur die Energie eines Lichtteilchens – eines sogenannten Photons – exakt zu bestimmen war, sondern auch der genaue Zeitpunkt, zu dem das Teilchen darüber verfügte. Energie und Zeit konnten aber nach den Unbestimmtheitsrelationen von Heisenberg gerade nicht gleichzeitig bestimmt werden, und wenn sich kein Fehler in Einsteins Gedankenführung finden ließ, dann sah die Kopenhagener Deutung ziemlich alt aus. Einsteins Konstruktion bot folgende Situation dar:

Es gibt einen einfachen Kasten, in dem es hell ist, das heißt, in ihm befinden sich Photonen (Lichtteilchen). Im Inneren des Kastens steht eine Uhr, die einen Schieber aktivieren kann, durch den zunächst ein kleines Loch in einer der Wände versperrt wird. Die Schiebevorrichtung ist so angelegt, daß genau ein Photon aus dem Kasten entkommen kann, wenn das Loch frei ist. Nun kann man – so Einstein – den Kasten vor und nach der Öffnung wiegen. Damit kennt man die Masse des Photons und also auch seine Energie [16], und zwar zu einem genau vorzugebenden Zeitpunkt, und zwar den, den man auf der Uhr eingestellt hat. Dies darf aber nach der Quantentheorie nicht sein, die demnach – so folgerte Einstein – unvollständig ist (und also einer Ergänzung bedarf).

»Dieses Argument bedeutete eine ernste Herausforderung«, so Bohr, und es »gab Anlaß zu einer gründlichen Prüfung des ganzen Problems«. Bohr verbrachte eine schlaflose Nacht in Brüssel, um den Haken in Einsteins Argument zu finden. Und er fand eine befriedigende Lösung, zu der zu seiner großen Befriedigung »Einstein selbst wirksam beitrug«. Es stellte sich nämlich heraus, daß das Problem gerade bei richtiger Anwendung der Allgemeinen Relativitätstheorie verschwindet, und die hatte Einstein der Physik geschenkt. In Bohrs Worten hört sich die Lösung etwas kompliziert an:

16 Denn nach Einstein ist »Energie gleich Masse mal Lichtgeschwindigkeit zum Quadrat«: $E = m \cdot c^2$.

»Bei näherer Betrachtung erwies es sich als notwendig, die Beziehung zwischen dem Gang einer Uhr und ihrer Lage in einem Gravitationsfeld zu berücksichtigen, eine Beziehung, die aus der Rotverschiebung der Linien im Sonnenspektrum wohlbekannt ist und aus dem Einsteins Prinzip der Äquivalenz zwischen Schwerkraftwirkungen und den Erscheinungen, die in beschleunigten Bezugssystemen beobachtet werden, folgt.«

Bohr mußte also zu den Sternen greifen, um das Verhalten des Lichts und der Atome deuten zu können. Man kann etwas einfacher ausdrücken, wie die Überlegung aussah, mit der er Einsteins Kasten in den Griff bekam: Um das Gewicht des Photons zu bestimmen, muß der Kasten gewogen und also an einer Feder aufgehängt werden. Ein Zeiger erlaubt uns, den Zustand der Feder und damit das Gewicht des Kastens auf einer Skala abzulesen. Wir wollen die Aufwärtsbewegung der Feder in dem Moment ermitteln, in dem das Photon entkommt. Es dauert natürlich eine gewisse Zeit, bis die Federschwingungen aufhören. Dabei bewegt sich die Uhr im Gravitationsfeld der Erde. Nach Einsteins Allgemeiner Relativitätstheorie verändert dies aber den Gang der Uhr, und damit schleicht sich in die Bestimmung des Zeitpunktes, zu dem das Photon den Kasten verläßt, genau die Ungenauigkeit ein – und zwar sogar quantitativ –, die von den Unbestimmtheitsrelationen der Quantenphysik behauptet wird.

Zwar triumphierte Bohr damit an dieser Stelle über Einstein, aber ihre Diskussion war noch lange nicht zu Ende, und wir sind näher auf sie eingegangen, als wir den »Weltweisen« aus Ulm vorstellten. Vordergründig sieht es zwar so aus, als ob hier über Physik gesprochen würde, aber die Debatte zwischen Einstein und Bohr war philosophischer Natur, und man kann die Ansicht vertreten, daß ihre Auseinandersetzung mit der Diskussion vergleichbar ist, die Newton und Leibniz im frühen 18. Jahrhundert geführt haben. Damals ging es um die Natur von Raum, Zeit und Materie, und zwischen Bohr und Einstein ging es um die Deutung der Quantentheorie und also um die

Frage nach der physikalischen Wirklichkeit. Es ging sogar um mehr, nämlich auch um die Frage nach der Kausalität und damit nach der Einstellung, die ein moderner Physiker zu Gott haben kann. Einstein alberte gerne herum, wenn »der Alte« ins Spiel kam, der raffiniert, aber nicht boshaft sein sollte. Bohr hielt Späße hier für unangebracht. Er hatte sich persönlich von Gott losgelöst. Religion bedeutete ihm nichts, und er hatte seine Söhne nicht taufen lassen. Positive Religiosität deckte für ihn nur den Abgrund zu, in dem er die Wahrheit vermutete, in den er zu blicken wagte und den er deshalb offen halten wollte.

Diese Idee der Offenheit war es auch, die Bohr vertrat, wenn er politisch gefordert wurde. Nachdem die Atombombe gebaut und durch den Abwurf über Japan das politische Ziel erreicht war, forderte er die amerikanische (und britische) Regierung auf, den Russen das Projekt zu enthüllen und nicht länger als Geheimnis zu behandeln. Natürlich nahm man ihn auf den Etagen der Macht nicht ernst, aber das hinderte Bohr nicht, seine Idee weiter zu vertreten. Seine letzte große Chance dazu bot sich ihm im Jahre 1950, ein Jahr nach der Gründung der NATO und des Warschauer Paktes. Bohr verfaßte einen offenen Brief an die Vereinten Nationen, in dem es unter anderem hieß:

>*Da es für die Menschheit kaum in Frage kommt, auf die mögliche Verbesserung der materiellen Verhältnisse der Zivilisation durch Atomenergiequellen zu verzichten, ist offenbar eine tiefgreifende Anpassung der internationalen Verhältnisse notwendig, falls die Zivilisation weiterleben soll. Der entscheidende Punkt hierbei ist, daß jede Garantie dafür, daß die Fortschritte der Wissenschaft nur zum Nutzen der Menschheit angewandt werden, die gleiche allgemeine Haltung voraussetzt, die für die Zusammenarbeit zwischen den Nationen in allen kulturellen Bereichen unentbehrlich ist.*

Das höchste Ziel muß eine offene Welt sein, in der jede Nation sich allein durch ihre Beiträge zur gemeinsamen menschlichen Kultur und durch die Hilfe behaupten kann, die sie durch ihre Erfahrungen und Hilfsmittel den anderen zu leisten vermag. Es ist klar, daß nur vollständige Offenheit wirkungs-

*voll das Vertrauen zueinander fördern und gemeinsame Si-
cherheit garantieren kann.«*

Wer sich mit der Idee der Komplementarität vertraut macht,
hat damit keine Schwierigkeiten. Er lebt in Erwartung des anderen, der gleichberechtigt ist und mit dem er zusammen zur
Welt gehört. Bohr hat das verstanden und uns zu sagen versucht. Warum hörten ihn so wenige? Wann haben wir die Lektion der Atome gelernt?

Amerikaner und Emigranten

Linus Pauling (1901–1994)
John von Neumann (1903–1957)
Max Delbrück (1906–1981)
Richard P. Feynman (1918–1988)

Alle Wege führen in die USA. Dies scheint zumindest in der Wissenschaft des 20. Jahrhunderts zu gelten – vor allem nach 1945 bzw. nach den nationalsozialistischen Verwüstungen in Europa. Während vor dem Zweiten Weltkrieg noch Deutsch die vorherrschende Sprache unter den Wissenschaftlern war und die Amerikaner ihre begabten Studenten nach Göttingen oder Berlin schickten, kippte der Trend danach um. Heute ist amerikanisches Englisch die lingua franca, mit der man sich verständigt, und wer als Forscher etwas auf sich hält, versucht einige Jahre in den USA zu verbringen. Die großen Persönlichkeiten der Wissenschaft findet man zwischen New York und Kalifornien, und sie kommen hierher aus aller Welt, zum Beispiel aus Budapest und Berlin. Die Amerikaner selbst haben natürlich längst eigene Originale zu bieten, und sie dominieren ihre Fächer auf unnachahmliche Weise.

Linus Pauling

oder
Die Natur der chemischen Bindung

Linus Pauling hat nie an seinem Genie gezweifelt, und er war sein Leben lang unglaublich vielseitig interessiert und tätig. Als er als 63jähriger in einem Antrag die National Science Foundation der USA um Mittel für seine Forschungen bat, führte er als seine Themen für die nächsten fünf Jahre die Mechanismen des Alterns, die Wirkungsweisen von Anästhetika, den Antiferromagnetismus und die molekulare Basis der Geisteskrankheiten an, und zudem wollte er seine Bücher über die *Biologische Spezifität*, die *Chemische Bindungstheorie für Metalle* und das Verhältnis von *Wissenschaft und Zivilisation* abschließen. Und so ganz nebenbei arbeitete er damals noch am »Zentrum für Demokratische Institutionen« mit, das in Amerika so etwas wie eine außerparlamentarische Opposition darstellte.

Wie Michael Faraday stammt Pauling aus sehr armen Verhältnissen, und sein Interesse an der Wissenschaft ist sehr früh geweckt worden. Ein Freund aus der Heimatstadt Portland in Oregon spielte in der Nachbarschaft mit einem kleinen chemischen Heimlabor herum, für das sich der 13jährige Linus zu interessieren begann. Vor hier aus entwickelte er sich zu dem größten Chemiker unseres Jahrhunderts, und es war vor allem sein legendäres Verstehen chemischer Zusammenhänge, das alle stark beeindruckt hat, die jemals mit Pauling zusammengetroffen sind. Man hatte immer das Gefühl, daß er schon intuitiv die Antworten auf alle Fragen kannte, bevor es eine wissenschaftliche Theorie gab, mit der man sie begründen konnte.[1]

Überhaupt scheint er ein sehr aktives Unbewußtes gehabt zu haben. In einem seiner letzten Interviews, das er 1993 im Alter von 93 Jahren – ein Jahr vor seinem Tod – gegeben hat, berichtete er so nebenbei von einem Problem, das ihn zu Beginn der fünfziger Jahre beschäftigte. In einer Vorlesung hatte Pauling im Jahre 1952 die Hypothese gehört, daß das Edelgas Xenon im menschlichen Körper Wirkungen als Betäubungsmittel entfaltete. Er wunderte sich. Xenon war doch als träger Stoff bekannt, der kaum irgendwelche Verbindungen einging. Wie sollte solch ein Element so weitgehend wirken? Und überhaupt – wie funktionierten Anästhetika? Pauling dachte den ganzen Tag darüber nach, und auch abends fanden seine Gedanken zunächst keine Ruhe. Am nächsten Morgen hatte er das Problem vergessen, und sieben Jahre lang passierte in dieser Hinsicht nichts weiter. Dann aber – im Jahre 1959 – blätterte er eine wissenschaftliche Zeitung durch, und hier wurde ein dem Chloroform ähnliches Molekül bzw. seine eben ermittelte Struktur abgebildet. Zwar hatte diese Substanz nichts mit dem Xenon zu tun, mit dem Pauling sein Suchen begonnen hatte, aber beim Blick auf das Molekül ging ein Ruck durch seinen Körper: »Ich nahm die Füße vom Tisch, setzte mich gerade hin und sagte laut zu mir: ›Jetzt verstehe ich, wie Anästhetika funktionieren.‹«

Pauling pflegte nicht nur einen besonderen Arbeits-, sondern auch einen besonderen Vorlesungsstil. Er trat sehr oft mit äußerst kühnen (und nicht immer richtigen) Hypothesen vor sein studentisches Publikum oder die Fachöffentlichkeit, und als seine phantastischen Vorschläge in den fünfziger Jahren vor allem mit den molekularen Strukturen biologisch wirksamer

---

1 Ihre tiefgreifendste Einsicht hatte seine Intuition, als er bzw. sie erkannte, daß Strahlung eine Gefahr für das Erbgut darstellt, und zwar bevor man im Detail wußte, wie die Erbsubstanz aufgebaut ist und wie Strahlung mit Molekülen in Wechselwirkung treten kann.

Stoffe befaßt waren, stand zwar sein Modell schon zu Beginn der Vorlesung auf dem Tisch, aber noch war es unter einem Schleier verborgen, den er zu gegebener Zeit mit elegantem Schwung zu entfernen wußte. (Und dann schaute er sich um und wartete auf Applaus.) Paulings Vorlesungen aus den vierziger und fünfziger Jahren, als er Professor für Chemie am California Institute of Technology in Pasadena (USA) war – kurz CalTech genannt –, gehören inzwischen zu den angenehmen Legenden der Wissenschaft unserer Tage. Damals schrieb er auch sein Lehrbuch *General Chemistry*, das Maßstäbe setzte.

Er war der erste, der die molekularen Modelle zu bauen wußte, die heute kommerziell angeboten werden. Paulings Art, die Wasserstoff-, Sauerstoff-, Stickstoff-, Schwefel- und Phosphor-Atome nachzubilden, farblich zu kodieren, mit Bindungsstellen zu versehen und zu größeren Gebilden zusammenzustecken, praktizieren wir heute noch. Sein berühmtester Vorschlag für eine konkrete Struktur stammt aus dem Jahre 1952, als er die sogenannte Alpha-Helix[2] als Grundelement der biologischen Moleküle vorschlug, die Chemiker als Proteine bezeichnen.[3] Die Vorsilbe »Alpha-« ist nur historisch von Belang, wichtig ist die Idee, daß es so etwas wie molekulare Schrauben gibt, die den Bausteinen des Lebens eine elegante Form geben, und merken sollte man sich die Tatsache, daß Pauling sie zunächst erahnt bzw. mit seinen Modellen nachgebaut hat. Für das geübte Auge eines Chemikers ist eine Alpha-Helix einfach zu schön, um nicht wahr zu sein, und Pauling wagte sich damit schon an die Öffentlichkeit, als es noch gar

2 Abgeleitet aus dem lateinischen »helica«, das Schneckengewinde heißt.
3 Proteine sind zumeist katalytisch aktiv, sie heißen dann Enzyme. Früher gab es noch den Ausdruck »Ferment«, der dasselbe bezeichnete. Hinter diesen Stoffen des Lebens verbirgt sich eine spannende Geschichte, die deshalb kaum bekannt ist, weil die Nukleinsäuren bzw. die DNA fast alle Aufmerksamkeit beanspruchen. Die Proteine sind die molekularen Meister des Lebens. Sie tun mehr für die DNA als diese für sie.

nicht genügend experimentelle Evidenz gab, die seinen Vorschlag absichern konnte.

Daß er in diesem Falle nicht nur recht behalten, sondern ein weit verbreitetes Grundprinzip der natürlichen Konstruktion von diesen Biomolekülen erfaßt hat, ist eine Sache. Eine zweite ist, daß seine Idee einer Helix sofort Schule machte und vor allem von zwei Leuten sehr ernst genommen wurde, die damals im englischen Cambridge einer anderen biologisch relevanten Struktur nachjagten, der einer Nukleinsäure nämlich, der Struktur der Erbsubstanz namens DNA, um genauer zu sein. Gemeint sind James Watson und Francis Crick, die offenbar vor allem Angst vor Paulings Konkurrenz in Kalifornien hatten. Den beiden Jungtürken, die sie damals waren, standen allerdings weitaus bessere Röntgenaufnahmen von DNA-Kristallen zur Verfügung als diejenigen, die Pauling hatte[4], und mit Hilfe dieser Bilder verwandelten sie 1953 seine Idee einer einfachen Helix in die heute so berühmte Doppelhelix.

Es gab – so hat Watson später berichtet – einen Punkt, an dem er und Crick dachten, das Rennen verloren zu haben, der Augenblick nämlich, in dem aus Kalifornien ein Vorschlag von Pauling für die Struktur der DNA eintraf. Beide stürzten sich auf Paulings Arbeit – nur um bald zu erkennen, daß das Molekül, das er dort aufgezeichnet hatte, chemisch gesehen gar keine Säure war – und damit natürlich auch nicht die Nukleinsäure DNA sein konnte. Nun ist »Säure« ja nicht etwas von der Natur Vorgegebenes, sondern ein Begriff, den Wissenschaftler erfunden haben und anwenden und den vor allem die Chemiker mit Leben erfüllen müssen. Wenn es nun überhaupt einen Chemiker gab, der wußte, was eine Säure ist, dann mußte dies Pauling sein, und plötzlich wollte das ungute Gefühl im Magen bei Watson und Crick wieder nicht weichen – bis Watson den entscheidenden Einfall hatte, der sie beruhigte: Paulings DNA-Modell zeigte mit Sicherheit keine Säure im herkömmlichen Sinn. Sie konnte nur dann solch ein Stoff sein, wenn Pauling

---

4 Diese Aufnahmen stammten vor allem von Rosalin Franklin.

zuvor eine neue Theorie der Säure gefunden hätte. Dann aber – so Watson – hätte er nicht *eine*, sondern *zwei* Arbeiten geschrieben – eine erste, in der er seine neue Theorie vorstellte, und eine zweite, in der er lässig die Struktur der DNA als Anwendungsbeispiel lieferte. Da sie in Cambridge aber nur eine Arbeit bekommen hatten, konnten sie das Modell als falsch einstufen und selbst weiter hoffen. Paulings Stil hatte seinen Fehler verraten.

Bekanntlich haben Watson und Crick die richtige Lösung gefunden, und der erste, der davon erfuhr, war Max Delbrück, der als Nachbar von Pauling am CalTech arbeitete. Watson hatte ihm die Struktur in einem Brief mitgeteilt, und Delbrück machte sich sofort auf den Weg, um Pauling zu informieren.[5] Der strahlte daraufhin, er erfaßte unmittelbar die Bedeutung des Modells, erfreute sich an der herrlichen Struktur und schickte seine Glückwünsche nach Cambridge. Er brauchte nicht neidisch zu sein, und auf den Nobelpreis für Chemie brauchte er nicht lange zu warten. Er kam im nächsten Jahr, und für die Begründung hat sich niemand interessiert. Bei Pauling gab es genug Gründe.

Der Rahmen

1901 wird Pauling im US-Staat Oregon geboren, und im selben Jahr kommen auch Werner Heisenberg und Enrico Fermi zur Welt, Wilhelm Conrad Röntgen erhält den ersten Nobelpreis für Physik, und Thomas Mann legt die *Buddenbrooks* vor. Ein Jahr später erkennt Emil Fischer, daß Proteine kettenartig gebaut sind und aus kleineren Einheiten bestehen, die Aminosäuren heißen. 1903 bekommen die Curies ihren Nobelpreis für Physik.

1927 gelingt Charles A. Lindbergh mit seinem Eindecker »Spirit of St. Louis« der erste Non-stop-Flug über den Atlantik

---

5 Delbrück hat noch nicht einmal gewartet, bis er den Brief zu Ende gelesen hatte, denn da gab es ein P. S., in dem Watson darum bat, Pauling vorläufig nichts zu sagen. Man wolle erst noch einmal alle möglichen Fehlerquellen durchgehen.

in West-Ost-Richtung. Er braucht dazu etwas mehr als 33 Stunden. Im selben Jahr leitet Heisenberg die Unbestimmtheitsrelationen ab, und Niels Bohr formuliert seine Idee der Komplementarität. In den USA werden Sacco und Vanzetti, die als Anarchisten gelten, hingerichtet, und zwar zu Unrecht, wie sich später herausstellt. Von Thornton Wilder erscheint der Roman *The Bridge of San Luis Rey.*

Als Pauling 1963 seinen zweiten Nobelpreis erhält – und zwar den für den Frieden, der ihm rückwirkend für 1962 verliehen wird –, umrundet der amerikanische Astronaut Glenn dreimal die Erde, tritt Adenauer zurück, stirbt Papst Johannes XXIII. und wird Präsident Kennedy erschossen. Heinar Kipphardt legt seinen szenischen Bericht *In der Sache J. Robert Oppenheimer* vor. Noch in den achtziger Jahren protestiert Pauling gegen die Stationierung von US-Mittelstreckenraketen, doch als er 1994 auf seiner Farm am Big Sur stirbt, ist die Welt nicht friedlicher geworden.

Das Porträt

Pauling hat in den zwanziger und dreißiger Jahren als Genie der Chemie angefangen. Er wurde in den vierziger und fünfziger Jahren zu ihrem Star, der selbst vor medizinischen Fragestellungen nicht mehr zurückschreckte und den Begriff der »molekularen Krankheit« einführte. In den sechziger Jahren entfremdete er sich allerdings von einigen seiner Kollegen, als er sich immer massiver für ein Einstellen der Atomwaffenversuche einsetzte und einen einseitigen Rüstungsstopp verlangte. In den siebziger Jahren schließlich verstanden ihn dann so nach und nach selbst seine besten Freunde nicht mehr, weil er immer vehementer mit der These auf den Plan trat, Vitamin C schütze die Menschen vor Krebs[6], und selbst täglich mehr als 10 Gramm zu sich nahm. Dabei konnten ihm die Biochemiker

---

6 Vitamin C ist 1919 als der Faktor erkannt worden, der vor Skorbut schützt. 1933 wird erkannt, daß es sich beim Vitamin C chemisch um Ascorbinsäure handelt, die synthetisch hergestellt werden kann.

nachweisen, daß mehr als 90 % davon ungenutzt wieder ausgeschieden werden.[7]

Um zu versuchen, diese schillernde Persönlichkeit und seine Wandlung vom Genie zum *enfant terrible* ein wenig einzufangen, beginnen wir ziemlich am Anfang dieses Jahrhunderts, genauer gegen Ende des Ersten Weltkriegs, als Pauling am Oregon Agricultural College bei Portland Chemie studierte. Schon damals – als 18jähriger – hat er angefangen, sich für die Elektronentheorie zu interessieren, mit der die damaligen Experten das erklären wollten, was sie als Valenz beobachteten. Die Valenz bzw. Wertigkeit eines Atoms oder Elements gab an, welchen Wert es hatte, das heißt, wieviel Bindungen es mit anderen Atomen eingehen konnte. Zwar gab es vor 1920 noch keine endgültige Vorstellung vom Bau eines Atoms – Oregon war da alles andere als eine Ausnahme –, aber irgendwie schienen die äußeren Elektronen dabei eine Rolle zu spielen, und Pauling wollte genau wissen, welche das ist. Wie müssen die Elektronen in den Atomen agieren, um eine Bindung zustande zu bringen? Mit dieser Fragestellung hatte er sehr früh das Thema gefunden, das er bis 1939 völlig beherrschte und verstanden hatte. In diesem schicksalsträchtigen Jahr publizierte er sein monumentales Lehrbuch *The Nature of the Chemical Bond – Die Natur der chemischen Bindung –*, das viele Auflagen erlebt hat und bis heute lesenswert ist.

Seine ernsthafte Beschäftigung mit der chemischen Bindung begann rund zehn Jahre früher – gegen Ende der zwanziger Jahre –, als er nach einem Lehrjahr (einem Jahr als »Postdoc«), das er bei den Vätern der Quantenmechanik in Europa (Deutschland, Schweiz) verbracht hatte, nach Amerika zurückkehrte und Professor am CalTech in Pasadena wurde. Damals hatten einige Physiker begonnen, mit Hilfe der neuen Atomphysik – der Quantenmechanik – das Problem der Mole-

---

7 Sowohl seine Frau als auch er selbst sind an Krebs gestorben; sie waren beide allerdings schon alt. Paulings Frau Ava Hellen Miller, die er 1923 geheiratet hat – das Paar hatte zwei Kinder –, ist 1981 gestorben.

külentstehung anzugehen, und sie hatten erfolgreich zu verstehen bzw. berechnen versucht, wie zwei Wasserstoffatome zum Molekül werden, wenn ihre beiden Elektronen sich zum Paar vereinen.[8]

Paulings erste Arbeit widmete sich dem Kohlenstoff, und er erklärte hierin nicht nur seine Vierwertigkeit – also die Tatsache, daß sich vier Wasserstoff- oder zwei Sauerstoffatome an ein Kohlenstoffatom anlagern können –, sondern auch noch die Geometrie der Bindungen, d. h. die Winkel, die sie miteinander bilden. Seine Arbeit beginnt dabei sehr forsch, und Pauling macht dem Leser klar, daß er viel weiter ist als die Physiker:

> »In der folgenden Arbeit wird gezeigt, daß die quantenmechanischen Gleichungen viel mehr Ergebnisse von chemischer Signifikanz zu Folge haben [als bisher bekannt ist] und sogar die Aufstellung von umfassenden Regeln für solche Elektronenpaare erlauben, die zu chemischen Bindungen führen. Diese Regeln enthalten Informationen über die relative Stärke einer chemischen Bindung, die unterschiedliche Atome eingehen, und die Winkel, unter denen sie zueinander stehen.«

Pauling verspricht weiter, daß seine Theorie eindeutig festlegt, welche Arten von Bindungen man vorfindet, und seine Kollegen kamen aus dem Staunen nicht mehr heraus. Noch niemals hatte jemand so etwas für die Chemie zustande gebracht, und das Schönste war, fast alles, was der junge Pauling damals zu Papier brachte, hat den Test der Zeit bestanden und sich als richtig erwiesen.

Natürlich war die Chemie auch vor Pauling schon eine beachtliche und umfangreiche Wissenschaft, aber ihre Lehrbü-

---

8 Dies war Walter Heitler und Fritz London 1927 gelungen, wobei das Entscheidende ihrer Arbeit der Nachweis war, daß die Quantenmechanik solch eine Bindung erlaubte bzw. vorhersagte, ohne daß man zu Zusatzannahmen greifen mußte. Die Quantenmechanik war also nicht nur die Theorie der Atome, sondern auch die Theorie der Moleküle und damit wahrscheinlich der ganzen Materie.

cher bestanden mehr aus einer Ansammlung von faktischen Kenntnissen und gaben nur wenige Erklärungen für alle diese Tatsachen ab. Sie fragten zum Beispiel nicht, »Warum ist Schwefel weich und ein Diamant hart? Warum friert Wasser bei Null Grad und Methan bei – 184 Grad? Warum ist Salzsäure ätzender als Salpetersäure?« Bei diesen und ähnlichen Fragen mußten die Chemiker passen, bis Pauling kam und die Quantenmechanik für ihre Themen aufbereitete. Indem er die *Natur der chemischen Bindung* durch elektronische Zustände erklärte und nachwies, »daß die Eigenschaften einer Substanz zum einen Teil von der Art der Bindung abhängt, die ihre Atome eingehen, und zum anderen Teil von den Anordnungen, die dabei zustande kommen«, machte er viele Eigenschaften der Materie verständlich, und zwar »from first principles«, aus grundlegenden Prinzipien heraus, wie er stolz vermerkte.

Pauling unterschied viele Arten der chemischen Bindung – die kovalente und die ionische zum Beispiel –, und er hatte vor allem den richtigen Blick für den zunächst eher schwachen Zusammenhalt zwischen Atomen bzw. Molekülen, der heute als »Wasserstoffbrücke« bekannt und berühmt ist. Wasserstoff besitzt nur ein Elektron, und dieses eine Teilchen kann sich als eine Art Fühler in die atomare Umgebung hinein vortasten und Kontakt zu geeigneten Bausteinen aufnehmen. Das Elektron gehört dann nach wie vor zu seinem Wasserstoff, es bildet aber so etwas wie eine Hängebrücke zu benachbarten Molekülen, und viele von ihnen können gemeinsam größere Verbände stabilisieren. Die berühmtesten Wasserstoffbrücken sind diejenigen, die die beiden Schrauben der DNA zusammenhalten und auf diese Weise für die Doppelhelix sorgen. Sie halten die genetische Information zusammen.

Was heute Allgemeinwissen ist, mußte Pauling erst einmal herausfinden, und er tut dies mit bemerkenswerter Weitsicht in seinem Klassiker über die *Natur der chemischen Bindung*, 1939 wohlgemerkt:

»Obwohl die Wasserstoffbrückenbindung nicht stark ist, kommt ihr eine große Bedeutung für die Bestimmung der Ei-

genschaften einer Substanz zu. Sie ist besonders für solche Reaktionen geeignet, die bei Raumtemperatur ablaufen. Man hat bereits erkannt, daß Wasserstoffbrücken für die Struktur von Proteinen eine große Rolle spielen, und ich denke, daß die zunehmende Anwendung von Strukturchemie auf physiologische Probleme zeigen wird, daß die Wasserstoffbrücke mehr Bedeutung für die Biologie als irgendeine andere Bindung haben wird.«

Eine bemerkenswerte Prophezeiung, in der der Begriff »Strukturchemie« mit einem Wort sagt, was Pauling geschaffen hat. Er hat die platte Chemie des frühen zwanzigsten Jahrhunderts in die Welt aus dreidimensionalen Strukturen verwandelt, in der seine Nachfolger heute noch mit Begeisterung umherlaufen, und er sieht, daß er diesen Wandel in die Biologie hineintragen kann, um auf diese Weise die Lebensvorgänge besser zu verstehen. Wie das Zitat andeutet, stand Pauling bereit, physiologische Ufer anzusteuern, und bald fing er an, sich gezielt konkreten Problemen zuzuwenden. Dabei erlitt er allerdings zuerst eine Bruchlandung – Pauling versuchte sich nämlich als Immunologe und schlug vor, daß die Antikörper, die ein Organismus gegen molekulare Eindringlinge (Antigene) anfertigen kann, ihre spezifische Struktur dadurch bekommen, daß sie sich um die Antigene herum falten, und zwar durch geeignete Umlagerung von Wasserstoffbrücken. Heute weiß man zwar, daß das falsch ist, aber man muß Pauling zugute halten, daß die richtige Lösung erst vierzig (!) Jahre später gefunden wurde, und zwar auf der Ebene der Gene, die zu seiner Zeit weder erfaßt noch erfaßbar war.

Als nächstes wandte sich Pauling einem einfacheren Thema zu, dem Transport von Sauerstoff im Blut, der durch das Protein namens Hämoglobin erfolgt. Er untersuchte zunächst, ob und wie der Sauerstoff an sein Trägermolekül gebunden wird, und wenn auch die Details seiner Untersuchungen hier übergangen werden müssen – es ging dabei um die magnetische Suszeptibilität und den Spin des Hämoglobins mit und ohne Sauerstoff –, so spielt seine Beschäftigung mit diesem Problem deshalb eine Rolle, weil sie im Jahre 1949 plötzlich eine medizinische Konsequenz hatte. Pauling beschloß damals, einen Blick auf die Krankheit zu werfen, die als Sichelzellenanämie bekannt ist. Sie trägt diesen Namen, weil sich die normalerweise runden roten Blutkörperchen bei den betroffenen Personen sichelförmig ausbilden und verklumpen (und auf diese Weise die Blutbahn verstopfen).

In Paulings Laboratorium am CalTech hatte man eine Methode entwickelt, um die Beweglichkeit von Proteinen zu testen (»Elektrophorese«), und eine Analyse der Sichelzellen ergab, daß sich ihr Hämoglobin deutlich von dem Hämoglobin unterschied, das normalerweise im Körper zirkuliert. Das »Sichelzellenhämoglobin« trug zwei elektrische Ladungen weniger an seiner Oberfläche als sein »gesundes« Gegenstück, und Pauling konnte mit einem Mal nicht nur erklären, warum die roten Blutkörperchen »sichelten« – ihr Hämoglobin klumpte zusammen, weil keine abstoßende Ladung es mehr daran hinderte –, er war auch in der Lage, eine Krankheit auf die Veränderung eines einzigen Moleküls zurückzuführen. Und im Jahre 1949 schlug er mit seinen Kollegen Itano, Singer und Wells vor, die Sichelzellenanämie als »molekulare Krankheit« zu verstehen – damit war ein völlig neues Konzept der Medizin geboren, das in unseren Tagen seine genetische Fundierung erfährt.[9]

Pauling verfolgte diese medizinische Spur persönlich nicht weiter, sondern er kehrte zu seinen Strukturen zurück und schlug bald – wie eingangs erwähnt – die Alpha-Helix für Proteine vor – sie findet sich auch im Hämoglobin –, und 1954 wurde er dafür mit dem Nobelpreis für Chemie geehrt. Knapp ein Jahrzehnt später hat Pauling einen zweiten Nobelpreis bekommen, den für den Frieden, und diese Auszeichnung hat mit seinen politischen Überzeugungen zu tun, die er nicht versteckte. Als Pauling auf dem Höhepunkt seines Könnens und seines Ansehens stand, durchlebten die USA das, was heute

9 1957 wurde von Vernon Ingram gezeigt, daß es nur ein Baustein in dem Hämoglobin ist, der im Fall der Sichelzellenanämie verändert ist.

als McCarthy-Ära eher unangenehme Erinnerungen weckt. Kommunistenjagd kam in Mode, und nur weil Pauling gegen die Kernwaffen und ihre Erprobung war, stufte man ihn als »rot« und gefährlich ein. Man verweigerte ihm sogar die Ausreise nach England, um an einer Konferenz über die Struktur von Proteinen teilzunehmen.

Pauling warnte damals vor allem vor unbedachten und langfristigen Folgen der vielen Wasserstoffbombenversuche, und er half dabei, die erste der sogenannten Pugwash-Konferenzen zu organisieren, auf der seitdem östliche (sowjetische) und westliche Wissenschaftler miteinander Möglichkeiten der Abrüstung diskutierten. 1958 schrieb Pauling sein Buch *No More War!*, und im selben Jahr überreichte er Dag Hammarskjöld, dem Generalsekretär der Vereinten Nationen, eine Petition für einen Test-Stopp, die fast 10 000 Wissenschaftler unterschrieben hatten und in der es hieß, »daß ein internationales Abkommen dringend erforderlich ist, um die Versuche mit Wasserstoffbomben zu beenden«. Sie würden sich deshalb als Wissenschaftler an die Politik wenden, »weil nur sie die komplexen Faktoren einigermaßen erfassen könnten, die dabei eine Rolle spielen und zu denen auch die genetischen Wirkungen gehörten, die bei der Freisetzung von radioaktivem Material zu erwarten sind«.

Im Mai 1961 organisierte Pauling eine Konferenz in Oslo, auf der 40 Wissenschaftler über Abrüstung sprachen, und die Veranstaltung endete mit einem Fackelzug durch die Straßen der norwegischen Hauptstadt, an dem sich auch viele Bürger beteiligten. In den USA nannte man Pauling in dieser Zeit einen »Verräter«, auch nachdem er den Friedensnobelpreis bekommen hatte [10], und erst recht, als er sich an den Kampagnen gegen den Krieg in Vietnam beteiligte. Natürlich konnte das offizielle Washington einen Mann wie Pauling nicht übersehen, und man erzählt sich, wie er abends gegen 7 Uhr eine Demonstration verließ, sich in Schale warf und um 8 Uhr mit dem Präsidenten zu Abend aß.

---

10 Immerhin hatten die Großmächte inzwischen (1963) ein Atomwaffen-Teststopp-Abkommen unterzeichnet.

Trotz all dieser Anspannung publizierte der auf die 70 zugehende Forscher nach wie vor wissenschaftliche Arbeiten, und immer noch auf hohem Niveau, wenn es auch nicht mehr die spektakulären Durchbrüche der frühen Jahre gab. Immerhin fand Pauling in den sechziger Jahren einen Weg, wie man aus dem Aufbau (der sogenannten Primärstruktur) von großen Molekülen aus heute lebenden Organismen Rückschlüsse auf dieselben Moleküle ihrer Vorfahren ziehen kann, und er machte sich selbst daran, die dazugehörenden Informationen zu sammeln. Als sich die politische Lage beruhigte, deutete alles auf eine normale Emeritierung hin – bis Pauling plötzlich ein neues Thema für sich entdeckte und die wissenschaftliche Welt – und nicht nur sie – mit der Behauptung überraschte, daß Krebs verschwinden könnte, wenn alle Menschen genügend Vitamin C zu sich nähmen.

Ausgangspunkt seiner Vitaminkampagne war eine schwere Nierenkrankheit, die Pauling 1942 durchmachen mußte und die er – aus unerfindlichen Gründen – seiner Ansicht nach durch hohe Dosen von Vitamin C geheilt hatte. Er propagierte diese auch als Ascorbinsäure bekannte Substanz als Mittel gegen Erkältungen und Krebs, und eine auf die Käuflichkeit von Gesundheit fixierte Öffentlichkeit griff gierig seine »wissenschaftliche These« auf. Bald gab es »Linus' Pulver« in Apotheken, was nichts anderes als Vitamin C unter einem anderen Namen war. Pauling argumentierte chemisch: Vitamin C sammelte zum Beispiel sogenannte freie Radikale im Blut und im Gewebe auf[11], und wenn es weniger von diesen gefährlichen Substanzen im Körper gäbe, dann würde doch auch die Krebsgefahr geringer. Aber solide Evidenz für die Behauptung, daß die massive Einnahme der Ascorbinsäure sich wirklich prophylaktisch auswirkt, gibt es bis heute nicht.[12]

Die Frage stellt sich, ob er bei alledem zuletzt nicht seiner

---

11 Es gibt auch andere Stoffe, die dies tun. Sie heißen als Gruppe Antioxidantien, und man sollte ihre Bedeutung etwa für Herzkrankheiten nicht unterschätzen.

12 Eine epidemiologische Studie aus jüngster Zeit behauptet inzwi-

größten Schwäche erlegen ist, seiner Eitelkeit nämlich, die es ihm oft schwer gemacht hat, Fehler einzugestehen oder Menschen zu gratulieren, die unter gleichen Voraussetzungen wie er etwas besser verstanden haben. Wir sollten dieser Frage nicht weiter nachgehen und vielmehr den großen Chemiker bewundern, der bis zuletzt Spaß an der Wissenschaft hatte und zum Beispiel mehr über die Elektronen wissen wollte, die nahe am Kern sind (und dann natürlich nicht zur chemischen Bindung beitragen). Die erste Frage des letzten Interviews, das der 93jährige große Mann gegeben hat, zielte auf das »Geheimnis Ihrer Langlebigkeit, Gesundheit und Vitalität«. Pauling hat in seiner Antwort nichts von Vitaminen erzählt, sondern schlicht gesagt:

> *Das wichtigste Geheimnis für meine Vitalität ist mein Interesse, neue Sachen zu lernen und neue Entdeckungen zu machen. Ich suche gezielt nach Arbeiten, deren Resultate mir Kopfzerbrechen bereiten.*«

Sport hat er nie betrieben. Hier hat er es mit Mark Twain gehalten, der sich immer dann, wenn ihn das Gefühl befiel, Sport treiben zu müssen, so lange hinlegte und wartete, bis das Gefühl verschwunden war. Dazu Pauling: »So lege ich mich denn auch hin und warte.« Zumeist ist ihm während dieser Zeit auch noch etwas eingefallen.

schen, daß eine über 10 Jahre dauernde regelmäßige Einnahme von Vitamin C das Krebsrisiko um 25 % senkt.

John von Neumann

*oder
Den Planeten zum Wackeln
bringen*

John von Neumann war zwar ein Logiker, aber er wollte »den Planeten zum Wackeln bringen«, wie einer seiner Lieblingssprüche hieß, und er hatte dabei ganz konkrete Möglichkeiten vor Augen. Er gehörte nämlich in der Zeit des Zweiten Weltkriegs mit zu denjenigen, die an den Rechenanlagen bastelten, die für das amerikanische Atombombenprojekt benötigt wurden, und nach 1945 beteiligte er sich schon sehr früh an den Vorarbeiten für die Wasserstoffbombe, die »Super«, wie man sie liebevoll nannte. Von Neumann glaubte nicht nur an die Berechenbarkeit der atomaren Welt[1], sondern zum Beispiel auch an die des Wetters und die der Wirtschaft. Er suchte deshalb nach Wegen, auf denen das Weltklima zu kontrollieren war – etwa durch das Umfärben der Eiskappen an den Polen –, und er vermutete, daß das 20. Jahrhundert eine neue Mathematik erfinden könnte, die dann die ökonomischen und ökologischen Probleme so elegant lösen würde, wie die von Isaac Newton und Gottfried Wilhelm Leibniz im 17. Jahrhundert entwickelte »Differential- und Integralrechnung« – ihr »Infinitesimalkalkül« – die mechanischen und physikalischen Pro-

---

1 Von Neumann ahnte natürlich, daß die Komplexität der Berechnungen gewaltig sein würde, aber er nahm auch an, daß die Maschinen (Computer), die die Menschen zu diesem Zweck herstellen würden, es irgendwann damit aufnehmen könnten.

bleme handhabte, die sich damals stellten. Apropos Leibniz –
er hatte in seiner Zeit die Hoffnung ausgedrückt, daß es irgendwann in der Zukunft möglich sein wird, selbst philosophische
Streitfragen durch Berechnungen zu entscheiden. Wenn man
die ganze Welt in Worte, Zeichen und Symbole verwandelt hat,
lassen sich saubere Beweise führen, und – so Leibniz wörtlich –
»falls nun jemand meine Ergebnisse in Zweifel zieht, würde ich
ihm antworten: ›Lassen Sie uns rechnen, mein Herr‹, und indem wir zu Tinte und Papier greifen, können wir die Sache
schnell regeln.«

Genau solch eine mathematisierte Welt schwebte auch von
Neumann vor, der nicht nur wie Leibniz dachte, sondern sich
auch auf ebenso vielen Gebieten auskannte und betätigte wie
der Protestant aus Hannover, den wir als letzten Universalge-
lehrten verehren und der in von Neumann einen Nachfolger im
20. Jahrhundert gefunden hat. Es ist somit kein Wunder, daß
die Gemeinde der Wissenschaftler jemanden wie »Johnny«,
wie er gerne genannt wurde, für den intelligentesten Menschen
der Welt hielt. Trotzdem wirft dies ein bezeichnendes Licht auf
unsere jüngste Vergangenheit, denn damit schätzen die Experten jemanden so hoch ein, der sich als glühender Verfechter des
amerikanischen Atomprogramms unermüdlich für eine Aus-
weitung der dazugehörigen Testreihen (mit ihrem radioaktiven
Niederschlag) einsetzte und der auf die Frage, ob es einen Gott
gibt, nur zu antworten wußte:

*»Wahrscheinlich gibt es einen Gott. Viele Dinge sind leichter zu
erklären, wenn es einen Gott gibt, als wenn es ihn nicht gibt.«*

Von Neumann betrachtete die Welt vom Standpunkt des Mathematikers aus[2], und unter diesem Blickwinkel war es einfach
logischer, gläubig zu sein, und sein unglaublich facettenreiches

---

2 Sein posthum veröffentlichter Text *Die Rechenmaschine und das
Gehirn* (siehe Anm. 4) beginnt mit dem Satz: »Es geht hier um den
Versuch, einen Weg zum Verständnis des Nervensystems vom
Standpunkt des Mathematikers zu finden.«

Wirken kann man nur verstehen, wenn man es aus seinen triumphalen logischen Anfängen entwickelt, also aus seinen Beiträgen zur Logik, die das 1903 in Budapest geborene Rechengenie schon vor 1930 vorlegte. Auch muß man zur Kenntnis nehmen, daß seine Wahrnehmung so eingerichtet war, daß für ihn alles zu einem Rechenproblem wurde. Sein Gehirn schien jede Wirklichkeit sofort in Zahlen und Funktionen zu verwandeln, die über Gleichungen verknüpft und berechenbar waren. Als er zum Beispiel in den vierziger Jahren mit dem Problem beschäftigt war, wie sich die Schockwellen ausbreiten, die nach einer schweren Detonation auftreten, bat ihn ein Reporter, zu erläutern, wie er dabei vorgeht. Sie schauten gemeinsam die Photographie einer Explosion an, und während der Journalist von den auseinanderfliegenden Massen beeindruckt war, sagte von Neumann:

> *Ein visualisierender Verstand kann nicht sehen, was hier passiert. Man muß das abstrakt sehen. Was passiert, ist, daß der erste Differentialkoeffizient identisch verschwindet und daher das, was sichtbar wird, die Spur des zweiten Differentialkoeffizienten ist.*«

Kein Wunder, daß einer wie »Johnny« zwar von Insidern verehrt wird, daß sein Wirken für die Öffentlichkeit aber ein Buch mit sieben Siegeln geblieben ist. Dabei lassen sich seine Auswirkungen überall finden. Von Neumann wollte zum Beispiel über Reaktionsgleichungen und ihre Lösungen die Chemie von einem experimentellen Gebiet zu einem Zweig der Mathematik umwandeln, und tatsächlich gibt es heute viele theoretisch arbeitende Chemiker, die seit dem Abschluß ihrer Praktiken kein Reagenzglas mehr angefaßt haben, dafür aber am Computer sitzen und Molekülmodelle berechnen oder Reaktionen visualisieren. Die Rechner, die sie dabei benutzen, sind in ihren Grundzügen nach Vorschlägen entworfen und gebaut worden, die – natürlich – auf von Neumann zurückgehen. Alle modernen Computer sind nach seiner Architektur konstruiert, deren fundamentales Konzept in einer »zentralen Programmiereinheit« besteht, »in der die Programmroutine in codierter Form gespeichert wird«, wie er 1945 zum ersten Mal empfohlen hat.

Als von Neumann diesen heute so selbstverständlichen Vorschlag eines gespeicherten Programms machte – zunächst waren es nur Daten, die in einer Maschine gespeichert werden sollten –, hatte er damit begonnen, über eine Maschine nachzudenken, die wie das menschliche Gehirn funktionierte.[3] Diese Frage sollte ihn bis zu seinem allzu frühen Tode nicht mehr loslassen. Als John von Neumann 1957 in Washington D. C. an Blutkrebs starb, versuchte er noch auf dem Totenbett ein Manuskript mit dem Titel *The Computer and the Brain* abzuschließen.[4] Es ist ihm nicht ganz gelungen, und ich finde diese Tatsache bedauerlich, und zwar wegen einer unscheinbaren Ankündigung im Vorwort, die neugierig macht und nicht eingelöst wird. Der todkranke von Neumann schreibt, daß ein gründliches mathematisches Studium des Nervensystems »unsere Ansicht über die eigentliche Mathematik und Logik modifiziert«. Wäre ihm solches Studium noch vergönnt gewesen, hätte er uns sagen können, ob er das Leibniz-Programm für realistisch hält. Eine positive Antwort würde den Planeten vielleicht wirklich zum Wackeln bringen.

Der Rahmen

Im Jahre 1903 – dem Geburtsjahr des ungarischen Barons von Neumann, der zuerst Johann hieß und dies später in den USA zu John verkürzte – entdeckt der deutsche Arzt Georg Perthes, daß Röntgenstrahlen das Wachstum von Tumoren behindern,

---

3 Diese Idee ist natürlich ebensowenig neu wie die Tatsache, daß die meisten Mathematiker oder Logiker, die dies versuchen, das Gehirn und seine Komplexität unterschätzen. Zum Verständnis des Gehirns gehört mehr als das Wissen, daß hier viele Nervenzellen viele Impulse geben, die über noch mehr Synapsen integriert werden.

4 Auf deutsch *Die Rechenmaschine und das Gehirn;* das Manuskript ist entstanden, nachdem von Neumann 1955 eingeladen worden war, die sogenannten Silliman Lectures zu halten, die zu den ältesten akademischen Vorlesungsreihen der USA gehören.

und er sieht hier eine neue Therapiemöglichkeit. Bertrand Russell veröffentlicht seine *Principles of Mathematics*, und der deutsche Reichstag erläßt ein Gesetz zur Kinderarbeit. Arbeit von Kindern unter 13 Jahren ist jetzt verboten. 1904 erscheint ein Buch von Vilhelm Bjerkness mit dem Titel *Weather Forecasting*, in dem zum ersten Mal versucht wird, das Wetter als mechanisches Problem zu behandeln. Ein Jahr später erscheinen nicht nur die großen Arbeiten Einsteins, 1905 publiziert Sigmund Freud seine Abhandlung über den Witz und einige Essays über die Theorie der Sexualität.

1908 gibt es zwei interessante Entwicklungen und eine unkonventionelle Ansicht in der Mathematik. Der Holländer L. Brouwer beweist, daß die klassische Logik nicht mehr verläßlich ist, wenn man mit unendlichen Mengen umgeht, der Amerikaner W. S. Gosset analysiert *The Probable Error of the Mean*, und da er dies unter dem Pseudonym Student tut, kennt die Wissenschaft seit dieser Zeit »Student's test«, um die Signifikanz von Ergebnissen zu prüfen. Und Henri Poincaré behauptet: »Später werden Mathematiker die Mengenlehre als eine Krankheit betrachten, von der sie sich erholt haben.«

Als von Neumann 1928 seinen ersten originellen Beitrag abliefert – er beweist ein sogenanntes Minimax-Theorem –, schlägt der Engländer Paul Dirac eine Gleichung vor, die Quantenmechanik und Relativität verknüpft und die Existenz von Antimaterie vorhersagt. Ein Jahr später gibt es zum ersten Mal UKW-Sender und -Empfang, und in New York beginnt die Konstruktion des Empire State Building, die 1931 abgeschlossen wird. In diesem Jahr erhält Otto Warburg den Nobelpreis für Medizin, Kurt Gödel beweist sein berühmtes Theorem über die Unbeweisbarkeit, George Birkhoff verallgemeinert das sogenannte Ergoden-Theorem, das von Neumann zuvor in einer speziellen Form bewiesen hatte, und Kurt Tucholsky veröffentlicht *Schloß Gripsholm*.

In von Neumanns Todesjahr – 1957 – versucht Europa einen gemeinsamen Markt zu bekommen – die Geschichte der EWG beginnt –, der erste russische Sputnik sendet Signale aus dem

Weltraum auf die Erde, chinesische Physiker entdecken (in den USA), daß es Prozesse in der Natur gibt, die nicht spiegelsymmetrisch sind (die Verletzung der Parität beim Zerfall von Kobalt), Bruce Sabin entwickelt den Polio-Impfstoff, der bald weltweit in Zuckerstückchen verteilt wird, und – noch völlig unbemerkt von der Öffentlichkeit – in Deutschland stellt man zum ersten Mal fest, daß es in Herbiziden eine Verunreinigung gibt, die Menschen krank macht. Der Stoff heißt Dioxin. Noch redet man nicht viel darüber, und Konrad Adenauer gewinnt die absolute Mehrheit für seine CDU.

Das Porträt

John von Neumann wird mit einem silbernen Löffel im Mund geboren. Sein Vater ist Bankier, und der Sohn sieht stets so aus, als ob er auch einer wäre. Jedenfalls hat John von Neumann immer einen Anzug getragen, selbst dann, wenn er auf einem Maultier saß, das vom Colorado River heraufkam und sich dem Hochplateau des Grand Canyon in Arizona näherte. An dem kleinen Johnny fällt früh auf, daß er ein fabelhaftes Gedächtnis hat, und es ist zu betonen, daß die Stadt Budapest, in der er aufwächst – und zwar dreisprachig – in dieser frühen Phase des 20. Jahrhunderts faszinierend gewesen sein muß. Budapest war so etwas wie der große Gegenpol zu Wien, und das osteuropäische Judentum dieser Zeit[5], zu dem die Familie von Neumann gehörte, hat viele berühmte Wissenschaftler hervorgebracht.[6] Immerhin sind fünf der sechs ungarischen Nobelpreisträger in diesem Milieu um 1900 geboren worden. Es ist allerdings anzumerken, daß von Neumann sich nicht allzu viele Gedanken über seine Herkunft gemacht hat. Das Judentum hat ihm so wenig bedeutet, daß seine in den USA geborene Tochter Ma-

5 Man sprach oftmals scherzhafterweise von »Judapest«.
6 Neben von Neumann gehörten unter anderem Theodore Kármán, Michael Polanyi, Eugene Wigner, Edward Teller und Leo Szilard dazu. Die meisten stammen aus Budapest und sind dort in die gleichen Schulen (der Oberschicht) gegangen.

rina später bis ins Teenageralter hinein nichts von der jüdischen Herkunft ihres Vaters gewußt hat, und das sicher nicht nur, weil John formal zum Katholizismus übergetreten war, als er 1930 ihre Mutter Mariette heiratete.

Die religiöse Angleichung hat der Ehe, übrigens, nicht viel geholfen. 1937 kam es zur Scheidung, weil »Johnny so langweilig« sei, wie sie ihren Freunden vorklagte.[7] Selbst bei Parties zog er sich oft in sein Zimmer zurück, um ein paar Gleichungen aufzuschreiben und umzuformen, und Hausarbeit war für ihn etwas, das Frauen und Dienstboten erledigen sollten. Von Neumanns zweite Frau Klara hat sich mit dieser allzu bekannten Einstellung besser abgefunden, und sie hat es einfach zur Kenntnis genommen, daß er selbst nach rund 20 Jahren, die er in ein und demselben Haus gelebt hatte, noch nicht wußte, wo die Gläser stehen.

Die von Neumanns wohnten seit dem Beginn der dreißiger Jahre in Princeton (New Jersey), wo John erst Gastdozent und seit 1933 Professor war. Der Weg in die USA war über Deutschland und die Schweiz zurückgelegt worden, wo der junge von Neumann nach seiner Promotion in Budapest weiter Mathematik studierte und auch Chemie belegte.[8] Abgesehen von seiner offensichtlichen Begabung für die Mathematik fällt schon früh auf, daß er immer mehrere Sachen auf einmal erledigen will und schon das nächste Thema ins Auge faßt, als er noch dabei ist, das erste zu erlernen oder zu bearbeiten. Eine geheimnisvolle Unrast hält ihn sein Leben lang gefaßt. Alles geschieht intensiv und atemlos, und man könnte den Eindruck gewinnen,

7 Er hat auch einen schweren Verkehrsunfall verschuldet, bei dem seine Frau Mariette mehrere Knochenbrüche abbekommen hat. Er hatte – vermutlich geistesabwesend – das Auto frontal gegen einen Baum gelenkt.

8 Die mathematische Begabung des Knaben Johnny war nicht zu übersehen. Als 17jähriger fing er an, sich mit sogenannten Minimalpolynomen zu beschäftigen, und als 19jähriger erschien seine erste ernsthafte Arbeit zu diesem Thema. Sie informierte »Über die Lage der Nullstellen gewisser Minimumpolynome« und ist in der *Zeitschrift der Deutschen Mathematischen Gesellschaft* erschienen.

daß von Neumann ahnt, früh sterben zu müssen, und sich in jedem Augenblick bemüht, ja nichts von dem auszulassen, was sich seinem Zugriff beugen könnte.

Von Neumann ist immer und zuerst Logiker, der – in den Worten eines Biographen – mit »tödlich kühlem und geordnetem Verstand« die Probleme löst, die man ihm stellt oder die sich ihm stellen. Das »tödlich« kann dabei wörtlich gemeint sein, denn als man 1945 sicher sein konnte, daß die Atombomben funktionieren, da bekam Johnny die Aufgabe, die Höhe zu ermitteln, in der man die Bombe am besten zur Detonation bringen sollte, und er fing sofort an zu rechnen. Die Welt des Tötens hatte sich in eine Welt von Zahlen und Formeln verwandelt, und in ihr fühlte sich der moderne Leibniz unserer Tage wohl.

Als von Neumann sich mit dieser Aufgabe des Krieges befaßte, lag die Veröffentlichung eines monumentalen Werkes gerade ein Jahr zurück, das ein völlig anderes Thema be- und abhandelte. 1944 hatte er zusammen mit dem Wirtschaftswissenschaftler Oskar Morgenstern ein über 600 Seiten dickes Buch über die »Spieltheorie«[9] (*Theory of Games and Economic Behavior*) vorgelegt und ihre mathematische Struktur auf ökonomische Themen angewendet. Wie stets ging von Neumanns Beschäftigung mit Fragen der Wirtschaft auf seine logischen Anfänge zurück. Eine seiner ganz frühen Arbeiten – aus dem Jahre 1928 – hatte sich mit der Suche nach der Strategie beschäftigt, die derjenige in einem Zwei-Personen-Spiel einschlagen sollte, der sich logisch fragt, wie der andere einschätzt, was man selbst vorhat. Von Neumann fand heraus, daß es in einem sogenannten Nullsummenspiel – dabei sind die Gewinne der einen Seite die Verluste der anderen Seite – eine optimale Strategie gibt, um zu gewinnen. Man kann tatsächlich logisch seine Gewinne *max*imieren – und somit seine Verluste *mini*mieren –, und das Minimax-Theorem drückt das

---

9 Die Spieltheorie ist in diesen Tagen wieder zu Ehren gekommen. Der Nobelpreis für Wirtschaftswissenschaften des Jahres 1994 ist unter anderem an den Deutschen Selten vergeben worden, und zwar für seine Weiterentwicklung der Spieltheorie.

alles in der Sprache der Mathematik – auf »Mathematisch« – aus.

Die umfassende »Spieltheorie« von 1944 versucht nun, diese Strategie über die zwei imaginären Personen hinaus auf die konkrete Wirtschaft (und nebenbei auch die Kriegsführung) anzuwenden, und das fiel von Neumann trotz aller anderen Belastungen deshalb relativ leicht, weil er bereits 1932 verstanden hatte, wie die Wirtschaftswissenschaften mathematisch zu bereichern sind. Damals hatte er in Princeton einen kurzen Vortrag »Über gewisse Gleichungen in der Ökonomie« gehalten und dabei »eine Verallgemeinerung von Brouwers Fixpunkt-Theorem« eingeführt [10] und später (auf Deutsch) publiziert. Wer dies auf Anhieb nicht versteht, befindet sich in guter Gesellschaft, denn es dauerte viele Jahrzehnte, bis die Ökonomen herausfanden, daß der 29jährige von Neumann damit »eine der großen früchtetragenden Arbeiten des Jahrhunderts« geliefert hatte, wie Richard Goodwin in den achtziger Jahren geschrieben hat:

»Die wundervoll sparsame Architektur ihres Aufbaus ist ehrfurchteinflößend. Anscheinend ohne Vorgänger entsprang sie in voller Blüte diesem fruchtbaren Verstand und wies die Existenz einer Lösung für das ökonomische Problem nach, wie alle Güter bei niedrigsten Preisen in höchstmöglicher Quantität produziert werden können, wobei der Preis gleich den Kosten und der Nachschub gleich der Nachfrage für alle Güter ist. Gleichzeitig zeigte die Arbeit, daß ein maximales Wachs-

---

10 Der Ausdruck »Fixpunkt« hat mit Abbildungen zu tun, die Mathematiker durchführen. Zwar handelt es sich dabei meist um sehr abstrakte Vorgänge, aber der Fixpunkt ist anschaulich. Ein Stadtplan ist zum Beispiel die Abbildung einer Stadt. Man kann sich denken, daß sie Punkt für Punkt abgebildet wird. Wenn ich nun einen Stadtplan von Konstanz in Konstanz auf die Straße lege, dann muß es einen Punkt geben, in dem Stadt und Stadtplan zusammentreffen. Das ist der Fixpunkt dieser Abbildung. Brouwers Theorem gibt Auskunft darüber, welche Abbildungen (Funktionen) unter welchen Umständen wie viele Fixpunkte haben.

tum unerläßlich ist, wenn ein dynamisches Gleichgewicht erreicht werden soll.«

Am Ende des Zweiten Weltkriegs wollten alle Ökonomen endlich verstehen, was von Neumann schon mehr als ein Dutzend Jahre zuvor bewiesen hatte. Sie wollten es auf Englisch lesen und ließen den Artikel übersetzen. Er erschien 1945 in der »Review of Economic Statistics« und führte unter dem Titel *Ein Modell für ein allgemeines ökonomisches Gleichgewicht* das ein, was danach als von Neumanns »Expanding Economy Model« (EEM) gehandelt wurde und Schule machte.

Als sich die Wirtschaftsexperten darüber zu streiten begannen, welche Bedeutung das EEM für ihr Fach hat, war von Neumann schon wieder bei einem anderen Thema. Er hatte inzwischen längst ein »obszönes Interesse« an Computern entwickelt, wobei man sich klarmachen muß, daß heute jeder billige Taschenrechner locker die Lochkarten-Tischrechner in den Schatten stellt, die es damals in den vierziger Jahren gab. Aber aller Anfang ist schwer, und ein IBM-Rechner des Jahres 1943 benötigte noch rund 10 Sekunden, um zwei zehnstellige Zahlen miteinander zu multiplizieren. Er war damit immerhin schon schneller als ein durchschnittlicher Angestellter, der fast fünf Minuten mit solch einer stupiden Aufgabe beschäftigt war (und ist). Schon Leibniz hatte bekanntlich geklagt, daß »es ausgezeichneter Männer unwürdig ist, wie Sklaven Stunden bei Berechnungen zu verlieren, die man problemlos jemand anderem überlassen könnte, wenn es nur Maschinen dafür gäbe«, und weil von Neumann genauso dachte, tauchte in ihm das obszöne Interesse auf.

Die Maschine, die mit seiner Hilfe zum Stammvater der kommenden Computergenerationen wurde, stand in Philadelphia. Sie hieß »Electronic Numerical Integrator and Computer«, was man ENIAC abkürzte, und konnte 333 Multiplikationen pro Sekunde durchführen.[11] Von Neumann sah die

---

11 Heute sind mehr als 2 Milliarden (!) Berechnungen pro Sekunde erreicht.

Maschine im August 1944 zum ersten Mal, und so begeistert er über ihre Rechenkapazität war, so fielen ihm vor allem die Schwierigkeiten auf, die es gab, wenn man der Maschine eine neue Aufgabe stellte – wenn man sie umprogrammieren wollte. Er hielt es für Zeitverschwendung, dauernd die Programme neu zu setzen – was damals konkret bedeutete, daß zahlreiche Techniker bzw. Operateure noch mehr Kabel umstöpseln mußten –, und er schlug vor, die Idee eines gespeicherten Programms zu entwickeln, was dann in den Jahren danach auch passiert ist. Im März 1945 faßte er seine Überlegungen in einem »First Draft« – einem »Ersten Entwurf« – für die Verbesserung des ENIAC zusammen, und dieses 101seitige Dokument ist »als das wichtigste Dokument« bezeichnet worden, »das jemals über Computer und deren Funktionen geschrieben worden ist«. Von Neumann hatte verstanden, daß ein Computer im Grunde vor allem logische Funktionen durchführt und daß die elektrischen bzw. elektronischen Aspekte nebensächlich sind – für die Konzeption zumindest. Er weist darauf hin, daß eine Rechenmaschine aus logischen Gründen sowohl einen zentralen Teil haben muß – er nannte ihn C für »central« – als auch einen Speicher braucht – er heißt M für »memory«. Im Zentrum sind die Kontrolleinheit (CC) und der arithmetische Teil (CA) zu unterscheiden, und während er dies schrieb, hatte von Neumann immer das menschliche Gehirn und seine Nervenzellen vor Augen, denn, so heißt es im »First Draft«, »die drei spezifischen Teile CA, CC und M entsprechen den assoziativen Neuronen im menschlichen Nervensystem. Die Entsprechungen zu den sensorischen oder afferenten und den motorischen oder efferenten Neuronen bleiben zu diskutieren. Dies sind die Input- und die Output-Organe des Geräts.«

Mit dem »Ersten Entwurf« steht das fest, was man heute die Von-Neumann-Architektur der Computer nennt, und obwohl diese Maschinen unseren Alltag stark beeinflussen, wollen wir hier nicht näher auf sie eingehen und auch nur am Rande erwähnen, daß von Neumann vorausgesehen hat, was heute passiert, daß man Wissenschaft mit dem Computer treibt, das heißt, daß es Zweige der Wissenschaft gibt, die ohne Computerhilfe überhaupt nicht existieren würden – zum Beispiel die Chaostheorie.[12] Die alten mathematischen Methoden seien den langsamen Berechnungsweisen angepaßt gewesen, die von Menschen beherrscht würden. Elektronische Computer hätten da ganz andere Möglichkeiten, und damit meinte von Neumann zunächst nur Rechengeschwindigkeit und Speicherkapazität.[13]

Doch während sich dieser Sektor entwickelte, schaute er schon in eine andere Richtung, und er fragte sich, ob Maschinen nicht nur die logischen Strukturen des Gehirns, sondern die logischen Strukturen des Lebens überhaupt über- und annehmen könnten. Kann es zum Beispiel einen Automaten geben, der sich selbst reproduzieren kann? So fragte er sich bereits 1948, und in einer posthum veröffentlichten Theorie aus diesem Jahr führte er nicht nur den Nachweis, daß solche Apparate existieren, er sagte sogar voraus, daß sie aus vier Komponenten bestehen müssen.

Wohlgemerkt, damals gab es noch keine Molekularbiologie, die diesen Namen verdiente, doch wenn wir von Neumanns Theorie an einer Zelle überprüfen wollen, können wir in aller Kürze sagen, daß seine vier Komponenten eines sich selbst reproduzierenden zellulären Automats folgende Namen tragen – die Gesamtheit der Gene (das Genom aus DNA), die Proteine, die das Erbmaterial verdoppeln, die Bausteine, die diese Replikation kontrollieren und einleiten, und die molekulare Maschinerie, die für die Biokatalysatoren sorgt, ohne die der Stoffwechsel der Zelle zum Erliegen kommt (Biosynthese von Proteinen).

Mit diesem Beweis und seinen anderen Arbeiten zum Thema

12 Sie widerlegt dabei bekanntlich von Neumanns Traum von der vollständigen Vorhersagbarkeit und Berechenbarkeit der Welt.
13 Von Neumann hoffte vor allem darauf, daß mit dem Computer aus der Meteorologie die exakte Wissenschaft werden könnte, die die Physik – dank des Gehirns – schon war. Seine Zuversicht, daß es möglich sein würde, das Wetter langfristig vorherzusagen, gehört zu seinen großen Irrtümern. An dieser Stelle hat er die Kraft der Logik überschätzt. Das Chaos ist größer als sein Verstand und der seiner Maschinen.

Computer zeigte von Neumann nicht nur, daß Maschinen sich selbst reproduzieren können, er zerstörte auch für alle Zeiten das Vorurteil, daß Maschinen nicht aus Erfahrung lernen können, daß sie sich nicht neuen Situationen anpassen und auf sie einstellen können, und daß sie nicht mit Menschen auf sinnvolle Weise interagieren können. Kein Wunder, daß die Menschen in seiner Umgebung ihn manchmal für ein Wesen aus einer anderen Welt hielten, das aus der Zukunft gekommen war und die Richtung kannte, die wir nehmen würden. Er war für viele ein »Gott«, aber zum Glück »ein außerordentlich zugänglicher«.

Von Neumann war natürlich kein Gott, und als er 1952 von Präsident Eisenhower nach Washington geholt und mit einer führenden Rolle in der »Atomic Energy Commission« betraut wurde, kam sein erregendes Leben auf seinem Höhepunkt plötzlich zum Stillstand. Erst waren es nur Schmerzen in der Schulter, doch dann sagte die Diagnose, daß er an Knochenkrebs erkrankt war. Die Metastasen breiteten sich vom Rückgrat her aus, und bald war er an einen Rollstuhl gefesselt. Von Neumann hatte große Schmerzen, aber er hatte auch einen vollen Terminkalender, und er wollte dafür sorgen, daß die Militärs keine logischen Fehler mit den Waffen und Möglichkeiten begehen, die man ihnen in die Hand gegeben hatte. In den Worten von Herbert York, einem der Teilnehmer an den vielen Sitzungen des Von-Neumann-Komitees:

»Er war fest entschlossen, seine Arbeit mit den Air-Force-Leuten fortzuführen. Ich erinnere mich an mehrere Sitzungen, bei denen Johnny im Rollstuhl von einem militärischen Adjutanten hereingeschoben wurde, nachdem wir übrigen schon versammelt waren und uns gesetzt hatten. Zuerst schien er sein normales Selbst zu sein, lächelnd und heiter, und die Sitzungen verliefen in der üblichen Weise, d. h. Johnny dominierte sie intellektuell, ohne im geringsten streitlustig oder beherrschend zu wirken. Später, als er erkennen mußte, daß sein Zustand hoffnungslos war, wuchs seine Verzweiflung, und er wandte sich der Kirche zu, um dort Trost zu finden.«

John von Neumann, der so gut wußte, wie man lebt, wußte nicht, wie man stirbt. Seinem letzten Besucher am Krankenbett gestand er seine Verzweiflung ein. Er konnte sich keine Welt vorstellen, die ihn nicht als denkendes Wesen einschloß.

Max Delbrück

oder
Die Suche nach dem Paradox

Max Delbrück gilt als der Intellektuelle unter den Molekularbiologen, und seine Arbeiten haben den Ursprung dieser Wissenschaft von den Genen ermöglicht, die heute längst das Laboratorium verlassen hat und sich anschickt, eine neue Medizin zu ermöglichen. Delbrück selbst hat sich 1953 aus diesem Gebiet zurückgezogen, also gerade in dem Jahr, in dem der Stoff, aus dem die Gene sind, sein erstes Geheimnis preisgab. Damals wurde die DNA-Doppelhelix entdeckt, die die Genetik nach Meinung vieler Leute erst richtig interessant machte. Doch als sich zuerst die Biochemiker und später die Gentechniker auf dem von ihm bestellten Feld umtaten, da hatte Delbrück seine Neugierde in eine andere Richtung gelenkt. Ihm war nicht an den vielen Details der Moleküle gelegen, die nun immer zahlreicher erarbeitet wurden, und er fand, daß die Genetik nun in anderen Händen besser aufgehoben war. Er unternahm statt dessen eine erneuten Versuch, das Paradox der Biologie zu finden, das von Anfang an sein Ziel war, wobei mit diesem Anfang das Jahr 1932 gemeint ist. Das heißt, es ist genau der Tag gemeint, an dem der 26jährige promovierte Physiker Delbrück in der letzten Reihe eines Hörsaals in Kopenhagen sitzt und zuhört, wie vorne am Rednerpult der große Niels Bohr zu erklären versucht, was es mit den beiden Begriffen *Licht und Leben* auf sich hat.

Eigentlich eröffnet Bohr da nur einen Kongreß für Lichttherapie, aber was für andere eine lästige Pflicht ist, an die sie keinen besonderen Gedanken verschwenden, nimmt er zum Anlaß, einen Vorschlag zu machen, der Delbrücks Leben verändert. Bohr erzählt von der neuen Theorie der Atome, der Quantenmechanik, und er sagt, daß man ihren Besonderheiten auf die Spur gekommen sei, als man untersucht habe, wie Licht und Materie miteinander in Wechselwirkung treten.[1] Diese Fährte habe man in dem Moment ernst genommen[2], in dem sich ein Widerspruch zwischen einigen experimentellen Befunden und der traditionellen Physik ergeben habe, und zwar hätten die Versuche ergeben, daß Atome einen Kern haben, um den Elektronen kreisen müßten. Solch ein Gebilde könnte aber im Rahmen der klassischen Physik à la Newton und Maxwell nicht stabil bleiben. Durch diese paradoxe Situation wurde man gezwungen, eine neue Physik zu suchen, und am Ende sei die Wissenschaft mit einer neuen Theorie der Materie und einem besseren Verständnis der atomaren Wirklichkeit belohnt worden.

Wer nun den Mut aufbrächte – so fuhr Bohr fort –, erst die Stelle zu suchen, an der die Wechselwirkung nicht zwischen Licht und Materie, sondern zwischen Licht und Leben eine ungewöhnliche Idee erforderte, und wer dann weiter in der Biologie die Experimente findet, die zu einer analogen Unverträglichkeit bzw. zu entsprechenden Paradoxien führten, der könne – so schätzte Bohr es ein – damit belohnt werden, eine fundamentale Theorie der Biologie zu finden und vielleicht sogar das Rätsel des Lebens zu lösen.[3]

---

1 Max Planck hat das berühmte Quantum der Wirkung entdeckt, als er die Farben zu erklären versuchte, die ein schwarzer Körper annimmt, wenn seine Temperatur steigt. Er wird erst rot, dann gelb und zuletzt weiß. Das Licht, das die Materie aussendet, kann nur im Rahmen der Quantentheorie erklärt werden.

2 Damit ist Bohrs eigene Leistung gemeint, sein Atommodell von 1912/13, das in seinem Kapitel beschrieben worden ist.

3 Natürlich hat Bohr das nicht so gesagt. Was hier steht, hat wahrscheinlich nur sehr wenig mit dem zu tun, was Bohr 1932 in seiner Eröffnungsrede gesagt hat. Was hier steht, ist vermutlich noch nicht einmal das, was Delbrück an dem Tag verstanden hat, sondern das,

Delbrück war elektrisiert. Ihm war sofort klar, daß er nach diesem Paradox suchen wollte, und er wußte auch schon, wie und wo er sein Studium von Licht und Leben anfangen konnte, nämlich in Berlin bei einem Genetiker, der mit Strahlen Mutationen hervorrief und also Leben durch Licht veränderte. Delbrück nahm sich vor, in die Biologie zu gehen.

Der Grund, warum Delbrück nicht ganz zufrieden mit seinem Fach – der Physik – war, lag einfach gesagt darin, daß die großen Ideen spätestens seit der Mitte der zwanziger Jahre vergeben waren, als er noch studierte.[4] So spannend es sein mochte, die neue Atomtheorie zu lernen und zu begreifen, wer sie selbst betreiben wollte, dem blieben nur Anwendungen auf komplizierte Moleküle oder Festkörper, und hier war mehr ein trickreicher Mathematiker als ein ideenreicher Physiker gefragt. Seine Doktorarbeit über das Lithium-Molekül hatte Delbrück eher gelangweilt angefertigt, und 1932 saß er ein wenig mißmutig in seiner Heimatstadt Berlin, wo er eine Anstellung in Lise Meitners physikalischer Abteilung am Kaiser-Wilhelm-Institut für Chemie gefunden hatte. Er war ihr »Haustheoretiker«, wie er es selbst genannt hat, und seine Aufgabe bestand darin, die Streuexperimente, die sie mit ihren Assistenten durchführte, genau abzuklopfen, um zu sehen, ob sie von der Quantentheorie korrekt beschrieben wurden. Daß ihm dabei ein Zufallstreffer gelingen würde, der heute als »Delbrück-Streuung«[5] in der Litera-

was er im Laufe seines Lebens aus der Rede Bohrs gemacht hat. Der Autor hat von dieser Konversion Ende 1980 erfahren, als er den todkranken Delbrück fragte, woher sein Interesse an der Biologie gekommen sei. Da hat er angefangen, von Bohr und Kopenhagen zu erzählen.

4 Das stimmt in dieser Schärfe natürlich nicht, aber es trifft zu, daß der eigentliche Umsturz im Weltbild der Physik 1927/8 vorbei war. Danach kam natürlich noch die Kernphysik, aber sie hat sich – wenn man es hart ausdrücken will – als Anwendung der Quantenmechanik von 1925/6 ergeben.

5 Es handelt sich um die Streuung, die hochenergetische Strahlen an einem Atomkern erfahren, aber nicht dadurch, daß sie den Kern selbst treffen, sondern dadurch, daß sie aus dem hohen Feld, das den

tur bezeichnet wird, hat er erst nach dem Zweiten Weltkrieg erfahren, und zu diesem Zeitpunkt war er schon Professor für Biologie am California Institute of Technology in Pasadena (USA). Er war inzwischen weltberühmt, denn er hatte mit der in Bohrs Rede vorgegebenen Richtung den Weg gefunden, der in die erfolgreiche Molekularbiologie führte, so wie wir sie heute kennen. Ein Paradox hatte sich dabei allerdings nicht gezeigt. Was immer man im Rahmen dieser Wissenschaft vom Leben anvisierte, es ließ sich mit den Gesetzen von Physik und Chemie in Einklang bringen und auf sie zurückführen. Delbrück merkte bald, daß er seine Suche noch einmal von vorne beginnen mußte, und er versuchte dies nach 1953, als die von ihm angezettelte Genforschung ihren ersten Höhepunkt erlebt hatte.

Der Rahmen

Als Delbrück 1906 zur Welt kommt, wird in seiner Geburtsstadt Berlin die erste AEG-Turbinenfabrik gebaut. In Paris verunglückt Pierre Curie tödlich, und seine Frau Marie Curie übernimmt seinen Lehrstuhl an der Sorbonne. In London zeigt Joseph J. Thomson, daß ein Wasserstoff-Atom nur ein Elektron hat, und in einer Rezension schlägt der Engländer William Bateson vor, der Vererbungslehre den Namen »Genetik« zu geben. Drei Jahre später kommt auch der Ausdruck »Gen« in Gebrauch, der auf den Dänen Wilhelm Johannsen zurückgeht. August Weismann veröffentlicht im selben Jahr (1909) *Die Selektionstheorie*, Carl Bosch entwickelt den von Fritz Haber ersonnenen Vorgang zur Ammoniaksynthese weiter (»Haber-Bosch-Verfahren«), und Robert Peary erreicht als erster Mensch den Nordpol.

Mitte der dreißiger Jahre, als Delbrück seine Orientierung in der Biologie sucht, sind die Nazis an der Macht. Sie vertreiben

---

Kern umgibt, ein Anti-Teilchen-Paar befreien, das später wieder in seine Unterwelt zurückkehrt. Paarerzeugung nennt man diesen Vorgang, der zu den vielen Verrücktheiten zählt, die die Quantenmechanik vorhersagt und die vom Experiment bestätigt werden.

Fritz Haber, der 1934 in Basel stirbt. Wernher von Braun baut in diesem Jahr seine erste Rakete, die 2,4 km hoch steigt, und der Amerikaner Arnold Beckman baut das erste sogenannte pH-Meter, ein Instrument, mit dem sich der Säuregrad einer Lösung genau bestimmen läßt. Von Henry Miller erscheint *Der Wendekreis des Krebses*, und Paul Hindemith komponiert *Mathis der Maler*. 1936 besetzen die deutschen Truppen das Rheinland, und in Berlin finden Olympische Spiele statt. 1939 fallen deutsche Truppen in Polen ein, und 1945 liegt nicht nur Berlin in Schutt und Asche.

Anfang der siebziger Jahre kommt die Gentechnik auf, und damit ist die »Hochzeitsreise« der Genetik endgültig zu Ende, wie Delbrück es ausdrückt. In der Mitte desselben Jahrzehnts setzt sich eine Idee durch, die Konrad Lorenz zum ersten Mal um 1943 formuliert hatte und die heute Evolutionäre Erkenntnislehre heißt. Kants Apriori erscheint jetzt im neuen Licht (der Biologie), und Delbrück widmet ihr und der genetischen Epistemologie des Schweizer Psychologen Jean Piaget seine Abschiedsvorlesung von 1976. Im selben Jahr wird von Har Gobind Khoranas Arbeitsgruppe ein funktionierendes Gen synthetisiert, und die erste gentechnisch operierende Firma wird in der Nähe von San Francisco gegründet. Als Delbrück fünf Jahre später in Los Angeles stirbt, ist eine erste Methode gefunden worden, Genkarten von Menschen anzufertigen, die Seuche AIDS bekommt ihren Namen, und IBM führt das Betriebssystem von Bill Gates, MS-DOS, als Industriestandard in seine Computer ein.

Das Porträt

Delbrücks Vater Hans war fast 60 Jahre alt, als Max geboren wurde[6], und zwar als letztes von sieben Kindern.[7] Hans Del-

---

6 Die Mutter Lina war über 40 Jahre alt. Sie war die Enkelin des berühmten Chemikers Justus von Liebig.
7 Alle Delbrücks gehören zu einem großen Klan und bekommen eine Nummer. Die Nummer von Max war 2517, was bedeutet, daß er das

brück war ein berühmter Professor für Geschichte an der Universität Berlin, und da zudem andere Delbrücks sich auf geisteswissenschaftlichem Sektor hervorgetan hatten, mußte der junge Max schon auf naturwissenschaftliches Terrain ausweichen, um sich einen eigenen Namen machen zu können. Er wählte als Schüler die Astronomie, und auch seine ersten Studienjahre gehörten diesem Fach. Doch selbst die ruhigste Sternwarte bekam in der Mitte der zwanziger Jahre mit, daß sich die großen Dinge in der Physik abspielten, und eines Tages eilte Delbrück in den großen Hörsaal der Physikalischen Institute in Berlin, um einen Vortrag von Werner Heisenberg zu hören. Es war das erste Mal, daß Heisenberg, der selbst noch ein Twen war, die Theorie vorstellte, die heute Quantenmechanik heißt, und Delbrück hatte das Glück, genau in dem Moment den Hörsaal zu betreten, als auch Albert Einstein und Walther Nernst[8] hereinkamen, und er hörte, wie die beiden sich zuflüsterten: »Eine große Arbeit, sehr wichtig.«

Delbrück verstand zwar nicht, was Heisenberg an dem Abend erzählte, aber er verließ bald darauf Berlin und die Astronomie und wechselte nach Göttingen und zur Physik. Hier studierte er nicht nur die neue Atommechanik, hier machte er auch eine Erfahrung, die sein Leben lang Folgen hatte. Auf die Frage eines Journalisten: »Warum haben Sie sich Wissenschaft als Lebensarbeit gewählt?«, antwortete er 1972 mit einem Beispiel aus seinen Göttinger Studententagen:

»Ich habe in jungen Jahren herausgefunden, daß die Wissenschaft ein Hafen für Schüchterne, für Abnorme, für Mißratene ist. Das trifft vielleicht mehr für die Vergangenheit als für die Gegenwart zu. Aber wer in den zwanziger Jahren Student in

siebente Kind des ältesten Sohnes des zweiten Kindes von Gottlieb Delbrück war, der um 1800 in Halle lebte.

8 Zu seiner Zeit war Nernst so berühmt wie Einstein heute. Nernst hatte den Dritten Hauptsatz der Thermodynamik formuliert, demzufolge es nicht möglich ist, den absoluten Nullpunkt zu erreichen.

Göttingen war und in das Seminar ›Struktur der Materie‹ ging, das unter der vereinten Leitung von David Hilbert und Max Born stand, der konnte tatsächlich glauben, in einem Irrenhaus zu sein. Jeder einzelne der Teilnehmer war offensichtlich so etwas wie ein ernster Fall. Das wenigste, was man tun konnte, war, eine Art von Stotterer zu spielen. Robert Oppenheimer als Student höheren Semesters fand es vorteilhaft, eine besonders elegante Form des Stotterns zu entwickeln, die ›njum-njum-Technik‹. Wenn einer ein ›oddball‹ war, hier fühlte er sich zu Hause.«

Solche Spinner hatten bei Delbrück immer eine Chance, wenn sie sich für Wissenschaft interessierten, und er hat sowohl sein Haus als auch sein Laboratorium für sie offen gehalten, damit sie sich bei ihm zu Hause fühlen konnten.

Die Atomtheorie, die damals unter anderem in Göttingen erarbeitet wurde, wirkte natürlich verrückt, wie wir bei Niels Bohr gesehen haben, aber als ihre mathematischen Fassungen vorlagen, war die eigentliche Luft erst einmal raus, und wer neue Ideen statt genauer Ausarbeitungen liebte, mußte sich nach einem anderen Feld umsehen, und genau in dieser Situation befand sich Delbrück, nachdem er erst bei Max Born in Göttingen promoviert, dann bei Niels Bohr in Kopenhagen und Wolfgang Pauli in Zürich ein Lehrjahr verbracht, und zuletzt bei Lise Meitner in Berlin eine Stelle bekommen hatte. Das neue Thema mußten die Gene sein, denn in den zwanziger Jahren war beobachtet worden, daß sie durch Röntgenstrahlen verändert werden konnten, und das hieß, daß sie Gebilde von molekularen Dimensionen sein mußten, und die auszurechnen mußte einem theoretischen Physiker doch möglich sein. Vielleicht fand sich dabei auch der Widerspruch, auf den Delbrück hoffte. Er wußte, daß in Berlin der russische Genetiker Nikolai Timofejew-Ressowski an diesem Thema arbeitete, und so lud er ihn zu privaten Seminaren über »Strahlen und Gene« ein, die Delbrück im Haus seiner Mutter organisierte. Timofejew kam, und aus den gemeinsamen Diskussionen entstand nach und nach unter weiterer Mitwirkung des Physikers K. G. Zimmer die heute klassische Arbeit *Über die Natur der Genmutation und der Genstruktur.* In ihr schlägt Delbrück 1935 – in einem besonderen Kapitel – vor, das, was die Biologen als »Gen« kennen, als einen »Atomverband« aufzufassen, und wenn dies heute eher selbstverständlich erscheint, dann muß man betonen, daß mit diesem Vorschlag nicht nur ein erstes Genmodell vorhanden war. Mit seinem Vorschlag – besser: mit der Dreimännerarbeit, wie die erwähnte Publikation auch genannt wird – wurden zwei Wissenschaften miteinander verbunden, die bislang völlig isoliert nebeneinander hergelaufen waren, nämlich Physik und Genetik.[9] Der erste Schritt in Richtung einer Molekularbiologie war damit getan (wobei natürlich gesagt werden muß, daß das Ergebnis Delbrück persönlich nicht ganz zufrieden stellen konnte, denn das gesuchte Paradox hatte sich ja nicht gezeigt; im Gegenteil, er war ja gerade in der Lage, alles im zwar erweiterten, aber alten Rahmen der Wissenschaft zu erklären).

Der zweite Schritt in Richtung einer Molekularbiologie erfolgte vier Jahre später und viele tausend Meilen weiter westlich. Als Delbrück sich vom Physiker zum Genetiker wandelte, wurde es in Deutschland schwieriger, sich auf die Wissenschaft zu konzentrieren. Wer sich habilitieren wollte, mußte nicht nur seine fachliche Qualifikation nachweisen, er mußte zudem seine politische Reife zeigen, und Delbrück war an den entsprechenden geistigen Turnübungen nicht interessiert. Für die Nazis war er unreif, und als ihm 1937 die Möglichkeit geboten wurde, mit einem Rockefeller-Stipendium in die USA zu gehen und dort an einem genetischen Institut zu arbeiten, sagte er sofort zu.[10] Seine Wahl fiel auf Pasadena in Kalifornien, und im

---

9 Delbrücks Vorschlag hat ein merkwürdiges Nachleben. Ein Sonderdruck der Arbeit gelangte in die Hände des Physik-Nobelpreisträgers Erwin Schrödinger, der ihn als »Delbrücks Modell des Gens« nach dem Zweiten Weltkrieg in seinen Bestseller *Was ist Leben?* einbaut. Als das Buch um 1945 erscheint, wird Delbrück berühmt.
10 Die Rockefeller-Stiftung hatte erkannt, daß in Europa ein Krieg vorbereitet wurde. Sie nutzte ihre finanziellen Ressourcen seit 1935,

Sommer 1937 machte er sich auf die Reise zum California Institute of Technology, kurz CalTech genannt.

Eigentlich sollte er sich dort mit der Fruchtfliege *Drosophila* und ihren Chromosomen beschäftigen, aber diese inzwischen klassische Form der Genetik war nichts, was ihn reizen konnte. Eines Tages, als er fast schon glaubte, sein Aufenthalt in Kalifornien sei vergeblich gewesen, traf er einen Mann namens Emory Ellis, der ihm zeigte, wie man Viren untersucht, die Bakterien angreifen. Delbrück wußte zwar nicht, daß es Viren dieser Art gibt – ihm war damals noch nicht einmal klar, daß es überhaupt solche Randerscheinungen der Lebens gibt –, aber als er sah, wie Ellis sie untersuchte, wußte Delbrück sofort, daß er das große Los gezogen hatte.

Bakterielle Viren – auch Bakteriophagen (»Bakterienfresser«) genannt – machen Löcher in einen sogenannten »Bakterien-Rasen«, der einfach dadurch entsteht, daß man solche Zellen auf einem Nährmedium wachsen läßt. Ellis brauchte also nur Löcher zu zählen, wenn er wissen wollte, ob seine Viren noch vorhanden waren oder sich gar vermehrt hatten, und er tat dies, weil er Forschungsgelder genau zu diesem Zweck bekommen hatte, nämlich um das Wachstum von Viren zu studieren. Im Hintergrund stand die Hoffnung, chemische Substanzen zu finden, die ihre Vermehrung hemmen können, und das Interesse daran rührte letztlich von der Annahme her, daß Viren etwas mit Tumoren zu tun haben.

Alles das war für Delbrück völlig gleichgültig. Er sah nur, daß zum einen die Viren nichts taten, außer sich und ihre Gene zu vermehren, und daß dieser Vorgang zum zweiten quantifizierbar war. Genau nach einem solchen System hatte er gesucht, denn nachdem die Frage, was ein Gen *ist*, nicht zu dem erhofften Paradox geführt hatte, schien die Frage, was ein Gen *tut*, der nächstbeste Kandidat zu sein, und mit den Bakterio-

um Wissenschaftler in die USA zu holen. Eines ihrer Programme sah die Förderung einer Fachrichtung vor, die ihr Direktor W. Weaver später »Molekularbiologie« nannte. In diesem Zusammenhang war man auf Delbrück zugegangen.

phagen bekam er die Chance, diese Idee konkret auszuprobieren.[11] Er machte sich an die Arbeit, und als 1939 Delbrück und Ellis ihre Arbeit über »Das Wachstum der Bakteriophagen« publizieren, wird die Molekularbiologie eine exakte Wissenschaft. Delbrück und seine Kenntnisse der Physik erlauben es den Biologen zum ersten Mal, die Konzentration der Viren (und mehr) genau zu bestimmen, und diese Präzision lockt neue Forscher in das jungfräuliche Gebiet.

Doch zunächst gibt es einige Schwierigkeiten. Delbrücks Stipendium läuft im September 1939 aus. Und obwohl seine Rückreise über Japan längst geplant ist, beschließt er, in den USA zu bleiben, denn inzwischen herrscht Krieg in Europa. Mit erneuter Hilfe der Rockefeller-Stiftung bekommt Delbrück die Chance, in Nashville (Tennessee) zu arbeiten, und hier kann er nicht nur in Ruhe während der Kriegsjahre überwintern, er trifft auch einen jungen italienischen Biophysiker namens Salvador Luria, und beide zusammen legen 1943 eine Arbeit über die Wechselwirkung zwischen den Bakterien und ihren Viren vor, die ihnen 1969 den Nobelpreis für Physiologie und Medizin einbringt[12], und zwar aus einem einfachen Grund. Ihre Arbeit begründet die neue Wissenschaft von der Bakteriengenetik. Luria und Delbrück zeigen während des Zweiten Weltkriegs zum ersten Mal, daß man mit Bakterien Genetik treiben kann, und sie erreichen dieses Ziel, als sie herausfinden wollen, wie es kommt, daß Bakterien resistent werden können gegen den Angriff eines Bakteriophagen oder kurz Phagen, wie sie inzwischen nur noch heißen.

In ihrer berühmten »Fluktuationsanalyse« beweisen Delbrück und Luria 1943, daß sich bakterielle Gene ändern können und dadurch die Zelle vor dem Virenbefall schützen, und zwar kommt es zu diesen Mutationen spontan und zufällig, genau so wie Darwins Theorie der Anpassung es vorsieht. Die

11 Delbrück sah natürlich auch, daß es so leicht war, mit Bakteriophagen zu experimentieren, daß selbst er als Theoretiker keine Probleme haben sollte.
12 Er wird ihnen gemeinsam mit Alfred Hershey verliehen.

Analyse hat aber nicht nur diesen qualitativen Aspekt. Sie kann darüber hinaus auch noch angeben, wie hoch die Rate der Mutationen ist, die dabei auftreten, und damit ist endgültig der Durchbruch für die Bakteriengenetik geschafft. Faktisch vollzogen wird er nach dem Ende des Zweiten Weltkriegs, als sich die Wissenschaftler wieder zivilen Zielen zuwenden können, und praktisch beschleunigt wird diese Wende der Genetik, weil sich Delbrück ab 1945 bereit erklärt, im Cold-Spring-Harbor-Laboratorium auf Long Island bei New York in jedem Sommer einen Einführungskurs in das neue Gebiet zu geben. Wer die Teilnehmerliste dieser Kurse durchblättert, findet darin viele spätere Nobelpreisträger aufgeführt, die sich ihre Order bei Delbrück abholen. Er organisierte jetzt das, was Historiker später die »Phagen-Gruppe« nennen, und sie ist es, die die Molekularbiologie ins Laufen bringt. Der unumstrittene Kopf dieser Gruppe und ihre treibende Kraft ist Delbrück, der in den Jahren nach dem Zweiten Weltkrieg nicht nur eine wissenschaftliche, sondern auch eine private Familie um sich schart. Kurz bevor er von Kalifornien nach Tennessee ging, hatte er nämlich die Amerikanerin Mary Bruce getroffen. Die beiden heiraten 1941, und als sie 1947 ihr erstes von vier Kindern bekommen, geht es wieder zurück an die Westküste. CalTech bietet ihm eine Professur an, und obwohl die Delbrücks kurz zuvor noch mit dem Gedanken an Europa geliebäugelt hatten, gehen sie jetzt nach Pasadena und bleiben dort bis zum Ende seines Lebens.

So läuft 1947/48 eigentlich alles wie am Schnürchen, nur das Paradox will sich nicht einstellen. Selbst als Delbrück 1946 einen expliziten Versuch unternommen hatte, auf etwas zu stoßen, das sich gegenseitig ausschließt, trifft er das genaue Gegenteil, und auch dabei kommt die Molekularbiologie wieder einen Schritt voran. Sein Experiment handelte von Viren, die nicht alle Bakterienstämme angreifen können. Er läßt nun zwei Virensorten auf ein Bakterium los, in dem sich nur eine von beiden vermehren kann. Delbrück hofft, daß dabei etwas passiert, das ihm die virale Vermehrung als eine »Grundtatsache des Lebens« zu erkennen gibt, die sich nicht weiter zerlegen (erklären) läßt. Doch statt daß sich die Viren gegenseitig behindern, stellt er fest, daß sie sich gegenseitig helfen. Sie tauschen ihr genetisches Material aus – mit anderen Worten, sie haben Sex miteinander –, und es kommt zur Rekombination, wie man heute sagt. Damit verschwindet eine weitere Hoffnung, in der Genetik ein Paradox zu finden, und es dauert nicht mehr lange, bis Delbrück die Bakterien und ihre Viren (Phagen) verläßt und zum Zwecke der Suche eine Stufe höher steigt.

1953 entschließt er sich, sein Hauptaugenmerk nicht mehr auf die Vererbung der Organismen zu richten, sondern sich ihr Verhalten genauer anzusehen, und er sucht so etwas wie einen Phagen der Wahrnehmung, also eine möglichst einfache Form des Lebens, die auf möglichst einfache Weise auf die Signale der Umwelt reagiert – Licht, Wind, Schwerkraft – und so zu erfassen ermöglicht, was dabei passiert. Delbrück nennt diesen Vorgang, bei dem Signale aufgenommen, umgewandelt und beantwortet werden, das »Hauptgeheimnis der Biologie«, und er fordert die Biologen auf, ihm eine vollständige Kette der Signale anzugeben, die einen Reiz in eine Reaktion überführt. Er kann sich nicht vorstellen, daß man sie zum Beispiel für den Fall finden kann, bei dem aus Licht im Auge Sehen im Gehirn wird. Irgendwo auf dem Weg von der Netzhaut über die Nervenzellen und die Hirnrinde ins Bewußtsein muß doch das Paradox auftauchen, das Bohr ihm 1932 als Vision genannt hat.

Delbrück wählt als Modellorganismus einen kleinen Pilz namens *Phycomyces*, der ihm als Einzeller Vorteile zu bieten scheint. Er stürzt sich mit Schwung in die neue Aufgabe, die ihn fast bis zum Ende seines Lebens beschäftigt. Doch obwohl eine Fülle von spannenden Einzelheiten an den Tag kommt – der Pilz ist zum Beispiel in der Lage, Gegenständen auszuweichen, die er mit keinem nachweisbaren Signal wahrnimmt, die er also weder sieht, noch hört oder gar berührt, und es ist bis heute nicht klar, wie *Phycomyces* den Kontakt herstellt –, obwohl eine Fülle von Ansätzen unternommen wird – Delbrück versucht es mit Biochemie und Genetik, er lädt Kybernetiker und

Physiologen ein –, obwohl er bald eine große internationale *Phycomyces*-Familie mit spanischen, französischen, japanischen, chinesischen, indischen, israelischen, kanadischen, deutschen und amerikanischen Mitarbeitern um sich schart, es nützt alles nichts. Der Pilz scheint ihn und sie immer wieder zu narren, wie Barbara McClintock sagen würde, und immer wenn sich jemand einer Antwort nahe meint – etwa auf die Frage: Wie setzt der Pilz ein Lichtsignal in einen Wachstumsschub um? –, verheddert er sich anschließend im biochemischen Gestrüpp der Pilzzelle, die ihr Geheimnis behält. Sie gibt bis heute weder ihre Signalketten noch einen Blick auf das erhoffte Paradox preis.

In der *Phycomyces*-Phase – vor allem in den sechziger Jahren – hatte Delbrück noch anderes zu tun. Er war zwar längst amerikanischer Staatsbürger geworden, aber sein Herz hing nach wie vor an Europa, und hier wohnten auch die meisten Delbrücks, die sich als eine große Familie betrachten. Schon kurz nach Ende des Zweiten Weltkriegs war er nach Deutschland gereist, um Kontakte aufzunehmen, nicht nur zu Verwandten und Freunden, sondern auch zu Kollegen. Über diese Verbindungen ergab sich die Idee, beim Wiederaufbau der deutschen Wissenschaft zu helfen, und ganz konkret hat er dies bei der Errichtung des Kölner Instituts für Genetik getan, an dessen Leitung er sich zwei Jahre lang – von 1961 bis 1963 – persönlich beteiligt hat.

Delbrück ist noch einmal für längere Zeit nach Deutschland zurückgekehrt, und zwar im Jahre 1969, um der neugegründeten Universität Konstanz auf die Beine zu helfen, das heißt, ihr bei der Einrichtung ihrer biologischen Fakultät zu helfen. Am Ende dieses Jahres gab es einen besonderen Höhepunkt in Delbrücks Leben. Der Nobelpreis für Medizin war ihm verliehen worden, und was dieser Ehrung den besonderen Kick zu geben schien, war die Tatsache, daß der Preis für Literatur an Samuel Beckett vergeben worden war. Es gab keinen Schriftsteller, dessen Werk Delbrück besser kannte, und er freute sich, Beckett zu treffen. Delbrück wollte ihn fragen, ob die Romanfigur *Molloy* als ein seltsamer »oddball« der Art angelegt ist, die in den zwanziger Jahren die Seminare in Göttingen bevölkerten. Doch Beckett ist leider nicht nach Stockholm gekommen, und als Delbrück Jahre später die Gelegenheit zu einem Spaziergang mit ihm durch Berlin bekam, hat der Dichter die Frage des Wissenschaftlers nicht verstanden und von dem Stück erzählt, das er gerade inszenierte.

Als Delbrück noch in Köln war, gelang es ihm, Niels Bohr einzuladen, um 1962 die Festrede zur Eröffnung des Instituts zu halten, und er bat den großen alten Mann aus Kopenhagen, seine Überlegungen von 1932 über die Verbindung von *Licht und Leben* im Lichte der riesigen Fortschritte zu aktualisieren, die sowohl die Physik als auch die Biologie verzeichnen könnten. Bohr tat Delbrück den Gefallen, und er hielt eine Rede unter dem vereinbarten Titel, aber niemand scheint verstanden zu haben, was da gesagt wurde. Delbrück wies zwar in seinem Dank darauf hin, daß »die Interpretierbarkeit der Lebensphänomene durch molekulare Vorgänge heute erst recht eine akute wissenschaftliche Frage« sei und daß er hoffe, bald auf eine neue Art von Paradox zu treffen, aber auch das schien den meisten Zuhörern wenig zu sagen. Sie waren pragmatisch eingestellt. Sie zerlegten die Zellen, isolierten die Moleküle und versuchten anzugeben, in welcher Wechselwirkung sie miteinander standen. Wo sollte da ein Paradox herkommen?

Sie hatten nicht gemerkt – und viele haben es bis heute nicht verstanden –, daß es ihre zahlreichen Ergebnisse und all die vielen molekularen Details sind, die dabei zum Vorschein kommen, die das eigentliche Paradox der Biologie ausmachen. Es besteht einfach darin, daß alle die Vorgänge in den Zellen und Organismen zwar höchst genau sämtliche Gesetze von Physik und Chemie erfüllen, dabei aber immer noch nicht verstanden werden. Die komplexen Abläufe des Lebens können vielleicht sogar nie verstanden werden, auch wenn man noch so viel von ihnen versteht. Trotzdem muß man sich darum bemühen. Delbrück hat dies bis zum Tage seines Todes getan, obwohl ihm ein tückischer Knochenkrebs zuletzt viel Energie abforderte. Doch er empfand bis zuletzt noch durch die Schmerzen hindurch die

Freude, die es ihm bereitete, über Wissenschaft nachzudenken und sich ein Experiment zu überlegen, mit dem man die Natur fragen könnte. Delbrück wartete immer voller Spannung auf ihre Antwort.

Richard P. Feynman

oder
Das Original in seiner Pracht

Richard Feynman war sehr amerikanisch. Wie das große Land selbst, an dessen Ostküste er 1918 geboren wurde und an dessen Westküste er 1988 starb, so steckte auch er voller Gegensätze. Während sich die USA zum Beispiel als Land von Mickey Mouse und Mondfahrt charakterisieren lassen, kann man Feynman als genialen Physiker und großen Kindskopf zugleich beschreiben. So wie sich in Amerika sowohl die größte Zahl der Analphabeten in der westlichen Welt als auch die meisten Nobelpreisträger in den Naturwissenschaften finden lassen, so stellt man in Feynman die höchste Originalität in der Physik und die platteste Banalität in Kunst und Philosophie[1] fest. Während es sich empfiehlt, jedes Wort, das er zur Physik sagt, genau zu behalten und als Schatz zu bewahren, ist es ebenso ratsam, alles, was er zu ethischen, ästhetischen und politischen Fragen sagt, einfach zu übergehen. Er wirkt dann ebenso hausbacken und langweilig, wie wir ihm erscheinen müssen, wenn wir uns zur Physik äußern.

In der Physik, da kannte er sich aus wie kein zweiter, und dies bezieht sich nicht nur auf sein Spezialgebiet, das zwar auf den abschreckend wirkenden Namen »Quantenelektrodynamik« hört, das aber trotzdem unsere Aufmerksamkeit verdient.

---

1 Er hat das englische Wort »philosophical« stets »philosawfucal« ausgesprochen; »awful« heißt »furchtbar«.

Schließlich handelt es sich bei der QED um die genaueste Theorie der Welt, und sie beschreibt, wie Licht und Materie sich begegnen. Das heißt, Feynman hat für uns verstanden, wie die Energie des Lichts mit der Energie der Elektronen zusammentrifft und interagiert, wie dabei Farben und Brechung entstehen, und das Besondere daran ist, daß er um 1949 sogar einen Weg gefunden hat, diese sehr komplizierte physikalische Wechselwirkung und ihre noch komplizierteren mathematischen Strukturen in hübschen Bildern – den sogenannten Feynman-Diagrammen – einzufangen.

Er kannte sich aber nicht nur auf diesem speziellen Sektor aus. Es ist geradezu sein Markenzeichen, die ganze Physik überblickt zu haben. Feynman war *der* Physiker seiner Generation, und er hat seine Kollegen vor allem als Lehrer weit übertroffen. Zu Beginn der sechziger Jahre hat er am California Institute of Technology (CalTech) in Pasadena seine inzwischen legendären »Feynman Lectures on Physics« gehalten, die 1963 in drei leuchtend roten Bänden mit außergewöhnlichem Format erschienen sind.[2] Die Tatsache, daß es Feynman darin gelungen ist, nicht irgendeinen aktuellen Zustand seiner Wissenschaft festzuhalten, sondern das Wesentliche dieses Fachs vorzuführen und die Art seines Vorgehens und Denkens vorzustellen, läßt sich einfach daran feststellen, daß diese Vorlesungen auch dreißig Jahre später noch gedruckt werden – und zwar in unveränderter Form. Feynman hat 1963 gezeigt, was Physik ist, und weder vorher noch nachher hat es jemanden gegeben, der es ihm hätte gleichtun können.[3]

Berühmt ist zum Beispiel die Vorlesung, die er über eine mechanische Vorrichtung in einer Uhr hielt, mit der verhindert

2 Feynman hat diese Bücher nicht selbst geschrieben. Er hat die Vorlesungen gehalten, und seine Kollegen haben mitgeschrieben und ein Tonband mitlaufen lassen. Aus dieser Mit- bzw. Abschrift sind *The Feynman Lectures on Physics* entstanden.

3 Es soll inzwischen Physiker geben, die Feynmans Vorlesungen so zitieren, als ob es um die Bibel ginge, also etwa »Buch III, Kapitel 12, Vers 26«.

wird, daß sich die Feder abspult. Eine ganze Vorlesung über eine sägezahnartige Konstruktion, zu der eine Knarre und ein Sperrhaken gehören! Natürlich hatte Feynman einen größeren Zusammenhang im Auge, und kurz bevor die 45 Minuten abgelaufen waren, bot er den Studenten dann eine Lektion über die Geschichte der Welt an:

»*Die Knarre und der Sperrhaken funktionieren nur in einer Richtung, weil irgendeine grundlegende Verbindung mit dem übrigen Universum besteht. Weil wir auf der Erde abkühlen und Wärme von der Sonne erhalten, können sich die Knarren und Sperrhaken, die wir herstellen, in einer Richtung bewegen. Man kann dies nicht vollkommen verstehen, solange das Geheimnis der Anfänge des Universums nicht besser verstanden ist.*«

Seit es diese roten Bücher gibt, hat sich die Art, wie Physik an den Universitäten gelehrt wird, stark verändert. Doch bei allem Lob für Feynmans didaktisches Geschick und sein Gespür für die natürlichen Zusammenhänge sollte nicht verschwiegen werden, daß das Fest der Physik, das Feynman hier zelebrierte, den direkt beteiligten Studenten zuviel zumutete[4], zumindest den Anfängern. »Je weiter der Kurs fortschritt«, so hat sein Kollege David Goodstein seine Recherche zusammengefaßt, »desto mehr Erstsemester sprangen ab. Gleichzeitig besuchten immer mehr Studenten aus höheren Semestern und Fakultätsmitglieder die Vorlesungen, so daß der Saal immer gut gefüllt war und Feynman vielleicht niemals bemerkte, daß er seine eigentliche Zuhörerschaft verlor.«

Seine Fangemeinde hat er aber gefunden, und zwar all die vielen Leser seiner drei roten Bücher in aller Welt. Das immer wieder Erstaunliche an den hier zu findenden Erläuterungen zur Physik besteht darin, daß er auf keinerlei Quellen zurück-

---

4 Die Prüfungsergebnisse waren eine Katastrophe und entmutigten Feynman zunächst, der aber auf Bitten des Präsidenten von CalTech weitermachte und den insgesamt zweijährigen Kurs zu Ende führte.

zugreifen scheint und jede Formel, jedes Gesetz auf seine eigene Weise ableitet. Wer sich die Texte vornimmt, bekommt tatsächlich Lust, sich zu überlegen, wie die Physik wohl aussehen würde, wenn es einen wie Feynman zu Isaac Newtons Zeit gegeben hätte oder im 19. Jahrhundert, als James Clerk Maxwell die Gleichungen des elektromagnetischen Feldes aufstellte. Natürlich ist Feynman selbst zu spät geboren worden, um bei der Entstehung der Quantentheorie mithelfen zu können. Aber auch diese Theorie hat er sich dann selbst abgeleitet, und zwar sogar zweimal – einmal konzeptionell für seine Studenten und einmal in neuer mathematischer Form für seine Kollegen. Was die neuen Gleichungen angeht, so sind daraus seine Diagramme geworden, die wir weiter unten noch kennenlernen. Was die neue Darstellung angeht, so führen Feynmans Vorlesungen – Buch I, Kapitel 37 – die fundamentale Lektion der Quanten, die doppelte Natur der Elektronen, in so klarer Weise vor, daß man sieht, warum mit ihrem Auftreten das Ende der klassischen Physik erreicht war. Vor dem Geheimnis der Quantenmechanik, vor ihrer »zwar gefährlichen, aber präzisen Existenz«, die »durch die Unbestimmtheitsrelationen geschützt wird«, muß allerdings selbst Feynmans ansonsten überlebensgroße Neigung kapitulieren, alles durch Erklärungen zu entzaubern. Seine Verwunderung darüber hat er einmal so ausgedrückt[5]:

»Es war immer schwierig,
die Sicht der Dinge zu verstehen,
die sich in der Quantentheorie zeigt.

Wenigstens für mich,
denn ich bin gerade so alt,
daß ich den Punkt noch nicht erreicht habe,
an dem für mich alles offensichtlich ist.

Ich werde immer noch nervös dabei.

5 Einem Vorschlag des Physikers David Mermin folgend schreiben wir Feynmans prosaische Äußerung in poetischer Form auf.

Ihr wißt doch, wie das ist,
jede neue Idee
braucht eine Generation oder zwei,
bevor es offenbar wird,
daß eigentlich gar kein Problem vorliegt.

Ich kann das eigentliche Problem nicht definieren,
also vermute ich, daß es so ein Problem nicht gibt.
Doch ich bin nicht sicher,
daß es kein wirkliches Problem gibt.«

Der Rahmen

Als Feynman 1918 in Far Rockaway (New York) geboren wird, geht in Europa der Erste Weltkrieg zu Ende. Kaiser Wilhelm II. verzichtet auf den Thron, und der Sozialdemokrat Philipp Scheidemann ruft die deutsche Republik aus. Oswald Spengler veröffentlicht *Der Untergang des Abendlandes*, und die Spanische Grippe fordert mehr als 1 Million Tote in Europa – unter anderem den Maler Egon Schiele. Ein Jahr später nimmt die Nationalversammlung in Weimar die Verfassung des Deutschen Reiches an, und 1920 wird in den USA die Prohibition eingeführt und das erste Rundfunkprogramm ausgestrahlt.

1941 werden die USA in Pearl Harbor von Japan angegriffen, und der Zweite Weltkrieg hat den Pazifik erreicht. 1942 betrachten sich die gegen Deutschland im Krieg befindlichen Staaten als Vereinte Nationen, und als Alliierte drängen sie alle Offensiven zurück. Enrico Fermi gelingt in Chicago die erste kontrollierte Kettenreaktion. 1943 entdeckt der Schweizer Chemiker Albert Hoffmann, daß LSD eine halluzinogene Droge ist, S. A. Waksman findet das Streptomycin, Antoine de Saint-Exupéry publiziert *Der kleine Prinz* und Hermann Hesse schließt *Das Glasperlenspiel* ab. Fünf Jahre später (1948) bekommt die Welt die Quantenelektrodynamik in zwei Versionen, eine von Julian Schwinger und eine von Feynman, dafür erhalten sie – zusammen mit Shinichiro Tomonaga aus Japan – den Nobelpreis für Physik des Jahres 1965.

Als zwei Jahre zuvor die berühmten Feynman Lectures erscheinen, werden die Quasare entdeckt, die eine sehr hohe Rotverschiebung zeigen und sich nicht der Urknall-Theorie fügen. Als Feynman 1988 stirbt, schätzen Chemiker, daß sie rund 10 Millionen spezifische Verbindungen kennen und daß jedes Jahr 400000 hinzukommen. Das amerikanische Patentamt vergibt das erste Patent für ein Wirbeltier, die berühmte »Krebsmaus«, die in der Krebsforschung eine Rolle spielt. Das aufgendste Gebiet der Physik ist die Festkörperforschung. Die Temperatur, bei der keramische Stoffe supraleitend werden, erreicht eine neue Rekordhöhe. Es sind nur noch 150 Grad bis zum Nullpunkt auf der Celsius-Skala.

Das Porträt

An dem Tag, an dem Feynman starb, befestigten die Studenten des California Institute of Technology, an dem er seit über dreißig Jahren unterrichtete, ein riesiges Banner am höchsten Gebäude des Campus. »We love you, Dick« stand da zu lesen, und diese Geste macht deutlich, daß Feynman für Generationen von Physikstudenten mehr als nur ein großer Physiker und faszinierender Lehrer war. Sie liebten ihn als den Mann, der an allem seinen Spaß zu finden schien, und »fun« ist das Wort, das Feynman am besten charakterisiert, der unübersehbar mit einem Lieferwagen durch die Stadt kutschierte, auf den einige der »Feynman-Diagramme« gemalt waren, die ihm den Nobelpreis eingebracht hatten. Er hatte ebenso Spaß daran, Physik zu treiben wie Bongo-Trommel zu spielen – auch in windigen Bars –, und es machte ihm ebenso viel Spaß, die Hieroglyphen der Mayas zu entschlüsseln wie eine Theorie der Superfluidität[6] aufzustellen. Und er hatte genauso seinen »fun«, wenn er die Sprachen der Welt imitierte – Feynman konnte Laute auf die Weise von sich geben, daß man tatsächlich den Eindruck ge-

6 Damit ist die Eigenschaft gemeint, die zum Beispiel sehr tief abgekühltes Helium annimmt, das dann in flüssiger Form in keinem Gefäß mehr gehalten werden kann. Es fließt durch alles hindurch.

wann, er spräche zum Beispiel Spanisch oder Chinesisch, und nur wer wirklich eine dieser Sprachen beherrschte, konnte verstehen, daß da nichts zu verstehen war –, wie er es lustig fand, seinen Akzent sorgfältig zu pflegen, der deutlich machte, daß er aus New York stammte.

Feynman stammt – genauer gesagt – aus Far Rockaway, und er sprach mit einem rollenden Brooklyner Akzent. Mit seiner Hilfe wollte er sich zunächst einfach von seinen Kommilitonen unterscheiden, als er in Boston und Princeton Physik studierte, doch bald fiel er durch ganz andere Leistungen auf, und zwar durch seine mathematischen Fähigkeiten und seine physikalische Intuition. So jung Feynman auch 1943 noch war, jemand wie ihn konnte man bei dem Manhattan-Projekt gut gebrauchen, das die Amerikaner in der Wüstenstadt Los Alamos (New Mexico) unter der Leitung von Robert Oppenheimer aus dem Boden gestampft hatten. Bald leitete Feynman die Gruppe, die für die entscheidenden Berechnungen von Größe und Reichweite der Atombomben verantwortlich war, wobei zu bemerken ist, daß der Umfang der Kalkulationen, die es – noch ohne Computer heutiger Bauart – zu erledigen galt, alles bis dahin Geleistete locker in den Schatten stellte.

Seine Zeit in Los Alamos hat Feynman nicht nur mit mühevollen und schwierigen Theorien verbracht, er hat sich auch einen Spaß daraus gemacht, den »Safecracker« zu spielen.[7] Zum großen Entsetzen der amerikanischen Behörden gelang es ihm nämlich, den Safe zu knacken, in dem die höchsten Geheimnisse der Atombombe lagen, also die Dokumente, die nur Oppenheimer und die Generäle kannten.

Doch diese Geschichte verblaßt neben der eigentlichen Tragödie, die der junge Feynman in dieser Zeit erleben mußte. Er hatte sehr früh geheiratet, und er liebte seine Frau Arlene sehr.

---

7 Feynman hat später davon erzählt, und was er gesagt hat, wurde aufgenommen. Inzwischen gibt es eine CD, auf der speziell die »Safecracker Suite« zu hören ist. Unterbrochen werden einzelne Erzählabschnitte durch ein Spielen der Bongo-Trommeln, die bei Feynman unvermeidlich sind.

Es war »a love like no other love that I know of«, aber in Los Alamos mußte er zusehen, wie Arlene an Tuberkulose starb. Feynman weiß natürlich, daß die Liebe wichtiger ist als die Wissenschaft, aber er brauchte jetzt irgendeinen Halt, und er entscheidet sich, daß das Wissen »der höchste Wert« ist, der dies vermag. Diesem »höchsten Wert« opfert er – viele Jahre lang zumindest – alle seine Gefühle, und als Arlene im Sterben liegt, lenkt er sich dadurch ab, daß er ihren stockenden Atem untersucht und Betrachtungen über das Aussetzen der Gehirntätigkeit anstellt. Als der Tod eintritt, verläßt er das Krankenhaus und geht zurück an die Arbeit. Erst ein paar Wochen später, als er in einem Laden plötzlich ein Kleid sieht, das Arlene gefallen hätte, bricht er zusammen.[8]

Als der Krieg zu Ende war – es gibt von dem unpolitischen Feynman keinen Kommentar zum Abwurf der Atombombe –, folgt er seinem unmittelbaren Vorgesetzten aus Los Alamos, dem theoretischen Physiker Hans Bethe, an die Cornell-Universität im Staate New York. Hier entwirft Feynman seinen wichtigsten Beitrag zur Physik, bevor er nach Kalifornien wechselt und dort bis zu seinem Tode (durch Krebs) bleibt.

Feynman versuchte in Cornell von der Quanten*mechanik* zur Quanten*elektrodynamik* zu kommen, und wenn das einem Außenstehenden zunächst auch nicht viel sagt, so reicht ein kurzer Blick in die Geschichte der Physik bereits aus, um zu sehen, daß es sich hierbei um einen entscheidenden Schritt handelte. Historisch gesehen hatte ihr Erfolg damit zu tun, daß die Physiker nach der Mechanik (à la Newton) die Elektrodynamik (à la Maxwell) gefunden hatten. Und nun im 20. Jahrhundert mußte es gelingen, nach der Quantenmechanik (à la Bohr) die Quan-

---

8 Feynmans Umgang mit Frauen wird in den nächsten Jahren seltsam. Er verbringt viel Zeit in Bars. Seine zweite Heirat von 1952 endet mit einer unerfreulichen Scheidung, und erst mit seiner dritten Frau schafft er die silberne Hochzeit kurz vor Ende seines Lebens. Gweneth Feynman hat ihn wohl zu nehmen gewußt. Als eine Zeitschrift ihren Mann zum »klügsten Mann der Welt« ernannte, kommentierte sie: »Wenn dies der klügste Mann der Welt ist, dann helfe uns Gott.«

tenelektrodynamik zu finden, und da dies inzwischen vollbracht ist, könnte heute, wer wollte, (à la Feynman) ergänzen.[9]

Es gab – von den technischen und mathematischen Schwierigkeiten einmal abgesehen – zwei Probleme auf dem Weg zur QED, ein psychologisches und ein physikalisches. Das psychologische Hindernis bestand darin, daß der Mann, der die Richtung des Suchens vorgegeben hatte und von dem alle Welt die Lösung erwartete – der Engländer Paul Dirac –, selbst nicht weiterkam. Dirac sprach von einer großen Herausforderung, die große Ideen brauche, und was andere vor Ehrfurcht in die Knie gehen ließ, stachelte Feynmans Ehrgeiz an. Er wollte es seinem Helden der Physikgeschichte zeigen.

Dirac hatte seine mathematischen Waffen nicht aus Langeweile gestreckt, sondern weil er ein physikalisches Problem nicht beseitigen konnte, das mit der sogenannten Selbstenergie eines geladenen Teilchens – etwa eines Elektrons – zu tun hat. In der Theorie kam dafür immer wieder ein unendlich hoher Wert heraus, was physikalisch unsinnig war, und irgendwann hörte Dirac auf, sich darüber zu ärgern. Was die Selbstenergie ist und warum sie Schwierigkeiten machte, läßt sich am einfachsten erklären, wenn wir einmal – ohne dabei auf elektrische Ladungen zu achten – einen einfachen Stein ins Auge fassen, der sich in einem Schwerefeld – etwa der Erde – befindet. Wer genau ausrechnen will, welche Energie solch ein Stein in einer gewissen Höhe über dem Boden hat, muß dazu auch die Theorien von Albert Einstein mit in Rechnung stellen, und in denen sind Masse und Energie äquivalent. Damit passiert aber – rein theoretisch – eine Katastrophe: Der Stein hat eine Masse und im Schwerefeld der Erde auch eine Energie. Diese Energie erhöht nach Einstein seine Masse, zu der ein eigenes kleines Feld gehört[10], das seine Energie erhöht, die wiederum seine Masse

---

9 Die vollständige QED ist das Werk von vier Physikern – neben Feynman und den erwähnten Schwinger und Tomonaga hat noch der Engländer Freeman Dyson einen großen Anteil an ihrer Entstehung.

10 Nicht nur die Erde hat ein Schwerefeld, sondern jede Masse. Das fällt nicht auf, weil die Erdmasse so viel größer ist als alle anderen.

vergrößert, und so dreht sich die Spirale immer weiter, bis man bei Unendlich angekommen ist.

Genauso ergeht es einem Elektron in seinem elektrischen Feld, und an dieser Stelle klappte Dirac seine Hefte zu. Es war dann Feynman, der sie wieder öffnete und einen Ausweg fand, um die Singularitäten zu vermeiden, wie die Physiker die Stellen nennen, an denen ihnen die Formeln nicht mehr gehorchen. Feynman schaffte dies allerdings nicht mit einem Trick oder einer Idee. Im Gegenteil! Er mußte die ganze Quantenmechanik noch einmal neu erfinden – nach dem Motto »I do it my way« –, um das Instrumentarium für die Bändigung der Selbstenergie parat zu haben.[11] Feynman begann seine Re-Kreation dabei mit der Annahme, daß ein Quantensystem zunächst genauso ist wie ein klassisches System, das heißt, es durchläuft verschiedene Zustände und entwickelt sich nach und nach. Wenn die Quanten ins Spiel kommen, tauchen natürlich mehr Möglichkeiten auf, aber dazu brauchte man nur eine höhere Mathematik, und mit ihrer Hilfe zeigte Feynman, daß man jetzt in der Lage war, den Zustand, auf den sich ein System hin entwickelte, aus einer Beschreibung des gegenwärtigen Zustands zu berechnen. Sein mathematischer Trick bestand aus sogenannten »Propagatoren«, und aus ihnen leitete seine Phantasie die Diagramme her, die heute seinen Namen tragen und mit denen jeder Physiker heute umzugehen lernt.

Feynman-Diagramme machen die QED auch für solche

---

11 Feynmans Methode heißt technisch »path integral«, also Pfadintegral, wobei nur die erste Silbe wichtig ist. Feynman führt nämlich wieder die Pfade eines Elektrons ein, die Bohr und Heisenberg mit der Unbestimmtheit bzw. der Komplementarität abgeschafft hatten. So elegant die Mathematik ist, die zu den »path integrals« gehört, die Pfade, um die es dabei geht, sind imaginärer Art und haben nichts mit den realen Bahnen zu tun. Wenn Feynman trotzdem im Anschluß an seinen physikalischen Triumph meint, nun auch die Philosophie der Komplementarität erledigt zu haben, dann zeigt dies nur, was eingangs behauptet wurde, daß er von diesem Denken nichts versteht. Es ist ein Fehler, Philosophen als »unfähige Logiker« zu verspotten, wie Feynman es getan hat.

Leute zugänglich, die keine Rechengenies sind. Sie klassifizieren und kalkulieren die Elemente, die in die Berechnung der Wahrscheinlichkeit eingehen, mit der ein System von einem Zustand in einen anderen übergeht, wenn es Wechselwirkungen unterliegt. Und als Feynman seine Methode auf die Elektronen anwendete und ihre Interaktionen mit dem Licht ins Auge faßte, da hatte man auf einmal den Eindruck, als ob ein Zauberer die Bühne der Physik betreten hätte. Er hatte alle Unendlichkeiten mit einem Schlag verschwinden lassen und dabei die QED wie ein Kaninchen aus dem Zylinder gezogen. Verschwunden waren die Singularitäten genaugenommen deshalb, weil Feynman den Mut hatte, in seinem Formalismus alle möglichen Wege und Wirkungen gelten zu lassen. Und dabei zeigte sich, daß jeder unendliche Wert, der auftrat, durch einen anderen geschluckt wurde, der mit negativem Vorzeichen versehen war. Die Theorie tut so zwar ihren Dienst, doch für manche Leute bleibt sie seltsam, und Dirac hat sie bis zuletzt nicht gefallen. Doch durch all dies und die eher bizarren Eigenschaften der QED – so Feynman – sollten wir uns nicht den Spaß daran nehmen lassen, mit ihr Physik zu machen.

Ihm selbst hatte sie einen besonderen Augenblick beschert, den man für keine noch so große Menge Geld kaufen kann und der für Leute mit normal funktionierenden Gehirnen unerreichbar bleibt. Als Feynman mit seinen Diagrammen umgehen konnte, ließen sich damit natürlich echte physikalische Probleme angehen, und irgendwann in der Mitte der fünfziger Jahre gelang ihm dabei die vollständige Erklärung des Zerfalls, bei dem ein Neutron in ein Teilchentrio umgewandelt wird, in ein Proton, ein Elektron und ein Neutrino. Für einen kurzen Zeitraum war Feynman nicht nur der einzige Mensch auf der Welt, der über dieses Verständnis ganz alleine verfügte, er erlebte in diesem Moment auch den »Augenblick, in dem ich wußte, wie die Natur funktionierte«. Das entscheidende Diagramm besaß nicht nur »Eleganz und Schönheit«, »das verdammte Ding leuchtete geradezu«.[12]

12 Die ungewöhnlichen intuitiven Fähigkeiten Feynmans zeigen sich

Feynman hat seinen »fun« auch an vielen anderen Dingen gefunden – vom Karneval in Rio, an dem er mit seinen Bongo-Trommeln teilnahm, bis zu der Idee, die Techniker den »room at the bottom« finden zu lassen, in der noch die kleinsten Maschinen funktionieren können. Konkret hat er damit das herausgefordert, was heute als Nanotechnologie unter Berufung auf ihn betrieben wird. Dabei hatte er zunächst nur an einen elektrischen Motor gedacht, der kleiner als ein Prozent eines amerikanischen Zolls (»inch«) [13] sein sollte. 1000 US-Dollar bot er dem ersten Konstrukteur an, und kaum ein halbes Jahr nach seinem Angebot war Feynman sein Geld los. Er konnte sich einen Teil davon zurückholen, als er eine andere Wette gewann. Es ging dabei um die Frage, ob Feynman es nach dem Nobelpreis schaffen würde, weiterhin jede administrative Funktion abzulehnen und sich nach wie vor ganz der Wissenschaft zu widmen. Als Zeitraum waren zehn Jahre ausgemacht, und obwohl viele lukrative Posten winkten, sah er nicht, wie er auf ihnen seinen Spaß an der Physik auch nur im Ansatz behalten konnte, und er lehnte sie alle ab.

Nicht ablehnen konnte er gegen Ende seines Lebens die Bitte des amerikanischen Präsidenten Reagan, in dem Untersuchungsausschuß mitzuarbeiten, der die Challenger-Katastrophe vom Januar 1986 untersuchen und die Sicherheitsmaßnahmen der amerikanischen Raumfahrtbehörde NASA überprüfen sollte. Sieben Astronauten (fünf Männer und zwei Frauen) waren bei dem mißglückten Start der Raumfähre ums Leben gekommen, und Feynman wurde nach Washington eingeladen, um mitzuhelfen, die Ursachen des Unglücks zu finden.

Er lebte damals schon mit geborgter Zeit, wie er es nannte, nachdem man 1982 Krebs bei ihm diagnostiziert hatte, und zwar eine Form, die das Knochenmark befällt. Mehrere Operationen hatten ihm noch ein paar mehr Jahre gegeben, und als die Einladung in die Hauptstadt kam, war sein erster Gedanke,

---

auch daran, daß er erzählt hat, Farben vor Augen zu haben, wenn er mit seinen Diagrammen umging.

13 1 Zoll = 2,54 cm

daß er sich das bißchen Leben, das ihm noch blieb, nicht verderben lassen wollte. Aber er hatte Freunde, die an dem Shuttle-Programm beteiligt waren, und wenn es weitergehen sollte, dann mußten die Schwachstellen gefunden werden.

Die Freunde arbeiteten ganz in der Nähe seines Arbeitsplatzes CalTech, am sogenannten Jet Propulsion Laboratory (JPL) in Pasadena. Hier erfuhr er, daß die Techniker schon längere Zeit auf viele Sicherheitsmängel hingewiesen hatten – es gab etwa Probleme mit Turbinenschaufeln –, doch was ihm sofort ins Auge fiel, waren raffinierte Gebilde, die als O-Ringe viel zu einfach bezeichnet waren. Es handelte sich zwar um gewöhnliche Gummiringe. Sie waren aber dünner als ein Bleistift und über zehn Meter lang. Ihre Aufgabe bestand darin, die Segmente, aus denen eine Rakete aufgebaut ist, abzudichten. »O-Ringe zeigen bei Überprüfung der Segmentnut Sengspuren«, notierte sich Feynman nach seinem Besuch am JPL, und er erkannte: »Sobald ein kleines Loch durchgebrannt ist, entsteht augenblicklich ein großes Loch. Katastrophale Folgen nach wenigen Sekunden.« Jetzt entschied er sich, in Washington dabeizusein.

Er war das einzige Mitglied des Untersuchungsausschusses, der nichts mit der NASA zu tun hatte, und er erwies sich als schärfster Kritiker. Er warf der Leitung der Behörde vor, eine Art russisches Roulette zu spielen, wenn es um die Sicherheit der Astronauten ging. Im Verlauf der Untersuchung wurde ihm allerdings klar, daß es weniger die Hitzebelastung der O-Ringe war, die zum Unglück geführt hatte. Relevanter waren die kalten Temperaturen um den Gefrierpunkt in der Nacht vor dem Start. Um seine entsprechenden Einsichten zum O-Ring vorzutragen, griff er in die Trickkiste des Showmasters Feynman, der wußte, wie man im Fernsehen gut ankommt. Er besorgte sich eine kleine Klammer und ein paar Zangen und bestellte eine Karaffe mit Eiswasser nebst Gläsern. Er entfernte mit der Zange ein Stück von dem O-Ring, der dem Ausschuß als Modell zur Verfügung stand, und tauchte es mit Hilfe der Klammer in das Eiswasser ein. Dann meldete er sich zu Wort:

»*Ich habe das Gummi hier aus dem Modell genommen und eine Zeitlang in Eiswasser gelegt. Ich habe entdeckt, daß das Gummi nicht zurückschnellt, wenn man die Klammer entfernt. Mit anderen Worten, bei einer Temperatur von null Grad verliert dieses Material für einige Sekunden oder länger seine Elastizität. Und das ist, scheint mir, für unser Problem von Belang.*«

Die grundlegende physikalische Ursache der Challenger-Katastrophe war damit gefunden, obwohl es noch Monate dauerte, bis alle organisatorischen, politischen und anderen Mängel erkannt und korrigiert waren. Als alles vorbei war – auch die Feierstunde im Rosengarten des Weißen Hauses –, flog Feynman zurück nach Kalifornien. Er ist bald darauf gestorben. Sein persönlicher Bericht an den Präsidenten schließt mit den Worten:

»*Eine erfolgreiche Technik setzt voraus, daß Wirklichkeitssinn vor Werbung kommt, denn die Natur läßt sich nicht betrügen.*«

Oder in seiner eigenen Sprache, die dasselbe viel besser ausdrückt:

»*For a successful technology, reality must take precedence over public relations, for Nature cannot be fooled.*«

Ausblick

Statistisch gesehen leben und arbeiten in unseren Tagen mehr Forscher und Wissenschaftlerinnen als in allen vergangenen historischen Zeiträumen zusammengerechnet. Statistisch gesehen müßte also in einer persönlich gefärbten und orientierten Wissenschaftsgeschichte aus dem zwanzigsten Jahrhundert viel stärker berichtet werden als aus den davorliegenden Epochen. Aber wer überlegt, wie die Liste der vorgestellten Menschen zu verlängern ist, um ein vollständigeres Bild von dem Abenteuer Wissenschaft zu bekommen, der wird eher im siebzehnten und achtzehnten Jahrhundert fündig, und wer gar der Frage nachgeht, welche von den noch lebenden Größen der Wissenschaft für die Aufnahme in eine solche Porträtsammlung qualifiziert ist, der gerät mehr in Zweifel als in Euphorie.

Unter keinen Umständen darf – wenn eine zweite wissenschaftliche »Hintertreppe« angestrebt wird – jemand wie Max Planck fehlen, und auch wird niemand an Werner Heisenberg vorbeikommen, aber schmerzlicher noch als sie werden Universalisten wie Gottfried Wilhelm Leibniz oder Mathematiker wie Carl Friedrich Gauß vermißt. Selbst dieser kurze Blick zeigt, wieviel Stoff für eine zweite Sammlung mit Porträts geblieben ist, die unter dem Titel »Leonardo, Heisenberg & Co.« veröffentlicht wurde.

Dieses Buch reicht von Gottfried Leibniz bis Konrad Lorenz, und bei der Arbeit stand immer die Frage im Hintergrund, ob es nicht doch noch einen lebenden Forscher bzw. eine Forscherin gibt, der bzw. die gegebenenfalls zu berücksichtigen und aufzunehmen wäre. Mir scheint allerdings, daß an dieser Stelle eher Gelassenheit angesagt ist. Irgendwie scheinen die ganz großen Genies aus der Wissenschaft verschwunden zu sein (oder sollte man besser sagen, daß sie noch nicht aufgetaucht sind?), obwohl es natürlich nach wie vor große Persönlichkeiten sind, die die Wissenschaften voranbringen.

Wissenschaft ist immer mehr eine Sache von Teamarbeit geworden, und es wird zum Beispiel immer schwieriger, den richtigen Leuten den Nobelpreis eines Jahres zu übergeben, da die Statuten nicht mehr als drei Empfänger für eine Kategorie vorsehen. Wenn man den Blick auf die aufregendste Wissenschaft unserer Tage lenkt – auf die Molekularbiologie –, dann kann man förmlich sehen, wie die Teams entstehen und zu größeren Gruppen werden. Noch zu Beginn des Jahrhunderts beherrschten einzelne Persönlichkeiten die Szene: Barbara McClintock gehört ebenso dazu wie Thomas Hunt Morgan oder August Weismann, um nur ein paar Namen zu nennen. In den dreißiger und vierziger Jahren entstehen die ersten Paarungen – der Deutsche Max Delbrück tut sich zum Beispiel mit dem Italiener Salvador Luria zusammen –, sie gewinnen nach dem Zweiten Weltkrieg an Bedeutung: Der Brite Francis Crick entdeckt zusammen mit dem Amerikaner James Watson die Doppelhelix, und die beiden Franzosen Jacques Monod und François Jacob durchschauen die genetische Regulation. Heute kennt man vor allem diejenigen Forscher besonders gut mit Namen, denen es gelungen ist, zum Direktor eines großen Laboratoriums mit vielen Mitarbeitern zu werden oder gar Präsident einer großen Forschungsorganisation.

Wenn es eine Person der modernen Wissenschaftsgeschichte gibt, die ungeheuer viel bewegt hat, dann läßt sich das von dem bereits erwähnten James Watson sagen, der als Forscher, Lehrer und Manager Großes geleistet hat. An seinem Beispiel kann man demonstrieren, was heute im Vergleich zu früheren Jahrhunderten anders geworden ist. Als junger Mann von gerade 25 Jahren hat Watson eine Jahrhundertentdeckung gemacht, nämlich die Doppelhelix als Struktur der Erbsubstanz, deren chemischer Name mit den drei Buchstaben DNS abgekürzt wird. Die Lösung dieses Problems fiel ihm scheinbar leicht, aber nur weil Watson zuvor eine phantastische Entscheidung getroffen hatte. Ihm war nämlich klargeworden, daß nicht nur er allein zu wenig wußte, um das Problem zu lösen. Ihm war klargeworden, daß auch jede einzelne Disziplin zu wenig konnte, um die Struktur der DNS zu finden. Es kam darauf an, mit möglichst vielen Experten über möglichst viele Daten zu verfügen und darüber zu sprechen. Watson agierte spontan interdisziplinär, und so konnte er zwar als Biologe eine chemische Struktur auffinden, die mit physikalischen Mitteln analysiert worden war, aber sein Verfahren klappte nur das eine Mal. So setzte er sich bald ein anderes Ziel und schrieb das erste Lehrbuch der Molekularbiologie, das heute in vierter Auflage vorliegt und zum Vorbild für viele Nachfolgewerke geworden ist. In den letzten Jahren hat Watson sich unter anderem einen Namen als Direktor des Cold Spring Harbor Laboratorium in New York und als Organisator des Human Genom Project gemacht.

Kein Zweifel – Watson hat wie kein zweiter Einfluß auf die Biologie und die Wissenschaft unserer Zeit genommen, aber den Status »Einstein der Biologie« will ihm niemand so recht zusprechen (obwohl er von berufener Seite einmal so bezeichnet worden ist). Das, was er geschaffen hat, bleibt nämlich umstritten, weil es unmittelbar anwendbar ist. Aus seiner Entdeckung ist nicht nur eine neue Wissenschaft (die Molekularbiologie), sondern auch eine neue Technik (die Gentechnik) entstanden, und mit ihrer Hilfe werden die Karten zwischen Industrie und Wissenschaft neu gemischt. Forscher können (und wollen) heute nicht mehr nur die Natur erkennen, sie wollen (und können) damit jetzt auch viel Geld verdienen, und solch eine Situation hat mannigfaltige Konsequenzen.

Die Hochzeit der Forscher scheint zu Ende zu sein. Die Zeiten sind vorbei, in denen einige wenige Glückliche in aller Ruhe ihre Disziplin pflegen und in ihnen überschaubare Erkenntnisfortschritte diskutieren konnten, ohne unmittelbar mit praktischen Konsequenzen konfrontiert zu werden. Viele »kleine Leute« bevölkern dafür heute viele große Laboratorien. Es macht immer noch Spaß, ihnen zuzusehen. Vielleicht steckt irgendwo unter ihnen doch ein neuer Einstein, der plötzlich in all den Bäumen, nämlich Daten, einen Wald sieht, den es zu betreten lohnt. Es wäre zum Beispiel schön, wenn er eine »Genomologie« möglich machen könnte, wie Einstein einst eine »Kosmologie« möglich gemacht hat. Mit ihrer Hilfe würde das Haus der Wissenschaft in neuem Glanz erstrahlen, in dem sich all die vielen Menschen sonnen könnten, die an ihm mit- und weiterarbeiten. Wir brauchen sie, selbst wenn es für sie keine eigenen Porträts in einer »Geschichte der Wissenschaft« geben wird.

Zeittafel

500 v. Chr.	»Vorsokratiker«	
470 v. Chr.	Sokrates (468–399)	
460 v. Chr.	Demokritos (460–371)	
430 v. Chr.	Platon (427–347)	
400 v. Chr.	Aristoteles (384–322)	
330 v. Chr.	Euklid (322–285)	Tod Alexanders des Großen (323)
300 v. Chr.	Archimedes (287–212)	
...		
0		Geburt Christi
40		Erste Zerstörung (?) der Bibliothek von Alexandria
90	Ptolemäus (90–170)	
130	Galenos (130–200)	
...		
390		Zweite Zerstörung der Bibliothek von Alexandria
...		
520		Gründung des ersten christlichen Klosters (529); Pest des Justinian; Ende der Antike
620		Flucht Mohammeds nach Medina (Beginn der islamischen Zeitrechnung) (622)
...		
960	Ibn al-Haitham / Alhazen (965–1039)	
980	Ibn-Sina / Avicenna (980–1037)	
...		

1120	Ibn Ruschd / Averroës (1126–1198)	
1140		Gründung der Universitäten von Paris und Bologna
1190	Albertus Magnus (1193–1280)	
1210	Roger Bacon (1219–1292)	
1230	Raimundus Lullus (1235–1315)	
1290	Johannes Buridan (1295–1358)	
1340		Schwarzer Tod in Europa (1347/8) und Ende des Mittelalters; Gründung der Universität von Prag (1347)
...		
1440	Christoph Columbus (1446–1506)	
1450	Leonardo da Vinci (1452–1519)	
1470	Nicolaus Copernicus (1473–1543)	
1490		Landung des Columbus in Amerika; Rückeroberung Spaniens von den Arabern abgeschlossen (1492)
1560	Francis Bacon (1561–1626) Galileo Galilei (1564–1642)	
1570	Johannes Kepler (1571–1630)	
1590	René Descartes (1596–1650)	
1610		Dreißigjähriger Krieg (1618–1648)
1620	Blaise Pascal (1623–1662)	
1640	Isaac Newton (1642–1727) Gottfried Wilhelm Leibniz (1646–1716)	

1700	Daniel Bernoulli (1700–1782)
	Benjamin Franklin (1706–1790)
	Leonhard Euler (1707–1783)
1720	Immanuel Kant (1724–1804)
1740	Antoine Lavoisier (1743–1794)
	Johann Wolfgang von Goethe (1749–1832)
1760	Alexander von Humboldt (1769–1859)
1770	Carl Friedrich Gauß (1777–1855)

Unabhängigkeitserklärung der USA (1776)

1790	Michael Faraday (1791–1867)

Beginn der Französischen Revolution (1789)

1800	Justus von Liebig (1803–1873)
	Charles Darwin (1809–1882)
1820	Hermann von Helmholtz (1821–1894)
	Rudolf Virchow (1821–1902)
	Gregor Mendel (1822–1884)
	Bernhard Riemann (1826–1866)
1830	James Clerk Maxwell (1831–1879)
1840	Robert Koch (1843–1910)
	Ludwig Boltzmann (1844–1905)
1850	Max Planck (1858–1947)
1860	David Hilbert (1862–1943)
	Marie Curie (1867–1934)
1870	Lise Meitner (1878–1968)
	Albert Einstein (1879–1955)
1880	Niels Bohr (1885–1962)
	Erwin Schrödinger (1887–1961)
1900	Wolfgang Pauli (1900–1958)
	Werner Heisenberg (1901–1974)
	Linus Pauling (1901–1994)
	Barbara McClintock (1902–1990)
	John von Neumann (1903–1957)
	Max Delbrück (1906–1981)

1910	Richard P. Feynman (1918–1988)	
		Erster Weltkrieg (1914–1918)
1930		Machtergreifung Hitlers (1933)
		Zweiter Weltkrieg (1939–1945)
1950		Entdeckung der Doppelhelix (1953)
1960		Landung auf dem Mond (1969)
1970		Entdeckung der Umwelt
1980		Aufstieg des »Personal Computers«
1990		Das »Jahrzehnt des Gehirns« in der Wissenschaft
2000		Das dritte Jahrtausend beginnt

Hinweise zur Literatur

Lexika

Biographical Encyclopedia of Scientists, hg. von John Daintith u. a., IOP Publishing, 2. Ausgabe, 2 Bände, Bristol 1994.

Collins Biographical Dictionary of Scientists, hg. von Trevor Williams, HarperCollins, Glasgow 1994.

Forscher und Erfinder – abc Fachlexikon, hg. von Hans-Ludwig Wußing u. a., Verlag Harri Deutsch, Frankfurt a. M. 1992.

Große Naturwissenschaftler – Biographisches Lexikon, hg. von Fritz Krafft, VDI Verlag, Düsseldorf 1986.

Einzelwerke

Niels Bohr, *Atomphysik und menschliche Erkenntnis*, Vieweg, Braunschweig 1985.

Ludwig Boltzmann, *Populäre Schriften*, Vieweg, Braunschweig 1979.

Engelbert Broda, *Ludwig Boltzmann*, Deuticke, Wien 1955.

David Cahan (Hg.), *Hermann von Helmholtz and the Foundation of Nineteenth-Century Science*, University of California Press, Berkeley 1994.

I. Bernhard Cohen, *Revolutionen in der Wissenschaft*, Suhrkamp, Frankfurt a. M. 1994.

Alain Desmond und James Moore, *Darwin*, Rowohlt, Reinbek 1994.

William C. Donahue, *Kepler's fabricates figures*, Journal for the History of Astronomy 19 (1988), 217–228.

J. Fauvel u. a. (Hg.), *Newtons Werk*, Birkhäuser, Basel 1993.

Richard P. Feynman, *Kümmert Sie, was andere Leute denken?*, Piper, München 1991, Taschenbuchausgabe 1996.

Richard P. Feynman, *QED – Die seltsame Theorie des Lichts und der Materie*, Piper, München 1988, Taschenbuchausgabe 1992.

Richard P. Feynman, *Sie belieben wohl zu scherzen, Mr. Feynman!*, Piper, München 1987, Taschenbuchausgabe 1991.

Richard P. Feynman, *Vom Wesen physikalischer Gesetze*, Piper, München 1990, Taschenbuchausgabe 1993.

Ernst Peter Fischer, *Niels Bohr*, Piper, München 1987.

Ernst Peter Fischer, *Das Atom der Biologen – Max Delbrück und der Ursprung der Molekulargenetik*, Piper, München 1988.

Klaus Fischer, *Galileo Galilei*, C. H. Beck, München 1983.

Albrecht Fölsing, *Albert Einstein*, Suhrkamp, Frankfurt a. M. 1993.

Albrecht Fölsing, *Galileo Galilei – Prozeß ohne Ende*, 2. Aufl., Piper, München 1989.

Stephan Gankroger, *Descartes: An Intellectual Biography*, Oxford University Press 1995.

James Gleick, *Richard Feynman*, Droemer Knaur, München 1993.

David Gooding, *Faraday Rediscovered*, Macmillan, Basingstoke 1985.

Jürgen Hamel, *Nicolaus Copernicus*, Verlag Chemie, Heidelberg 1994.

Armin Hermann, *Einstein*, Piper, München 1994.

Evelyn Fox Keller, *A Feeling for the Organism – The Life and Work of Barbara McClintock*, W. H. Freeman, San Francisco 1983.

Hermann Kesten, *Copernicus und seine Welt*, dtv, München 1973.

Jochen Kirchhoff, *Kopernikus*, Rowohlt, Reinbek 1990.

Ingrid Kraemer-Ruegenberg, *Albertus Magnus*, C. H. Beck, München 1980.

Fritz Krafft, *Lise Meitner und ihre Zeit*, Angewandte Chemie 90 (1978), S. 876–892.

Wolfgang Krohn, *Francis Bacon*, C. H. Beck, München 1987.

Mechthild Lemcke, *Johannes Kepler*, Rowohlt, Reinbek 1995.

Norman Macrae, *John von Neumann*, Birkhäuser, Basel 1994.

Albertus Magnus, *Ausgewählte Texte – Lateinisch-Deutsch*, hg. von A. Fries, Wissenschaftliche Buchgesellschaft, 3. Aufl., Darmstadt 1994.

Ernst Mayr, *... und Darwin hat doch recht*, Piper, München 1994.

Ernst Mayr, *Die Entwicklung der biologischen Gedankenwelt*, Springer, Heidelberg 1984.

Lise Meitner, *Einige Erinnerungen*, Die Naturwissenschaften 41 (1954), S. 97–99.

Lise Meitner, *Wege und Irrwege zur Kernenergie*, Naturwissenschaftliche Rundschau 16 (1963), S. 167–169.

Isaac Newton, *Mathematische Grundlagen der Naturphilosophie*, hg. von Ed Dellian, Meiner, Hamburg 1988.

Max Perutz, *Linus Pauling*, Nature Structural Biology 1 (1994), S. 667–671.

Susan Quinn, *Marie Curie: A Life*, Simon & Schuster, New York 1995.

Alexander Rich, *Linus Pauling*, Nature 371 (1994), S. 285.

Patricia Rife, *Lise Meitner*, Claassen, Düsseldorf 1990.

Ivo Schneider, *Isaac Newton*, C. H. Beck, München 1988.

Emilio Segrè, *Die großen Physiker und ihre Entdeckungen. Bd. 1: Von den fallenden Körpern zu den elektromagnetischen Wellen. Bd. 2: Von den Röntgenstrahlen zu den Quarks*, Piper, München 1990.

Anthony Serafini, *Linus Pauling – A Man and his Science*, Simon & Schuster, New York 1989.

Michel Serre (Hg.), *Elemente einer Geschichte der Wissenschaften*, Suhrkamp, Frankfurt a. M. 1993.

Rainer Specht, *Descartes*, 6. Aufl., Rowohlt, Reinbek 1992.

Ferenc Szabadvàry, *Antoine Laurent Lavoisier*, Wiss. Verlags-Gesellschaft, Stuttgart 1973.

Ivan Tolstoy, *James Clerk Maxwell*, Canongate, Edinburgh 1981.

Richard S. Westfall, *Never at Rest – A Biography of Isaac Newton*, Cambridge University Press 1980.

J. M. Zemb, *Aristoteles*, 11. Aufl., Rowohlt, Reinbek 1993.

Personenregister

*Halbfette Seitenzahlen verweisen auf Kapitel, auf den mit * gekenn-
zeichneten Seiten erscheint die entsprechende Person nur in einer Fußnote.*

Abegg, Richard 294
Adenauer, Konrad 308, 341,
359, 377, 391
Adet, Pierre-Auguste *186
Adler, Ellen 360
Albertus Magnus 28f., 55, **56–69**,
72
Alexander der Große 17ff., 72
Alhazen (Ibn al-Haitham) 13,
41f., 45, **50–54**
Archimedes 32f., 105
Aristoteles 13, **14–29**, 30f., 35,
39, 46, 53, 59, 60f., 62f., 65ff.,
72, 74, 80, 83, 91, *94, 101,
105f., 112, 115, 151, 158, 181
Augustinus (Kirchenvater) 60,
*263
Avery, Oswald 329
Avicenna (Ibn Sina) 13, 41f.,
46–50, 60, 66

Bach, Johann Sebastian 161
Bachelard, Gaston 168
Bacon, Ann 89
Bacon, Francis 26, 85, **86–100**,
104, 148f., 161
Bacon, Nicholas 89
Bacon, Roger *86
Baillet, Adrien 145, 148
Barberini, Maffeo siehe Urban
VIII.
Bates, Henry Walter 276
Bateson, William 277, 403
Becket, Samuel *138, 412f.
Beckman, Arnold 404

Becquerel, Henri 294, 298, *301
Beekman, Isaac 142f.
Beethoven, Ludwig van 245, 278
Bell, Alexander 231
Berthollet, Louis 185
Bessel, Wilhelm 81, 262
Bethe, Hans 422
Biringuccio, Vannoccio 73
Birkhoff, George 390
Bismarck, Otto von 243, 245, 256
Bjerkness, Vilhelm 390
Bohr, Aage 353
Bohr, Christian 353
Bohr, Harald 353
Bohr, Margarete (geb. Norlund)
360
Bohr, Niels *57, *231, *272,
*275, 313, *314, 317, 335, 349,
353–369, 400–403, 406, 410,
413, *424
Boltzmann, Ludwig 241, *242,
253f., **274–288**, 308f.
Born, Max 406
Bosch, Carl 403
Bosch, Hieronymus 72
Boyle, Robert, 171, *182
Brahe, Tycho 116, 121, 124, 129
Brahms, Johannes 307
Bramante, Donato 75
Branca, Giovanni 124
Braun, Wernher von 404
Brecht, Bertolt 87f., *92, 103f.,
*119
Breughel, Jan 125
Bridges, Calvin B. *325

Brouwer, Luitzen E. Jan 390, 394
Bruckner, Anton 277 f.
Bruno, Giordano 124

Carroll, Lewis 262
Carter, Howard 340
Cassini, Giovanni *111
Celsius, Anders 176
Cézanne, Paul 358
Champollion, Jean-François 244
Chaplin, Charles *348
Chapman (Arzt Darwins) 207
Christina (Großherzogin der Toskana) 116, 119
Christine (schwed. Königin) 139
Clausius, Rudolf 262, 277, 279 f., 287
Columbus, Christoph 73, *86
Comte, Auguste 245, 276
Condillac, Étienne Bonnot de 186
Condorcet, Marie Jean Antoine Nicolas de Caritat, Marquis de 177, 192
Conduitt, Catherine (geb. Barton) *157
Conduitt, John *157
Copernicus, Nicolaus 9, 31, 39, 55, **70–84**, 110, 116
Copernicus (Koppernigk), Nicolaus d. Ä. 73
Correns, Carl Erich *257
Creighton, Harriet 326
Crick, Francis 359, 375 f., 430
Cromwell, Oliver 160
Crookes, William 233
Curie, Eve *290, 295, 301
Curie, Irène siehe Joliot-Curie, Irène
Curie, Marie (geb. Skłodowska) 277, 289, **290–303**, 310, 312, 316, 359, 376, 403

Curie, Pierre *290, 296–302, 310, 312, 376, 403
Cuvier, Georges de 262

Daguerre, Louis Jacques Mandé 230
Darwin, Charles 9, 23, 102, 156, 173, 193, **206–225**, 226, 230, 236, 266, 272, 277, 287 f., 409
Darwin, Emma (geb. Wedgwood) 214, *218, *222
Darwin, Erasmus 212
Dawah, Ala ab- (Sultan von Isfahan) 49
Dawlah, Sham ad- 49
David, Jacques Louis *175
Davy, Humphrey 194
Defoe, Daniel 160
Delbrück, Hans 404 f.
Delbrück, Lina *404
Delbrück, Mary (geb. Bruce) 410
Delbrück, Max 94, *179, *265, *328, 371, 376, **400–414**, 430
Demokritos 28
Descartes, René 85, *103, 136, **138–153**
Dietrich von Freiburg 58
Digby, Kenelm 160
Dirac, Paul 390, 423 ff.
Doppler, Christian *264
Dostojewskij, Fjodor M. 307
Drake, Francis 89
Du Bois-Reymond, Emil 247, 340
Dürer, Albrecht 72
Dyson, Freeman *423

Egli, Martin *258
Ehrenfest, Paul 276
Ehrlich, Paul 321
Einstein, Albert 9, 32, *57, *94, 102, 105, 115, 167, 204, 212, 228, 230, *231, *272, *275, 290, 307,

441

322, 335, **336–352**, 358,
365–368, 390, 405, 423, 431
Einstein, Elsa 344
Einstein-Marić, Mileva 344
Eisenhower, Dwight D. 398
Elisabeth I. (engl. Königin) *89
Elisabeth II. (engl. Königin) 322
Ellis, Emory 408 f.
Emerson, Rollins A. 326
Engels, Friedrich *184, 276
Euklid (Eukleides) 13, 32, 156,
*336

Fabrici, Girolamo 104
Faraday, Michael *109, 156, 173,
189–205, 228, 230 f., 240, 271,
372
Faraday, Sarah (geb. Bernard)
190
Faulhaber, Johann 147
Ferdinand II. (röm.-dt. Kaiser)
130
Fermi, Enrico 376, 419
Feuerbach, Georg 74
Feynman, Arlene 421 f.
Feynman, Gweneth *422
Feynman, Richard P. 240, 371,
415–428
Fibonacci, Leonardo 46
Fischer, Emil 376
Fisher, Ronald A. *268
Fludd, Robert 134 f.
Ford, Henry 294
Fourcroy, Antoine 185
Franklin, Benjamin *174, 176
Fraunhofer, Joseph von 81, 262
Freud, Sigmund 390
Friedrich II. (röm.-dt. Kaiser und
dt. König) 59
Frisch, Karl von 322
Frisch, Otto 316 f.
Fuchs, Leonhardt 47

Galenos, Claudius 46, 50, 60, 72
Galilei, Galileo 33, 85, 89,
101–119, *129, 136, 141, 143,
150, 161, 229
Galvani, Luigi 192
Gamba, Marina 110
Gamow, George 364
Gates, Bill 404
Gauß, Carl Friedrich 429
Gell-Mann, Murray *226
Gilbert, William 89, 124, *133
Glenn, John 377
Gödel, Kurt 390
Goethe, Johann Wolfgang 35,
135, 163, 168, 170, 177, 192, 211,
226, 230
Gogh, Vincent van 358
Goodstein, David 417
Goodwin, Richard 394
Gosset, W. S. 390
Gould, John 218
Grassi, Orazio 115 f.
Greenfield, Susan *191
Grosseteste, Robert 58

Haber, Fritz 310, 403 f.
Habicht, Conrad 345
Hahn, Otto 212, 304–307, 310 ff.,
315 f., 318, 340
Haile Selassie (Kaiser von
Äthiopien) 322
Haitham, Ibn al- siehe Alhazen
Hakim, al- (Kalif von Ägypten)
50 f.
Halley, Edmond 167
Harvey, William 105
Hassenfrantz, Jean-Henri *186
Hegel, Georg Wilhelm Friedrich
192
Heidegger, Martin 308
Heinrich IV. (röm.-dt. Kaiser und
dt. König) 59
Heinrich der Seefahrer 305

Heisenberg, Werner 306 f., 354 ff.,
    376 f., 405, *424, 429
Heitler, Walter *379
Helmholtz, Anna von (geb. von
    Mohl) 244, 251, 253 f.
Helmholtz, Hermann von *178,
    241, **242–256**, *274
Helmholtz, Olga (geb. von
    Velten) 250 f.
Henlein, Peter 73
Hering, Ewald 253
Hermes Trismegistos 80, 158 f.
Hermias 17
Hermite, Adolphe 262
Hershey, Alfred *179, *409
Hertz, Heinrich *226, 244, 254,
    358
Herzl, Theodor 277
Hesse, Hermann 341, 419
Hilbert, David 406
Hindemith, Paul 404
Hipparchos 33, 50
Hippokrates 19
Hitler, Adolf 295
Hobbes, Thomas 160
Hoffmann, Albert 419
Hooke, Robert *94, 159, 169
Hugo, Victor *302
Humboldt, Alexander von 262
Humboldt, Wilhelm von 262
Huxley, Julian *208
Huxley, Thomas Henry 149,
    *215
Huygens, Christiaan *111, 141
Hwarizmi, al- 34

Ingram, Vernon *382
Innozenz III. (Papst) 58
Itano, H. A. 382

Jacob, François 331, 430
Jans, Hijlena 147
Jefferson, Thomas *174

Jenner, Edward 192
Jesus von Nazareth 33
Joachim, Joseph *309
Johannes XXIII. (Papst) 377
Johannes Paul II. (Papst) 118
Johannsen, Wilhelm *259 f., 403
Joliot, Frédéric 295
Joliot-Curie, Irène *290, 295,
    300, 316
Jünger, Ernst 340
Jungk, Robert *95

Kafka, Franz 340
Kant, Immanuel 66, 81 ff., 155,
    161, 176, 187, 217, 248, 404
Karl der Große 45
Kárman, Theodore *391
Kennedy, John F. 308, 359, 377
Kepler, Johannes *20, 33, 38, 51,
    85, 89, 111 f., *115, 116,
    120–137, 150, 159, 165, *249,
    283
Keynes, John Maynard 155
Khorana, Har Gobind 404
Kipphardt, Heinar 377
Kneipp, Sebastian 340
Koch, Robert 48, 212, 307
Konstantin der Große (röm.
    Kaiser) 34
Koppernigk, Niklas siehe
    Copernicus
Kossel, Albrecht 307
Kundt, Albrecht 307

Lagrange, Joseph 175 f.
Lamarck, Jean-Baptiste de
    Monet Chevalier de 192, 211,
    217 f.
Langevin, Paul *303
Laplace, Pierre 183
Laue, Max von 340
Lavoisier, Antoine 173, **174–188**,
    192

Lavoisier, Marie-Anne de (geb. Paulze) 174
Lawrence, H. D. 308
Lebesgue, Henri *276
Leblanc, Nicholas 177
Leeuwenhoek, Antonie van 160
Leibniz, Gottfried Wilhelm 44, 162f., 367, 386f., 393, 395, 429
Lenbach, Franz von 243
Lenin, Wladimir I. 321
Leo XIII. (Papst) 118
Leonardo da Vinci 72
Leukippos 28
Liebig, Justus von 212, 230, 262, *404
Lindbergh, Charles A. 376f.
Linné, Carl von 176
Lippershey, Jan 110
London, Fritz *379
Lorenz, Konrad 83, 288, 404, 429
Ludwig II. (bayr. König) 358
Ludwig XIV. (frz. König) 140
Ludwig XV. (frz. König) 176, *178
Ludwig XVI. (frz. König) 176
Lullus, Raimundus 58
Luria, Salvador 94, *179, 409, 430
Luther, Martin 73, 76, 198
Lyell, Charles 217

Mach, Ernst 271, *279, 282
Macquer, Pierre-Joseph 181
Mästlin, Michael 125f.
Maimonides, Moses *59
Malthus, Thomas 219, 225
Mann, Heinrich 340
Mann, Thomas 10, 295, 376
Mannesmann, Reinhard und Max 358
Mansur, al- (Kalif von Bagdad) 44
Marat, Jean-Paul 175

Marx, Karl *96, *185, 192f., 276, 293
Maxwell, James Clerk *111, 173, **226–240**, *242, 246, *252, 254, 271, 313, 361, 401, 418, 422
Maxwell, Katherine 232f.
Mayer, Julius Robert 249
Mayr, Ernst 25, 219
McCarthy, Joseph R. 383
McClintock, Barbara 289, **319–333**, 412, 430
Meitner, Lise 212, 289, *295, **304–318**, *359, 402, 406
Melanchthon, Philipp 71
Melbourne, William Lamb 191
Mendel, Gregor 193, 241, **257–273**, 321, 325
Mendelejew, Dmitri 294
Mendelssohn Bartholdy, Felix 245
Mercator, Gerhard 89
Mermin, David *418
Michelangelo Buonarotti 72, 75
Michelson, Albert 340
Miller, Henry 404
Mitterrand, François *302
Mohammed (Abul Kasim) 42ff.
Molière (Jean-Baptiste Poquelin) 140
Moltke, Helmuth von 256
Monod, Jacques 331, 430
Monroe, James 245
Montaigne, Michel de 141
Monte, Guidobaldo del 106
Montesquieu, Charles de Secondat, Baron de 176
Monteverdi, Claudio 105
Morgan, Thomas H. 322, 325, *326, 430
Morgenstern, Oskar 393
Morveau, Louis Bernard Guyton de 185

Mozart, Wolfgang Amadeus
176, 192
Müller, Johannes 247
Muller, Herman J. *325

Napoleon Bonaparte 211
Napp, Franz Cyril 263
Nernst, Walther 405
Neumann, John von 371,
386–399
Neumann, Klara von 392
Neumann, Marietta von 392
Neumann, Marina von 391 f.
Newton, Isaac 10, 35, 54, *80,
*94, 105, 107, 134 ff., 155,
156–172, 173, 194, 196, 201,
220, 228, 313, 346, 348, 361, 367,
401, 418, 422
Nicolaus Cusanus (Nikolaus von
Kues) *83
Nièpce, Joseph Nicéphore 245
Nobel, Alfred 193, 245, 301, *320
Noether, Emmi 294

Ørsted, Hans Christian 197, 199 f.
Olbers, Heinrich 262
Oldenburg, Henry 161
Oppenheimer, J. Robert 377,
406, 421
Ostwald, Wilhelm 282 f.
Otto I. (röm.-dt. Kaiser und dt.
König) 45
Otto IV. (röm.-dt. Kaiser und dt.
König) 58

Paley, William 211
Paracelsus (Theophrastus
Bombastus von Hohenheim)
36, 50, 124, 134
Pascal, Blaise 140
Pasteur, Louis 230, 262, 307, 358
Pauli, Wolfgang *122, 128, 135 f.,
*314, *351, 406

Pauling, Alva (geb. Miller) *378
Pauling, Linus 359, 371, **372–385**
Paulus (Apostel) 198
Pawlow, Iwan P. 358
Peary, Robert 403
Pemberton, John 358
Perthes, Georg 389
Philipp II. (König von
Makedonien) 17
Philipp II. (span. König) 124
Phillips, Richard 202
Piaget, Jean *343, 404
Picasso, Pablo 340
Planck, Max 281, 304 f., 308 f., 312,
*346, 361, *401, 429
Platon 17, 19, 21, 29, 91, 217
Ploetz, Alfred 358
Podolsky, Boris 350
Poincaré, Henri 284, 390
Poisson, Denis 262
Polanyi, Michael *391
Polo, Marco 58, 305
Pompadour, Jeanne Antoinette
Poisson, Madame de 176
Pope, Alexander 156
Popper, Karl R. 31, 87, 92 f., 274,
284, 286
Porsche, Ferdinand 308
Porta, Giovanni della *164
Priestley, Joseph *174, 182 f., *185
Ptolemäus, Claudius 13, 36,
37–40, 53, 72, 74, 76 f., 116
Pythagoras 19

Raffael (Raffaello Santi) 72
Raleigh, Walter 104
Reagan, Ronald 426, 428
Réaumur, René-Antoine 176
Regiomontanus, Johannes 74
Rembrandt (R. Harmenszoon
van Rijn) 105, 125, 141
Rheticus, Georg Joachim 71
Riemann, Bernhard *276

Röntgen, Wilhelm Conrad 245, 376
Rosen, Nathan 350
Rosenkreutz, Christian 134
Rubens, Peter Paul 125, 141
Rudolph II. (röm.-dt. Kaiser) 129
Russell, Bertrand 390
Rutherford, Ernest 294, 313, 360

Sabatellio, Luigi *104
Sabin, Bruce 391
Sacco, Nicola 377
Saint-Exupéry, Antoine de 419
Sandeman, Robert 190, 198
Sartre, Jean-Paul 308
Scheidemann, Philipp 419
Schickard, Wilhelm 89
Schiele, Egon 277, 419
Schiller, Friedrich von 177, 278
Schreiber, J. 263
Schrödinger, Erwin 307, *355, *407
Schubert, Franz 245
Schweitzer, Albert 322
Schwinger, Julian 419, *423
Selten, Reinhard *393
Shakespeare, William 89, 232
Shelley, Mary 244
Sherrington, Charles 149
Siemens, Werner von 243 f., 307, 340
Sina, Ibn siehe Avicenna
Singer, S. J. 382
Skłodowska, Maria siehe Curie, Marie
Smith, Adam 176
Snellius, Willebrand 141
Sokrates 19
Solovine, Maurice 345
Sommerfeld, Arnold 283
Sophokles 80
Spallanzani, Lazzaro 177
Spencer, Herbert 263

Spengler, Oswald 419
Sprat, Thomas 161
Stahl, Georg Ernst 180–183
Stalin, Josef W. 322, 340
Stephenson, George 262
Straßmann, Fritz 315 f.
Strawinsky, Igor 358
Sturtevandt, A. H. *325
Suttner, Bertha von 340
Sutton, Walter 321
Szilard, Leo *391

Teller, Edward *391
Tesla, Nicola 262
Thomas von Aquin 29, 56, 58, *62
Thomson, Joseph J. 403
Thomson, William (Lord Kelvin) 293 f.
Timofejew-Ressowski, Nikolai 406
Tomonaga, Shinichiro 419, *423
Torricelli, Evangelista 140
Trotzki, Leo 321
Tschermak, Erich *257
Tucholsky, Kurt 390
Twain, Mark 385

Unger, Franz 267
Urban VIII. (Papst) 102, 118
Ussher, James 160

Valéry, Paul 291
Vanzetti, Bartolomeo 377
Vaucanson, Jacques de 176
Vesalius, Andreas 72
Victoria (engl. Königin) 193, 233
Voltaire (François Marie Arouet) 156, *302
Vries, Hugo de *257

Wagner, Richard 193, 262
Waksman, Selman A. 419

Wałesa, Lech *302
Wallace, Alfred 224f.
Wallenstein, Albrecht von 130
Walther von der Vogelweide 59
Warburg, Otto 390
Watson, James 359, 375f., 430f.
Watt, James 176
Watzenrode, Lukas 74f.
Weaver, Warren *408
Weber, Max 321
Wedgwood, Josiah 212
Wegener, Alfred 388
Weismann, August 262, 403, 430
Weiss, Peter *175
Weizsäcker, Carl Friedrich von 98
Wells, I. C. 382
Wheatstone, Charles 203

Wigner, Eugene *391
Wilberforce, William *215
Wilder, Thornton 377
Wilhelm I. (dt. Kaiser und König von Preußen) *246, 256
Wilhelm II. (dt. Kaiser und König von Preußen) 419
William IV. (engl. König) 215
Wittgenstein, Ludwig 277, 340
Wolfram von Eschenbach 58f.
Wright, Wilbur und Orville 321

York, Herbert 398
Young, Thomas 192, 203, 239, *252

Zermelo, Ernst 284f.
Zimmer, K. G. 406

Bildnachweis

Deutsches Museum: S. 14, 41, 56, 70, 86, 101, 120, 138, 174, 189, 206, 226, 242, 257, 274, 290, 304, 336, 353, 372, 386
Süddeutscher Verlag: S. 30, 156, 319
Piper Verlag: S. 415
Autor: S. 400

Ernst Peter Fischer

Leonardo, Heisenberg & Co.

Eine kleine Geschichte der Wissenschaft in Porträts. 361 Seiten mit 41 Abbildungen. Serie Piper

In unserem Alltag sind die Wissenschaften allgegenwärtig. Wer aber waren und sind die Menschen, denen wir die entscheidenden Forschungen verdanken? Der anerkannte Wissenschaftshistoriker Ernst Peter Fischer hat nach seinem erfolgreichen Buch »Aristoteles, Einstein & Co.« zwanzig neue Porträts großer Wissenschaftler geschrieben. Unter anderem erzählt er vom Universalgenie Leonardo da Vinci, der Naturforscherin und Künstlerin Maria Sybilla Merian, dem Mathematiker und Philosophen Gottfried Wilhelm Leibniz. Die Quantenphysiker Max Planck, Werner Heisenberg, Erwin Schrödinger und Wolfgang Pauli werden ebenso porträtiert wie Konrad Lorenz, Francis Crick und James D. Watson. In Fischers unterhaltsamer »wissenschaftlicher Hintertreppe« verbinden sich Vergangenheit und Gegenwart in den Geschichten berühmter Frauen und Männer.

Ernst Peter Fischer

Werner Heisenberg

Das selbstvergessene Genie. 288 Seiten mit 28 Abbildungen und einer Tabelle. Serie Piper

Der deutsche Forscher und Physik-Nobelpreisträger Werner Heisenberg (1901–1976) hat mit seiner Quantenmechanik einen einzigartigen Beitrag zum naturwissenschaftlichen und philosophischen Denken des 20. Jahrhunderts geleistet. Ernst Peter Fischer nähert sich dem »selbstvergessenen Genie« auf sehr persönliche Weise. In seinem Porträt beleuchtet er den kreativen Physiker und humanistischen Gelehrten, diskutiert sein besonderes Verhältnis zu Niels Bohr und untersucht nicht zuletzt Heisenbergs Verhalten im Dritten Reich.

»Das Buch macht große Lust, mehr über diese in manchen Aspekten sehr deutsche Lichtgestalt der Physik zu erfahren.« Stuttgarter Zeitung